IMAGE PROCESSING AND COMPUTER VISION

影像處理與電腦視覺

鍾國亮 教授 著

東華書局

國家圖書館出版品預行編目資料

影像處理與電腦視覺 / 鍾國亮著 . -- 7 版 . -- 臺北市 : 臺灣東華, 2020.09

572 面 ; 19x26 公分 .

ISBN 978-986-5522-26-1 (平裝)

1. 數位影像處理

312.837 109014452

影像處理與電腦視覺

著　　者　鍾國亮
發 行 人　蔡彥卿
出 版 者　臺灣東華書局股份有限公司
地　　址　臺北市重慶南路一段一四七號三樓
電　　話　(02) 2311-4027
傳　　真　(02) 2311-6615
劃撥帳號　00064813
網　　址　www.tunghua.com.tw
讀者服務　service@tunghua.com.tw
2028 27 26 25 HJ 10 9 8 7 6 5 4 3

ISBN 978-986-5522-26-1

作者簡介

鍾國亮

學歷：

臺灣大學資訊工程學士 (1982)、碩士 (1984)、博士 (1987~1990)

現任：

國立臺灣科技大學資訊工程系講座教授

獎勵：

本書入圍工程領域最具影響力專書 (2019，科技部)

傑出教學獎 (2009，臺灣科技大學)

傑出學者研究計畫獎 (2009~2012，科技部)

傑出研究獎 (2004~2007、2019~2022，科技部)

第七版　自序

本書能有機會進入第七版，首先感謝老師們採用為教科書或參考書、讀者的肯定以及前輩先進們的推薦。在這一版中，除了勘誤外，我主要增加了第十六章：深度學習在電腦視覺的應用之內容。礙於個人才疏學淺，仍望讀者與諸位先進對書中的錯誤不吝指正。非常感謝我的碩士生鄭雅云、蔡柏暐、和謝德偉同學在第七版的幫忙。本書得以出版，由衷感謝東華書局的編輯與協助。

臺灣科大資工系講座教授

鍾國亮

http://faculty.csie.ntust.edu.tw/~klchung

四月 2020 年

第一版 序

影像處理與電腦視覺是一門既有趣而且應用廣泛的課程，由於它的輸出結果是以影像形式來顯示，連門外漢都能判斷輸出影像的品質與好壞，而且一目瞭然其處理的目的與意涵，自 1970 年至今，數位影像處理的發展突飛猛進，在科學、工業、生活家電、國防、太空、電視、娛樂、通訊，以及醫學等各領域上的應用非常廣泛，而且佔據相當重要的地位，目前研發成功的影像處理的軟硬體設備既輕便短小，而且運算快速，更加速這門學術的實用及重要性。

電腦視覺的發展仍在啟蒙時期及萌芽階段，曾經有個爭議及辯論，電腦視覺是否要模仿及真實複製人類的視覺？到目前仍未有個完整的結論，至少了解人類及動物的視覺原理，可以借鏡來輔助改良電腦視覺系統的圖形識別效率及認知，例如人類利用蝙蝠的聲波原理發明了雷達，以及利用電腦視覺來做全程監視用途，其機器的優良效率及不疲憊性，更是遠遠超過人類。

近年來影像處理及電腦視覺的方法日新月異，突飛猛進，本書作者鍾國亮教授特別精心編寫，從影像形成、品質改良、測邊、區域分割、直線偵測、紋理描述、檢索與匹配、空間資料結構，以及影像壓縮等，均有詳細介紹，是個內容充實、豐富而且資料齊全的好教科書及參考書，同時附有 C 電腦程式讓初學者能實際實作影像處理的方法與技術，值得在此特別推薦。

臺大電機系教授

貝蘇章

五月 *2002* 年

目錄 contents

Chapter 3 影像品質的改善與回復

Chapter 4 測 邊

Chapter 5 門檻值決定與區域的分割

Chapter 6 直線與道路偵測

Chapter 7 圓與橢圓偵測

Chapter 9 圖形識別、匹配與三維影像重建

Chapter 10 空間資料結構設計與應用

Chapter 11 分群與應用

Chapter 12 影像與視訊壓縮

Chapter 13 影像資料庫檢索

Chapter 14 彩色影像處理

CHAPTER

1

光、影像、品質與浮水印

1.1 前　言

我們首先介紹光的組成特性，特別是可見光的部分。接著介紹人眼和照相機的對應關係，從對應關係中可看出兩者在功能上的相似性。然後我們介紹五種彩色模式 (Color Model) 的轉換，這五種彩色模式分別為 RGB、YIQ、HSV、YUV 和 YC_bC_r。不同的色彩模式都有它特定的應用，例如，JPEG 採用 YC_bC_r 影像為輸入；H.264/AVC 採用 YUV 影像為輸入。透過 RGB 彩色模式轉成 YIQ 彩色模式後，利用 Y 可得到灰階影像 (Gray Image)。接下來我們介紹峰值訊噪比 (Peak Signal-to-Noise Ratio, PSNR) 和 SSIM (Structural Similarity) 兩種影像品質的量度。相較於 PSNR，SSIM 的量度較符合人眼對影像品質的判定。利用位元面 (Bit-plane) 最低有效位元不可見的特性，我們將介紹浮水印 (Watermarking) 技術中最簡單的方法。我們也將介紹植基於奇異值分解法 (Singular Value Decomposition) 的浮水印技術。為方便初學者找尋論文，在結論的地方，我們會列出一些知名的期刊給讀者參考。

1.2 光與顏色

物理學告訴我們，光 (Light) 是一種粒子，也是一種波。光每秒以 30 萬公里的速度前進。光是一種能量，在部分為電而部分為磁的電磁波中傳播。人的眼睛只能看到可見光的部分，而無法看見頻率 (Frequency) 低於可見光的紅外線、微波和無線電波，也無法看見頻率高於可見光的紫外線、X 射線和加瑪射線。可見光的波長介於 400×10^{-9} 米 (10^{-9} 米也稱作奈米) 到 700×10^{-9} 米之間。可見光依頻率由小到大，又可細分成紅、橙、黃、綠、藍、靛、紫。光的波長和頻率成反比。牛頓是第一位有系統研究光的人 [2]，他把一束太陽光射過三角形的稜鏡，三稜鏡把太陽光變成一長條顏色的排列，恰是上述的七種顏色。

範例 1：如何完成一實驗以證實白光是由七種顏色組成？

解答：讀者可嘗試利用一手電筒，先在手電筒頭部覆上一圓厚紙片，在這不透光的紙片中間，拿一小刀切開一小細縫後，將其平放在桌面。這時，在桌邊放一白紙片，打開手電筒開關後，可在白紙上看出光的七種顏色。

解答完畢

我們所見物體的顏色，乃是人的眼睛所見的物體反光所致。例如，當白光照在一片樹葉時，由於樹葉中的葉綠素吸收了大部分頻率的光，而反射了綠光的部分，所以我們看到的樹葉為綠色。在影像處理 (Image Processing) 中，像素 (Pixel) 的亮度 (Brightness) 和頻率的關係，如圖 1.2.1 所示。在圖 1.2.1 中，低頻率紅光和高頻率紫光的亮度都不如中間頻率的黃光和綠光來得強。圖 1.2.1 的亮度與頻率關係圖，可用以幫助解釋彩色模式之間式子的轉換 [參見 1.4 節中的式 (1.4.1)]；讀者可透過圖 1.2.1 明白為何在式子中綠光所配的加權較大。黃光的亮度表現好以及和綠色植物的差異大，故常被用於道路警示用的反光片上。市面上有一種 Tele Spectrum Radiometer (TSR) 的儀器可用來量測亮度。前面提過，將七種不同頻率的色光，混合起來得到白光。很特別的是，如果將紅 (Red)、綠 (Green) 和藍 (Blue)，三個基本色光混合起來，也是得到白光，也就是白色。這一點和畫畫時將三種不透明的基本色混合起來得到黑色是不同的。

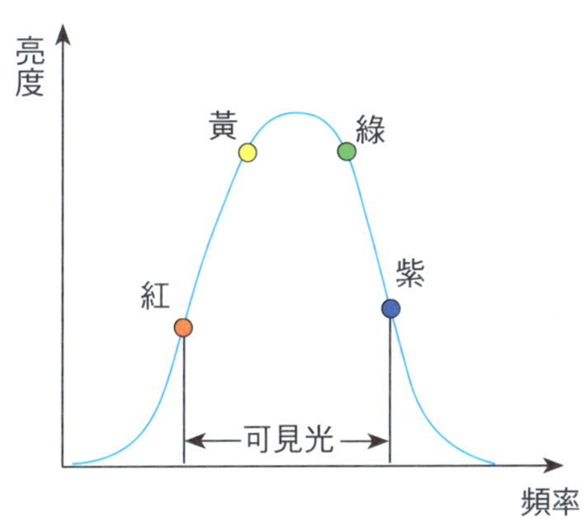

圖 1.2.1　亮度與頻率的關係

1.3　人眼與照相機的關係

除了利用掃描器 (Scanner) 外，影像處理前的輸入影像大都是由照相機 (Camera) 拍攝而得。照相機的原理和人的眼睛結構頗為相似，請參見圖 1.3.1

的示意圖 [3]。這張圖是筆者所畫的一張簡圖。

人眼的最外面是透明的眼角膜 (Cornea)。有時我們從新聞上的社會版看到有人因運動傷害而眼角膜受傷，指的就是眼睛最外面的透明膜。人眼從外觀上看，眼白以外，有一圓形的褐色組織叫虹膜 (Iris)，而虹膜中間有一圓孔叫瞳孔 (Pupil)。瞳孔的功能很像照相機的光圈 (Halo)，是用來調節進入人眼內部的光通量，光通量一般以流明 (Luminance) 為單位。光圈的口徑一般以 f 值表示，例如，f / 2.8 和 f / 4 便是兩種光圈值，數字愈小，代表光圈的光通量愈大。坊間所售的鏡頭大致分類有：CCTV 鏡頭、變焦鏡頭、顯微鏡頭、放大鏡頭和 35 mm 專業鏡頭等。

瞳孔後面的扁球形彈性透明體，叫作水晶體 (Lens)，其作用很類似照相機的透鏡 (Lens)。我們人眼上的睫狀肌可控制它以調整焦距，使物體能明晰但上下顛倒的呈現在視網膜 (Retina) 上。視網膜相當於照相機的底片。近視雷射手術是先在眼角膜上割一圓形面以翻開眼角膜，進而用雷射光矯正水晶體的厚度。一般而言，我們看近處時，水晶體會變厚；看遠處時，水晶體會變薄，以便使影像更清楚的呈現在視網膜上。

圖 1.3.1 中的視神經束 (Nerve Sheaths) 將視網膜接受到的光刺激轉換成不同的脈衝傳至大腦以形成上下正常的影像，並進一步進行視覺處理，也就是本書要介紹的影像處理和電腦視覺 (Computer Vision) 的工作。本書的主旨就是利用電腦的技術來支援這方面的工作。我們必須承認：依目前影像處理和電腦視覺的技術水平，在很多的項目上，距離人腦處理影像的水平仍是差距甚遠。但有些影像處理的技術的確在實務上已可取代人眼，例如：產品檢測。近幾年

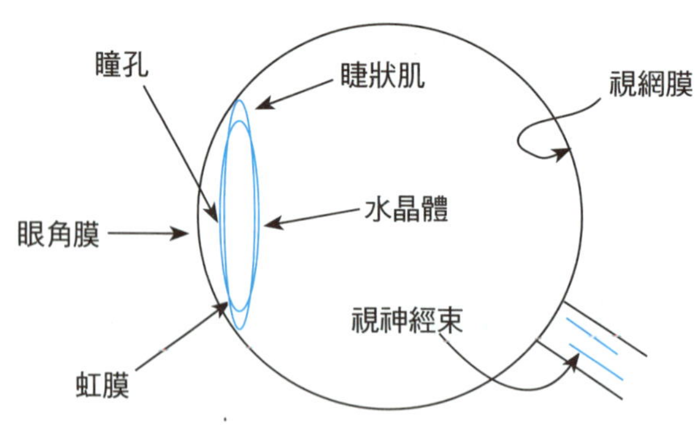

圖 1.3.1 人眼示意圖

來，由於價格的下跌與品質的提高，數位攝影機的使用率日益普及，很自然地，也帶動了視訊處理 (Video Processing) 與壓縮的研究風潮。

範例 1：何謂色盲？何謂夜盲症？

解答：視網膜上的神經細胞分為錐狀細胞和桿狀細胞。眼睛中大約有一億多個桿狀細胞和六百萬個錐狀細胞。錐狀細胞中，有的負責紅色的辨認，有的負責黃色，有的負責綠色。任何一種錐狀細胞受損，對顏色的辨認就會出問題，也就是所謂的色盲症。例如，綠色錐狀細胞受損的人無法有效辨識色盲卡上綠色的數字。

桿狀細胞是負責辨認亮度的。不管是桿狀細胞或是錐狀細胞，都是利用維生素 A 和蛋白質將光線轉化為不同的脈衝，假如嚴重缺乏維生素 A 時，則人在黑暗中，是無法看清楚物體的，這就是所謂的夜盲症。

解答完畢

在本節的最後，我們要介紹一下透鏡在底片上成像的原理。圖 1.3.2 為透鏡成像的中央投影 (Central Projection) 示意圖。圖中的 f 代表鏡頭的焦距，f_1 代表物距，而 f_2 代表像距。f、f_1 和 f_2 會滿足下列式子：

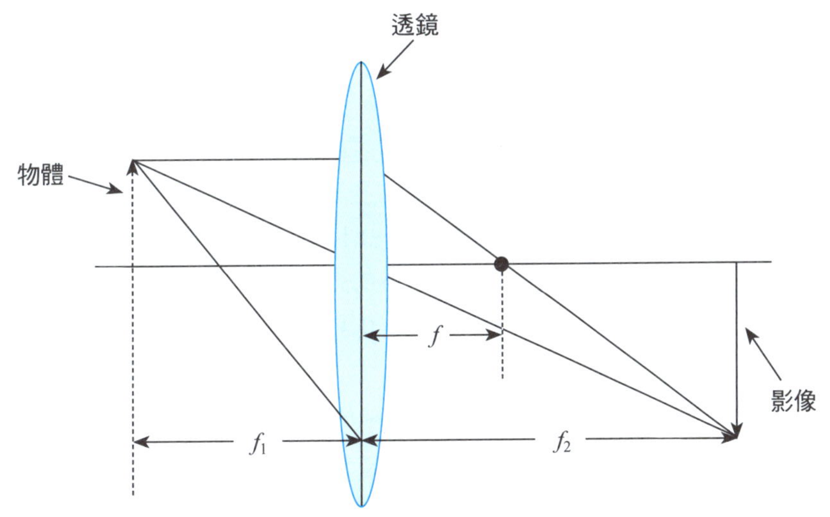

圖 1.3.2　透鏡成像原理

$$\frac{1}{f}=\frac{1}{f_1}+\frac{1}{f_2} \tag{1.3.1}$$

範例 2：令 $f_1=3$ cm 和 $f_2=6$ cm，求算 f。

解答：根據式 (1.3.1)，我們得到

$$\frac{1}{f}=\frac{1}{3}+\frac{1}{6}=\frac{1}{2}$$

所以 $f=2$ cm。

解答完畢

人的眼睛功能失調，可透過手術矯正。同樣地，照相機的相關參數失去了精準，也需做相機校正的工作。影響透鏡成像的原因很多，我們在第九章中會進一步介紹相機校正 (Camera Calibration) 的技巧。

1.4 彩色模式的轉換

在影像的彩色模式中，比較常用的有下列幾種：(1) RGB；(2) YIQ；(3) HSV；(4) YUV 和 (5) YC_bC_r。在本節中，我們主要介紹彩色模式之間較常用的幾種轉換。

RGB 就是 1.2 節中提到的紅、綠、藍三原色。這裡，R 為 Red 的縮寫；G 為 Green 的縮寫；B 為 Blue 的縮寫。RGB 和 **NTSC 協會** (National Television Systems Committee) 制定的 YIQ 彩色模式存在下列的關係：

$$\begin{bmatrix} Y \\ I \\ Q \end{bmatrix}=\begin{bmatrix} 0.299 & 0.587 & 0.114 \\ 0.596 & -0.275 & -0.321 \\ 0.212 & -0.523 & 0.311 \end{bmatrix}\begin{bmatrix} R \\ G \\ B \end{bmatrix} \tag{1.4.1}$$

在式 (1.4.1) 中的 $Y=0.299R+0.587G+0.114B$ 告訴我們：代表亮度的 Y 受到綠色的影響遠大於紅色和藍色的影響。如果說我們想把 RGB 的彩色影像轉換成灰階影像 (Gray Image)，採用上述 RGB 轉換成 YIQ 後的 Y 就可以了；若原像素 (Pixel) 的色彩為 (R, G, B)，利用式 (1.4.1) 轉換後的 Y 值當作該像素的灰階值 (Gray Level)。YIQ 中的 **Y** 代表 Luminance，也就是代表亮度，而 **I** (Inphase)

和 **Q** (Quadrature) 代表不同的兩種色調。

範例 1： 給一像素，其 (R, G, B) 為 (100, 50, 30)，試求其對應的灰階值。

解答： 由式 (1.4.1) 可得

$$\begin{aligned} Y &= 0.299\times100+0.587\times50+0.114\times30 \\ &\cong 63 \end{aligned}$$

故得灰階值 63。

解答完畢

範例 2： 給一 2×2 RGB 影像

$$I=\begin{bmatrix} (10,20,40) & (40,30,20) \\ (100,150,200) & (50,250,120) \end{bmatrix}$$

請將 I 由 RGB 彩色影像轉換成 YIQ 影像，這裡 (10, 20, 40) 代表 $R=10$、$G=20$ 和 $B=40$。

解答： 利用式 (1.4.1) 可得

$$\begin{aligned} I_{11} &= 0.596\times10-0.275\times20-0.321\times40=-12.38 \\ Q_{11} &= 0.212\times10-0.523\times20+0.311\times40=4.1 \\ Y_{12} &= 0.299\times40+0.587\times30+0.114\times20=31.85 \\ I_{12} &= 0.596\times40-0.275\times30-0.321\times20=9.17 \\ Q_{12} &= 0.212\times40-0.523\times30+0.311\times20=-0.99 \\ Y_{21} &= 0.299\times100+0.587\times150+0.114\times200=140.75 \\ I_{21} &= 0.596\times100-0.275\times150-0.321\times200=-45.85 \\ Q_{21} &= 0.212\times100-0.523\times150+0.311\times200=4.95 \\ Y_{22} &= 0.299\times50+0.587\times250+0.114\times120=175.38 \\ I_{22} &= 0.596\times50-0.275\times250-0.321\times120=-77.47 \\ Q_{22} &= 0.212\times50-0.523\times250+0.311\times120=-82.83 \end{aligned}$$

經過四捨五入後，所得到的 YIQ 影像為

$$I_{YIQ}=\begin{bmatrix} (19,-12,4) & (32,9,-1) \\ (141,-46,5) & (175,-77,-83) \end{bmatrix}$$

解答完畢

圖 1.4.1 彩色 Lena 影像

圖 1.4.2 轉換成高灰階 Lena 影像

給一彩色 Lena 影像，如圖 1.4.1 所示，利用式 (1.4.1) 中 Y 與 RGB 的關係，我們可得到圖 1.4.2 所示的高灰階影像。在某些應用中，影像對光的強弱變化 (Brightness Variations) 影響很敏感。例如，在偵測人臉 (Face Detection) 時，很容易受到亮度的影響。我們可用 HSV 彩色模式中的色調 **H** (Hue) 為偵測人臉的依據 [5]。主要原因是 H 較不容易受到光的強弱變化影響。

RGB 和 HSV 的關係如下式所示：

$$H1 = \cos^{-1}\left\{\frac{0.5[(R-G)+(R-B)]}{\sqrt{(R-G)^2+(R-B)(G-B)}}\right\}$$

$$H = H1 \qquad \text{若 } B \le G$$

$$H = 360^\circ - H1 \qquad \text{若 } B > G$$

$$S = \frac{\max(R,G,B)-\min(R,G,B)}{\max(R,G,B)} \tag{1.4.2}$$

$$V = \frac{\max(R,G,B)}{255}$$

● RGB → Y ⇔ 彩色影像 → 灰階影像

式 (1.4.2) 中的 S 代表顏色中的**飽和度** (Saturation)，其值介於 0 到 1 之間。人的皮膚色之飽和度約介於 0.23 到 0.63 之間。**V** (Value) 代表顏色的明暗度，也是介於 0 到 1 之間。在 1.11 節中，我們安排了一個 RGB 轉成 HSV 之 C 程式附錄。在 HSV 系統中，$H=0°$ 時代表紅色，$H=120°$ 時代表綠色，$H=240°$ 時代表藍色。當代表飽和度的 S，其值為 0 時，表示影像為灰階式的影像。當 $H=0°$ 且 $S=1$ 時，影像為深紅色。代表亮度的 V，當 $V=0$ 時，表示黑色。反之，當 $V=1$ 時，表示白色。HSV 系統可以圖 1.4.3 表示其座標系統。HSV 彩色系統有時也稱作 HSB 彩色系統，這裡的 B 代表 Brightness。HSV 有時更被稱作 HIS，這裡的 I 代表 Intensity，其實就是灰階值。

第四種彩色模式 YUV 和第二種彩色模式 YIQ 皆為 NTSC 協會所制定，這裡 YUV 的 UV 代表顏色。YIQ 的 IQ 和 YUV 的 UV 存在這樣的關係：

$$I=-U\sin(33°)+V\cos(33°)\ ;\ Q=U\cos(33°)+V\sin(33°)$$

有了式 (1.4.1) 和求解上式的二元一次式的解，自然也可將 RGB 轉成 YUV。

在 JPEG 系統中，我們第一步輸入 RGB 彩色影像。第二步將 RGB 彩色轉換成 YC_bC_r 彩色系統。詳細的 C_b 和 C_r 可由下式獲得：

$$\begin{aligned} C_b &= (B-Y)/2+0.58 \\ C_r &= (R-Y)/2+0.58 \end{aligned} \tag{1.4.3}$$

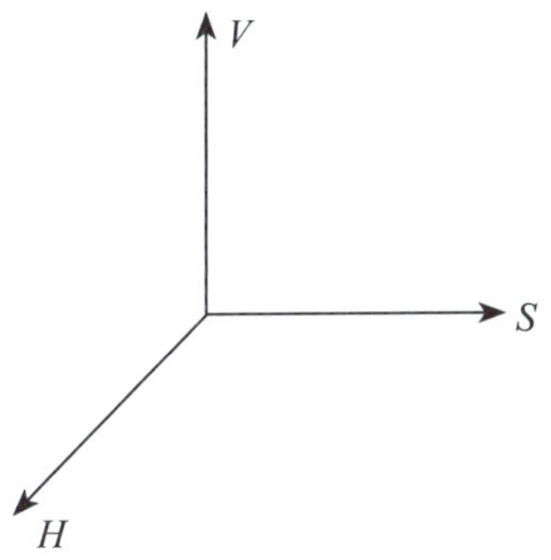

圖 1.4.3 HSV 彩色系統

- Lena 影像因為包含了豐富的紋理、邊訊息、不同區域和光滑的肩膀等特徵，一直以來都是**效益評估** (Performance Evaluation) 及比較時的熱門測試影像。
- Lena 小姐原為封面女郎，後嫁給一位外交官。
- $S=0 \rightarrow \text{RGB} \triangleq \text{Y}$
- HSV = HSB = HIS

範例 3：給定 (A)、(B) 兩張 Lena 彩色影像，並考慮如下兩張編號分別為 (1)、(2) 的 4×4 子影像的 RGB 值。

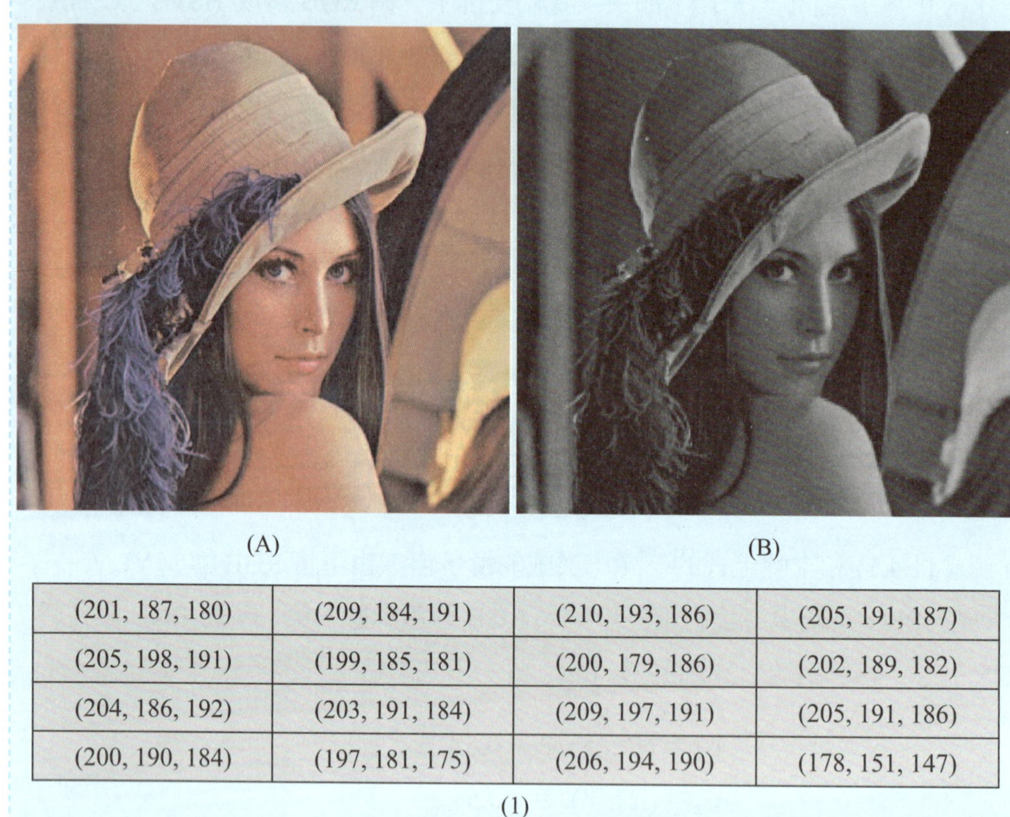

(A) (B)

(201, 187, 180)	(209, 184, 191)	(210, 193, 186)	(205, 191, 187)
(205, 198, 191)	(199, 185, 181)	(200, 179, 186)	(202, 189, 182)
(204, 186, 192)	(203, 191, 184)	(209, 197, 191)	(205, 191, 186)
(200, 190, 184)	(197, 181, 175)	(206, 194, 190)	(178, 151, 147)

(1)

(79, 10, 47)	(149, 76, 94)	(213, 136, 138)	(208, 121, 122)
(108, 34, 68)	(187, 112, 123)	(223, 139, 138)	(178, 89, 86)
(151, 76, 101)	(213, 133, 132)	(196, 109, 106)	(155, 59, 69)
(178, 104, 128)	(212, 131, 139)	(164, 75, 81)	(161, 69, 85)

(2)

請利用 RGB 轉換成 HSV 的關係，說明編號 (1) 和編號 (2) 的 4×4 子影像分別歸屬於兩張 Lena 影像的 (A) 或 (B)？

解答：針對上面兩個 4×4 子影像的 RGB，我們可算出每個像素相對應的 S 值，S 值愈大，代表色彩的鮮豔程度愈明顯，之前提到，當 S 值為零的時

● YC_bC_r 的 C_b 代表 “Blue Minus ‘Black and White’ ”；C_r 代表 “Red Minus ‘Black and White’ ”。

候，代表的影像是灰階影像。我們將第 (1) 張子影像的左上角像素 $(R, G, B)=(201, 187, 180)$ 代入 RGB 轉換成 HSV 的公式，我們可以得到

$$\begin{aligned} S &= \frac{\max(R, G, B)-\min(R, G, B)}{\max(R, G, B)} \\ &= \frac{\max(201, 187, 180)-\min(201, 187, 180)}{\max(201, 187, 180)} \\ &= 0.104 \end{aligned}$$

另外，我們以第 (2) 張子影像的左上角像素 $(R, G, B)=(79, 10, 47)$ 代入 RGB 轉換成 HSV 的公式，我們可得到

$$\begin{aligned} S &= \frac{\max(79, 10, 47)-\min(79, 10, 47)}{\max(79, 10, 47)} \\ &= 0.873 \end{aligned}$$

依此類推，對每個像素作 S 的轉換，我們發現，第 (1) 張子影像的 S 小於第 (2) 張子影像的 S，在色彩的飽和度和鮮豔程度來說，S 愈大，代表飽和度愈大，色彩相對鮮豔，所以可以知道第 (1) 張子影像對應 Lena 影像 (B)，第 (2) 張子影像對應 Lena 影像 (A)。

解答完畢

有關彩色影像的更廣泛討論請參見本書第十四章。

1.5 影像品質的量度

給二張 $N \times N$ 影像 A 和 A'，影像 A 為 ground truth 影像，讀者可想像其為標準影像；影像 A' 為待測影像。**PSNR** (Peak Signal-to-Noise Ratio) 常被用來評估 A' 和 A 的相似性，PSNR 的定義如下：

$$\text{PSNR} = 10 \log_{10} \frac{255^2}{\text{MSE}}$$

$$\text{MSE} = \frac{1}{N^2} \sum_{x=0}^{N-1} \sum_{y=0}^{N-1} (A'(x, y) - A(x, y))^2$$

這裡 N^2 表示影像的大小。

上面的式子中，log 為一單調函數 (Monotone Function) 可使 PSNR 值縮小到一個合理範圍內。PSNR 仍然是大多數人喜愛使用的失真表示法。PSNR 值愈高，則代表影像 A' 和影像 A 愈接近，也就是說 A' 的失真愈小。通常來說，PSNR 的值在 30 以上，A' 和 A 在品質上就蠻接近了。反之，PSNR 的值愈小，則代表 A' 失真愈嚴重。

範例 1：令

$A=$

2	2	2
3	3	3
1	1	1

$A'=$

5	0	2
0	1	3
1	1	0

試求出 PSNR。

解答：

$$\begin{aligned}\text{MSE} &= \frac{1}{9}[(2-5)^2+(2-0)^2+(3-0)^2+(3-1)^2+(1-0)^2] \\ &= \frac{1}{9}[9+4+9+4+1] \\ &= 3\end{aligned}$$

$$\begin{aligned}\text{PSNR} &= 10\log_{10}\frac{255^2}{3} \\ &= 43.4\end{aligned}$$

解答完畢

當 $A'=A$ 時，PSNR $=\infty$。

範例 2：令

$A=$

2	2	2	2
3	3	3	3
1	2	3	4
1	1	1	1

$A'=$

8	2	2	2
8	3	3	3
8	1	2	3
8	1	1	1

試求出 PSNR。

解答：

$$\begin{aligned} \text{MSE} &= \frac{1}{16}[6^2 + 5^2 + 7^2 + 7^2 + 1^2 + 1^2 + 1^2] \\ &= \frac{1}{16}[162] \\ &= 10 \end{aligned}$$

$$\text{PSNR} = 38.1$$

解答完畢

範例 2 中的 A' 只是將 A 往右移一個 pixel 而已，PSNR 就下降了 5 點多，這意味著 PSNR 容易受到影像平移的影響。若影像為百萬畫素，微小的平移，人類的視覺不易察覺 A 和 A' 的不同，然而由於平移的關係，A 和 A' 相同位置的灰階值差異可能不小。近年，Wang 等人 [6] 從人類的視覺系統 (HVS：Human Visual System) 觀點，提出了 SSIM 的影像品質度量方式，並且受到很大的重視。SSIM 和 PSNR 最大的不同點在於：SSIM 考慮了影像內像素之間的關聯性，也就是考慮了 A 和 A' 之間的結構相似性 $S(A, A')$。除了考慮結構相似性外，SSIM 另外考慮了亮度 $\ell(A, A')$ 和對比 $C(A, A')$ 的關係。SSIM 的表示式如下所示：

$$\mathrm{SSIM}(A, A') = \ell(A, A')^{\alpha} C(A, A')^{\beta} S(A, A')^{\gamma} \tag{1.5.1}$$

$$\ell(A, A') = \frac{2U_A U_{A'} + C_1}{U_A^2 + U_{A'}^2 + C_1}$$

$$C(A, A') = \frac{2\sigma_A \sigma_{A'} + C_2}{\sigma_A^2 + \sigma_{A'}^2 + C_2}$$

$$S(A, A') = \frac{\sigma_{AA'} + C_3}{\sigma_A \sigma_{A'} + C_3}$$

這裡 U_A 代表 A 的平均值；σ_A 代表 A 的標準差；$\sigma_{AA'}$ 代表 A 和 A' 的共變數 (Covariance) 亦即

$$\sigma_{AA'} = \frac{1}{N^2 - 1} \sum_{i=1}^{N} \sum_{j=1}^{N} (A_{ij} - U_A)(A'_{ij} - U_{A'})$$

式 (1.5.1) 中的參數 α、β 和 γ 是用來調控 ℓ、C 和 S 的比重。SSIM (A, A') 的值介於 0 和 1 之間。當 SSIM $(A, A') = 1$ 時，A 和 A' 之間沒有任何差異，也就是 $A' = A$。SSIM (A, A') 的值愈大，表示 A' 和 A 在亮度、對比度和結構上的相似度愈高。

以圖 1.4.2 的 Lena 影像 (A) 為例，圖 1.5.1 的 Lena 影像 (A') 乃將圖 1.4.2 的影像向右移一位 (最左邊的行複製原來的行)。當 $\alpha = \beta = \gamma = C_1 = C_2 = C_3 = 1$ 時，依照 SSIM 的算式，可得到

$$\mathrm{PSNR}\,(A, A') = 28.03$$

$$\mathrm{SSIM}\,(A, A') = 0.97$$

由 SSIM (A, A') 的值看來，的確從 HVS 的觀點來看，A 和 A' 的相似度很高，這是 PSNR 量度無法反映的。

請讀者留意一項趨勢：SSIM 已慢慢影響許多影像與視訊處理的方法。

圖 1.5.1　將圖 1.4.2 的影像右移一位

1.6 植基於最低有效位元的浮水印技術

我們先將彩色像素中的三原色 RGB 分解成 R 平面、G 平面和 B 平面。例如，圖 1.4.1 的彩色 Lena 影像可分解成圖 1.6.1(a) 的 R 平面、圖 1.6.1(b) 的 G 平面和圖 1.6.1(c) 的 B 平面。從這三張圖可看出每張影像仍保有和圖 1.4.1 類似的形貌。

(a) R 平面

(b) G 平面

(c) B 平面

圖 1.6.1　彩色 Lena 影像的三張分解圖

同樣的道理，我們也可將圖 1.4.2 的高灰階 Lena 影像中的任一灰階像素分解成八個位元平面。令 256 灰階的像素灰階值表示為 $(g_8g_7g_6g_5g_4g_3g_2g_1)_2$。影像中每一個像素提供其二進位灰階值中的第 i 個位元，也就是 g_i，共組成第 i 張黑白的影像。如此一來，一張高灰階影像就可以分解成八張黑白的位元平面。圖 1.4.2 的高灰階 Lena 影像可分解成如圖 1.6.2(a) 至 (h) 的八張位元平面。

範例 1：給一如下的 4×4 子影像，子影像的每一個像素之灰階值佔用八個位元，請算出第三張位元平面。

8	7	6	5
32	31	30	29
10	11	12	13
0	1	2	3

解答：我們首先將上面的子影像轉換成

00001000	00000111	00000110	00000101
00100000	00011111	00011110	00011101
00001010	00001011	00001100	00001101
00000000	00000001	00000010	00000011

將右邊第三位元全部收集起來，我們得到如下的第三位元平面：

0	1	1	1
0	1	1	1
0	0	1	1
0	0	0	0

解答完畢

從圖 1.6.2(h) 可發現最高位元組成的黑白影像和圖 1.4.2 最像，接下來的圖 1.6.2(g) 和圖 1.4.2 的相似度就差一些。我們把圖 1.6.2(e) 至 (h) 疊在一起可得到圖 1.6.3。圖 1.6.3 中的 Lena 和圖 1.4.2 中的 Lena 在肉眼上幾乎分辨不出什麼差異。利用這點，一個像素的最右邊四個位元可以捨去或是拿來做別的

(a) 第一張位元平面

(b) 第二張位元平面

(c) 第三張位元平面

(d) 第四張位元平面

(e) 第五張位元平面

(f) 第六張位元平面

(g) 第七張位元平面

(h) 第八張位元平面

圖 1.6.2　灰階 Lena 影像的八張位元平面剖析

圖 1.6.3 圖 1.6.2(e) 至 (h) 的合成影像

用途，因為捨去這四個位元並不會影響影像特徵太大。因為愈右邊的位元的加權 (Weight) 愈低，所以影響影像特徵的機率愈小。例如，在 Lena 影像中，有兩像素，它們的灰階值分別為 193＝$(11000001)_2$ 和 192＝$(11000000)_2$；而有一待隱藏像素的灰階值為 37＝$(00100101)_2$，利用上面描述的方法，F16 影像中的該像素 00100101 拆成 0010 和 0101 後，並分別取代 Lena 影像中的兩像素之最後四位元後，該兩像素的灰階值改變為 194＝$(11000010)_2$ 和 197＝$(11000101)_2$。以上最低有效位元法也簡稱作 LSB (Least Significant Bit) 法。

T. S. Chen 等人 [7] 指出，影像 *A* 的所有像素之二進位字串被植入 (Embed) 影像 *B* 中的所有像素之最右四個位元集中。如此一來，依據圖 1.6.3 的效果可想像得到，其效果會蠻好的。值得注意的一個限制是，*A* 的大小必須小於 *B* 的大小。為了解決這個問題，可對 *A* 進行了一次壓縮。當然，為了增加隱像術的保密性，也可以利用加密的一些技巧將 *A* 的字串打亂次序再植入到 *B*。

通常來說，我們希望植入浮水印的過程要很容易，而攻擊者要從影像中抽取出被植入的浮水印會非常困難，下面為其示意圖：

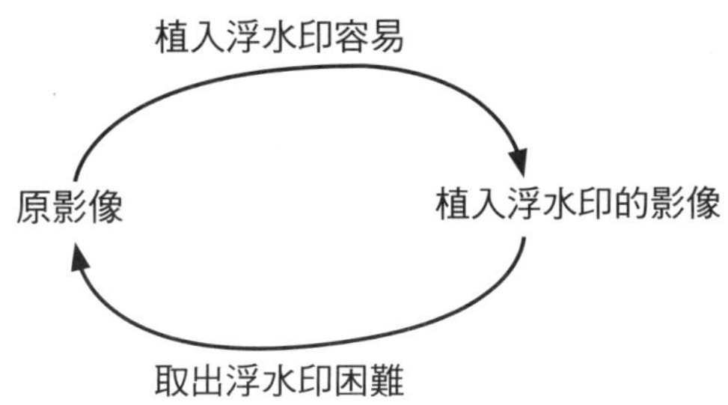

滿足上圖的函數也叫單程函數 (One-way Function)。

範例 2：假設每一個位元組 (Byte) 可以隱藏一個位元。我們的隱像術規則為：

(1) 若從浮水印讀出來的位元為 0，則原影像的對應位元組之最後兩位元由 01(10)，改為 00(11)。

(2) 若從浮水印讀出來的位元為 1，則原影像的對應位元組之最後兩位元由 00(11)，改為 01(10)。

(3) 其餘情況則保持原狀。

例如，位元組 $(11000000)_2$ 要隱藏位元 1，則改為 $(11000001)_2$；要隱藏位元 0，則位元組 $(11000000)_2$ 保持不變。

原影像為

24	7	21	9
42	8	66	39
34	10	12	13
17	2	5	23

我們想隱藏以下的浮水印

1	0	0	1
1	0	1	0
0	1	0	0
0	0	1	1

依照上述的浮水印隱藏規則，請求出加入浮水印後的十進位影像。

解答：我們先把原影像的每個像素之位元組轉換成二進位的 8 個位元，再參照上面的浮水印隱藏規則，可以得到下列的影像：

25	7	20	9
42	8	66	39
35	10	12	12
16	3	5	22

- 浮水印 (0)
  - 01 → 00
  - 00 → 00
  - 11 → 11
  - 10 → 11
- 浮水印 (1)
  - 00 → 01
  - 01 → 01
  - 10 → 10
  - 11 → 10

過程可模擬如下：

24(1)	7(0)	21(0)	9(1)
42(1)	8(0)	66(1)	39(0)
34(0)	10(1)	12(0)	13(0)
17(0)	2(0)	5(1)	23(1)

(a)

00011000(1)	00000111(0)	00010101(0)	00001001(1)
00101010(1)	00001000(0)	01000010(1)	00100111(0)
00100010(0)	00001010(1)	00001100(0)	00001101(0)
00010001(0)	00000010(1)	00000101(1)	00010111(1)

(b)

00011001(1)	00000111(0)	00010100(0)	00001001(1)
00101010(1)	00001000(0)	01000010(1)	00100111(0)
00100011(0)	00001010(1)	00001100(0)	00001100(0)
00010000(0)	00000011(0)	00000101(1)	00010110(1)

(c)

25	7	20	9
42	8	66	39
35	10	12	12
16	3	5	22

(d)

我們只要將影像 (d) 中的像素最右兩個位元取出做 XOR 運算，即可得到浮水印。

解答完畢

1.7 植基於奇異值分解法的浮水印技術

利用 Golub 提出的奇異值分解法 [12] SVD，結合向量量化法來達到植入浮水印的功能首先由 Chung 等人 [11] 提出。我們先介紹一些基本觀念。

令灰階影像 A 為一長條形矩陣。假設 A 的秩 (Rank) 為 m，則 A 的 SVD 可表示為

$$A = U\Sigma V^t$$

V 和 U 為正交矩陣 (Orthogonal Matrix) 且 $\Sigma = \mathrm{diag}(\sigma_1, \sigma_2, \cdots, \sigma_n)$，其中奇異值 (Singular Values) $\sigma_1, \sigma_2, \cdots, \sigma_n$ 滿足 $\sigma_1 \ge \sigma_2 \ge \cdots \ge \sigma_m > 0$ 和 $\sigma_{m+1} = \sigma_{m+2} = \cdots = \sigma_n = 0$。這裡 σ_i 等於 $\sqrt{\lambda_i}$，λ_i 為矩陣 A^TA 的第 i 個特徵值 (Eigen-value)。

範例 1：**試證 $\lambda_i \ge 0$。**

解答：利用

$$\begin{aligned} \|AX\|^2 &= (AX)^t AX = X^t(A^t AX) \\ &= X^t(\lambda X) = \lambda X^t X \\ &= \lambda \|X\|^2 \end{aligned}$$

可推得

$$\lambda = \frac{\|AX\|^2}{\|X\|^2} \ge 0$$

解答完畢

範例 2：**A 如何進行 SVD 分解？也就是如何得到**

$$\begin{aligned} A = U\Sigma V^t &= (U_1U_2)\begin{pmatrix} \Sigma_1 & 0 \\ 0 & 0 \end{pmatrix}\begin{pmatrix} V_1^t \\ V_2^t \end{pmatrix} \\ &= U_1\Sigma_1V_1^t \end{aligned} \quad (1.7.1)$$

解答：我們先求正交矩陣 $V=(V_1, V_2)$，V_1 為 λ_1、λ_2、…和 λ_m 所求出的特徵向量 (Eigenvector) v_1、v_2、…和 v_m 所構成，也就是

$$V_1 = (v_1, v_2, \cdots, v_m)$$

$V_2=(v_{m+1}, v_{m+2}, \cdots, v_n)$ 為 $\lambda_{m+1}=0$，$\lambda_{m+2}=0$、…和 $\lambda_n=0$ 所求出的特徵向量所構成。λ_1、$\lambda_2 \cdots \lambda_m$ 可利用 A^tA 求得。我們用個小例子來說明較易懂。令 $A=\begin{bmatrix}2 & 2\\ 2 & 2\end{bmatrix}$，則 $A^tA=\begin{bmatrix}8 & 8\\ 8 & 8\end{bmatrix}$。$A^tA$ 的特徵值為 $\lambda_1=16$ 和 $\lambda_2=0$。將特徵值開根號，A 的奇異值為 $\sigma_1=4$ 和 $\sigma_2=0$。特徵值為 16 的特徵向量為 $V_1=(1, 1)^t$，而特徵值為 0 的特徵向量為 $V_2=(1, -1)^t$，利用這二個特徵向量可建構出

$$V=(V_1, V_2)=\frac{1}{\sqrt{2}}\begin{pmatrix}1 & 1\\ 1 & -1\end{pmatrix}$$

利用 $AV=U\Sigma$，可得 $AV_1=\sigma_1 u_1$。

所以

$$u_1=\frac{1}{\sigma_1}AV_1=\frac{1}{4}\begin{pmatrix}2 & 2\\ 2 & 2\end{pmatrix}\begin{pmatrix}\frac{1}{\sqrt{2}}\\ \frac{1}{\sqrt{2}}\end{pmatrix}=\begin{pmatrix}\frac{1}{\sqrt{2}}\\ \frac{1}{\sqrt{2}}\end{pmatrix}$$

又由 $AV=U\Sigma$，可得 $A^tU=V\Sigma^t$。利用 $A^tu_2=0$ 可找出 $u_2=\begin{pmatrix}\frac{1}{\sqrt{2}} & \frac{-1}{\sqrt{2}}\end{pmatrix}^t$。所以，$A$ 的 SVD 可表示為

$$A=U\Sigma V^t=\begin{pmatrix}\frac{1}{\sqrt{2}} & \frac{1}{\sqrt{2}}\\ \frac{1}{\sqrt{2}} & -\frac{1}{\sqrt{2}}\end{pmatrix}\begin{pmatrix}4 & 0\\ 0 & 0\end{pmatrix}\begin{pmatrix}\frac{1}{\sqrt{2}} & \frac{1}{\sqrt{2}}\\ \frac{1}{\sqrt{2}} & -\frac{1}{\sqrt{2}}\end{pmatrix}$$

解答完畢

一般而言，為了達到壓縮的效果，我們會捨去一些較小的奇異值。我們的實驗顯示，由於浮點表示 (Floating-point Representation) 的關係，利用 SVD 來壓縮影像的效果並不是很好。若想達到好一些的壓縮效果，勢必要捨去更多的奇異值，如此一來，會造成較大的失真 (Distortion)。我們可結合 SVD 及 VQ 之方法，在壓縮效果和失真之間得到一個較好的平衡。

SVD 之所以可以拿來當浮水印用，主要的原因是：我們可將待植入影像

A 的奇異值變得很小，然後將轉換後的影像 A' 植入影像 B 中，則合成影像 B' 的 SVD 分解中之奇異值仍將以 B 的奇異值為主，這樣就達到隱像的作用了。這裡補充一點：在待植入的影像 A 和影像 B 的二組奇異值中，我們皆取前面較大的奇異值。在 A 中被取出的奇異值接在 B 取出的奇異值後面，因為 A 中取出的奇異值事先變小了，故合成後的影像中，A' 就不易被察覺。圖 1.7.1(a) 為待植入的 F16 影像，圖 1.7.1(b) 為將 F16 植入圖 1.4.2 後的結果。F16 經隱像後，效果的確蠻好的，畢竟在圖 1.7.1(b) 中，用肉眼實在看不出 F16 隱藏其中。

(a) 待植入的 F16

(b) 將 F16 植入圖 1.4.2 後的結果

圖 1.7.1 隱像後的效果

1.8 結 論

在這一章中，我們從光的組成，談到人眼的結構及其和照相機結構的對應關係。接著我們談各種彩色模式的轉換。透過 RGB 轉成 YIQ 後，利用 Y 形成的灰階影像，我們把一張灰階影像分解成八張位元平面，從而引出 LSB 法的浮水印的技術。讀者可延伸閱讀 1.10 節文獻所列的相關浮水印論文。對 SVD 式浮水印有興趣的讀者亦請參見 1.10 節文獻中所列的論文。

在影像處理和電腦視覺的領域中，除了刊登在各種研討會上的論文外，發表於下列的期刊論文亦非常值得我們閱讀，這些期刊大致來說都有不錯的評價。

- *IEEE Trans. on Image Processing*
- *IEEE Trans. on Pattern Analysis and Machine Intelligence*
- *IEEE Trans. on Circuits and Systems for Video Technology*
- *IEEE Trans. on Geoscience and Remote Sensing*
- *IEEE Geoscience and Remote Sensing Letters*
- *IEEE Trans. on Information Forensics and Security*
- *IEEE Trans. on Signal Processing*
- *IEEE Trans. on Multimedia*
- *IEEE Signal Processing Letters*
- *IEEE Trans. on Systems, Man, and Cybernetics: PART B*
- *IEEE Trans. on Broadcasting*
- *International J. of Computer Vision*
- *Computer Vision and Image Understanding*
- *Pattern Recognition*
- *J. of Visual Communication and Image Representation*
- *Image and Vision Computing*
- *Signal Processing: Image Communication*
- *Optical Engineering*
- *Pattern Recognition Letters*
- *International J. of Pattern Recognition and Artificial Intelligence*
- *IET: Image Processing*
- *Information Sciences*
- *Applied Math. and Computation*

由國內大學輪流一年舉辦一次的 **CVGIP** (Computer Vision, Graphics, and Image Processing) 學術研討會可說是國內影像處理與電腦視覺的盛會，每年都吸引了很多專家學者和青年學子參加。另外，中研院出版的 **JISE** (*J. of Information Science and Engineering*) 和中國工程師學會出版的 **JCIE** (*J. of Chinese Inst. of Engineers*) 是國內出版的優秀國際期刊。

1.9 作　業

1. 何謂 L*a*b* 彩色系統？

解答：彩色系統的制定需要考量許多因素，在這些因素中“均勻化”是很重要的因素，也就是說，在色彩空間中，在不同位置、不同方向上相等的幾何距離，於人類的視覺上有等比例的色差。L*a*b* 彩色系統也稱作 LAB 系統，它是從 CIE 1931 RGB、CIE 1931 XYZ、CIE 1960 UCS 一路發展過來的，現在已被世界各國採用。下圖為 LAB 系統的示意圖。

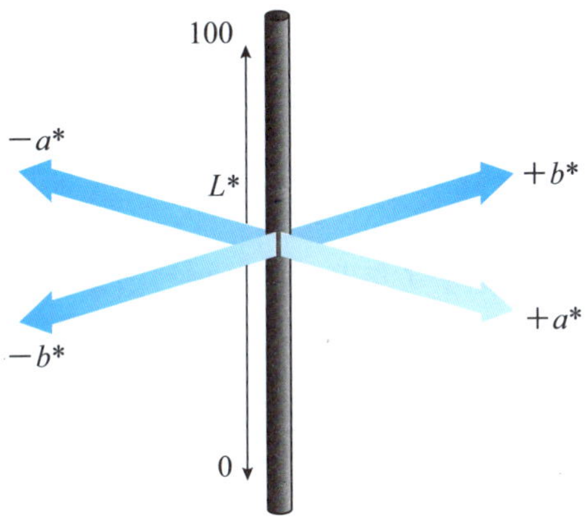

在上圖中，$0 \le L^* \le 100$，$L^*=0$ 代表最黑；$L^*=100$ 代表最亮；a^* 的值從 $-a^*$ (綠) 到 $+a^*$ (紅)；b^* 的值從 $-b^*$ (藍色) 到 $+b^*$ (黃色)。讀者可參見第十四章的作業以了解 L*a*b* 彩色系統和 XYZ 彩色系統的關係。

解答完畢

2. 令 $C_3=C_2/2$，試著將式 (1.5.1) 簡化成

$$\text{SSIM}(A, A')=\frac{(2U_AU_{A'}+C_1)(2\sigma_{AA'}+C_2)}{(U_A^2+U_{A'}^2+C_1)(\sigma_A^2+\sigma_{A'}^2+C_2)}$$

(提示：參考 [6]。)

3. 利用 XOR 算子將十進位的數字轉換成二進位的位元字串，但需滿足鄰近的二個十進位的數字經轉換後的二進位字串之漢明距離 (Hamming Distance) 為最小。

4. 寫一程式以實作 1.6 節所提的植基於位元平面之浮水印。

5. 討論如何在頻率域進行浮水印。

6. 討論浮水印攻擊種類。

7. 如何利用 LSB 法來達到偵測影像被竄改的功能 [10]？

解答： 首先將影像分割成許多區塊，任意挑出鄰近的兩區塊，A 和 B。假設 A 的左上角之 2×2 子區塊如下所示：

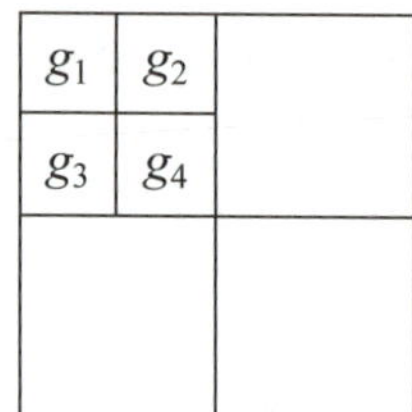

區塊 A

我們求出子區塊的平均灰階，$\frac{1}{4}\sum_{i=1}^{4} g_i$。然後將平均灰階的前六個位元表示存入 B 中左上角之 2×2 子區塊的六個 r 內 (參見下圖)。

像素 1							r	r
像素 2							r	r
像素 3							r	u
像素 4							r	p

符號 p 可當 parity check 用；符號 u 可當左上角子區塊平均值大於或小於區塊平均值的紀錄。

解答完畢

8. 討論可逆式資料隱藏法 (Reversible Data Hiding)。

9. 討論 SVD 影像分解法，當刪去較小奇異值時造成的失真。

1.10 參考文獻

[1] P. G. Hewitt 著，陳可崗譯，觀念物理 IV：聲學與光學，天下文化，臺北，2001。

[2] M. Hooper 著，三民編輯部編，光的顏色：牛頓的故事，三民書局，臺北，1999。

[3] 金東執審定，金毅泉、張賢淑譯，神祕的人體，展智文化，臺北，1998。

[4] 陳鴻興、陳君彥著，基礎色彩再現工程，全華書局，臺北，2003。

[5] R. C. Gonzalez and R. E. Woods, *Digital Image Processing*, 2nd Edition, Prentice-Hall, New York, 2002.

[6] Z. Wang, A. C. Bovik, H. R. Sheikh, and E. P. Simoncell, "Image quality assessment: from error visibility to structural similarity," *IEEE Trans. on Image Processing*, 13(4), 2004, pp. 1-15.

[7] T. S. Chen, C. C. Chang, and M. S. Hwang, "A virtual image cryptosystem based upon vector quantization," *IEEE Trans. on Image Processing*, 7(10), 1998, pp. 1485-1488.

[8] R. Z. Wang, C. F. Lin, and J. C. Lin, "Image hiding by optimal LSB substitution and genetic algorithm," *Pattern Recognition*, 34(3), 2001, pp. 671-683.

[9] D. C. Wu and W. H. Tsai, "Data hiding in images via multiple-based number conversion and lossy compression," *IEEE Trans. on Consumer Electronics*, 44(4), 1998, pp. 1406-1412.

[10] P. L. Lin, C. K. Hsieh, and P. W. Huang, "A hierachical digital watermarking method for image tamper detection and recovery," *Pattern Recognition*, 38, 2005, pp. 2519-2529.

[11] K. L. Chung, C. H. Shen, and L. C. Chang, "A novel SVD- and VQ-based image hiding scheme," *Pattern Recognition Letters*, 22(9), 2001, pp. 1051-1058.

[12] G. H. Golub and C. F. Van Loan, *Matrix Computations*, Chapter 8, Baltimore, MD: Johns Hopkins Univ. Press, 1989.

[13] A. Gersho and R. M. Gray, *Vector Quantization and Signal Compression*, Kluwer Academic Pub., Boston, 1992.

[14] J. F. Yang and C. L. Lu, "Combined techniques of singular value decomposition and vector quantization for image coding," *IEEE Trans. on Image Processing*, 4(8), 1995, pp. 1141-1146.

[15] W. J. Yang, K. L. Chung, and H. Y. M. Liao, "Efficient reversible data hiding for color filter array images," *Information Sciences*, 190, 2012, pp. 208-226.

[16] X. P. Zhang and K. Li, "Comments on An SVD-based watermarking scheme for protecting rightful ownership," *IEEE Trans. on Multimedia*, 7(2), 2005, pp. 593-594.

[17] K. L. Chung, Y. H. Huang, P. C. Chang, and H. Y. Mark Liao, "Reversible data

hiding-based approach for intra-frame error concealment in H.264/AVC", *IEEE Trans. Circuits and Systems for Video Technology*, 20(11), 2010, pp. 1643-1647.

[18] I. Cox, M. Miller, J. Bloom, J. Fridrich, and T. Kalker, *Digital Watermarking and Steganography*, 2nd Ed., Morgan Kaufmann, New York, 2007.

[19] K. L. Chung, W. N. Yang, Y. H. Huang, S. T. Wu, and Y. C. Hsu, "On SVD-based watermarking algorithm," *Applied Mathematics and Computation*, 188(1), 2007, pp. 54-57.

[20] S. C. Pei and J. M. Guo, "High capacity data hiding in halftone images using minimal error bit searching and least mean square filter," *IEEE Trans. Image Processing*, 15(6), 2006, pp. 1665-1679.

[21] H. C. Hu, "High-capacity image hiding scheme based on vector quantization," *Pattern Recognition*, 39(9), 2006, pp. 1715-1724.

[22] C. T. Hsu and J. L. Wu, "Hiding digital watermarks in images," *IEEE Trans. on Image Processing*, 8(1), 1999, pp. 58-68.

[23] C. S. Lu, S. K. Huang, C. J. Sze, and H. Y. Liao, "Cocktail watermarking for digital image protection," *IEEE Trans. on Multimedia*, 2(4), 2000, pp. 209-224.

[24] K. L. Chung, Y. H. Huang, W. M. Yan, and W. C. Teng, Distortion reduction for histogram modification-based reversible data hiding, Applied Mathematics and Computation, 218(9), 2012, pp. 5819-5826.

[25] C. H. Yeh, P. Y. Sung, C. H. Kuo and R. N. Yeh, "Robust laser speckle recognition system for authenticity identification," *Optics Express*, 20(22), 2012, pp. 24382-24393.

[26] C. W. Lee and W. H. Tsai, "A secret-sharing-based method for authentication of grayscale document images via the use of the PNG image with a data repairing capability," *IEEE Trans. on Image Processing*, 21(1), 2012, pp. 207-218.

1.11 RGB 轉換成 HSV 的 C 程式附錄

在本節中，我們針對 1.4 節所介紹的 RGB 轉換成 HSV 的方法，安排了一個有文件輔助說明的 C 程式。

```
/****************************************************************/
/** 功能：將 RGB 模式儲存的影像轉換成 HSV 模式儲存的影像       **/
```

```
/**  參數一：原始 RGB 影像                                            **/
/**  參數二：轉換出的 HSV 影像                                        **/
/*****************************************************************/
void RGB2HSV(double RGB[3][M][N], double HSV[3][M][N])
{
    int i, j, k;
    double H1, Max, min, R, G, B; PI = 3.1415926;
    for(i = 0; i < M; i++)
    {
        for(j = 0; j < N; j++)
        {
            B = RGB [0][i][j];
            G = RGB [1][i][j];
            R = RGB [2][i][j];
            /*讀出 RGB 以便運算*/
            k = 0;
            /*HSV 矩陣的 H、S 和 V index*/
/*-----------求 RGB 的 Max 和 min-----------*/
            Max = R;
            min = R;
    /*一開始先將 Max 和 min 設成 R*/
            if (Max <= G)
            Max = G;
        else
            min = G;
    /* 若 Max 小於等於 G，則新的 Max 設為 G；否則新的 min 設為 G*/
        if(Max <= B)
            Max = B;
        else if(min >= B)
            min = B;
```

```
        /* 若 Max 小於等於 B，則新的 Max 設為 B*/
        /* 否則若 min 大於 B，則新的 min 設為 B*/
/*------------求色調 H(Hue)-----------------*/
            H1 = acos(0.5 * ((R – G) + (R – B))/sqrt(((R – G) * (R – G) + (R – B) *
                (G – B))));
            if (B <= G)
                HSV[k][i][j] = H1;
            else
                HSV[k][i][j] = 2 * PI – H1;
                k++;
/*-------------求飽和度 S---------------------*/
                HSV[k][i][j] = (Max – min)/Max;
                k++;
/*-------------求明亮度 V---------------------*/
                HSV[k][i][j] = Max/255;
                k++;
            }/*end for j*/
        }/*end for i*/
}
```

CHAPTER

2

形態學、DCT、人臉定位與 FFT

2.1 前言

在這一章，我們將先介紹形態學 (Morphology) 的幾個重要的算子，例如：開啟 (Opening)、關閉 (Closing)、膨脹 (Dilation) 與侵蝕 (Erosion) 等算子。形態學很適合對影像的小物件區塊之間的連結以及對影像去除雜訊。接下來，我們介紹離散餘弦轉換 (Discrete Cosine Transform, DCT)。DCT 在影像的紋理辨識上以及在影像的壓縮上皆有很大的應用。介紹完 DCT，我們結合 DCT 和形態學的算子介紹人臉定位的應用。除了 DCT 外，傅利葉轉換 (Fourier Transform, FT) 也是很重要的正交轉換。利用分割與克服的概念，快速傅利葉轉換 (FFT) 可有效的完成 FT。最後，我們會介紹 FT 的一些性質與避免混疊效應的抽樣。

2.2 形態學

令 A 為待處理的區塊集，而 B 為結構化元素集 (Structuring Elements)，則 A 和 B 進行膨脹運算可表示為

$$D(A, B) = A \oplus B = \bigcup_{b \in B} A + b$$

這裡的 $\oplus$ 號被定義為平移 (Translation) 的算子。進行侵蝕運算可表示為

$$E(A, B) = A\theta(-B) = \bigcap_{b \in -B} A + b$$

令 A 為長方形且四個端點為 $\{(1, 2), (1, 4), (2, 2), (2, 4)\}$，而 $B = \{(1, 0), (0, 1), (-1, 0), (0, -1), (0, 0)\}$。圖 2.2.1 為集合 A 和 B 的圖形。圖 2.2.2 為完成 $D(A, B)$ 運算後的結果，$D(A, B)$ 所產生的圖形很像一個加號。圖 2.2.3 為完成 $E(A, B)$ 運算後的結果，結果為空集合。B 的選取會影響 D 算子和 E 算子的結果。

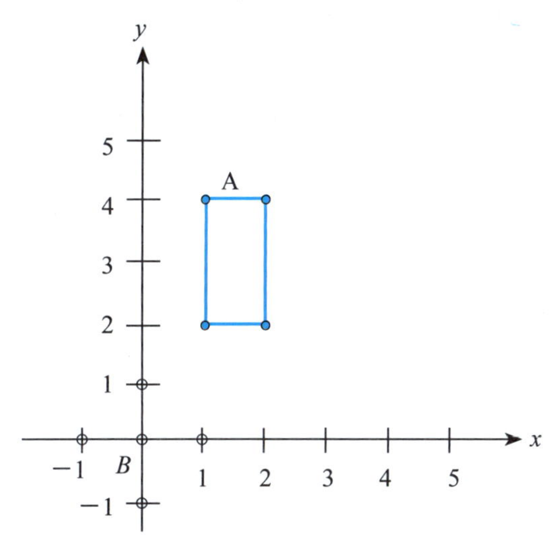

圖 2.2.1 集合 A 和 B

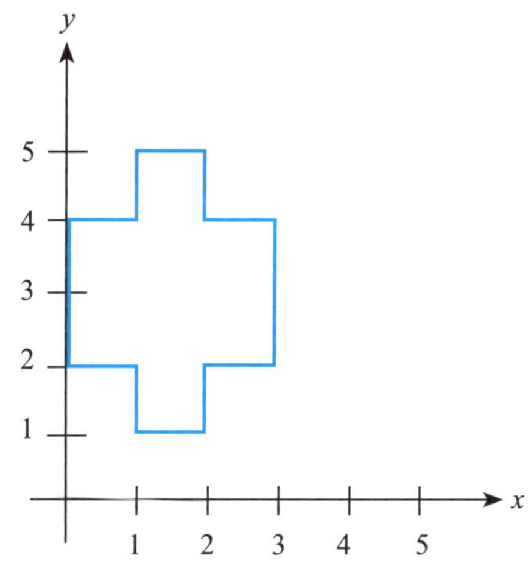

圖 2.2.2 $D(A, B)$

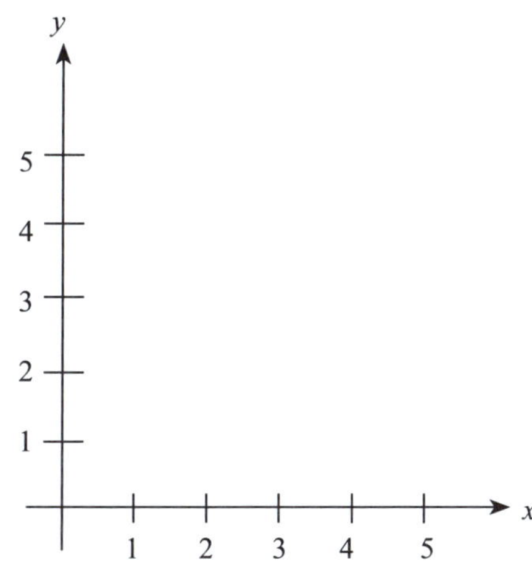

圖 2.2.3 $E(A, B)$

範例 1：今將圖 2.2.1 的區塊集 A 改成下圖所示的區塊：

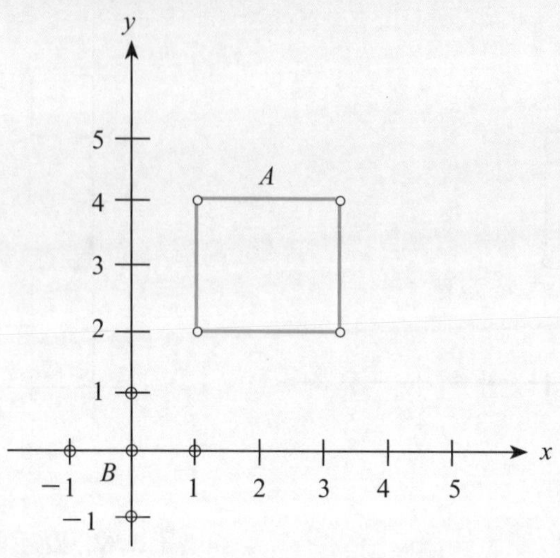

試求 $D(A, B)$ 和 $E(A, B)$。

解答：根據前面 $D(A, B)$ 和 $E(A, B)$ 的定義，我們用所得到的 $D(A, B)$ 相較於圖 2.2.2 的加號，顯得胖多了，而所得到的 $E(A, B)$ 為位於 (2, 3) 的一點。

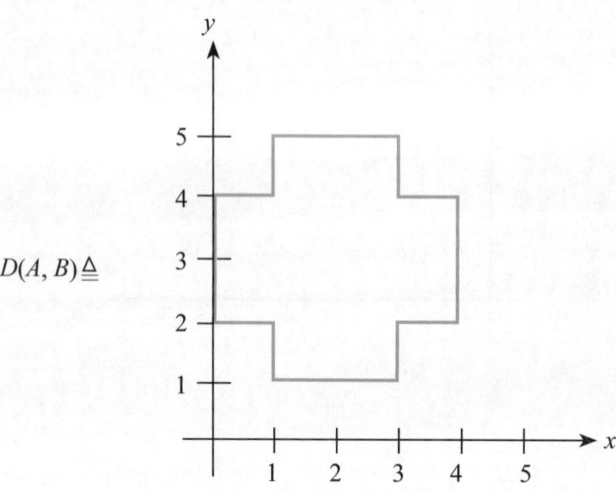

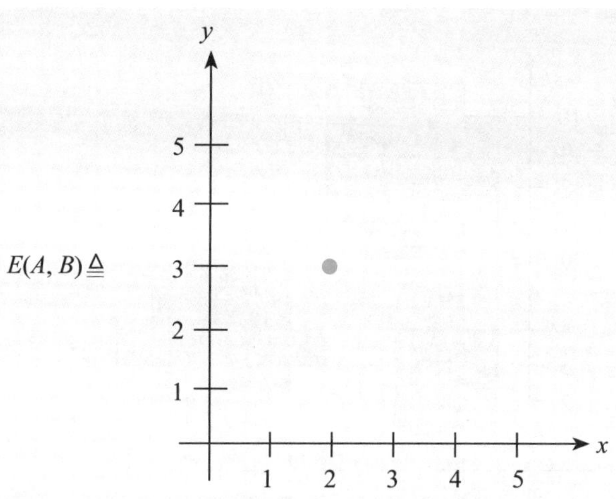

解答完畢

範例 2：給以下三區塊集，如下圖所示，沿用圖 2.2.1 的結構化元素集 B，請分別算出此三區塊集經開啟算子及關閉算子運算後的結果，並加以說明。

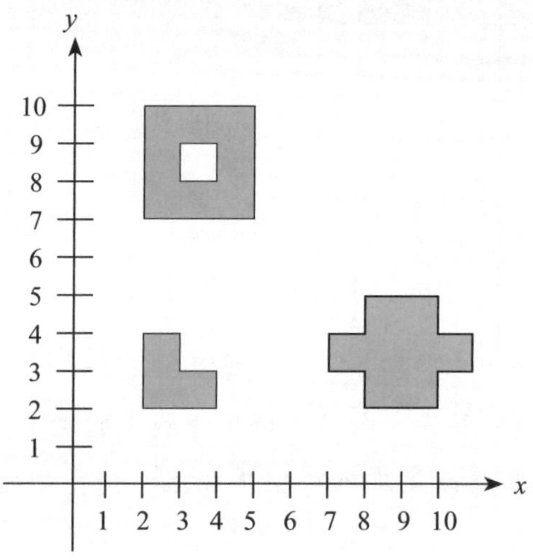

解答：封閉算子先進行膨脹運算再進行侵蝕運算，經由膨脹運算可以得到下圖的結果。

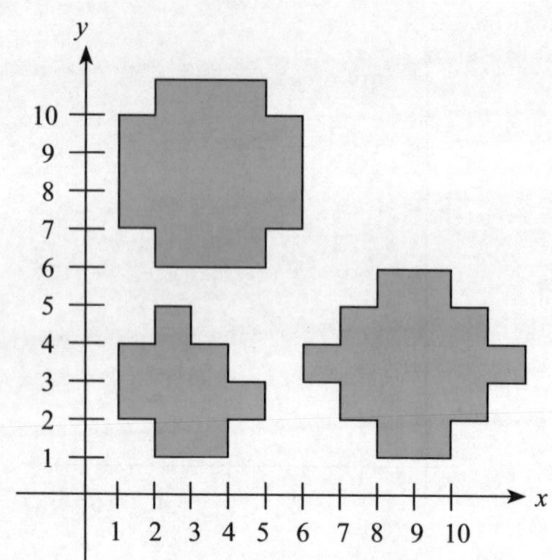

再將膨脹運算所得區塊集進行侵蝕運算，最後可得下圖的結果。

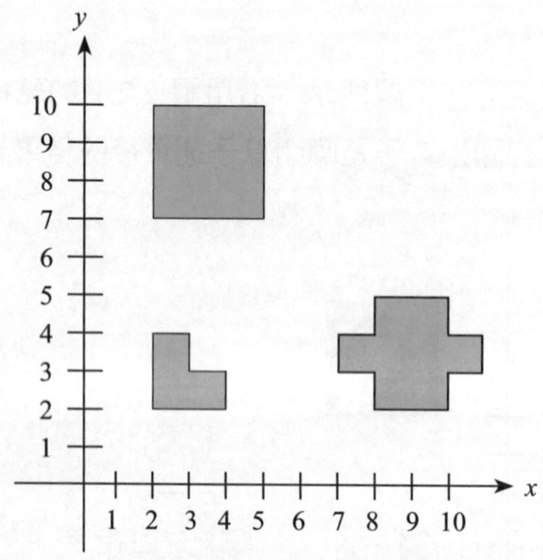

此即為關閉算子運算後的結果。各位可發現原圖中的左上圖已被塗滿了。

開啟算子先進行侵蝕運算再進行膨脹運算，經由侵蝕運算可以得到下圖：

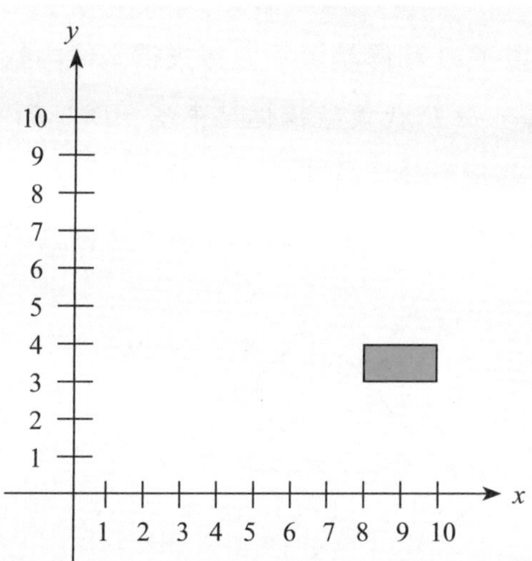

再將侵蝕運算所得區塊集進行膨脹運算，最後可得下圖的結果。

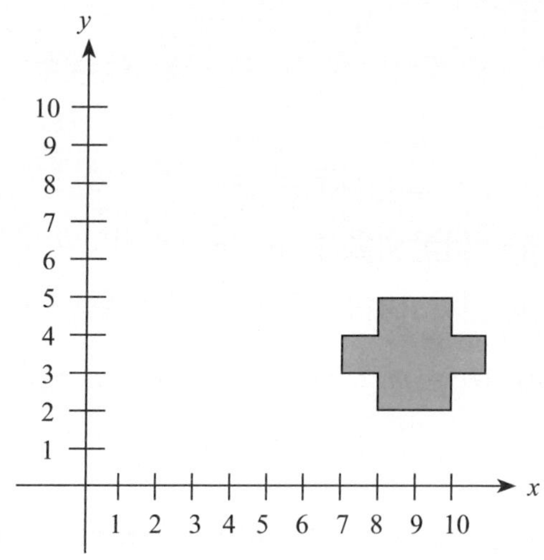

此即為開啟算子運算後的結果。

解答完畢

關閉算子先進行膨脹運算後再進行侵蝕運算的效果是：先膨脹後，區域旁的小區域會被併在一起，但離區域遠的小雜訊仍是處於孤立狀態。再經侵蝕運算後，區域旁近距離的雜訊仍會存於新的區域內，但遠距離的雜訊仍會被侵蝕回原先的大小，開啟算子也是由同樣的兩個算子合成，只是進行的順序相反。開啟算子有消除小塊雜點的功能。開啟算子則有打斷以不完整細邊連接的近距離兩區塊的功能，原因是經侵蝕後，往往經膨脹後，仍無法將兩區域連在一起了。

範例 3：如何利用膨脹算子 D 和侵蝕算子 E 以求得影像中輪廓的外圍？

解答：令 I 代表原影像，而 B 代表結構化元素集。$D(I, B)$ 將影像的輪廓膨脹；$E(I, B)$ 可將影像的輪廓侵蝕及縮減。因此 $D(I, B)-E(I, B)$ 可得到影像中物體的輪廓外圍，這裡的"－"代表兩影像相減。下圖為測輪廓的示意圖：

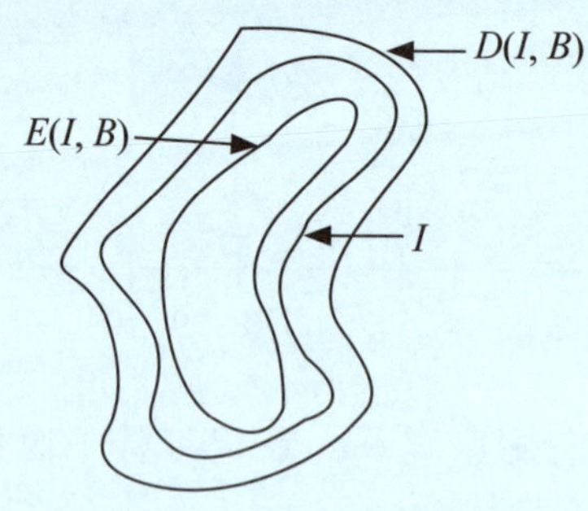

介於 $D(I, B)$ 和 $E(I, B)$ 之間的環形區域可視為物體 I 的輪廓。

解答完畢

前面介紹的形態學是針對黑白影像的例子，我們現在將其推廣到灰階影像上。令 I 為灰階影像，而 B 為結構化元素集。灰階影像的膨脹運算可表示為

$$D(I, B)(i, j) = \max\{I(i+m, j+n) + B(m, n), m, n \in \text{Domain of } B\}$$

侵蝕算子可表示為

$$E(I, B)(i, j) = \min\{I(i+m, j+n) - B(m, n), m, n \in \text{Domain of } B\}$$

令灰階影像的左上角 3×3 子影像為 I 和結構化元素集 B 如下所示：

$I' =$

50	55	60
45	55	60
30	20	10

$B =$

1	2	1
3	1	2
1	0	3

利用上述 $D(I', B)(1, 1)$ 和 $E(I', B)(1, 1)$ 的定義，我們得到

$$
\begin{aligned}
D(I', B)(1,1) &= \max(50+1, 55+2, 60+1, 45+3, 55+1, 60+2, 30+1, 20, 10+3) \\
&= 62 \\
E(I', B)(1,1) &= \min(50-1, 55-2, 60-1, 45-3, 55-1, 60-2, 30-1, 20, 10-3) \\
&= 7
\end{aligned}
$$

依據上述計算所得，經膨脹運算作用後的 I' 改變為

$I' =$

50	55	60
45	62	60
30	20	10

而經侵蝕後的 I'，改變為

$I' =$

50	55	60
45	7	60
30	20	10

實際在一般灰階影像 I 進行上述 $D(I, B)$ 和 $E(I, B)$ 時，可用迴積 (Convolution) 的方式完成之。

給一灰階 Lena 影像 I 如圖 1.4.2 所示，和用上述給的結構化元素集 B，經 $D(I, B)$ 和 $E(I, B)$ 作用後，結果如圖 2.2.1 和圖 2.2.2 所示。$D(I, B) - E(I, B)$ 的 Lena 之輪廓結果如圖 2.2.3 所示。

圖 2.2.1　$D(I, B)$

圖 2.2.2　$E(I, B)$

圖 2.2.3　$D(I, B) - E(I, B)$

2.3 離散餘弦轉換 (DCT)

DCT 轉換 (Discrete Cosine Transform) 也叫離散餘弦轉換。令 $f(x, y)$ 為視窗內位於 (x, y) 的灰階值減去 128，則二維 DCT 的計算公式如下：

$$D(i, j) = \frac{1}{\sqrt{2N}} C(i)\, C(j) \sum_{x=0}^{N-1} \sum_{y=0}^{N-1} f(x, y) \cos \frac{(2x+1)i\pi}{2N} \cos \frac{(2y+1)j\pi}{2N} \quad \textbf{(2.3.1)}$$

在式 (2.3.1) 中，當 $i=0$ 時，$C(i) = \frac{1}{\sqrt{2}}$，否則 $C(i)=1$；當 $j=0$ 時，$C(j) = \frac{1}{\sqrt{2}}$，否則 $C(j)=2$。$D(i, j)$ 的值也叫頻率域 (Frequency Domain) 上位於 (i, j) 位置的頻率係數值，$0 \le i$，$j \le N-1$。

$f(x, y)$ 也可透過 **IDCT** (Inverse DCT) 得到，下式為 IDCT 的式子：

$$f(x, y) = \frac{1}{\sqrt{2N}} \sum_{i=0}^{N-1} \sum_{j=0}^{N-1} C(i)\, C(j)\, D(i, j) \cos \frac{(2x+1)i\pi}{2N} \cos \frac{(2y+1)j\pi}{2N} \quad \textbf{(2.3.2)}$$

透過式 (2.3.2) 求得 $f(x, y)$ 後，再加上 128 即可得到位於 (x, y) 位置的原始灰階值。

圖 2.3.1(a) 為一 8×8 的灰階影像，而圖 2.3.1(b) 為其對應的係數矩陣。圖 2.3.2 為經過 DCT 轉換後得到的 D 矩陣。D 矩陣中的左上角之頻率係數值 $D(0, 0)$，一般也稱其為 **DC 值** (Direct Current)，也叫直流值。不減 128 的情況下，$D(0, 0)$ 可計算如下：

$$D(0, 0) = \frac{1}{\sqrt{2N}} \frac{1}{\sqrt{2}} \frac{1}{\sqrt{2}} \sum_{x=0}^{N-1} \sum_{y=0}^{N-1} f(x, y) \cos 0 \cos 0 = \frac{1}{2\sqrt{2N}} \sum_{x=0}^{N-1} \sum_{y=0}^{N-1} f(x, y)$$

此處 $N=8$，則 $D(0, 0) = \frac{1}{8} \sum_{x=0}^{7} \sum_{y=0}^{7} f(x, y)$。事實上，$D(0, 0)$ 的值為 $f(x, y)$ 平均值的八倍，因為 $D(0, 0) = 8 \sum_{x=0}^{7} \sum_{y=0}^{7} \frac{1}{64} f(x, y)$。$D(0, 0)$ 的值主要反映低頻的部分。如果 $D(0, 0)$ 的值很大，則表示框框內的紋理蠻平滑的。在圖 2.3.2 中，$D(0, 0)$ 以外的 63 個 $D(i, j)$ 值稱作交流值，也就是 **AC 值** (Alternative Current)。

(a) 8×8 影像

20	23	12	5	7	9	22	30
22	32	16	5	8	12	11	23
29	32	16	11	70	30	20	20
100	142	3	45	44	200	50	22
103	120	33	41	200	50	22	70
120	210	22	123	23	70	69	160
12	222	24	126	90	20	6	60
212	252	243	26	149	221	61	90

(b) 對應的係數矩陣

圖 2.3.1 8×8 的灰階圖案及其灰階值

−481	107	41	57	−26	−159	−43	−70
−316	−104	−11	14	32	100	18	41
0	41	9	−67	−56	9	47	40
−49	−29	37	−77	85	10	−91	−43
114	26	−9	103	−49	−26	86	53
−60	−17	−23	−9	−22	12	−55	−94
64	−7	56	−2	−7	27	43	12
−74	−4	−77	−25	74	−41	−44	103

圖 2.3.2 DCT 後的結果

範例 1： 當 $D(0, 0) > 1800$ 時，原 8×8 灰階影像為何種影像？

解答： 令全黑的灰階值為 0，而全白的灰階值為 255。已知

$$D(0,0) = 8\sum_{x=0}^{7}\sum_{y=0}^{7}\frac{1}{64}f(x,y) > 1800$$

很容易推知原 8×8 灰階影像可能為一幾近全白的平滑影像。不過，有時為了保險起見，除了 $D(0, 0)$ 的值外，還得看看其餘的 63 個值。

解答完畢

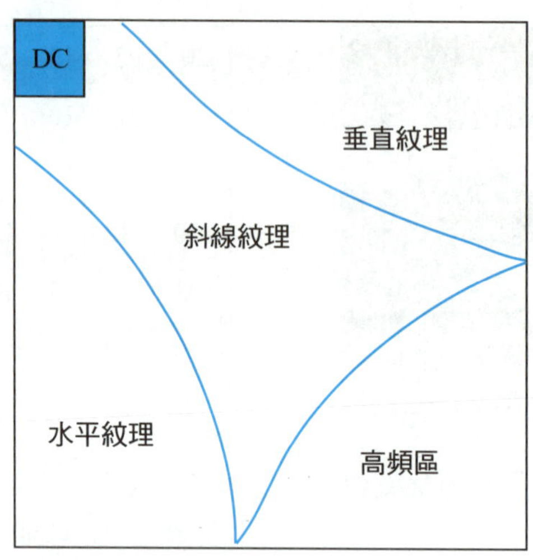

圖 2.3.3 DCT 頻率域的紋理方向示意圖

一般而言，在 DCT 轉換後的頻率域上之不同區域上的係數會透露原始影像的紋理強弱及方向。圖 2.3.3 為 DCT 後的頻率域之紋理方向示意圖。

2.4 人臉定位

在這一節，我們打算利用 2.2 節的形態學和 2.3 節的 DCT 來完成人臉定位的工作。下圖為人臉定位的流程圖。人臉定位在保全監控上有重要應用。

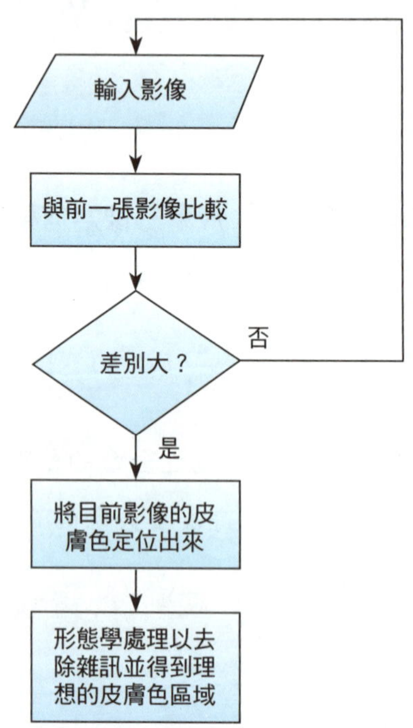

在執行上述流程前，我們挑色調 H 為過濾皮膚色的色調基礎。首先利用人工點選的方式，將所有訓練影像中的皮膚色予以框出，然後將色調抽取出來，並且將統計出來的平均值 μ 和標準差 σ 用於濾波器的設計，下面為其示意圖：

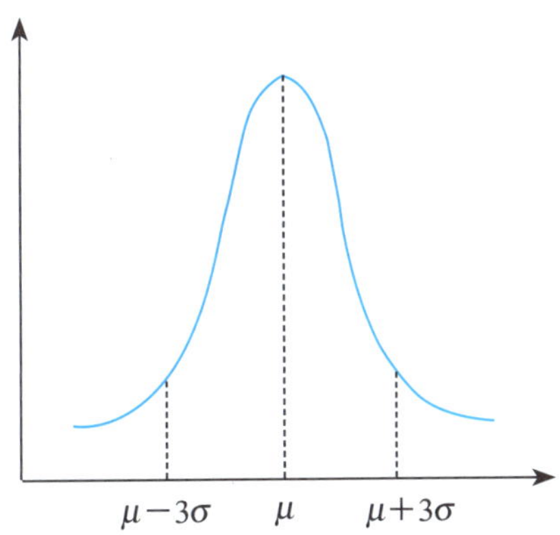

一般而言，在 $[\mu-3\sigma, \mu+3\sigma]$ 的範圍內，約有百分之九十幾的機率為皮膚色，因此 $[\mu-3\sigma, \mu+3\sigma]$ 可當成皮膚色的過濾器。

經過上述流程的處理後，皮膚色就可被定位出來。圖 2.4.1 為輸入的影像，經上述流程找出的皮膚色如圖 2.4.2 所示。

這時利用色調所得的皮膚色所在的區塊可能顯得有些零碎，我們可用形態學中的開啟算子和關閉算子來將太小且疏離的雜訊刪掉，但將很靠近的區塊連接在一起，以形成較完整的大區域。然後我們加上頭髮的考慮，來進一步判定

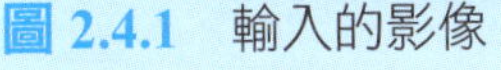
圖 2.4.1 輸入的影像

圖 2.4.2 皮膚色所在

是否可能為人臉。

經過上述的處理後，仍可能會因為皮膚色的巧合，而產生誤判。例如，有些偏黃色的垃圾桶加上黑色的蓋子，就很可能被誤判為人臉。為求謹慎，可進一步檢查可能的人臉範圍內的紋理。人臉因為有五官的關係，五官的紋理會深刻些，這時 DCT 轉換倒不失為一個有效的方法 [1]。為了能有效地應用 DCT 轉換，框住皮膚色的框框之大小設定為 $N \times N = 2^k \times 2^k$ 的形式。

在 DCT 轉換後的頻率域上之不同區域上的係數會透露原始影像的紋理強弱及方向。圖 2.3.3 為 DCT 後的頻率域之紋理方向示意圖。通常若框住皮膚色的框框是臉部的話，則在高頻區會有一些較大的係數表現。換言之，當 DC 值過小時和 AC 值過大時，可進一步判斷有臉部的框框。

透過 DCT 的技巧，假設我們已找到臉部部位且已經利用測邊法 (Edge Detection，參見第四章) 得到邊圖 (Edge Map)。接下來，我們介紹如何在臉部上找出眼睛和嘴巴的部位 [4]。假設找到的臉部邊圖如下所示：

利用水平投射法 (Horizontal Projection)，我們可將邊圖上的邊點 (Edge Pixel) 水平投影到 y 軸上，並且記錄邊點的個數。以上面的人臉為例，在 y 軸上的投影柱狀圖 (Histogram) 約莫如下所示：

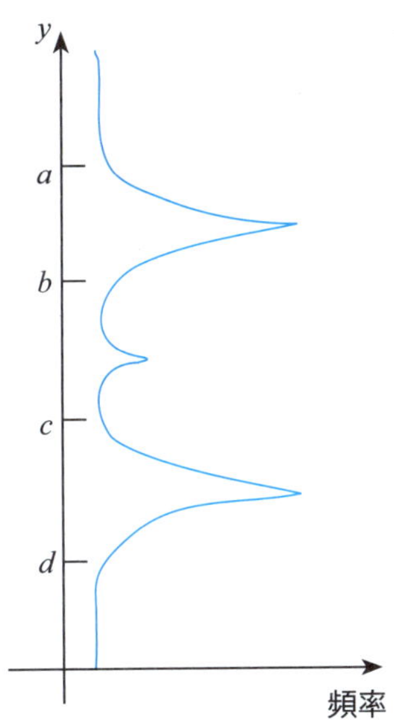

我們可發現在 (a, b) 和 (c, d) 兩區間有頻率較高的波峰 (Peak)，依位置而言，可合理推估 (a, b) 區間為眼部所在，而 (c, d) 區間為嘴巴所在，畢竟這兩個部分的邊點數是較多的。

2.5 傅利葉轉換

我們先介紹傅利葉轉換 [3] 再介紹快速傅利葉轉換。為方便起見，FT 代表傅利葉轉換，而 FFT 代表快速傅利葉轉換。我們就從一維的 FT 談起。

給一週期函數 (Periodic Function) $g(\theta)$，$0 \le \theta \le 2\pi$，傅利葉原先的想法是將 $g(\theta)$ 用有正交性 (Orthogonality) 的傅利葉基底 (Fourier Basis) 來表示。這些正交的基底為 $\cos\theta, \cos 2\theta, \cos 3\theta, \cdots, \sin\theta, \sin 2\theta, \sin 3\theta, \cdots, 0 \le \theta \le 2\pi$。換用線性代數 (Linear Algebra) 的術語，$g(\theta)$ 打算用上述的基底之線性組合 (Linear Combination) 來表示。有關基底的正交性，可利用等式

$$\cos m\theta \cos n\theta = \frac{1}{2}[\cos(m+n)\theta + \cos(m-n)\theta]$$

證得當 $m \neq n$ 時，

$$\int_0^{2\pi} \cos m\theta \cos n\theta \, d\theta = 0$$

另外當 $m = n \neq 0$ 時，

$$\int_0^{2\pi} \cos m\theta \cos n\theta \, d\theta = \pi$$

而當 $m=n=0$ 時，

$$\int_0^{2\pi} \cos m\theta \cos n\theta \, d\theta = 2\pi$$

關於 $\cos m\theta \sin n\theta$ 與 $\sin m\theta \sin n\theta$ 的正交性證明，可仿照 $\cos m\theta \cos n\theta$ 的正交性證明而得到。

有了這傅利葉基底後，則 $g(\theta)$ 可表示成

$$g(\theta) = \frac{a_0}{2} + \sum_{k=1}^{\infty} [a_k \cos k\theta + b_k \sin k\theta] \tag{2.5.1}$$

從投影定理 (Projection Theorem) 可知 $g(\theta)$ 利用式 (2.5.1) 的傅利葉展開 (Fourier Expansion) 來表示是沒有誤差的。我們如何求得傅利葉係數 a_m 和 b_m 呢？從

$$\int_0^{2\pi} g(\theta) \cos m\theta \, d\theta = \begin{cases} \pi a_m \text{ ，} & m \neq 0 \\ \pi a_0 \text{ ，} & m = 0 \end{cases}$$

可推得

$$a_m = \frac{1}{\pi} \int_0^{2\pi} g(\theta) \cos m\theta \, d\theta \text{ ，} \quad m = 0, 1, 2, \cdots$$

由

$$\int_0^{2\pi} g(\theta) \sin m\theta \, d\theta = \pi b_m \text{ ，} \quad m \neq 0$$

可推得

$$b_m = \frac{1}{\pi} \int_0^{2\pi} g(\theta) \sin m\theta \, d\theta \text{ ，} \quad m = 1, 2, 3, \cdots$$

範例 1： 令 $g(\theta)=\theta$，$-\pi<\theta\leq\pi$ 且其對應的圖如圖 2.5.1 所示。試求出 $g(\theta)$ 的傅利葉展開。

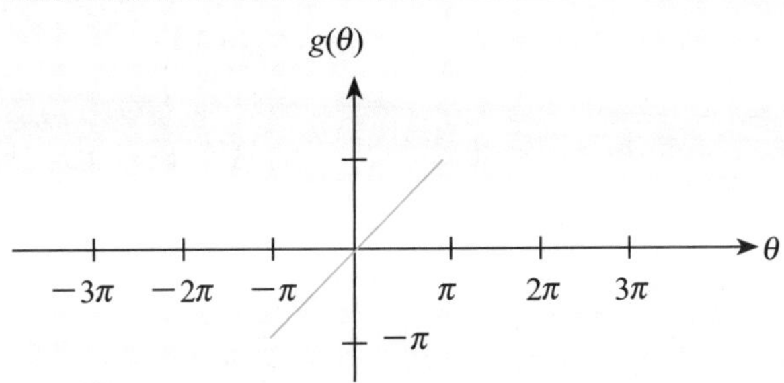

圖 2.5.1 $g(\theta)$

解答：很明顯地，我們有

$$a_0 = \frac{1}{\pi}\int_{-\pi}^{\pi} \theta \, d\theta = 0$$

$$a_k = \frac{1}{\pi}\int_{-\pi}^{\pi} \theta \cos k\theta \, d\theta = 0$$

$a_k=0$ 是因為 $\theta \cos k\theta$ 為奇函數 (Odd Function) 所致。很容易可檢定 $\theta \sin k\theta$ 為偶函數 (Even Function)，我們推得

$$b_k = \frac{1}{\pi}\int_{-\pi}^{\pi} \theta \sin k\theta \, d\theta = \frac{2}{\pi}\int_{0}^{\pi} \theta \, d\left(\frac{-\cos k\theta}{k}\right)$$

$$= -\frac{2}{k}\cos k\pi = \frac{2}{k}(-1)^{k+1}$$

所以 $g(\theta)$ 的傅利葉展開為

$$g(\theta) = \sum_{k=0}^{\infty} \frac{2}{k}(-1)^{k+1} \sin k\theta$$

$$= 2\left[\sin\theta - \frac{1}{2}\sin 2\theta + \frac{1}{3}\sin 3\theta - \frac{1}{4}\sin 4\theta + \cdots\right]$$

若 $g(\theta)$ 的傅利葉展開只取第一項且令 $S_1=2\sin\theta$；若只取前兩項且令

$$S_2 = 2\left[\sin\theta - \frac{1}{2}\sin 2\theta\right]$$

若只取前三項且令

$$S_3 = 2\left[\sin\theta - \frac{1}{2}\sin 2\theta + \frac{1}{3}\sin 3\theta\right]$$

圖 2.5.2 為 $g(\theta)$ 用 S_1、S_2 和 S_3 估計時所得到的近似圖。比較圖 2.5.1 和圖 2.5.2 可看出 S_3 較近似圖 2.5.1 的 $g(\theta)$，這裡弳度的範圍只取 $-\pi$ 到 π 之間。從圖中可看出，基底的項數愈多，S_1 和 $g(\theta)$ 愈近似。

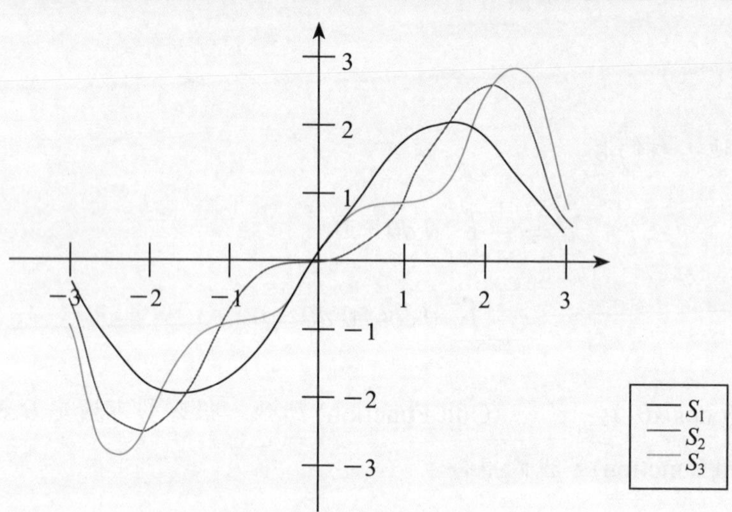

圖 2.5.2 $g(\theta)$ 用 S_1、S_2 和 S_3 估計的近似圖

解答完畢

令 $\vec{X}$ 為時間域的輸入訊號，將傅利葉轉換 F_N 作用到 $\vec{X}$ 以得到 $\vec{Y}$，亦即 $\vec{Y} = F_N \times \vec{X}$。

令 $W_N^j = e^{\frac{2\pi j}{N} i} = \cos\frac{2\pi j}{N} + i\sin\frac{2\pi j}{N}$ 為 1 的基本根 (Primitive Root) 且滿足 $W_N^N = 1$。從複數平面上的單位圓來看，滿足 $W_N^N = 1$ 的 N 個複數根分別為 $W_N^0 = W_N^N = 1, W_N^1, W_N^2, \cdots, W_N^{N-1}$。$N=8$ 時，傅利葉矩陣為

$$F_8 = \begin{pmatrix} 1 & 1 & 1 & 1 & 1 & 1 & 1 & 1 \\ 1 & W^1 & W^2 & W^3 & W^4 & W^5 & W^6 & W^7 \\ 1 & W^2 & W^4 & W^6 & 1 & W^2 & W^4 & W^6 \\ 1 & W^3 & W^6 & W^1 & W^4 & W^7 & W^2 & W^5 \\ 1 & W^4 & 1 & W^4 & 1 & W^4 & 1 & W^4 \\ 1 & W^5 & W^2 & W^7 & W^4 & W^1 & W^6 & W^3 \\ 1 & W^6 & W^4 & W^2 & 1 & W^6 & W^4 & W^2 \\ 1 & W^7 & W^6 & W^5 & W^4 & W^3 & W^2 & W^1 \end{pmatrix}$$

在 F_8 的矩陣中，為簡化起見，我們簡化 W_8^i 為 W^i。因為 $W_8^{10} = W_8^8 \times W_8^2 = W_8^2 = W^2$，所以 $F_8\,[4, 7] = W^2$。很容易可以檢定 FT 用 $F_N\vec{X}$ 來完成，可於 $O(N^2)$ 的時間複雜度內完成，這個複雜度相當於一個 $N \times N$ 矩陣乘以一個 $N \times 1$ 向量的時間複雜度。

接下來，我們介紹如何在 $O(N \log N)$ 的時間完成 FFT [6]。首先將 $\vec{X}$ 分成偶半部和奇半部，偶半部表示成 $\vec{X}_e$，而奇半部表示成 $\vec{X}_o$：

$$\vec{X}_e = \begin{pmatrix} X_0 \\ X_2 \\ X_4 \\ \vdots \\ X_{N-2} \end{pmatrix}, \quad \vec{X}_o = \begin{pmatrix} X_1 \\ X_3 \\ X_5 \\ \vdots \\ X_{N-1} \end{pmatrix}$$

令 $\vec{u} = F_{N/2}\vec{X}_e$ 和 $\vec{v} = F_{N/2}\vec{X}_o$。利用算出的 $\vec{u}$ 和 $\vec{v}$，可得

$$y_i = \begin{cases} u_i + W_N^i\, v_i\,, & 0 \le i < N/2 \\ u_{i-N/2} + W_N^i\, v_{i-N/2}\,, & N/2 \le i < N \end{cases} \tag{2.5.2}$$

上式的正確性可分析如下 [6]。當 $0 \le i < N/2$ 時，

$$
\begin{aligned}
y_i &= \sum_{0 \le j < N} W_N^{ij} X_j \\
&= \sum_{0 \le j < N}^{\text{偶數}j} W_N^{ij} X_j + \sum_{0 \le j < N}^{\text{奇數}j} W_N^{ij} X_j \\
&= \sum_{0 \le k < N/2} W_N^{2ki} X_{2k} + \sum_{0 \le k < N/2} W_N^{i(2k+1)} X_{2k+1} \\
&= \sum_{0 \le k < N/2} W_{N/2}^{ik} X_{2k} + W_N^i \sum_{0 \le k < N/2} W_{N/2}^{ik} X_{2k+1} \\
&= u_i + W_N^i v_i
\end{aligned}
$$

當 $N/2 \le i < N$ 時，

$$
\begin{aligned}
y_i &= \sum_{0 \le k < N/2} W_{N/2}^{ik} X_{2k} + W_N^i \sum_{0 \le k < N/2} W_{N/2}^{ik} X_{2k+1} \\
&= \sum_{0 \le k < N/2} W_{N/2}^{(i-N/2)k} X_{2k} + W_N^i \sum_{0 \le k < N/2} W_{N/2}^{(i-N/2)k} X_{2k+1} \\
&= u_{i-N/2} + W_N^i v_{i-N/2}
\end{aligned}
$$

分析完式 (2.5.2) 的正確性後，我們很自然的可發現 FT 的運算可依照上面分割與克服 (Divide and Conquer) 的遞迴方式來完成。假設 $\vec{u} = F_{N/2}\vec{X}_e$ 的計算需要花費 $T(N/2)$ 的時間，則 $\vec{v} = F_{N/2}\vec{X}_o$ 的計算也是需要花費 $T(N/2)$ 的時間。由式 (1.7.1.2) 中可得知，我們仍需額外的 $\Theta(N)$ 的時間來得到 $\vec{v} = F_N\vec{X}$，所以完成 $\vec{v} = F_N\vec{X}$ 總共需花費 $T(N) = 2T(N/2) + \Theta(N)$。利用替代法 (Substitution Method)，很容易可求得 $T(N) = O(N \log N)$，這比利用矩陣乘向量相乘所花的 $O(N^2)$ 時間可省得多。

範例 2：試利用替代法證明：

$$T(N) = 2T(N/2) + \Theta(N) = O(N \log N)$$

解答： 已知 $T(N) = 2T(N/2) + \Theta(N)$，可推得

$$
\begin{aligned}
T(N) &= 2T(N/2) + \Theta(N) \\
&\le 2T(N/2) + CN \\
&\le 2^2 T(N/4) + CN + CN \\
&\vdots
\end{aligned}
$$

$$
\begin{aligned}
&\le 2^k T(N/2^k) + CN + \cdots + CN + CN \\
&= 2^k T(N/2^k) + (1 + \cdots + 1 + 1)CN \\
&= \frac{N}{2} T(2) + (\log N - 1)CN \\
&= \frac{N}{2} + CN \log N - CN \\
&= O(N \log N)
\end{aligned}
$$

解答完畢

現在回到二維的 FT，假設一張 $N \times N$ 影像位於 (x, y) 的灰階值為 $f(x, y)$，則二維的 FT 定義為

$$F(u, v) = \frac{1}{N \times N} \sum_{x=0}^{N-1} \sum_{y=0}^{N-1} f(x, y) e^{-i2\pi\left[\frac{(ux+vy)}{N}\right]} \tag{2.5.3}$$

此處 $0 \le u, v < N-1$。上式中 $\frac{1}{N \times N}$ 項是我們加進去的，為的是 $f(x, y)$ 可由 **IFT** (Inverse FT) 依下式求得

$$f(x, y) = \frac{1}{N \times N} \sum_{u=0}^{N-1} \sum_{v=0}^{N-1} F(u, v) e^{-i2\pi\left[\frac{(ux+vy)}{N}\right]} \tag{2.5.4}$$

$f(x, y)$ 和 $F(u, v)$ 也稱作傅利葉配對 (Fourier Pair)。

2.6 傅利葉轉換的性質

拿掉係數 $\frac{1}{N \times N}$，式 (2.5.3) 可改寫成下列的形式：

$$
\begin{aligned}
F(u, v) &= \sum_{x=0}^{N-1} e^{\frac{-i2\pi\, ux}{N}} \sum_{y=0}^{N-1} f(x, y) e^{\frac{-i2\pi\, vy}{N}} \\
&= \sum_{x=0}^{N-1} F(x, v) e^{\frac{-i2\pi\, ux}{N}}
\end{aligned} \tag{2.6.1}
$$

在式 (2.6.1) 中 $F(u, v)$ 可看成先對 y 軸進行 FT，再對 x 軸進行 FT。式 (2.6.1) 顯示的是 FT 的分開性 (Separability)。我們接下來談更多的 FT 特性。

範例 1：假如我們想把 FT 後的結果從原點 (Origin) 移到中央 (Center)，該如何辦到呢？

解答：首先將 $f(x, y)$ 乘上 $(-1)^{x+y}$，則 $f(x, y)(-1)^{x+y}$ 的 FT 如下所算

$$
\begin{aligned}
&\sum_{x=0}^{N-1}\sum_{y=0}^{N-1} f(x, y)(-1)^{x+y} e^{-i2\pi\left[\frac{(ux+vy)}{N}\right]} \\
&=\sum_{x=0}^{N-1}\sum_{y=0}^{N-1} f(x, y)e^{i\pi(x+y)} e^{-i2\pi\left[\frac{(ux+vy)}{N}\right]} \\
&=\sum_{x=0}^{N-1}\sum_{y=0}^{N-1} f(x, y)e^{i2\pi\frac{\left(\frac{N}{2}x+\frac{N}{2}y\right)}{N}} e^{-i2\pi\left[\frac{(ux+vy)}{N}\right]} \\
&=\sum_{x=0}^{N-1}\sum_{y=0}^{N-1} f(x, y)e^{-i2\pi\left[\frac{\left(u-\frac{N}{2}\right)x+\left(v-\frac{N}{2}\right)y}{N}\right]} \\
&=F\left(u-\frac{N}{2}, v-\frac{N}{2}\right)
\end{aligned}
\tag{2.6.2}
$$

由 $f(x, y)(-1)^{x+y}$ 的 FT 等於 $F\left(u-\dfrac{N}{2}, v-\dfrac{N}{2}\right)$，可得知已將 FT 的結果從原點移至中央處了。式 (2.6.2) 顯示了 FT 的平移 (Translation)。

解答完畢

依據類似的推導方式，很容易可推得若將 $f(x, y)$ 乘上一個係數 C，則 $C \times f(x, y)$ 經 FT 作用後得到 $CF(u, v)$，這個性質稱作放大 (Scaling) 性質。令 $\alpha x = z$，則 $x=\dfrac{z}{\alpha}$ 和 $dx=\dfrac{1}{\alpha}dz$。可推得 $f(\alpha x)$ 和 $\dfrac{1}{|\alpha|}F\left(\dfrac{u}{\beta}\right)$ 為傅利葉配對。例如，給如下的 $f(x)$

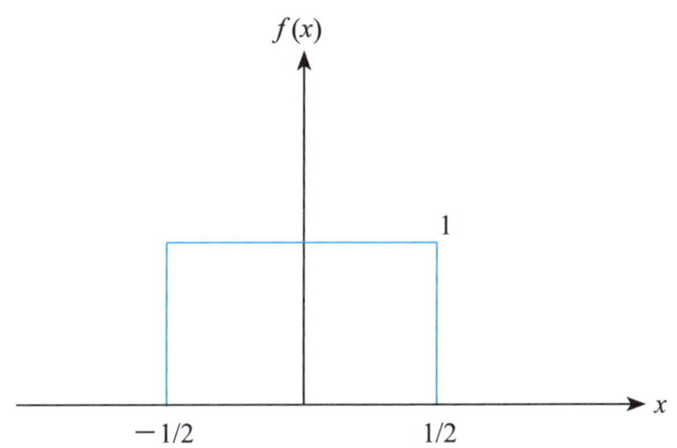

而所得的 $F(u)$ 如下所示：

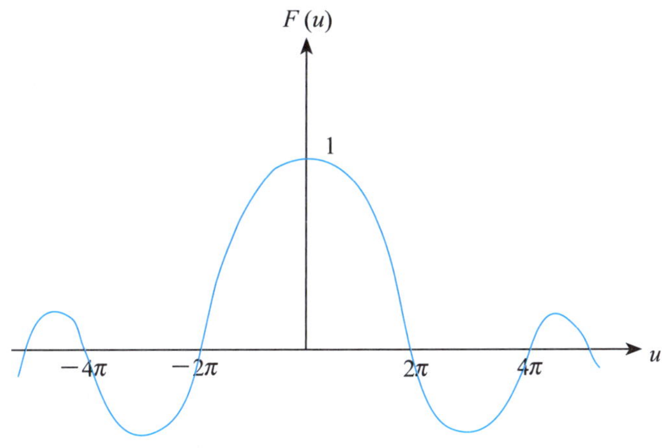

$f(2x)$ 的圖示如下：

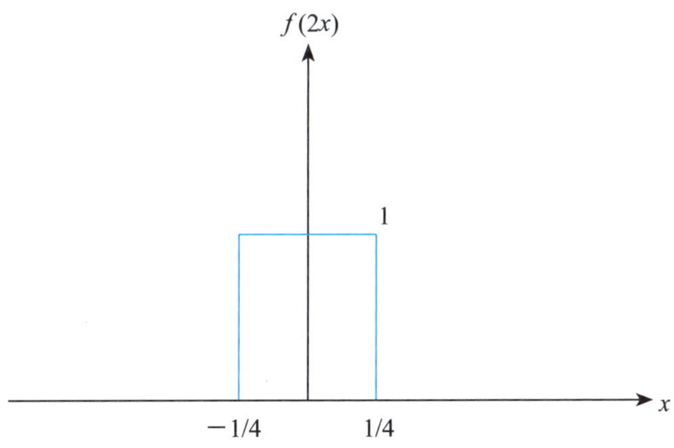

而 $\frac{1}{2}F\left(\frac{u}{2}\right)$ 的圖示如下：

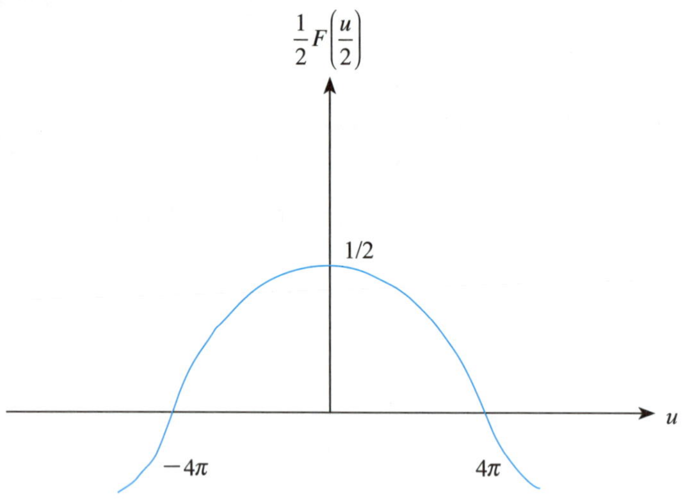

以上的性質叫倒數放大性質 (Reciprocal-scaling)。關於旋轉性 (Rotation) 和週期性 (Periodicity) 等皆可推得相關的式子。

接著，我們來介紹迴積定理 (Convolution Theorem)。我們只證明一維的例子。兩函數 $f(x)$ 和 $g(x)$ 的迴積定義為

$$f(x)*g(x)=\sum_{m=0}^{N-1}f(m)g(x-m)$$

令

$$z(x)=\frac{1}{N}\sum_{m=0}^{N-1}f(m)g(x-m)$$

令 $y=x-m$，則 $x=y+m$。所有 $z(x)$ 經 FT 作用後得

$$\begin{aligned}\frac{1}{N}\sum_{x=0}^{N-1}z(x)W^{kx}&=\frac{1}{N^2}\sum_{x=0}^{N-1}\sum_{m=0}^{N-1}f(m)g(x-m)W^{kx}\\&=\frac{1}{N}\sum_{m=0}^{N-1}f(m)\frac{1}{N}\sum_{x=0}^{N-1}g(y)W^{k(y+m)}\\&=\frac{1}{N}\sum_{m=0}^{N-1}f(m)W^{km}\frac{1}{N}\sum_{x=0}^{N-1}g(y)W^{kx}\\&=F(u)G(u)\end{aligned}$$

依上述推導，可得知 $f(x)*g(x)$ 和 $F(u)G(u)$ 為傅利葉配對。類似的推導可得 $f(x, y)*g(x, y)$ 和 $F(u, v)G(u, v)$ 為傅利葉配對。

2.7 結　論

這一章中所介紹的人臉定位法結合了顏色模型 HSV 中的 H、形態學和 DCT 的技巧。在影像處理中，形態學和 DCT 有很多的應用。FFT 的分割與克服策略使得 FT 可在合理的時間內被完成是很大的成功。

2.8 作　業

1. 試討論形態學中 $D(I, B)-E(I, B)$ 求輪廓的方法中，如何改變 B 以求得較細之輪廓，並請以程式實作之。
2. 討論結構化元素集 B 對 $D(I, B)$ 和 $E(I, B)$ 的影響。
3. 試證 DCT 的基底滿足正交性。

   解答：我們只證明一維 DCT 之正交性。二維的 DCT 乃是一維 DCT 通過 tensor product 的方式得到。

$$\left(\frac{1}{\sqrt{N}}, \frac{\sqrt{2}}{\sqrt{N}}\cos\frac{(2i+1)}{2N}, \frac{\sqrt{2}}{\sqrt{N}}\cos\frac{(2i+1)2\pi}{2N}, \cdots, \frac{\sqrt{2}}{\sqrt{N}}\cos\frac{(2i+1)(N-1)\pi}{2N}\right) = T_i$$

   為一維 DCT 的基底向量。

   接下來的工作是利用三角函數的等式關係，來驗證 $<T_i, T_j^t> = 1$ 當 $i=j$ 時；$<T_i, T_j^t> = 0$ 當 $i \neq j$ 時。我們可推得

$$\begin{aligned}<T_i, T_j^t> &= \frac{1}{N} + \frac{2}{N}\cos\frac{(2i+1)\pi}{2N}\cos\frac{(2j+1)\pi}{2N} \\ &+ \frac{2}{N}\cos\frac{(2i+1)2\pi}{2N}\cos\frac{(2j+1)2\pi}{2N} + \cdots \\ &+ \frac{2}{N}\cos\frac{(2i+1)(N-1)\pi}{2N}\cos\frac{(2j+1)(N-1)\pi}{2N} \\ &= \frac{1}{N}\left[1 + 2\sum_{k=1}^{N-1}\cos\frac{(2i+1)k\pi}{2N}\cos\frac{(2j+1)k\pi}{2N}\right]\end{aligned}$$

利用積化和差公式 $2\cos\alpha\cos\beta=\cos(\alpha+\beta)+\cos(\alpha-\beta)$，可推得

$$<T_i, T_j^t>=\frac{1}{N}\left[1+\sum_{k=1}^{N-1}\left(\cos\frac{(i+j+1)k\pi}{N}+\cos\frac{(i-j)k\pi}{N}\right)\right]$$

我們進一步算 $\sum_{k=1}^{N-1}\cos\frac{Xk\pi}{N}$ 的值。先考慮 X 是奇數的情形，可推導出

$$\begin{aligned}\sum_{k=1}^{N-1}\cos\frac{Xk\pi}{N}&=\cos\frac{X\pi}{N}+\cos\frac{X2\pi}{N}+\cdots+\cos\frac{X(N-1)\pi}{N}\\&=\cos\frac{X\pi}{N}+\cos\frac{X2\pi}{N}+\cdots-\cos\frac{X2\pi}{N}-\cos\frac{X\pi}{N}\\&=\left(\cos\frac{X\pi}{N}-\cos\frac{X\pi}{N}\right)+\left(\cos\frac{X2\pi}{N}-\cos\frac{X2\pi}{N}\right)+\cdots\\&=0\end{aligned}$$

當 X 是偶數時，利用 $\sin(\alpha\pm\beta)=\sin\alpha\cos\beta\pm\cos\alpha\sin\beta$，我們可推得

$$\begin{aligned}\sum_{k=1}^{N-1}\cos\frac{Xk\pi}{N}&=\cos\frac{X\pi}{N}+\cos\frac{X2\pi}{N}+\cdots+\cos\frac{X(N-1)\pi}{N}\\&=\frac{1}{2\sin\frac{X\pi}{2N}}\left(2\cos\frac{X\pi}{N}\sin\frac{X\pi}{2N}+2\cos\frac{X2\pi}{N}\sin\frac{X\pi}{2N}\right.\\&\qquad\left.+\cdots+2\cos\frac{X(N-1)\pi}{N}\sin\frac{X\pi}{2N}\right)\\&=\frac{1}{2\sin\frac{X\pi}{2N}}\left(\sin\frac{\left(X+\frac{X}{2}\right)\pi}{N}-\sin\frac{\left(X-\frac{X}{2}\right)\pi}{N}+\cdots\right.\\&\qquad\left.+\sin\frac{\left((N-1)X+\frac{X}{2}\right)\pi}{N}-\sin\frac{\left((N-1)X-\frac{X}{2}\right)\pi}{N}\right)\end{aligned}$$

$$=\frac{1}{2\sin\frac{X\pi}{2N}}\left(-\sin\frac{X\pi}{2N}+\sin\frac{\left((N-1)X+\frac{X}{2}\right)\pi}{N}\right)$$

$$=\frac{1}{2\sin\frac{X\pi}{2N}}\left(-\sin\frac{X\pi}{2N}-\sin\frac{X\pi}{2N}\right)$$

$$=-1$$

從以上的推導，我們得到：當 X 是奇數時，$\sum_{k=1}^{N-1}\cos\frac{Xk\pi}{N}=0$；當 X 是偶數時，$\sum_{k=1}^{N-1}\cos\frac{Xk\pi}{N}=-1$。

現在回到 $<T_i, T_j^t>$ 的驗證上。當 $i=j$ 時，可推導出

$$<T_i,\ T_j^t> =\frac{1}{N}\left[1+\sum_{k=1}^{N-1}\left(\cos\frac{(2i+1)k\pi}{N}+1\right)\right]$$

$$=\frac{1}{N}\left[N+\sum_{k=1}^{N-1}\cos\frac{(2i+1)k\pi}{N}\right]$$

$$=\frac{1}{N}[N+0]$$

$$=1$$

當 $i\neq j$ 且 $i+j-1$ 為奇數時，我們可推導出

$$<T_i,\ T_j^t> =\frac{1}{N}\left[1+\sum_{k=1}^{N-1}\left(\cos\frac{(i+j+1)k\pi}{N}+\cos\frac{(i-j)k\pi}{N}\right)\right]$$

$$=\frac{1}{N}(1+0-1)$$

$$=0$$

當 $i\neq j$ 且 $i+j+1$ 為偶數時，我們可推得

$$<T_i,\ T_j^t> =\frac{1}{N}\left[1+\sum_{k=1}^{N-1}\left(\cos\frac{(i+j+1)k\pi}{N}+\cos\frac{(i-j)k\pi}{N}\right)\right]$$

$$=\frac{1}{N}(1-1+0)$$

$$=0$$

我們證明出

$$<T_i,\ T_j^t> = \begin{cases} 1, & i = j \\ 0, & i \neq j \end{cases}$$

解答完畢

2.9 參考文獻

[1] H. Wang and S. F. Chang, "A highly efficient system for automatic face region detection in MPEG video," *IEEE Trans. on Circuits and Systems for Video Technology*, 7(4), 1997, pp. 615-628.

[2] E. O. Brigham, *The Fast Fourier Transform*, Prentice-Hall, New York, 1974.

[3] A. V. Oppenheim and R. W. Schafer, *Discrete-Time Signal Processing*, Prentice-Hall, New York, 1989.

[4] M. M. Chuang, R. F. Chang, and Y. L. Huang, "Automatic facial feature extraction in model-based coding," *J. of Information Science and Engineering*, 16, 2000, pp. 447-458.

[5] S. C. Pei, W. L. Hsue, and J. J. Ding, "Discrete fractional Fourier transform based on new nearly tridiagonal commuting matrices," *IEEE Trans. on Signal Processing*, 54(10), 2006, pp. 3815-3828.

[6] F. T. Leighton, *Introduction to Parallel Algorithms and Architectures: Arrays, Trees, and Hypercubes*, Chapter 3.7, Morgan Kaufmann, New York, 1992.

[7] P.-H. Lee, G.-S. Hsu, Y.-P. Hung and T. Chen, "Facial Trait Code," *IEEE Trans. on Circuits and Systems for Video Technology*, 23(4), 2013, pp. 648-660.

2.10 DCT 轉換的 C 程式附錄

```
#define M_PI_2    1.57079632679489661923
#define PI 3.14159
#define SIZE 1024
int blksz=8;
```

```
void dctnbyn(uchar **Dest, uchar **Color, int yoff, int xoff, int blksz);
void idctnbyn(uchar **Dest, uchar **Color, int yoff, int xoff, int blksz, bool truncate);

//DCT 轉換
void dctnbyn(uchar **Dest, uchar **Color, int yoff, int xoff, int blksz)
{
// 頻率域 <=> 時域
    // p,q  <=> m,n
double dc_alpha = 1.0/sqrt(double(blksz));
double ac_alpha = sqrt(2.0/blksz);

double coef;
int p, q, m, n;

for (p=0 ; p<blksz ; ++p)
for (q=0 ; q<blksz ; ++q)
    {
coef = 0.0;

for (m=0 ; m<blksz ; ++m)
for (n=0 ; n<blksz ; ++n)
        {
coef += (p?ac_alpha:dc_alpha) * (q?ac_alpha:dc_alpha) * Color[yoff+m][xoff+n]
            *cos(M_PI_2 * (2*m+1) * p / blksz) * cos(M_PI_2 * (2*n+1) * q /
            blksz);
}
Dest[yoff+p][xoff+q] = coef;
    }
}
```

```
//DCT 反轉換
void idctnbyn(uchar **Dest, uchar **Color, int yoff, int xoff, int blksz, bool truncate)
{
        // 頻率域 <=> 時域
        //  p,q   <=> m,n
double dc_alpha = 1.0/sqrt(double(blksz));
double ac_alpha = sqrt(2.0/blksz);

double coef;
int p, q, m, n;
for (m=0 ; m<blksz ; ++m)
for (n=0 ; n<blksz ; ++n)
        {
coef = 0.0;
for (p=0 ; p<blksz ; ++p)
for (q=0 ; q<blksz ; ++q)
coef += (p?ac_alpha:dc_alpha) * (q?ac_alpha:dc_alpha) * (Color[yoff+p][xoff+q])
                *cos(M_PI_2 * (2*m+1) * p / blksz) * cos(M_PI_2 * (2*n+1) * q /
                blksz);

if (truncate && coef > 255)
Dest[yoff+m][xoff+n] = 255;
else if(truncate && coef <0)
Dest[yoff+m][xoff+n] = 0;
else
Dest[yoff+m][xoff+n]= coef;
        }
}
```

CHAPTER

3

影像品質的改善與回復

3.1 前　言

許多因素都會影響影像的品質，例如，相機的抖動、打光引起的光害、被照物本身呈現的灰階分佈太狹窄、雜訊的干擾等。如何盡量恢復原影像的品質和造成影響的原因有很密切的關係。本章主要針對在雜訊 (Noise) 的干擾和灰階分佈太集中的影響下，如何能盡量恢復原影像的品質。

我們先來看兩張 512×384 的影像，如圖 3.1.1 和圖 3.1.2 所示。在圖 3.1.1 中的二個紙盒及其餘部分皆受到雜訊干擾而呈現模糊狀。圖 3.1.2 為人體的骨架 (Skeleton)，在這張影像中因灰階分佈 (Gray Level Distribution) 太集中，導致這些灰階範圍內的影像看起來不太清楚。例如，圖 3.1.2 中的胸腔 (Chest) 部分就不太清楚。X 光醫學影像常因為照相環境的影響，而使得影像的灰階值分佈分散得不夠開闊，從而也影響了醫生的判讀工作。我們先介紹最簡單的平滑法 (Smoothing Method) 來去除影像中的雜訊，也從統計學的觀點來探究它的優缺點。針對缺點，我們介紹另外幾種改良的方法，例如：中值法

圖 3.1.1　受雜訊干擾的影像

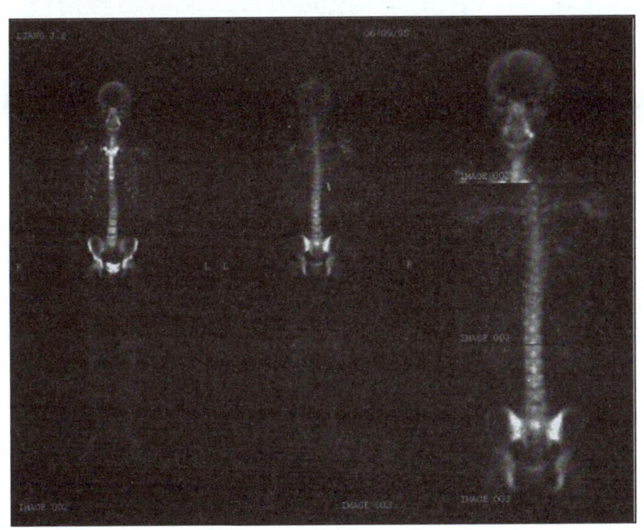

圖 3.1.2 某些灰階分佈太集中的影像

(Median Method) 和其加快速度的電路設計 (Circuit Design) [22]、中央加權中值法 (Center Weighted Median Method)、柱狀圖等化法 (Histogram Equalization Method)、模糊中值法和頻率域上的方法等。這裡的柱狀圖有時也稱作直方圖。

3.2 平滑法和統計上的意義

在介紹平滑法前，舉一個日常生活中的小例子來說明它的原理！以前在小學上水彩畫課程時，有時會不小心在畫布上畫上不滿意的一點顏色。這時我們通常都會在這不滿意的顏色旁取些顏色和原先不滿意的顏色平均 (Averaging) 一下，以減低視覺上的唐突感，進而達到平滑的效果。基本上，這裡的不滿意顏色好比是雜訊，而將該顏色利用旁邊顏色平均一下，在觀念上即是平滑法。

取出一影像的左上角，如圖 3.2.1 所示的 3×3 子影像 (Subimage)。很明顯地，我們可看出該 3×3 子影像在 (1, 1) 的位置上有一疑似雜訊的點。我們現在算一下以 (1, 1) 為中心的平均值 (Mean)，可得 4 [=(2+1+2+3+20+2+2+1+3)/9] 的平均值。我們將灰階值 20 取代成 4。

由上述所算的平均值 4 和原先在 (1, 1) 位置的灰階值 20 相比較，可發現原先的灰階值 20 已經因為平滑法而被周圍的 8 個灰階值稀釋了。這樣一來，原先雜訊所帶來的影響確實淡化了不少。以上所述的平滑法概念可以用圖 3.2.2 的面罩 (Mask) 搭配迴積 (Convolution) 的方式來完成其計算，每一次所得的值也稱為反應值 (Response)。在以迴積的程序進行平滑法時，面罩框住的子影像仍以原始的子影像為對象。如果將反應值予以加權化 (Weighting)，亦可達到銳化 (Sharpening) 的作用。依上所述的平滑法，將圖 3.2.2 的面罩從整張影像的左上角開始，一直算出其反應值直到影像的右下角為止。如此一來，則可將整張影像予以平滑化。這種由左往右及由上往下的計算順序就是剛剛提的迴積。將圖 3.2.2 的面罩放在圖 3.2.1 上頭，兩兩對應的數值予以相乘，再將這九個相乘後的值相加，就得到 4 的反應值。

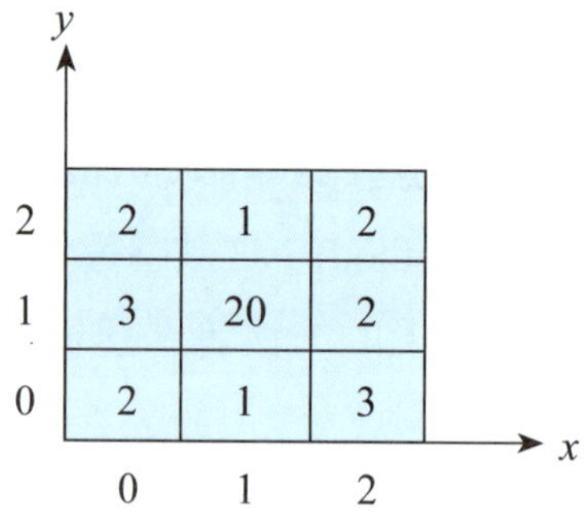

圖 3.2.1 一個雜訊的例子

1/9	1/9	1/9
1/9	1/9	1/9
1/9	1/9	1/9

圖 3.2.2 平滑法所使用的面罩

範例 1：給一如下的 4×4 子影像，利用平滑法去除雜訊後，所得的影像為何？

2	5	6	5
3	1	4	6
1	28	30	2
7	3	2	2

解答：利用圖 3.2.2 的面罩，在上圖中進行平滑動作，所得影像如下所示：

2	5	6	5
3	9	10	6
1	9	9	2
7	3	2	2

這裡注意一點，上述平滑過的灰階值有經過四捨五入。

解答完畢

在範例 1 中，原 4×4 的子影像的邊緣像素 (Boundary Pixels) 似乎沒有處理到。

範例 2：如何針對邊緣像素進行平滑法的雜訊去除？

解答：假設範例 1 中的 4×4 子影像即為原影像。通常為了處理邊緣像素的問題，我們會將邊緣像素複製一次。如此一來，範例 1 中的原影像就被放大成如下所示的 6×6 影像：

2	2	5	6	5	5
2	2	5	6	5	5
3	3	1	4	6	6
1	1	28	30	2	2
7	7	3	2	2	2
7	7	3	2	2	2

利用圖 3.2.2 的面罩，上圖經平滑動作後，可得下列結果：

3	4	5	5
5	9	10	7
6	9	9	6
7	9	8	5

解答完畢

在前述的平滑過程中，似乎相鄰的兩個運算有些計算是重複的。

範例 3：如何降低 (Reduce) 相鄰兩個平滑運算的計算量？

解答：以位置 (1, 1) 和位置 (2, 1) 的兩個像素為例，相關的兩個平滑運算所牽涉到的資料如下所示：

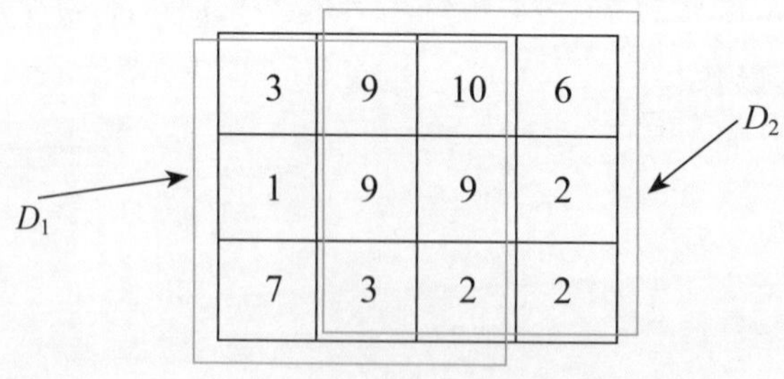

很容易可以看出以位置 (1, 1) 為主的平滑運算所牽涉到的資料為 D_1 所示的 3×3 視窗，而以位置 (2, 1) 為主的平滑運算所牽涉到的資料為 D_2 所示的視窗。比較 D_1 和 D_2 後，我們可以發現下列的 3×2 視窗是重複的：

9	10
9	9
3	2

為了降低計算量，$7=\dfrac{(9+9+3)}{3}$ 和 $7=\dfrac{(10+9+2)}{3}$ 在前一個平滑運算中可以被保留下來，以便在目前的平滑運算時繼續使用。如此一來，只需 4 個加法就能完成運算了。

解答完畢

接著，我們以統計學的觀點，來看平滑法如何有效降低影像的標準差 (Standard Deviation)，等同於降低雜訊的影響。下列定理將回答這個問題。

定理 3.2.1 平滑法作用到影像後，的確可將原影像的標準差予以有效降低。

證明：給一張 $N\times N$ 的影像，令影像上的每一像素為一隨機變數 (Random Variable)。這 N^2 個隨機變數設為 $X_1, X_2, \cdots, X_{N^2}$ 且這 N^2 個隨機變數所對應的平均值 (Mean) 為 $U_1, U_2, \cdots, U_{N^2}$。考慮平滑法中所使用的面罩 (參見圖 3.2.2) 及面罩內的九個隨機變數 $X_{i1}, X_{i2}, \cdots, X_{i9}$。令這九個隨機變數對應的平均值為 $U_{i1}, U_{i2}, \cdots, U_{i9}$。平滑法的面罩作用到這九個隨機變數的反應值為一新的隨機變數。

$$Y=\frac{1}{9}(X_{i1}+X_{i2}+\cdots+X_{i9})$$

我們可得 Y 的平均值為

$$U_Y=\frac{1}{9}(U_{i1}+U_{i2}+\cdots+U_{i9})$$

Y 的變異數 (Variance) 可由下面的推導而得

$$\sigma_Y^2 = E[(Y-U_Y)^2]$$
$$= E\left[\left(\frac{1}{9}\sum_{j=1}^{9}X_{ij} - \frac{1}{9}\sum_{j=1}^{9}U_{ij}\right)^2\right]$$
$$= E\left[\left(\frac{1}{9}\times\frac{1}{9}\sum_{j=1}^{9}(X_{ij}-U_{ij})^2\right)\right]$$
$$= E\left[\left(\sum_{j=1}^{9}\sum_{k=1}^{9}\frac{1}{9}\times\frac{1}{9}\times(X_{ij}-U_{ij})(X_{ik}-U_{ik})\right)\right]$$
$$= \sum_{j=1}^{9}\sum_{k=1}^{9}\frac{1}{9}\times\frac{1}{9}\times E[(X_{ij}-U_{ij})(X_{ik}-U_{ik})] \tag{3.2.1}$$

考慮 $j \neq k$ 時，我們得到

$$E[(X_{ij}-U_{ij})(X_{ik}-U_{ik})]$$
$$= E[(X_{ij}-U_{ij})]E[(X_{ik}-U_{ik})]$$
$$= (U_{ij}-U_{ij})(U_{ik}-U_{ik})$$
$$= 0$$

利用上式所得，式 (3.2.1) 可簡化為

$$\sigma_Y^2 = \sum_{j=1}^{9}\frac{1}{81}E[(X_{ij}-U_{ij})^2] = \frac{1}{81}\sum_{j=1}^{9}\sigma_{ij}^2$$

我們證得標準差為

$$\sigma_Y = \frac{1}{9}\sqrt{\sum_{j=1}^{9}\sigma_{ij}^2}$$

為簡化分析的難度，假設 $X_{i1}, X_{i2}, \cdots, X_{i9}$ 的平均值都一樣，也就是 $U_{i1} = U_{i2} = \cdots = U_{i9} = U$，則可得 $U_Y = U$。再者，我們假設 $\sigma_{i1} = \sigma_{i2} = \cdots = \sigma_{i9} = \sigma$，則進一步得到 $\sigma_Y^2 = \frac{1}{9}\sigma^2$，也就是 $\sigma_Y = \frac{1}{3}\sigma$。這的確顯示在特殊的假設下，平滑法可有效降低原先標準差。在上述的特殊分佈假設下，平滑法的標準差為單一像素的標準差之 1/3。

證明完畢

圖 3.1.1 經平滑法作用後，其改善過後的影像效果如圖 3.2.3 所示。從圖 3.1.1 和圖 3.2.3 的比較中，可看出平滑法的改善效果。另外，我們特別提醒一下！平滑法所用的 3×3 面罩也可改為 5×5 或 7×7 的面罩。從定理 3.2.1 中可得知，若面罩變大，標準差將下降得更厲害；相對地，平滑法的計算量也會增大，且受到鄰近像素 (Neighboring Pixels) 的均化現象也愈大，可能在邊 (Edge) 的地方會產生模糊 (Blurred) 現象。面罩大小的改變，導致標準差下降與計算量增大及均化擴大三者之間形成一個折衷取捨 (Trade-off) 的考量。

本節所介紹的平滑法，我們在 3.11 節的程式附錄中放了一個有文件輔助說明的 C 程式，以供實作時參考。

圖 3.2.3 圖 3.1.1 經平滑法後的改善效果

3.3 中值法和其電路設計

介紹完平滑法後，我們將圖 3.2.1 的 3×3 子影像改為圖 3.3.1，圖 3.2.1 和圖 3.3.1 不同的地方在於 (1, 1) 位置之灰階值由圖 3.2.1 中的 20 被改成 200。這個改變使得平滑法的效果並不好，原因是 200 相較於旁邊的 8 個灰階值實在太大了，均化效果較有限。利用平滑法，圖 3.3.1 的反應值為 24 [＝(2＋1＋2＋3＋200＋2＋2＋1＋3)/9]。這時，所得到的平均值 24 和周圍鄰居之灰階值相比，由於差距仍嫌太大，還是會被視為雜訊。

圖 3.3.1 中的九個灰階值依由小到大的序列為 1, 1, 2, 2, 2, 2, 3, 3, 200，序列的**中值** (Median) **[18]** 為 2。利用這個中值，圖 3.3.1 中的 (1, 1) 位置之灰階值 200 被取代成 2。很明顯地，雜訊 200 的干擾已被去除了。中值較不受子影像內平均值過度唐突的影響。

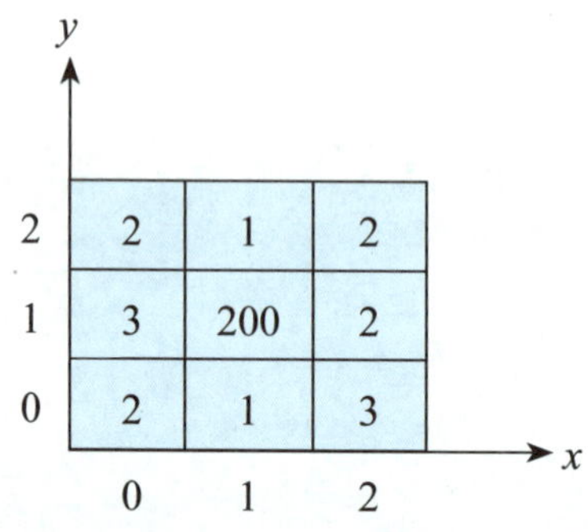

圖 3.3.1 一個平滑法不適合的例子

範例 1：給一個如下的 3×3 子影像，試求中值法所得到的反應值。

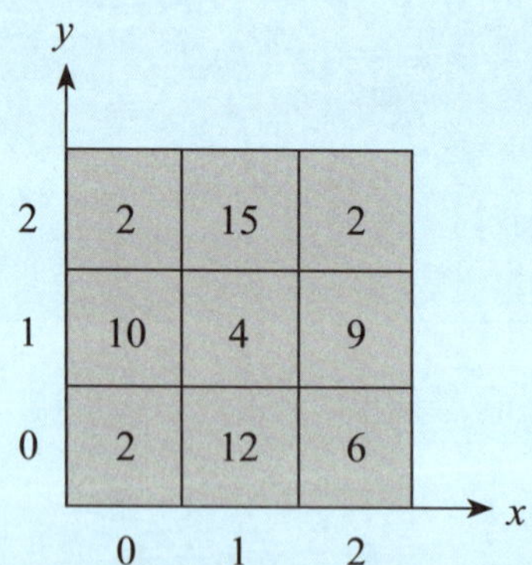

解答：根據中值法，上述子影像中的九個像素值之中值為 6，故所得的反應值為 6。有了反應值 6 後，我們可以將位置 (1, 1) 的像素值 4 更改成 6。如此一來，我們就可以得到下列的子影像：

y			
2	2	15	2
1	10	6	9
0	2	12	6
	0	1	2 x

解答完畢

範例 2：給一如下的 4×4 子影像，其中灰階值為 225 的像素值為脈衝雜訊 (Impulsive Noise)。

1. 請個別利用平滑法以及中值法來去除雜訊。
2. 說明哪個方法所得的影像較佳？為什麼？

18	12	18	12
12	225	225	15
15	225	18	12
18	15	12	18

解答：

1. (a) 平滑法：

$(18+12+18+12+225+225+15+225+18)/9=85.3$

$(12+225+225+15+225+18+18+15+12)/9=85$

$(12+18+12+225+225+15+225+18+12)/9=84.6$

$(225+225+15+225+18+12+15+12+18)/9=85$

18	12	18	12
12	85	85	15
15	85	85	12
18	15	12	18

(b) 中值法：

12, 12, 15, 18, 18, 18, 225, 225, 225

12, 12, 15, 15, 18, 18, 225, 225, 225

12, 12, 12, 15, 18, 18, 225, 225, 225

12, 12, 15, 15, 18, 18, 225, 225, 225

18	12	18	12
12	18	18	15
15	18	18	12
18	15	12	18

2. (a) 中值法結果較佳。

(b) 225 灰階值之雜訊相對於旁邊的灰階值實在太大，使用平滑法的均化效果有限，以上為例，85 灰階值還是很容易被視為雜訊，但若使用中值法，就可以將雜訊去除。

解答完畢

利用上述的中值法 [6]，圖 3.1.1 的影像品質經由中值法可改良成圖 3.3.2，效果的確好很多。讀者可評比一下圖 3.2.3 中的數字部分和圖 3.3.2 中的數字部分，可發現圖 3.3.2 的數字要清晰多了，原因就是中值法較具抗模糊化。這裡值得再提醒。

介紹完中值法後，我們談一下如何用電路的方式來實現 (Realize) 它的實作 (參見前面的範例 1)。在介紹如何用硬體來實現中值法前，我們先來定義什

圖 3.3.2 圖 3.1.1 經中值法改良後的效果

麼叫 Bitonic 數列 [2]。令 $(a_1, a_2, \cdots, a_{2m})$ 為 Bitonic 數列，若 $b_i = \min(a_i, a_{m+i})$ 和 $c_i = \max(a_i, a_{m+i})$，$1 \le i \le m$，則滿足條件 $\max(b_1, b_2, \cdots, b_m) \le \min(c_1, c_2, \cdots, c_m)$。例如：$< a_1, a_2, a_3, a_4 > = < 4, 5, 2, 1 >$，就是 Bitonic 數列。

考慮 3×3 的子影像，子影像內的九個值，分別由圖 3.3.3 [8] 的 Bitonic 網路 (Network) 輸入端輸入。這九個輸入端分別為編號 0, 1, 2, ⋯, 7 和 8。圖 3.3.3 為中值濾波器 (Median Filter) 網路架構圖，圖 3.3.3 中，stage 1 的 step 1 到 stage 3 的 step 1 之間的前半段網路功能為將這九個輸入值轉換成 Bitonic 數列。圖 3.3.3 中後半段的網路，則是在 Bitonic 數列中找到中值。事實上，圖 3.3.3 中後半段的網路，可用更簡單的樹狀網路 [5] 來完成它。這樣可減少比較器 (Comparator) 的個數，但是花費的時間並不增加。在圖 3.3.3 中，在箭頭的兩端點，尾部 (Tail) 代表二個資料中較小者，而頭部 (Head) 代表二個資料中較大者。最後的中值結果從編號 4 的輸出端輸出。這裡，一個箭頭代表一個比較器。

植基於 Bitonic 網路的中值濾波器設計的觀念頗為巧妙，主要利用遞迴式 (Recursive) 的概念 [18]。在 stage 1 的 step 1 主要將八個輸入資料轉換成兩個小

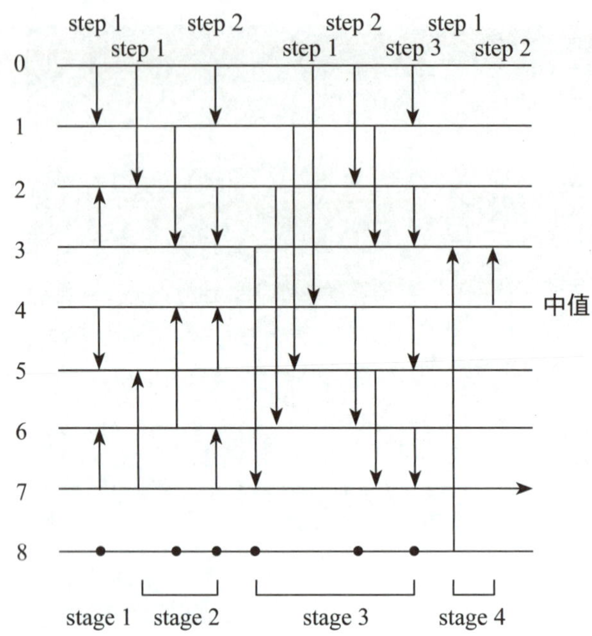

圖 3.3.3　圖 3.1.1 經中值法改良後的效果

土堆式的 Bitonic 數列，而 stage 2 的 step 1 和 step 2 又將其轉換成為一個大土堆式的 Bitonic 數列。stage 3 的 step 1 將此大土堆分為一下一上的二小土堆。stage 3 的 step 2 以後的設計是在決定中值。

範例 3：針對圖 3.3.3 的中值濾波器電路設計，可否給一個示意圖以便更明白其設計的原理？

解答： 當完成圖 3.3.3 中的第一階段 (stage 1) 後，編號 0 至 7 的八筆資料會變成

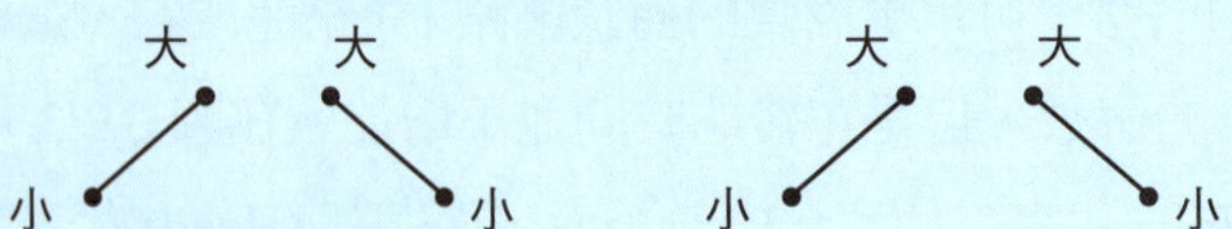

完成第二階段的第一步 (step 1) 後，根據 Bitonic 數列的特性，這八筆資料會變成

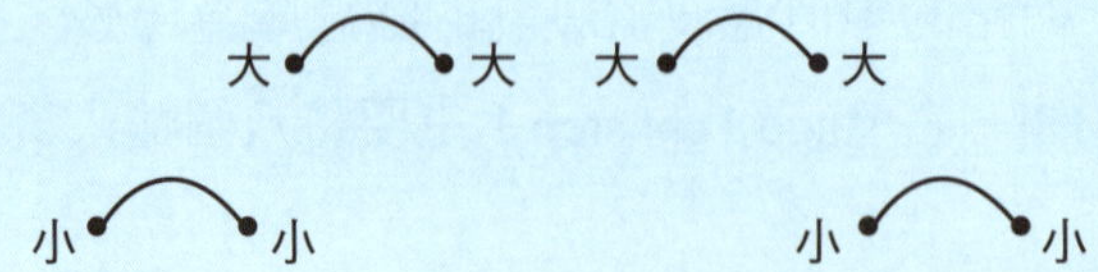

完成第二階段的第二步後，八筆資料會變成

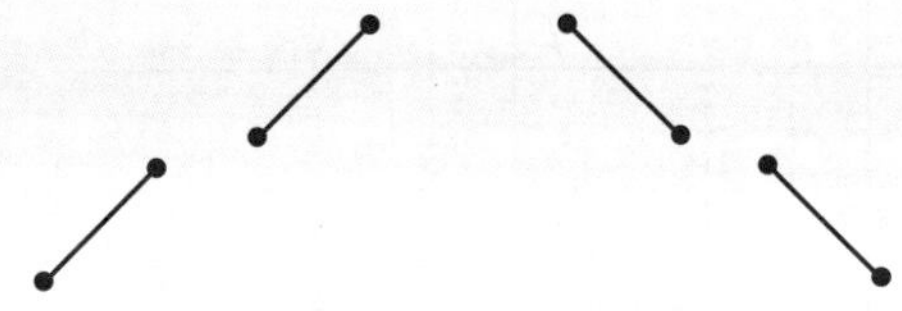

完成第三階段中的第一步後，八筆資料會變成

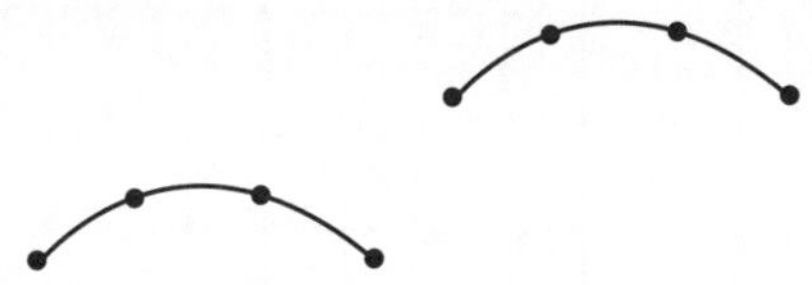

以上資料愈在高處的值愈大。完成下一步後，八筆資料會變成

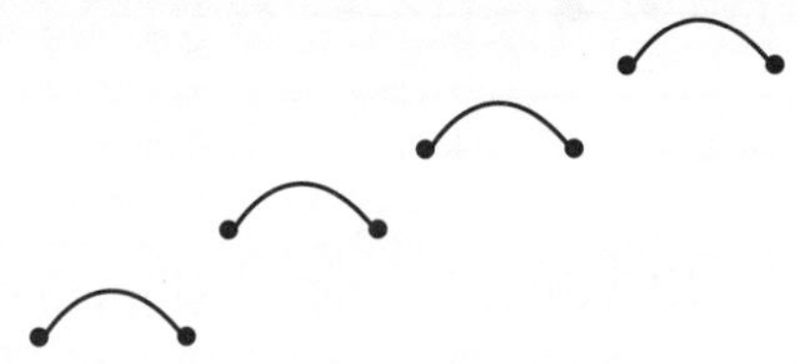

當完成第三階段的最後一步後，八筆資料會變成

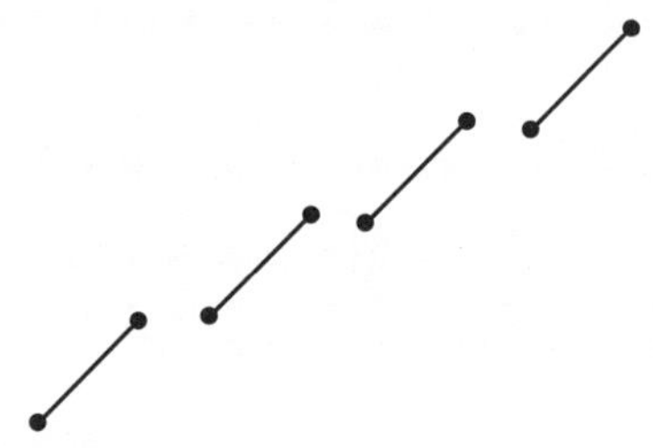

此時，輸入的前八筆資料已排序好。我們留下中間的兩段資料和編號 8 的資料再經過二次比較就得到中間的值了。

解答完畢

範例 4：以本小節範例 1 中的 3×3 子影像為例，依照列優先 (Row Major) 的掃描次序，我們將得到的數列〈2, 15, 2, 10, 4, 9, 2, 12, 6〉安放在圖 3.3.3 中的中值濾波器之輸入端，請列出各步驟執行完後的模擬結果。

解答：下圖為執行完各個步驟後的模擬結果，所得到的反應值為 6。

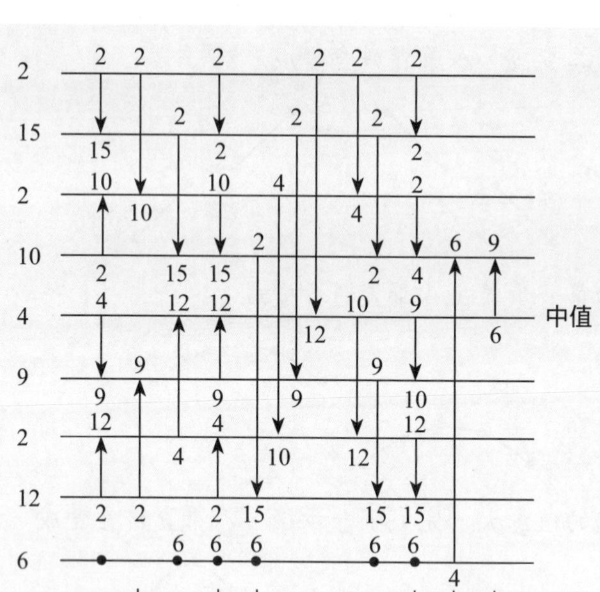

上述的中值濾波器兼具平行 (Parallel) 和管道式 (Pipelined) 的功能，可有效加速中值的運算。

解答完畢

以上所介紹的中值法蠻適合脈衝雜訊 (Impulsive Noise)。

近年來，Windyga [22] 提出了一個很快速的脈衝雜訊去除法，實驗結果顯示：Windyga 所提出的方法，其速度遠比中值法快，而且在 PSNR 品質上很接近於中值法。Windyga 所提出的方法，在觀念上是很簡單的。

範例 5： Windyga 的快速雜訊去除法。

解答：在介紹 Windyga 的方法前，我們先對脈衝雜訊定義一下。在影像中，假設我們想加入 70% 的脈衝雜訊，該如何達到呢？首先利用一個亂數產生器 (Random Number Generator) 產生介於 0 到 1 的實數 r，如果 r 的值介於 0 到 0.3 之間，我們就對該位置的像素不做任何處理；否則的話，該位置的像素灰階值就會被設定為

$$g_{min} + r(g_{max} - g_{min})$$

這裡，g_{min} 和 g_{max} 是由人來設定，而 r 是由均勻分佈函數 (其實就是亂數產

生器的另一種數學涵義) 所產生。根據上述作法，當影像中的所有像素都被處理完後，從隨機的觀點而言，原始影像即被加上了 70% 的雜訊。

談完了如何在影像上加入多少百分比的雜訊後，現在利用一維的方式來介紹 Windyga 雜訊去除法。這個方法植基於波峰-波谷 (Peak-Valley) 的觀念。在一維空間軸上，有相鄰的四個訊號，如圖 3.3.4(a) 所示。我們比較訊號 S_2 和 S_1 及 S_3 後可發現 $S_2 = \min\{S_1, S_2, S_3\}$，故進行下面波谷運算：

$$S_2 \leftarrow \min\{S_1, S_3\}$$

圖 3.3.4(b) 為執行後的結果。接下來，我們比較圖 3.3.4(b) 中的 S_2、S_3、S_4，可發現 $S_3 = \max\{S_2, S_4\}$，故進行下面波峰運算：

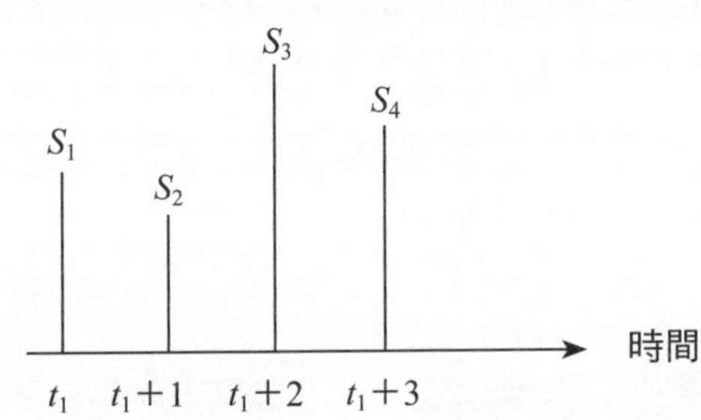

(a) 原始的相鄰四訊號

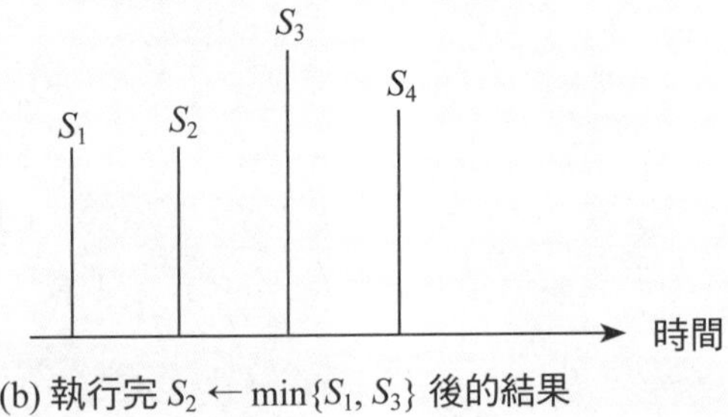

(b) 執行完 $S_2 \leftarrow \min\{S_1, S_3\}$ 後的結果

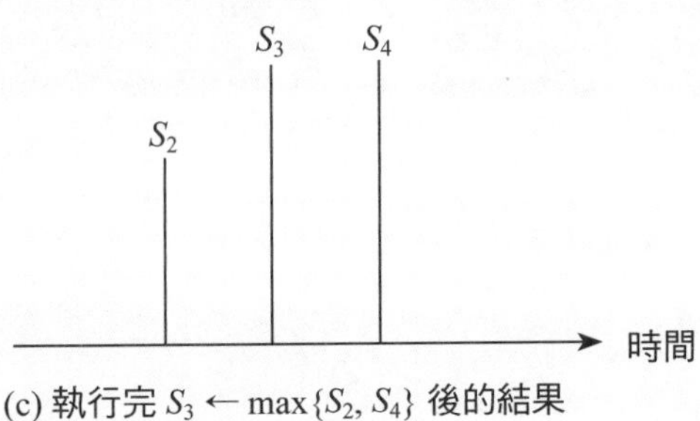

(c) 執行完 $S_3 \leftarrow \max\{S_2, S_4\}$ 後的結果

圖 3.3.4 Windyga 的波峰-波谷雜訊去除法

$$S_3 \leftarrow \max\{S_2, S_4\}$$

圖 3.3.4(c) 為執行後的結果。

上面所述雖是針對一維的情形，讀者不難將其推廣至二維的影像。

解答完畢

Windyga 雜訊去除法比中值法快很多，其觀念可解釋成：將太低的波谷訊號往上提升，而將太高的波峰訊號往下壓低。近年來，學者 Hsia [20] 提出了有效的可調適策略，不但大幅提升了 Windyga 方法的 PSNR，且執行時間相去不遠。讀者可試試另外一個快速中值法 (參見作業 2)。

最後，我們以 Lena 影像為例。圖 3.3.5(a) 為原始影像，當加入 15% 的脈衝雜訊後，我們得到圖 3.3.5(b) 的被干擾影像。圖 3.3.5(c) 所示的影像是利用 Windyga 波峰-波谷法所得到的去除脈衝雜訊之影像。我們的實驗結果顯示，去除雜訊後的影像之 PSNR 為 32.399。

(a) 原始 Lena 影像

(b) 加入 15% 脈衝雜訊後所得的影像

圖 3.3.5　Windyga 方法的模擬結果

(c) 利用 Windyga 法去除雜訊後的結果

圖 3.3.5 Windyga 方法的模擬結果 (續)

3.4 中央加權中值法

另一種改良式的中值法稱為中央加權中值法 (Center Weighted Median) [10]，除了可去除雜訊外，還可保留紋理 (Texture) 特性。令加權值為 $W=3$，則圖 3.3.1 的九個像素值改變為數列 2, 1, 2, 3, 200, 200, 200, 2, 2, 1, 3。加權值在這裡的作用是將視窗 (Window) 內位於中間的像素值複製 W 次 (含該像素)，將這數列由小排到大，可得 1, 1, 2, 2, 2, 2, 3, 3, 200, 200, 200，中值為 2。若加權值為 $W=1$ 時，則中央加權中值法等於中值法。對 3×3 的視窗而言，$W=4$ 是不錯的選擇。利用中央加權中值法，圖 3.1.1 的影像品質可改良成如圖 3.4.1 所示。

考慮有一條直線，線上的灰階值皆為 100，如圖 3.4.2 所示。在圖中，右斜 45 度的三個 100 的灰階值即為該線段所在。假如利用中值法，則圖 3.4.2 的中值為 3，利用 3 來取代 100，則該右斜 45 度的線段的中點像素就被改為 3 了，會造成該線段的中斷。反觀中央加權中值法，若 $W=5$，則視窗的中間像素灰階值被複製 5 次，排序後得數列 1, 2, 2, 2, 3, 3, 100, 100, 100, 100, 100, 100, 100。數列的值為 100，如此一來，該線段不會中斷。

圖 3.4.1 圖 3.1.1 經中央加權中值法改良後的效果，此處加權值為 $W=3$

2	3	100
1	100	2
100	3	2

圖 3.4.2 線段被視窗框住的一例

範例 1：給一個 5×5 的子影像，若想利用中央加權中值法以去除雜訊，請問子影像中的中央像素重複幾次後，能避免一條斜線被破壞的情形？

解答：我們將中間位置的像素重複 W 次，則連同其餘的斜線上像素，共有 $W+4$ 個像素值，只需確保

$$W+4>(25-5)$$
$$=20$$

則必然不會將該斜線打斷。我們因此解得 $W>16$。換言之，子影像中的中央像素被重複 17 次以後，可確保一條斜線不會被打斷。

解答完畢

範例 2：若將範例 1 中的 5×5 改成 7×7，則中央像素需要重複幾次呢？

解答：同樣的道理，依據

$$W+6>(49-7)$$
$$=42$$

可得到 $W>36$，所以中央像素需被重複 37 次。

解答完畢

範例 3：給一個 $k \times k$ 的子影像，如何決定中央加權中值法的 W 值？

解答：利用下列不等式：

$$W+(k-1)>(k^2-k)$$

可推得

$$W>(k-1)(k-1)$$

也就是最小的 W 值可選 $(k-1)^2+1$。下面的表格可當作自動選取 W 值之用。

k	$(k-1)^2$	$W=(k-1)^2+1$
3	4	5
5	16	17
7	36	37
9	64	65

解答完畢

若視窗大小為 3×3 而 $W=3$，假設利用中央加權中值法得到的反應值為 Y_{ij}^{CWM}，而在同樣的視窗大小下，利用中值法得到的反應值為 Y_{ij}^{M}。在 [4] 中，這二種不同方法的反應值和視窗中心的原像素灰階值 X_{ij} 之絕對值差滿足不等式 $\left|Y_{ij}^{CWM}-X_{ij}\right| \le \left|Y_{ij}^{M}-X_{ij}\right|$，其證明請參見定理 3.4.1。

在 [4] 中，作者結合均方根誤差 (Mean Square Error, MSE) 和門檻值 (Threshold) 的選取，可在選取中值法和中央加權中值法間得到最佳的影像品質 (Image Quality)，惟最佳門檻值的選取蠻花時間的。

定理 3.4.1 令 $d_2 = \left|Y_{ij}^{CWM} - X_{ij}\right|$ 和 $d_1 = \left|Y_{ij}^{M} - X_{ij}\right|$，則 $d_2 \le d_1$。

證明：假設 3×3 子影像之像素依灰階值由小到大排序後為 $X_1, X_2, \cdots, X_9$。我們將 X_1、X_2 和 X_3 集合成第一區；將 X_4、X_5 和 X_6 集合成第二區；X_7、X_8 和 X_9 集合成第三區。若 X_{ij} 落入第二區，則 $Y_{ij}^{CWM}=X_{ij}$ 且 $d_2=0$ 會成立。因為 $d_1 \ge 0$，所以 $d_2 \le d_1$ 一定成立。若 X_{ij} 落入第一區，則 $X_{ij} < X_4$ 會成立。這時 $Y_{ij}^{CWM}=X_4$，又因為 $Y_{ij}^{M}=X_5$，所以 $d_2 \le d_1$ 會成立。考慮最後一區，當 X_{ij} 落入第三區。這時 $Y_{ij}^{CWM}=X_6$，因為 $X_6<X_5$，所以 $d_2 \le d_1$ 也會成立。

證明完畢

3.5 柱狀圖等化法

有些影像，例如：X 光片的影像，其灰階分佈由於太過集中於某些區段，假設影像的灰階柱狀圖 (Gray Level Histogram)，如圖 3.5.1 所示。由圖 3.5.1 可知，該影像的灰階分佈太集中於 $[a, b]$ 區之間。我們希望找出一種轉換 f 使得上面的灰階分佈趨向均勻分佈 (Uniform Distribution)，如圖 3.5.2 所示。畢竟更大範圍的灰階值分佈會使影像的紋理更豐富和多樣。

依據離散頻率總和不變原理，我們可得到

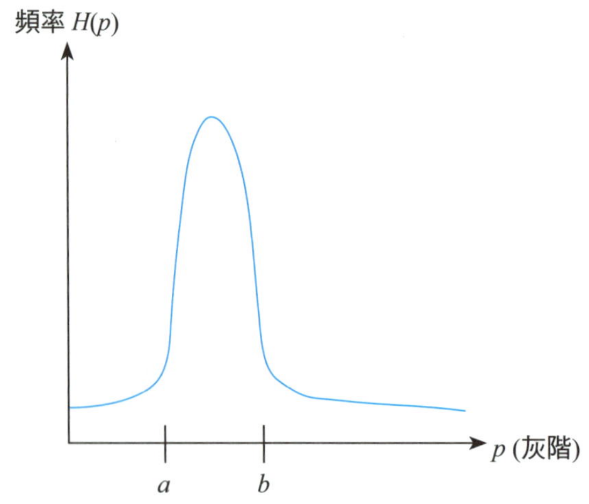

圖 3.5.1 灰階分佈柱狀圖

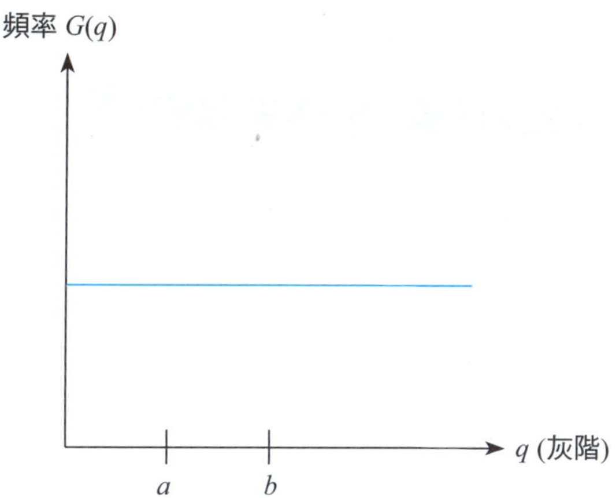

圖 3.5.2 均勻分佈柱狀圖

$$\sum_{i=0}^{k} H(p_i) = \sum_{i=0}^{k} G(q_i)$$

因為 $H(p)$ 經轉換後變成一均勻分佈 $G(q)$，由 $G(q)$ 可得知其各個 q_i 的機率值為 $\dfrac{N^2}{q_k - q_0}$，此處 N^2 表影像的大小，$q_0 \le q \le q_k$。轉換後的 $G(q)$ 灰階分佈中的 q_0 和 q_k 是由人在起始時決定的。通常 q_0 和 q_k 的值拉得蠻開的。這裡，我們留意一點，$H(p)$ 的非零灰階值種類會等於 $G(q)$ 的非零灰階值種類，也就是 $k+1$ 個。既然已經確立了 $G(q)$ 和 $H(p)$ 兩種灰階分佈的關係，我們的工作就是找出 f，使得 $f(p)=q$ 的對應關係可被確定。引進機率分佈的概念，我們得到

$$N^2 \int_{q_0}^{q} \frac{1}{q_k - q_0}\, ds = \frac{N^2(q - q_0)}{q_k - q_0} = \int_{p_0}^{p} H(s)\, ds$$

移項後，可得

$$q = \frac{q_k - q_0}{N^2} \int_{p_0}^{p} H(s)\, ds + q_0 = f(p)$$

依離散的形式來說，我們得到

$$q = \frac{q_k - q_0}{N^2} \sum_{i=p_0}^{p} H(i) + q_0$$

理論上，由於轉換後的機率分佈朝向均勻分佈，透過離散式的轉換，影像

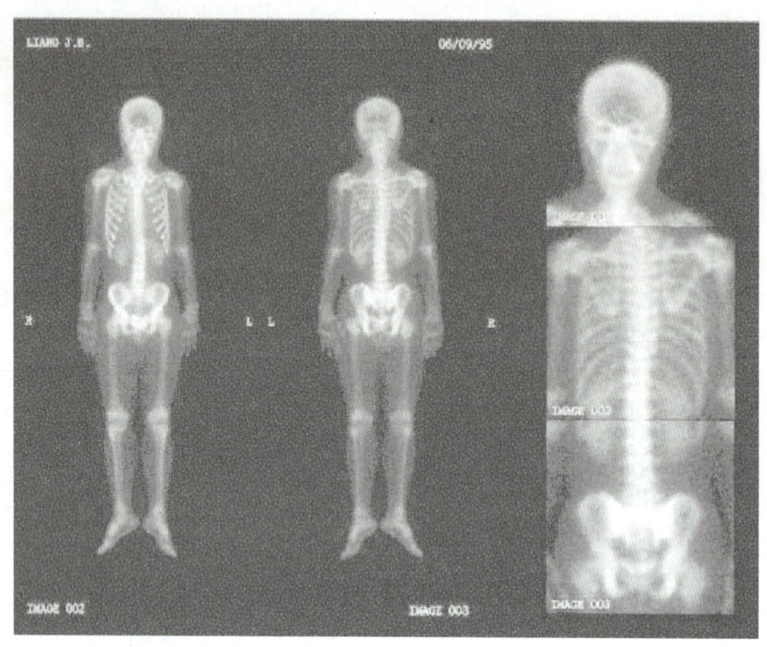

圖 3.5.3　圖 3.1.2 經柱狀圖等化法改良後的效果

中灰階分佈太集中的現象是可獲得改善的。圖 3.1.2 的影像經由上述的柱狀圖等化法 (Histogram Equalization) [12] 可改善成圖 3.5.3。

範例 1： 可否針對下式，給一個示意圖以方便了解？

$$\int_{q_0}^{q} \frac{N^2}{q_k - q_0}\, ds = \int_{p_0}^{p} H(s)\, ds$$

解答： 下面的示意圖很適合用來解釋上面這個等式。

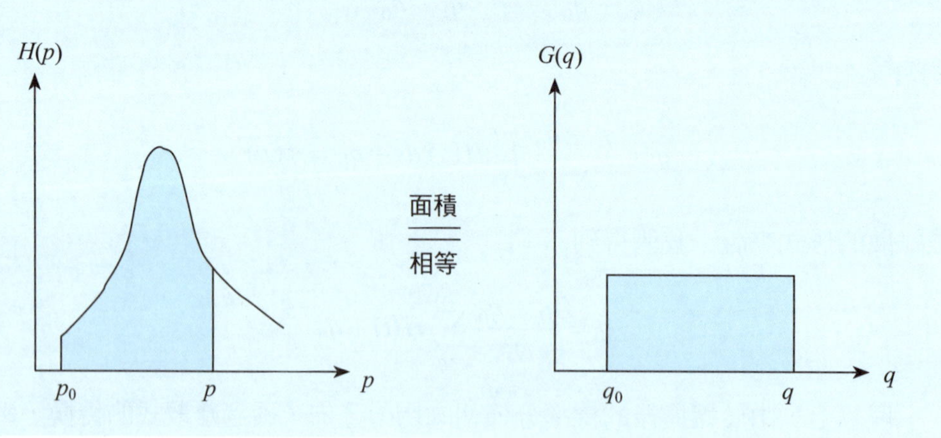

上面的示意圖表示函數 $H(p)$ 從 p_0 積分到 p 所得到的面積會等於函數 $G(q)$ 從 q_0 積分到 q 所得到的面積。在 p_0、p、q_0 和 q 的對應上需滿足

$$p_0 \to q_0$$
$$p \to q$$

解答完畢

範例 2：給定 $<p_0, p_1, p_2, p_3> = <10, 15, 20, 25>$ 且其出現的頻率為 $<H(p_0), H(p_1), H(p_2), H(p_3)> = <15, 30, 30, 25>$，試求 $<q_0, q_1, q_2, q_3> = ?$

解答：這題的解答和 q_0 及 q_3 的選取有關。令 $q_0 = 10$ 和 $q_3 = 50$，則根據公式可得

$$\frac{q_3 - q_0}{N^2} = \frac{50-10}{100} = 0.4$$

$$\begin{aligned} q_1 &= 0.4[H(p_0) + H(p_1)] + 10 \\ &= 0.4(15+30) + 10 \\ &= 28 \end{aligned}$$

$$\begin{aligned} q_2 &= 0.4[H(p_0) + H(p_1) + H(p_2)] + 10 \\ &= 0.4(15+30+30) + 10 \\ &= 40 \end{aligned}$$

所以得到 $<q_0, q_1, q_2, q_3> = <10, 28, 40, 50>$。

假如令 $q_0 = 5$ 和 $q_3 = 55$，則可得

$$\frac{q_3 - q_0}{N^2} = \frac{55-5}{100} = 0.5$$

$$\begin{aligned} q_1 &= 0.5[H(p_0) + H(p_1)] + 5 \\ &= 0.5(15+30) + 5 \\ &= 28 \end{aligned}$$

$$\begin{aligned} q_2 &= 0.5[H(p_0) + H(p_1) + H(p_2)] + 5 \\ &= 0.5(15+30+30) + 5 \\ &= 43 \end{aligned}$$

所以我們得到 $\langle q_0, q_1, q_2, q_3 \rangle = \langle 5, 28, 43, 55 \rangle$。由上面的兩個例子可知：不同 q_0 和 q_3 的選取是會影響結果的。

解答完畢

以上的柱狀圖等化法是針對整個影像，較不能有效拉開某些特定區域的灰階分佈。在 [9] 中，學者提出區域式 (Local) 柱狀圖等化法。這方法首先將原影像切割成許多長條形的子影像，這裡假設原影像大小為 $M \times N$，而長條形子影像為 $m \times n$。每一個子影像用柱狀圖等化法處理完後，移動子影像一半的水平距離 (參見圖 3.5.4)，繼續使用柱狀圖等化法，直到所有的子影像和部分重疊 (Partially Overlap) 的子影像全部處理完。圖 3.1.2 經由部分重疊柱狀圖平均法可得圖 3.5.5 的結果。從圖 3.5.5 中，可看出有區塊效應 (Blocking Effect)，這時可再加上濾波 (Filter) 技巧減緩區塊效應。

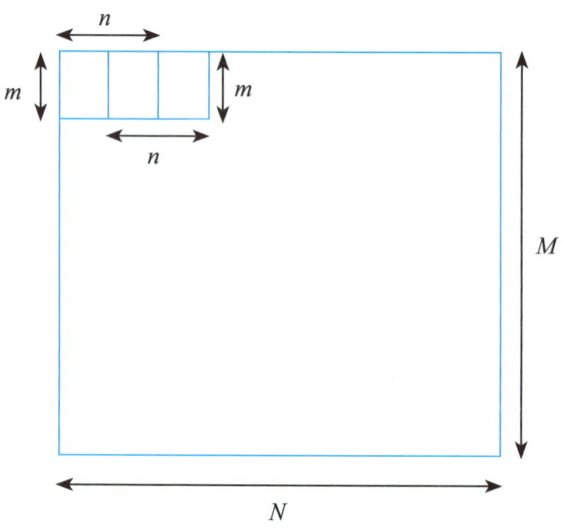

圖 3.5.4　重疊式區域柱狀圖平均法

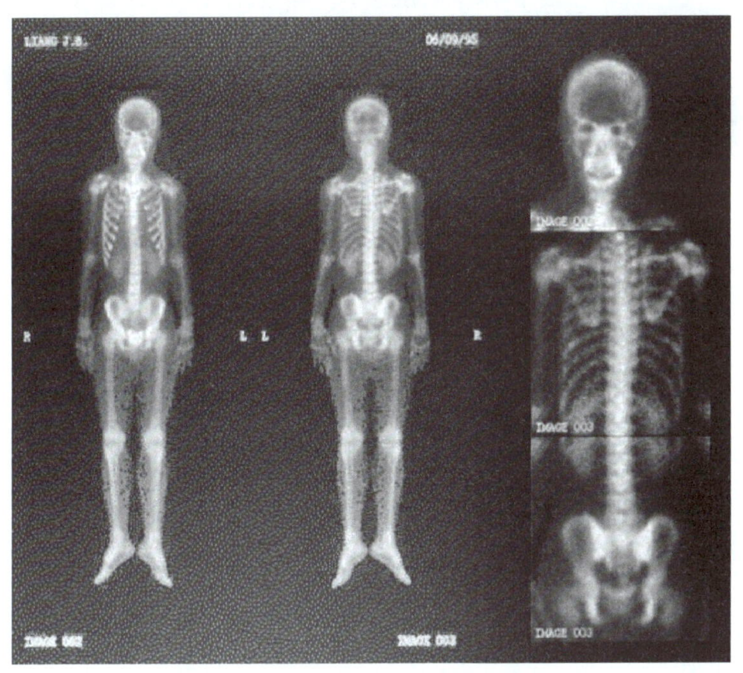

圖 3.5.5 圖 3.1.2 經部分重疊柱狀圖平均法所得之結果

3.6 模糊中值法

前面介紹的四種方法都屬於決定式 (Deterministic) 的計算法，本節將介紹一種軟式的計算 (Soft Computing) 方法以達到平滑 (Smoothing) 及改善影像品質的作用。這裡所謂的軟式計算就是以人工智慧 (Artificial Intelligence) 中的模糊集合 (Fuzzy Set) [14] 為基礎，希望能將一些模糊的概念代入中值法中。本節要介紹的是模糊中值法 [13]。

模糊中值法採用的基礎為多層中值法 (Multilevel Median Method)。給一 3×3 的視窗，如圖 3.6.1 所示。

假設 M_1 為 x_4、x_5 和 x_6 的中值，我們寫成

$$M_1 = \text{Med}\{x_4,\ x_5,\ x_6\}$$

令

$$M_2 = \text{Med}\{x_1,\ x_5,\ x_9\}$$

$$M_3 = \text{Med}\{x_2, x_5, x_8\}$$
$$M_4 = \text{Med}\{x_3, x_5, x_7\}$$

圖 3.6.1 的視窗所框住的九個灰階值的多層中值法之輸出值為

$$Y = \text{Med}\{M_{\min}, M_{\max}, x_5\}$$

這裡

$$M_{\min} = \text{Min}\{M_1, M_2, M_3, M_4\}$$
$$M_{\max} = \text{Max}\{M_1, M_2, M_3, M_4\}$$

觀察圖 3.4.2 中的線段，發現線段太短也太細了，不像一般真實的邊線，這時希望將這個假線段 (False Line) 的疑慮納入考慮。這個假線段的疑慮，可用信用度 (Credibility) 的模糊度概念來表達。

從圖 3.6.1 中，共有四個中值 M_1、M_2、M_3 和 M_4 被考慮。$M_i\,(1 \le i \le 4)$ 的信用度可由 M_i 和與 M_i 有關的三個像素的絕對值差得到。例如，M_1 的信用度可由 M_1 和 x_4 的絕對值差，M_1 和 x_5 的絕對值差加上 M_1 和 x_6 的絕對值差得到。這裡我們假設像素有 256 灰階。通常若 M_i 和所屬的三個像素的灰階值之絕對值差大於 30 以上時，M_i 的信用度就很低，此時在圖 3.6.1 上和 M_i 涉及的三個像素上很可能存在雜訊點；若 M_i 和所屬的三個像素的灰階值之絕對值差非常小，例如：小於 10 時，M_i 的信用度也是很低，此時在圖 3.6.1 上和 M_i 涉及的三個像素上很可能會存在假的短細線段。否則若絕對值差在 10 到 20 之間，則 M_i 的信用度就變高的。

圖 3.6.2 為信用度和絕對值差的模糊隸屬函數 (Fuzzy Membership Function) 圖。當絕對值差介於 10 到 20 之間時，意味著有很高的信用度，圖中 **VH** (Very High) 代表信用度很高之意。反過來說，當絕對值大於 30 以上時，代表

x_1	x_2	x_3
x_4	x_5	x_6
x_7	x_8	x_9

圖 3.6.1 3×3 的視窗

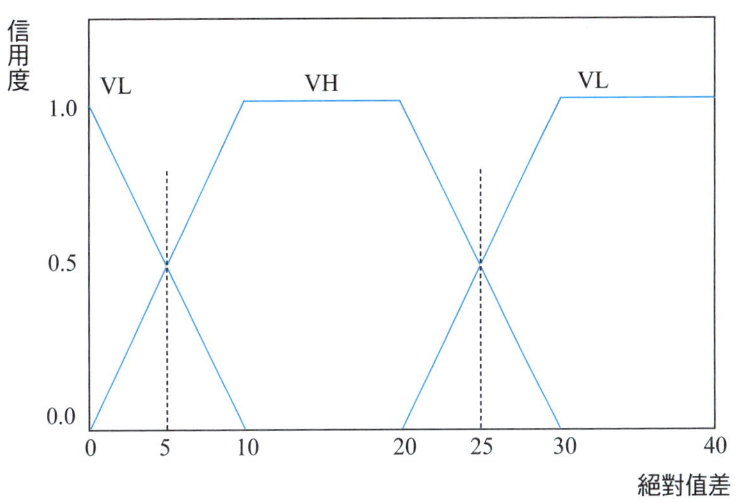

圖 3.6.2 信用度和絕對值差的模糊隸屬函數圖

信用度很低，這裡用 **VL** (Very Low) 表示。

令 A_i 代表 M_i 有關的三個像素，例如：$A_1=\{x_4, x_5, x_6\}$、$A_2=\{x_1, x_5, x_9\}$、$A_3=\{x_2, x_5, x_8\}$ 和 $A_4=\{x_3, x_5, x_7\}$。又令 D_{ix} 代表著 M_i 和 A_i 中的像素 x 之灰階絕對值差，即 $D_{ix}=|M_i-x|$。把三個 D_{ix} 都計算出來。這時將 D_{ix} 的值代到圖 3.6.2 的橫軸，再找到對應的機率值以求得相關的信用度。例如，$D_{ix}=22.5$，則信用度 C_{ix} 為 $C_{ix}=0.25\times0.1+0.75\times0.8=0.625$。讀者也許覺得很奇怪，為何 VL 的信用度還要乘上 0.1，而 VH 的信用度要乘上 0.8？原因是 VL 代表低信用度，很可能代表在 M_i 和 x 裡有脈衝雜訊產生，所以給較低的加權值 (Weight)，例如 0.1。相反地，VH 代表高信用度，可給它加權值 0.8。這裡的加權值給定倒是允許一些彈性的。

前面提到的假線段情形，其絕對值差和信用度的模糊隸屬函數的關係，就表現在圖 3.6.2 中，而絕對值差在 0 到 10 之間的部分。若 $D_{ix}=2.5$ 時，則由圖 3.6.2 可計算出信用度為

$$C_{ix}=0.25\times0.8+0.75\times0.1=0.275$$

依據上面的信用度計算方式，假設我們已算出所有的 C_{1x}、C_{2x}、C_{3x} 和 C_{4x}。則圖 3.6.1 的輸出值為

$$Y=\text{Med}\{M_{\min}, M_{\max}, x_5, Y_1, Y_2\}$$

這裡的 Y_1 和 Y_2 代表在 M_1、M_2、M_3 和 M_4 中具有前兩大信用度的二個中值。M_i 的信用度可計算為

$$C_i = \sum_{x \in A_i} C_{ix}$$

給一輸入影像如圖 3.6.3 所示，利用本節所介紹的模糊中值法，可得圖 3.6.4 的改良效果。因為輸出的值 Y 已把雜訊和假線段的兩種情況皆考慮在內，所以利用 Y 的值來取代 x_5，效果會不錯的。

前面談的五種改善影像品質的方法歸屬於空間濾波器 (Spatial Filter) 的設計。最後，我們再利用兩節介紹一下如何在頻率域 (Frequency Domain) 上設計濾波器，以達到改善影像品質的功能 [1, 7]。

圖 3.6.3　輸入的影像

圖 3.6.4 利用模糊中值法改善後的結果

3.7 頻率域濾波器設計

之前，我們曾述及傅利葉轉換 (FT)，一般而言，灰階較大的變動處或雜訊皆會對高頻的係數部分有較大的貢獻。給一張影像 I，假設經 FT 得到 $F(u, v)$。所謂的頻率域濾波器的設計就是想得到 $S(u, v)$，然後將 $S(u, v)$ 作用到 $F(u, v)$ 以得到 $F'(u, v)=S(u, v)F(u, v)$，看是否能將 $F(u, v)$ 中高頻的影響減弱。然後再利用 IFT 作用到 $F'(u, v)$ 上，以得到較好的影像 I'。

理想的低通濾波器 (Lowpass Filter) $S(u, v)$ 可設計成

$$S(u, v)=\begin{cases}1\text{，當 } r=\sqrt{u^2+v^2}\leq r_0\\ 0\text{，當 } r=\sqrt{u^2+v^2}>r_0\end{cases}$$

一般來說，我們利用能量光譜 (Power Spectrum) $|F(u, v)|^2$ 來實現低通濾波器的設計。頻率域上的 $F(u, v)$ 為一複數值，我們將實部的平方加上虛部的平方，即可得其能量。舉例來說，我們若保留了 95% 的能量光譜，則可計算出在傅利葉頻譜上以中心為原點，到底只需保留至多少半徑 r_0 即可。r_0 的決

定，可由小到大漸次檢測能量光譜的保留百分比是否達到設定的比例來決定。有了這個半徑 r_0，屆時 $F(u, v)$ 以中心為原點得到 r_0 為界限，將切割出一塊圓柱的區域。最後再以 IFT 將這塊區域還原成空間域，即可得到改良後的影像。畢竟 5% 的能量光譜損失，正代表了高頻的雜訊被去除掉，當然也有可能造成邊線的被模糊化 (Blurred)。

為了讓邊線的模糊化不會太唐突，我們可以採用較緩和的巴特沃斯 (Butterworth) 濾波器：

$$S(u, v) = \frac{1}{1 + (r / r_0)^{2n}}$$

這裡 $2n$ 為 $S(u, v)$ 的階數。圖 3.7.1 為 $S(u, v)$ 和 r/r_0 的關係。採用巴特沃斯濾波器 $S(u, v)$，邊線的被模糊化會較緩和些。

沿用圖 3.6.3 的影像，若 $n=3$ 和 $r_0=200$，則得到的傅利葉頻譜可參見圖 3.7.2(a)。經過低通巴特沃斯濾波器得到的結果顯示於圖 3.7.2(b)。從圖 3.7.2(b) 中的確可發現雖然雜訊去除了，但人物或物體的邊緣也不是太模糊，也就是模糊化以較緩和的方式進行。

相反地，有時我們希望留住高頻的部分以加強邊線的效果。這時也可利用高通 (Highpass) 巴特沃斯濾波器來達成。我們只要將 $S(u, v)$ 改為 $\frac{1}{1 + (r_0 / r)^{2n}}$ 即可。當 $r = r_0$ 時，則 $S(u, v) = 1/2$；當 $r >> r_0$ 時，$S(u, v) \approx 1$，這的確反映了高通濾波器的特性。

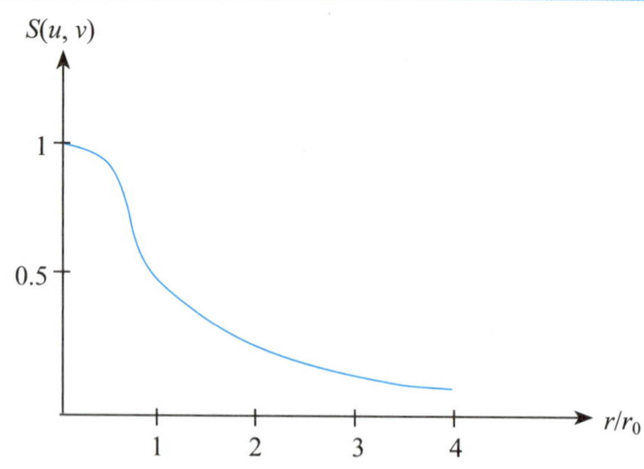

圖 3.7.1 $S(u, v)$ 和 r/r_0 的關係

(a) $n=3$ 和 $r_0=200$ 得到的傅利葉頻譜圖

(b) 得到的影像 I'

圖 3.7.2 圖 3.6.3 經低通巴特沃斯濾波器得到的結果

3.8 結　論

在這一章，我們從平滑法介紹起，一路談到中值法、中央加權中值法、柱狀圖等化法、模糊中值法到頻率域濾波器設計。我們可發現在前五個方法中，愈後面介紹的方法，包含在方法內的考慮層面也愈廣，表現出來的效果也愈好，但速度相對也較慢。針對中值濾波器網路的設計，在 [16] 中，學者將 3×3 的輸入影像限制擴大到更彈性的輸入影像。附帶一提的是，超解析法 (Super Resolution Method) [11, 17] 也是很有效的改善影像品質方法。

本章談的都是影像事前處理的品質改善工作。下一章要談的是影像事前處理工作中稍稍複雜一點的測邊，可看成一種特徵的抽取。

3.9 作　業

1. 請在影像中加入 30% 的脈衝雜訊。
2. 試敘述利用直方圖的技巧以完成中值濾波器的設計 [28]。

   解答：令目前的面罩所涵蓋的子影像 S 之直方圖為 H_c；令進來的行向量為 V_c；令 S 中最左邊的行向量為 V_1 且事先預存的直方圖為 H_{V_1}。我們先算出 V_c 的直方圖 H_{V_c}，接著利用 H_{V_1} 刪減調整 H_c，利用 H_{V_c} 增加調整 H_c。由於直方圖是以二維陣列 A 的資料結構表示，且陣列 A 的大小以 A [0⋯255, 0⋯max]。H_c 對應的陣列調整是以雜湊 (Hashing) 存取的方式快速進行，在存取修正 H_c 的過程中得檢視是否已累計到中值了。

   解答完畢

3. 寫一 C 程式以完成中央加權中值法的寫作。
4. 寫一 C 程式以完成部分重疊柱狀圖等化法的實作。
5. 如何利用軟體的方式來加快中值濾波的計算 [28]？

   解答：當面罩由 D_1 移到 D_2 時 (參見 3.2 節)，我們可利用被移走的行向量所預存的直方圖來修正 D_1 所對應的原直方圖，這部分可用雜湊 (Hashing) 的方式來完成。接下來，我們利用 $D_2 \backslash D_1$ 差集運算後的行向量所對應的直方圖來修正目前 $D_1 \cap D_2$ 的直方圖，以得到 D_2 的直方圖，從而得到 D_2 的中值。讀者得注意一點，快取記憶體 (Cache) 可充分展現重複使用資料的存取優勢。

解答完畢

6. 何謂 LMSE (Least Mean Square Error) 估測？

解答：給定訊號源 x，令其估測為 $\hat{x}=a+by$，則誤差為 $e=x-\hat{x}=x-a-by$，可得

$$E(e^2)=E[(x-a-by)^2]$$
$$=\mathrm{Var}(x-a-by)+[E(x-a-by)]^2$$

若要 $E(e^2)$ 最小，可令 $a=E(x)-bE(y)$，則可得

$$E(e^2)=E\{[(x-E(x)+bE(y)-by]^2\}$$
$$=E\{[x-E(x)]^2+b^2[y-E(y)]^2$$
$$-2b(x-E(x))(y-E(y))\}$$
$$=\mathrm{Var}(x)+b^2\,\mathrm{Var}(y)-2b\,\mathrm{Cov}(x,y)$$

又 $\dfrac{\partial E(e^2)}{\partial b}=2b\,\mathrm{Var}(y)-2\,\mathrm{Cov}(x,y)=0$

則 $b=\dfrac{\mathrm{Cov}(x,y)}{\mathrm{Var}(y)}$ 和 $a=E(x)-\dfrac{\mathrm{Cov}(x,y)}{\mathrm{Var}(y)}E(y)$

令 $\sigma_x^2=\mathrm{Var}(x)$ 和 $\sigma_y^2=\mathrm{Var}(y)$，

可得 $E(e^2)=\sigma_x^2-\dfrac{\mathrm{Cov}(x,y)^2}{\sigma_y^2}$

$$=a+by=E(x)+\frac{\mathrm{Cov}(x,y)}{\sigma_y^2}(y-E(y))$$

解答完畢

7. 閱讀超解析法的論文 [11]。

8. 何謂次像素 (Subpixel) 影像品質改良法？

9. 請將 3.3 節 Windyga 的波峰-波谷雜訊去除法推廣到二維影像上。

10. 何謂區域門檻 (Local Threshold) 影像回復法 [23, 24]？

解答： 此方法適用於區域亮度分佈不均勻的影像，其動態門檻值由下式決定：

$$T(x, y) = m(x, y)[1 + k(1 - \frac{S(x, y)}{R})]$$

上式中的 $S(x, y)$ 為 $k \times k$ 面罩所框住的子影像之標準差，而 $m(x, y)$ 為子影像的平均值，$k = -1$ 和 $R = 150$ 在電塔塔身的物件明晰上有不錯的效果，若面罩中心 (x, y) 的像素灰階值低於 $T(x, y)$ 時，則位於 (x, y) 的像素可視為物件的一部分，這裡假設物件偏向灰黑色的低灰階值。在 [24] 中，動態門檻值改為

$$T(x, y) = m(x, y) + ks(x, y)$$

解答完畢

11. 由於閃光燈拍攝的影響或是其他的因素，影像中往往在中間的區域會偏亮，但其他區域則顯得偏暗，試問如何改善其品質 [25]？

解答： 假設影像掃描的順序為一列接一列式的，首先將一列切割成若干段。在每一段內，我們將灰階值排序，仍然選出最大的前幾個灰階值 (背景值) 並求出其平均值。每一段都算出其亮度平均值。每一列中的任一像素之背景亮度估計值可利用內插法將其估計出來。根據事前設定的亮度 (例如 240) 和估計的亮度的倍數差，我們就可以將每一像素的亮度予以補強，也就是乘上這個倍率。以上的創意方法是由 Hsia 教授的研究小組發展出來，實作的效果也非常好。

解答完畢

12. 如何扳正一張影像內的四邊形物件 (例如：名片)？

解答： 令影像內的原始四邊形物件如下圖中的實線所示：

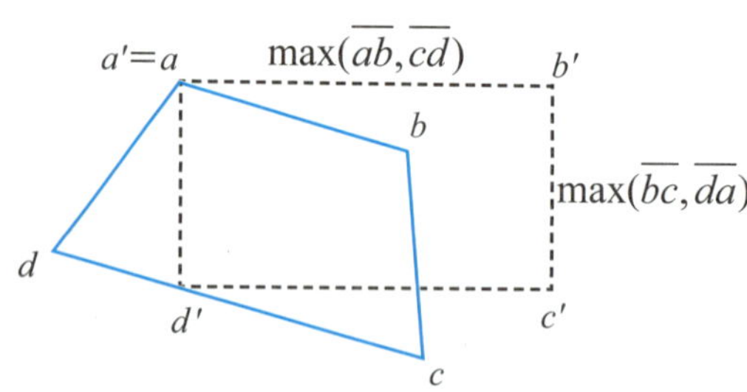

$\overline{ab}$ 和 $\overline{cd}$ 中取出 $\max(\overline{ab}, \overline{cd})$ 後，再從 $\overline{bc}$ 和 $\overline{da}$ 中取出 $\max(\overline{bc}, \overline{da})$。利用 $\max(\overline{ab}, \overline{cd})$ 和 $\max(\overline{bc}, \overline{da})$ 為扳正後四邊形的相鄰兩邊 (如上圖虛線所示)。如此一來，扳正四邊形物件的問題等同於找到一組縮放平移旋轉的轉換，使得 $(a_x, a_y)\rightarrow(a'_x, a'_y)$，$(b_x, b_y)\rightarrow(b'_x, b'_y)$，$(c_x, c_y)\rightarrow(c'_x, c'_y)$，$(d_x, d_y)\rightarrow(d'_x, d'_y)$。

上述的轉換可用一種稱作 Homography 矩陣表示，我們得到

$$\begin{bmatrix} X \\ Y \\ W \end{bmatrix} = \begin{bmatrix} m_0 & m_1 & m_2 \\ m_3 & m_4 & m_5 \\ m_6 & m_7 & 1 \end{bmatrix} \begin{bmatrix} x \\ y \\ 1 \end{bmatrix}$$

令 $M=[m_0, m_1, m_2, m_3, m_4, m_5, m_6, m_7]$，則需八個等式才能解出 M，利用已知的四組兩兩對應，可解出 M，如此一來，實線四邊形內的任一點 (x, y) 可利用下列對應到虛線四邊形的點 (x, y)：

$$x' = \frac{X}{W} = \frac{m_0x + m_1y + m_2}{m_6x + m_7y + 1}，\ y' = \frac{Y}{W} = \frac{m_3x + m_4y + m_5}{m_6x + m_7y + 1}$$

解答完畢

13. 如何加強影像的對比 (Contrast) [26]？

解答：在 [26] 中，學者首先定義出邊灰階值 (Edge Gray Value) 和平均邊灰階值 (Mean Edge Gray Value) 的觀念。令 x_{ij} 代表影像中位於 (i, j) 的灰階值，利用 Sobel 水平算子

$$\begin{bmatrix} -1 & -2 & -1 \\ 0 & 0 & 0 \\ 1 & 2 & 1 \end{bmatrix}$$

和 Sobel 垂直算子

$$\begin{bmatrix} -1 & 0 & 1 \\ -2 & 0 & 2 \\ -1 & 0 & 1 \end{bmatrix}$$

我們分別算出像素 x_{ij} 在水平方向和垂直方向的反應值 ΔH 和 ΔV (讀者可先參見第三章的相關介紹)，利用 ΔH 和 ΔV，我們算出

$$\text{邊灰階值} = \Delta_{ij} = |\Delta H| + |\Delta V|$$

對影像中所有的像素而言，當計算完各個位置的邊灰階值後，可依照下式算出像素 x_{ij} 所在位置的平均灰階值：

$$\overline{E_{ij}} = \frac{\sum_{(k,l)\in N_{ij}} \Delta_{kl} x_{kl}}{\sum_{(k,l)\in N_{ij}} \Delta_{kl}}$$

上式中 N_{ij} 代表像素 x_{ij} 在 3×3 面罩內的八個鄰居像素。根據下式

灰階＝反射係數×亮度

學者將灰階值的範圍 [0, 255] 分割成十份：[0, 3]，(3, 8]，(8, 16]，(16, 30]，(30, 49]，(49, 75]，(75, 107]，(107, 147]，(147, 196]，(196, 255]。像素 x_{ij} 可利用下式進行對比增強 (Contrast Enhancement)：

$$f(x_{ij}) = \begin{cases} a, & x_{ij} \le \overline{E_{ij}} \\ b, & x_{ij} > \overline{E_{ij}} \end{cases}$$

在 [26] 中，學者定義出下式以量度亮度所謂的局部對比：

$$c_{ij} = \frac{x_{ij} - \overline{E_{ij}}}{x_{ij} + \overline{E_{ij}}}$$

在 [27] 中，學者提出了一種非線性的灰階值對應函數得到了更好的 c_{ij} 量度。

解答完畢

14. 考慮視訊 (Video) 中的連續二張影像，這二張影像分別稱為 I_r 和 I_c。假設 I_c 內的某一 8×8 區塊 B_c 和 I_r 內的 8×8 區塊 B_r 最匹配。令 $B_c = S + n$，這裡 S 代表原訊號，而 n 代表雜訊。令 E 為期望值算子，若要

$$\min_{W_1, W_2} E\{[(W_0 + W_1 B_c + W_2 B_r) - S]^2\}$$

則 $W_1 =$ ？這裡 $W_2 = 1 - W_1$；$W_0 = E[S - B_r]$。

解答：

$$
\begin{aligned}
&E\{[(W_0+W_1B_c+(1-W_1)B_r)-S]^2\}\\
&=E\{[W_0+W_1(S-B_r)+W_1n+(B_r-S)]^2\}\\
&=E[(W_0+W_1m+W_1n-m)^2]\\
&=E\{[W_0+W_1(m+n)-m]^2\} \qquad (1)
\end{aligned}
$$

式 (1) 對 W_1 微分且令微分式為零；雜訊 n 的 mean = 0，可推得

$$W_1=\frac{\sigma_m^2}{\sigma_m+\sigma_n^2}$$

這裡 $\sigma_m^2=E[m^2]-E(m)^2$ 和 $\sigma_n^2=E[n^2]$。

解答完畢

3.10 參考文獻

[1] A. Ahmed and K. R. Rao, *Orthogonal Transforms for Digital Signal Processing*, Springer-Verlag, New York, 1975.

[2] K. E. Batch, "Sorting networks and their applications," *Proc. AFIPS 1968 Spring Joint Comput. Conf.*, Atlantic City, NJ, 1968, pp. 307-314.

[3] C.-Y. Su and W.-C. Kao, "Effective demosaicing using subband correlation," *IEEE Trans. Consumer Electronics*, 55(1), 2009, pp. 199-204.

[4] T. Chen, K. K. Ma, and L. H. Chen, "Tri-state median filter for image denoising," *IEEE Trans. on Image Processing*, 8(12), 1999, pp. 1834-1838.

[5] K. L. Chung, "A fast pipelined median filter network," *Signal Processing*, 51, 1996, pp. 133-136.

[6] A. K. Jain, *Fundamentals of Digital Image Processing*, Prentice-Hall, New York, 1989.

[7] R. C. Gonzalez and R. E. Woods, *Digital Image Processing*, Addison-Wesley, New York, 1992.

[8] R. Gupta and P. Evripidou, "Design and implementation of an efficient general-purpose median filter network," *Digital Signal Processing*, 13, 1993, pp. 64-72.

[9] J. Y. Kim, L. S. Kim, and S. H. Hwang, "An advanced contrast enhancement using partially overlapped sub-block histogram equalization," *IEEE Trans. on Circuits and*

Systems for Video Technology, 11(4), 2001, pp. 475-484.

[10] S. J. Ko and Y. H. Lee, "Center weighted median filters and their applications to image enhancement," *IEEE Trans. on Circuits and Systems for Video Technology*, 38(9), 1991, pp. 984-993.

[11] N. Nguyen, P. Milanfar, and G. Golub, "A computationally efficient superresolution image reconstruction algorithm," *IEEE Trans. on Image Processing*, 10(4), 2001, pp. 573-583.

[12] M. Sonka, V. Hlavac, and R. Royle, *Image Processing, Analysis, and Machine Vision*, 2nd Edition, PWS Pub., New York, 1999.

[13] X. Yang and P. S. Toh, "Adaptive fuzzy multilevel median filter," *IEEE Trans. on Image Processing*, 4(5), 1995, pp. 680-682.

[14] H. J. Zimmermann, *Fuzzy Set Theory and Its Applications*, Kluwer Academic Pub., New York, 1991.

[15] W. K. Pratt, *Digital Image Processing*, 2nd Edition, John Wiley & Sons, New York, 1991.

[16] K. L. Chung and Y. K. Lin, "A generalized pipelined media filter network," *Signal Processing*, 63, 1997, pp. 101-106.

[17] C. H. Yeh, L. W. Kang, M. S. Lee and C. Y. Lin, "Haze effect removal from image via haze density estimation in optical mode," *Optic Express*, 21(22), 2013, pp. 27127-27141.

[18] 鍾國亮編著，離散數學 (附研究所試題與詳解)，第三版，東華書局，臺北，2014。

[19] D. A. Huang, L. W. Kang, Y. C. Wang, and C. W. Lin. "Self-learning based image decomposition with application to single image denoising," *IEEE Trans. on Multimedia, to appear*.

[20] S. C. Hsia, "A fast efficient restoration algorithm for high-noise image filtering with adaptive approach," *J. of Visual Communication and Image Representation*, 16, 2005, pp. 379-392.

[21] R. C. Gonzalez, R. E. Woods, and S. L. Eddins 著，繆紹綱譯，數位影像處理：運用 MATLAB，東華書局，臺北，2005。

[22] P. S. Windyga, "Fast impulsive noise removal," *IEEE Trans. on Image Processing*, 10(1), 2001, pp. 173-179.

[23] Z. Zhang and C. L. Tan, "Restoration of images scanned from thick bound documents," *in Proc. of 2001 Int. Conf. on Image Processing*, Vol. 1, 2001, pp. 1074-1077.

[24] W. Niblack, *An Introduction to Digital Image Processing*, Prentice-Hall, New Jersey, 1986, pp. 115-116.

[25] S. C. Hsia, M. H. Chen, and Y. M. Chen, "A cost-effective line-based light-balancing technique using adaptive processing," *IEEE Trans. on Image Processing*, 15(9), 2006, pp. 2719-2729.

[26] A. Beghdadi and A. Le Negrate, "Contrast enhancement technique based on local detection of edges," *Computer Vision, Graphics, and Image Processing*, 46, 1989, pp. 162-174.

[27] S. C. Matz, R. J. P. de Figueiredo, "A nonlinear image contrast sharpening approach based on Munsell's scale," *IEEE Trans. on Image Processing*, 15(4), 2006, pp. 900-909.

[28] S. Perreault and P. Hebert, "Median filtering in constant time," *IEEE Trans. on Image Processing*, 16(9), 2007, pp. 2389-2394.

[29] F. Y. Shih, *Image Processing and Pattern Recognition*, John Wiley & Sons, New Jersey, 2010.

3.11 平滑法的 C 程式附錄

```
/***************************************************************/
/** 功能：利用平滑法來改善影像的品質                              **/
/** 參數一：原始影像之暫存區                                      **/
/** 參數二：經由平滑法運算後的結果影像之暫存區                      **/
/** 參數三：原始影像之長                                          **/
/** 參數四：原始影像之寬                                          **/
/** 參數五：面罩大小 (例：3 : 表示 3×3、5 : 表示 5×5、7 : 表示 7×7) **/
/***************************************************************/
void MeanFilter(unsigned char **arg_imgsrc_buf, unsigned char
   **arg_imgresult_buf, int arg_img_h, int arg_img_w, int arg_masksize)
```

```
{
  float meangray;
  int weightsum;

  /* weightsum 表在面罩之總共權重 */
  weightsum = arg_masksize * arg_masksize;
  for(int y = 0; y < arg_img_h – 2; y++)
  for(int x = 0; x < arg_img_w – 2; x++)
  {
    meangray = 0;  /* 初始存放經由平滑法運算結果之變數 */
    /* 平滑法運算主體 */
    for(int i = y; i < arg_masksize + y; i++)
    for(int j = x; j < arg_masksize + x; j++)
      meangray = meangray + (float)(arg_imgsrc_buf[i][j] /weightsum);
   /* 將經由平滑法運算後之結果存回結果影像暫存區 */
  arg_imgresult_buf [y + 1][x + 1] = meangray;
  }
}
```

CHAPTER

4

測　邊

4.1 前 言

在影像的前置處理 (Preprocessing) 中，如何做好測邊 (Edge Detection) 的工作是非常重要的。影像中通常都有一些物件，而物件的邊是很重要的特徵，於是把物件的邊找出來且找得好便是一件很基礎的工作。在這一章中，我們將從最簡單拉普拉斯算子 (Laplacian Operator) 介紹起，再來介紹 Marr-Hildreth 算子、Canny 算子、基底投射法和輪廓追蹤法。在介紹這些方法前，我們先假設影像已經用第三章所提的方法完成了品質的改善工作。

4.2 拉普拉斯算子

圖 4.2.1 的右半部為白色區域，而左半部為黑色區域。在圖 4.2.1 中，介於兩個同質 (Homogeneous) 但不同色的邊緣處 (Boundary) 會顯示出大的灰階值變化。然而，在個別的區域內，鄰近的灰階值很相近。灰階的突然變化 (Abrupt Change) 是測邊的主要觀念之一。這裡假設黑色區域內的像素灰階值遠低於白色區域內的像素灰階值。

在介紹拉普拉斯算子測邊點 (Edge Pixel) 前 [1, 2]，先來談一下通過零點 (Zero-crossing) 的觀念。首先，我們對圖 4.2.1 進行一次微分，則可得圖 4.2.2。圖 4.2.2 為圖 4.2.1 經一次微分後所得，此圖為側視 (Side View) 的結果。圖 4.2.2 的波峰 (Peak) 形成於區間 $[b, c]$ 內，而非一直線形的波峰，原因

圖 4.2.1 兩個同質但不同色的區域

是圖 4.2.1 的黑白交界處有色暈現象。

由圖 4.2.2 可知在 *a* 點處有一波峰，此點正代表著圖 4.2.1 中兩個區域的交界處。事實上，若 *a* 點的波峰夠高，也就是已超過門檻值 (Threshold)，已足以說明在該處有邊點形成的邊線 (Edge Line)。換言之，一次微分後的波峰處恰可反映邊的所在。

我們進一步對圖 4.2.2 再微分一次，可得圖 4.2.3 的示意圖。在圖 4.2.3 中，微分二次後的曲線會通過 $x=a$ 和 $y=0$ 的地方，即我們俗稱的通過零點的地方。回到測邊的問題來看，圖 4.2.3 顯示在以 *a* 點為中心，而在 $[b, c]$ 範圍內有邊點形成的邊線。我們可說二次微分引出的通過零點觀念所代出的邊線意思較一次微分代出的邊線強多了。從圖 4.2.3 中，我們進一步可得知由較暗

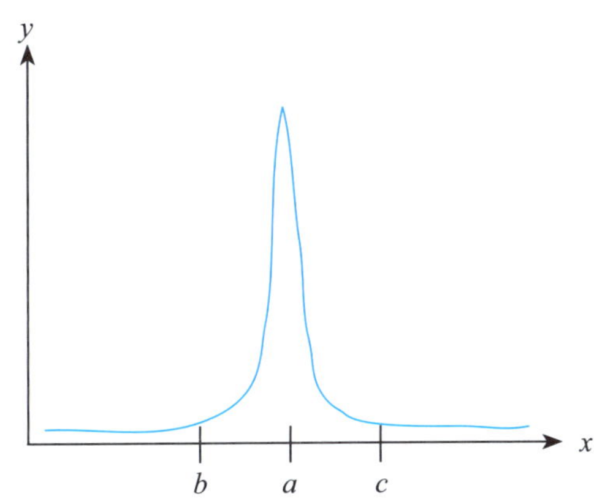

圖 4.2.2 圖 4.2.1 的一次微分結果

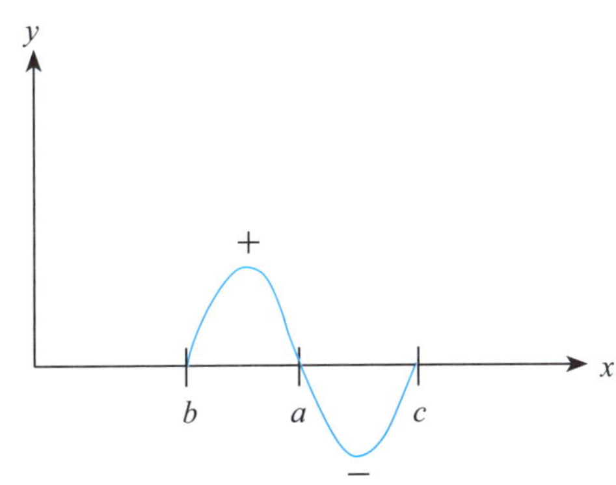

圖 4.2.3 通過零點示意圖

(Dark) 的灰階變到較亮 (Light) 的灰階。以上側視圖在視覺上對邊點形成的邊線會造成遮蔽現象。圖 4.2.4 所示的另一個連續函數 (Continuous Function) 和其一次、二次微分的效果也可帶出上述通過零點的觀念。

介紹完通過零點的觀念，接著來介紹植基於此觀念的拉普拉斯測邊算子，先以一維的例子來解釋，我們對 $f(x, y)$ 沿著 x 軸微分得差分

$$\nabla_x f = f(x+1, y) - f(x, y)$$

再進而對 x 軸微分 (可和差分交換使用) 得

$$\begin{aligned}\nabla_x^2 f &= f(x+2, y) - f(x+1, y) - [f(x+1, y) - f(x, y)] \\ &= f(x+2, y) - 2f(x+1, y) + f(x, y)\end{aligned}$$

令 $x=x+1$ 以進行參數變換，可得

$$\nabla_x^2 f = f(x+1, y) - 2f(x, y) + f(x-1, y)$$

同理，沿著 y 軸微分二次得

$$\nabla_x^2 f = f(x, y+1) - 2f(x, y) + f(x, y-1)$$

合併二個軸的二次微分效應，可得拉普拉斯算子如下：

$$\begin{aligned}\nabla^2 f &= \nabla_x^2 f + \nabla_y^2 f \\ &= f(x, y+1) + f(x+1, y) + f(x, y-1) + f(x-1, y) - 4f(x, y) \qquad (4.2.1)\end{aligned}$$

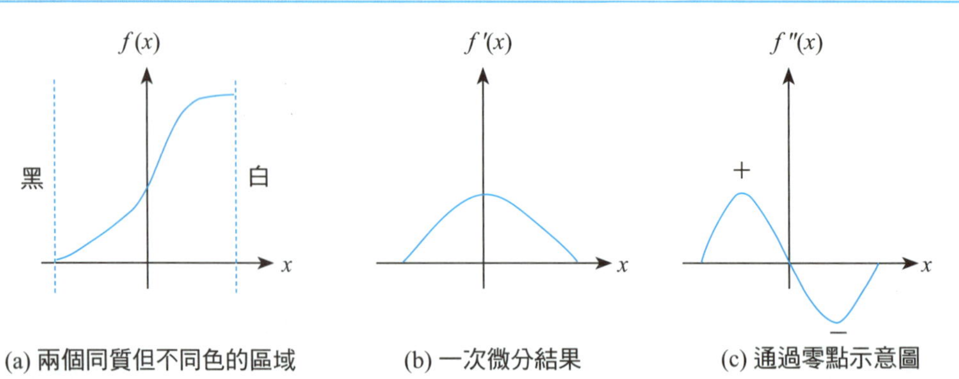

(a) 兩個同質但不同色的區域　(b) 一次微分結果　(c) 通過零點示意圖

圖 4.2.4　通過零點的另一個示意圖

回到通過零點的觀念，我們從中已知其可用於測邊，而其涉及的二次微分恰可用拉普拉斯算子來表現之。到此，我們了解何以拉普拉斯算子可用來測邊了。實作時，拉普拉斯算子可透過圖 4.2.5 的面罩 (Mask) 以迴積的方式作用在影像上以完成測邊的工作。讀者從式 (4.2.1) 可明白圖 4.2.5 面罩的數學來源了。

圖 4.2.6 為一張 Lena 的灰階影像，其經過拉普拉斯算子運算後，可得圖 4.2.7。我們在此說明如何使用拉普拉斯算子來測邊，首先將圖 4.2.5 的面罩作用到影像 f 的每一個像素上，我們可得到該 f 的二次微分的結果 $\nabla^2 f$。接下來檢查 $\nabla^2 f$ 中每一位置的值來決定邊點的位置，假設我們目前正在檢查 (x, y) 這

0	1	0
1	−4	1
0	1	0

圖 4.2.5 拉普拉斯算子對應的面罩

圖 4.2.6 一張 Lena 的影像

圖 4.2.7 圖 4.2.6 經過拉普拉斯算子作用後的結果

個位置，如果能滿足 $\nabla^2 f(x-1,y)$ 和 $\nabla^2 f(x+1,y)$ 的值呈現一個是正數，而另一個為負數，且 $|\nabla^2 f(x+1,y)-\nabla^2 f(x-1,y)|$ 的值大於門檻值 T 的情況 (門檻值 T 可利用第五章所介紹的各種方法求得)，我們就宣稱 (x,y) 的位置上有一個邊點。相同地，若是 $\nabla^2 f(x,y-1)$ 和 $\nabla^2 f(x,y+1)$ 滿足上述條件，我們也可以將位置 (x,y) 上的像素視為一個邊點。要注意的是，只要 $\nabla^2 f(x-1,y)$ 和 $\nabla^2 f(x+1,y)$ 或 $\nabla^2 f(x,y-1)$ 和 $\nabla^2 f(x,y+1)$ 其中一組滿足一正一負和兩值差大於 T 的條件，我們就可以確定 (x,y) 的位置上存在一個邊點。

除拉普拉斯算子可用來測邊外，另外也有幾個常用的測邊算子。例如 Sobel 測邊算子，其對應的面罩有兩個，一個為 y 方向，另一個為 x 方向，分別列於圖 4.2.8(a) 和 4.2.8(b)。從 $\nabla_x f$ 和 $\nabla_y f$ 的兩個分量，我們可知合成的量 (Magnitude) 為 $\sqrt{(\nabla_x f)^2+(\nabla_y f)^2}$，而角度為 $\theta=\tan^{-1}\dfrac{\nabla_y f}{\nabla_x f}$。有時為了計算更快速，我們盡量不使用開根號的運算，而改用 $|\nabla_x f|+|\nabla_y f|$ 的運算取代 $\sqrt{(\nabla_x f)^2+(\nabla_y f)^2}$ 的運算。將 $|\nabla_x f|+|\nabla_y f|$ 開平方後，可發現 $(\nabla_x f)^2+(\nabla_y f)^2+2|\nabla_x f||\nabla_y f|\geq(\nabla_x f)^2+(\nabla_y f)^2$。其實，我們也可將 $\nabla_x f$ 和 $\nabla_y f$ 看成直角三角形的兩股，而 $\sqrt{(\nabla_x f)^2+(\nabla_y f)^2}$ 看成斜邊，利用三角形中兩邊長的和大於第三邊也可得此不等式的證明。所以在測邊時，若使用 $|\nabla_x f|+|\nabla_y f|$ 時，其所使用門檻值需大於等於使用 $\sqrt{(\nabla_x f)^2+(\nabla_y f)^2}$ 時所使用的門檻值，以免造成兩種方法得到的邊點數差距過大。在第五章中，我們將介紹各種自動化決定門檻值的方法。

−1	−2	−1
0	0	0
1	2	1

(a) 測 y 方向的灰階變化

−1	0	1
−2	0	2
−1	0	1

(b) 測 x 方向的灰階變化

圖 4.2.8 Sobel 測邊算子

範例 1：給一影像，試問對同一門檻值 T 而言，利用 $|\nabla_x f|+|\nabla_y f|$ 的運算和 $\sqrt{(\nabla_x f)^2+(\nabla_y f)^2}$ 的運算，何者所得到的邊圖具有更多的邊點數？

解答：因為 $|\nabla_x f|+|\nabla_y f|\geq\sqrt{(\nabla_x f)^2+(\nabla_y f)^2}$，所以對同一門檻值 T 而言，利用 $|\nabla_x f|+|\nabla_y f|$ 運算所得到的邊圖具有更多的邊點數。

解答完畢

範例 2：可否舉個模擬例子說明 Sobel 測邊算子？

解答：Sobel 測邊算子可說是使用最廣泛的測邊算子了，除了測得結果不錯外，它的運算的確非常簡單。給定一 3×3 子影像如下所示

10	10	100
10	100	100
100	100	100

利用圖 4.2.8(a) Sobel 算子作用其上，得到的反應值為 270；利用圖 4.2.8(b) 的算子作用其上，得到的反應值為 270。兩個反應值合成量為 540 (＝270＋270)，而角度為 $\theta=\tan^{-1}\dfrac{270}{270}=\tan^{-1}1=45°$。若門檻值訂定為 50，則子影像中的中間像素設定為邊點，且該邊點的方向性為 45°。

解答完畢

另外有一個很類似 Sobel 測邊算子的測邊方法叫 Prewitt 算子，其對應的 y 方向面罩如圖 4.2.9(a) 所示，而其對應的 x 方向面罩如圖 4.2.9(b) 所示。在此，特別留意一點：不管是 Sobel 算子或是 Prewitt 算子都不容易用嚴格的差分或推導得之。由於計算量不大且實作容易，Sobel 算子和 Prewitt 算子仍廣為使用於測邊上。

−1	−1	−1
0	0	0
1	1	1

(a) 測 y 方向的灰階變化

−1	0	1
−1	0	1
−1	0	1

(b) 測 x 方向的灰階變化

圖 4.2.9 Prewitt 算子

範例 3：給一如下的 5×5 子影像，請使用 Prewitt 算子來測邊，這裡假設門檻值 T 為 78。

15	39	42	27	12
12	21	48	15	9
9	21	27	12	3
18	15	33	18	18
45	60	57	24	21

解答：我們只針對下面的九個像素來決定它們是否為邊點。從圖 4.2.10 中可得知像素 (1)、(3)、(4)、(6)、(7)、(8) 和 (9) 皆為邊點，所以最後測邊結果為一個如下的凵字形。

	X		X	
	X		X	
	X	X	X	

	(1)	(2)	(3)	
	(4)	(5)	(6)	
	(7)	(8)	(9)	

圖 4.2.10(a) 使用 Prewitt 算子得到的相關資訊

y 方向的灰階變化	x 方向的灰階變化	$\lvert\nabla_x f\rvert+\lvert\nabla_y f\rvert$
(1) −6−18−15=−39	27+36+18=81	39+81=120 > T
(2) −18−15−15=−48	−12−6−9=−27	48+27=75
(3) −15−15−9=−39	−30−39−24=−93	39+93=132 > T
(4) 6−6−15=−15	36+18+15=69	15+69=84 > T
(5) −6−15+3=−18	−6−9+3=−12	18+12=30
(6) −15+3+9=−3	−39−24−15=−78	3+78=81 > T
(7) 36+39+30=105	18+15+12=45	105+45=150 > T
(8) 39+30+12=81	−9+3−36=−42	81+42=123 > T
(9) 30+12+18=60	−24−15−36=−75	60+75=135 > T

圖 4.2.10(b) 使用 Prewitt 算子得到的結果

解答完畢

4.3 Marr-Hildreth 算子

Marr-Hildreth 測邊算子 [3] 結合了平滑 (Smoothing) 和測邊的雙重技巧，實乃很富創意的方法。讀者可將其想成是結合第三章雜訊移除和 4.2 節的混合法。

影像中某一個像素的灰階值受距離較遠像素灰階值的影響是較小的。令該

較遠像素的位置為 (x, y)，則高斯平滑算子 (Gaussian Smoothing Operator) 不失為一個理想的平滑算子，其式子表現如下

$$G(x, y) = e^{-\frac{x^2+y^2}{2\sigma^2}} \quad \textbf{(4.3.1)}$$

從式 (4.3.1) 的鐘狀圖形來看，位於 (0, 0) 的像素之灰階值受到距離 3σ 以外的像素之灰階值的影響很小，此處 σ 為標準差。這裡，留意一點：以 (0, 0) 為中心，3σ 為半徑，則已含括了九成以上的範圍。我們將各個相關的像素之位置代入式 (4.3.1) 就可得到對應的機率值了。(0, 0) 的對應機率值大於其周邊的機率，且離 (0, 0) 愈遠的像素之對應機率值愈小。在電腦繪圖中有一種稱作反鋸齒 (Antialiasing) 的技巧，就是使用式 (4.3.1) 的高斯平滑算子以改善直線畫法中的鋸齒現象，使其達到平滑的效果 **[10]**。

Marr-Hildreth 測邊算子首先利用式 (4.3.1) 對原影像 $f(x, y)$ 進行平滑的運算，再進行 4.2 節的拉普拉斯算子的運算，這合成的運算可以用 **LOG** (Laplacian of Gaussian) 的方式表現

$$LOG = \nabla^2[G(x, y, \sigma) * f(x, y)] \quad \textbf{(4.3.2)}$$

此處 * 表迴積運算，而 ∇^2 表拉普拉斯算子。由於先做迴積再做微分二次是有結合性的 (參見定理 4.3.1)，所以式 (4.3.2) 也可寫成

$$LOG = [\nabla^2 G(x, y, \sigma)] * f(x, y) \quad \textbf{(4.3.3)}$$

令 $r^2 = x^2 + y^2$，則 $G(x, y, \sigma) = e^{-\frac{r^2}{2\sigma^2}}$ **[8]**。$G(x, y, \sigma)$ 對 x 微分一次，得

$$\frac{\partial G}{\partial x} = \frac{-x}{\sigma^2} e^{\frac{-r^2}{2\sigma^2}}$$

再對 x 微分一次，得

$$\frac{\partial^2 G}{\partial x^2} = -\frac{1}{\sigma^2} e^{\frac{-r^2}{2\sigma^2}} + \left(-\frac{x}{\sigma^2}\right)\left(-\frac{x}{\sigma^2}\right) e^{\frac{-r^2}{2\sigma^2}} = \frac{1}{\sigma^2}\left(\frac{x^2-\sigma^2}{\sigma^2}\right) e^{\frac{-r^2}{2\sigma^2}}$$

同理，我們可推得

$$\frac{\partial G}{\partial y}=\frac{-y}{\sigma^2}e^{\frac{-r^2}{2\sigma^2}}$$

$$\frac{\partial^2 G}{\partial y^2}=\frac{1}{\sigma^2}\left(\frac{y^2-\sigma^2}{\sigma^2}\right)e^{\frac{-r^2}{2\sigma^2}}$$

綜合以上推演，可得

$$\nabla^2 G(x,y,\sigma)=\frac{\partial^2 G}{\partial x^2}+\frac{\partial^2 G}{\partial y^2}=\frac{1}{\sigma^2}\left(\frac{x^2+y^2-2\sigma^2}{\sigma^2}\right)e^{\frac{-r^2}{2\sigma^2}}$$

$$=\frac{r^2-2\sigma^2}{\sigma^4}e^{\frac{-r^2}{2\sigma^2}}$$

將推得結果代入式 (4.3.3)，可得

$$LOG=\frac{1}{\sigma^2}\left(\frac{x^2+y^2}{\sigma^2}-2\right)e^{\frac{-r^2}{2\sigma^2}}*f(x,y)$$

為得到一個面罩且其面罩內的加權和為零，我們令 LOG 的面罩形式如下所示，這裡的常數 C 是用來正規化用的。

$$C\left(\frac{x^2+y^2-2\sigma^2}{\sigma^4}\right)e^{\frac{-(x^2+y^2)}{2\sigma^2}}$$

若面罩大小為 5×5，正規化後則可得下列面罩：

$$\begin{bmatrix} 0 & 0 & -1 & 0 & 0 \\ 0 & -1 & -2 & -1 & 0 \\ -1 & -2 & 16 & -2 & -1 \\ 0 & -1 & -2 & -1 & 0 \\ 0 & 0 & -1 & 0 & 0 \end{bmatrix} \tag{4.3.4}$$

我們只要用上面類似墨西哥帽的 5×5 矩陣對影像做迴積運算即可達到兼具平滑和測邊的工作。讀者若代入不同的標準差值，可能會得到不同的 LOG 面罩。

定理 4.3.1　*LOG* 具有結合性。

證明：

$$
\begin{aligned}
LOG &= \nabla^2[G(x, y, \sigma) * f(x, y)] \\
&= \frac{\partial}{\partial x^2}[G(x, y, \sigma) * f(x, y)] + \frac{\partial}{\partial y^2}[G(x, y, \sigma) * f(x, y)] \\
&= \frac{\partial}{\partial x^2}[G(x, y, \sigma)] * f(x, y) + \frac{\partial}{\partial y^2}[G(x, y, \sigma)] * f(x, y) \\
&= \left[\frac{\partial}{\partial x^2}G(x, y, \sigma) + \frac{\partial}{\partial y^2}G(x, y, \sigma)\right] * f(x, y) \\
&= [\nabla^2 G(x, y, \sigma)] * f(x, y)
\end{aligned}
$$

故得到

$$
\begin{aligned}
LOG &= \nabla^2[G(x, y, \sigma) * f(x, y)] \\
&= [\nabla^2 G(x, y, \sigma)] * f(x, y)
\end{aligned}
$$

LOG 的確具有結合性。

證明完畢

範例 1：可否對式 (4.3.4) 多做解釋？

解答：假設我們使用的面罩大小仍為 5×5，面罩內各像素的位置定義如下：

(−2, 2)	(−1, 2)	(0, 2)	(1, 2)	(2, 2)
(−2, 1)	(−1, 1)	(0, 1)	(1, 1)	(2, 1)
(−2, 0)	(−1, 0)	(0, 0)	(1, 0)	(2, 0)
(−2, −1)	(−1, −1)	(0, −1)	(1, −1)	(2, −1)
(−2, −2)	(−1, −2)	(0, −2)	(1, −2)	(2, −2)

我們將面罩內 25 個位置座標代入下面式子中的 (x, y) 內

$$\frac{x^2+y^2-2\sigma^2}{\sigma^4}e^{\frac{-(x^2+y^2)}{2\sigma^2}}$$

如此一來，可得到 25 個值，我們根據這 25 個值的大小，可將它們分為四類：

*	*	○	*	*
*	○	×	○	*
○	×	Δ	×	○
*	○	×	○	*
*	*	○	*	*

上面的分類中，打 * 號的值為趨近於零；打 Δ、×和○號的值都不大，但是以 16：−2：−1 的比例呈現。如此一來，我們就得到式 (4.3.4) 的墨西哥帽子式樣的面罩。

解答完畢

給一影像如圖 4.3.1 所示，利用式 (4.3.4) 的 5×5 面罩對圖 4.3.1 進行測邊的運算，結果顯示於圖 4.3.2。本節介紹的 Marr-Hildreth 算子的 C 程式及其輔助文件說明請參見 4.9 節。

Canny [14] 首先利用高斯平滑算子去除過多的細紋，然後在每個像素上計算其梯度方向和梯度量。假若在這梯度方向上，該像素的梯度量大於二個鄰居的量，則該像素為邊點，否則為非邊點。較弱的邊點可利用磁滯 (Hysteresis) 門檻化予以去除。一般來說，Canny 方法測得的邊較細緻。圖 4.3.3 為利用 Canny 測邊法所得到的邊圖 (Edge Map)。

讀者可參見作業 4 以更明白 Canny 測邊算子的詳細方法。針對特殊情況，L. Ding 等人 [13] 提出一改良方法，文中主要將 Canny 的邊點定義為主要邊點 (Major Edge Pixel)，而學者又考慮另外八個方向，若像素的梯度量有大於任一個鄰居的量，則稱為次邊點 (Minor Edge Pixel)。

圖 4.3.1 測試影像

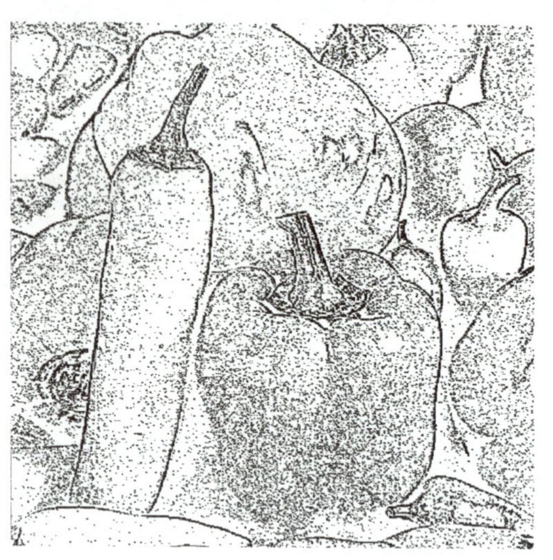

圖 4.3.2 利用 Marr-Hildreth 算子測邊後的結果

圖 4.3.3 利用 Canny 測邊法所得到的結果

4.4 基底投射法

這一節將介紹一種很特別的測邊方法，它的原理是建立在線性代數的基底 (Basis) 上的。我們共使用九個向量 (Vector) 以構成基底。這九個向量顯示於圖

4.4.1 中。

我們在圖 4.4.1 的基底中任挑二個向量，例如：圖 4.4.1(a) 和圖 4.4.1(b)。首先將圖 4.4.1(a) 和 (b) 的 3×3 視窗轉成二個向量 $(1, \sqrt{2}, 1, 0, 0, 0, -1, -\sqrt{2}, -1)^t$ 和 $(1, 0, -1, \sqrt{2}, 0, -\sqrt{2}, 1, 0, -1)^t$，這裡的 t 代表矩陣的轉置 (Transpose)。然後將二個向量進行內積 (Inner-product) 的運算，結果得內積為零。我們可在圖 4.4.1 中任挑二個不同向量，皆可檢定出它們的內積為零，從而知道這九個向量中相異兩向量為正交的 (Orthogonal)，它們的確可構成基底。

為了方便投影 (Projection) 觀念之介紹，令圖 4.4.1 中的九個向量分別為 $v_1, v_2, \cdots$ 和 v_9，則 $w_1 = \frac{v_1}{\|v_1\|}, w_2 = \frac{v_2}{\|v_2\|}, \cdots, w_9 = \frac{v_9}{\|v_9\|}$ 可另外構成一組正交且單位化 (Orthonormal) 的基底。例如，$w_1 = \left(\frac{1}{2\sqrt{2}}, \frac{1}{2}, \frac{1}{2\sqrt{2}}, 0, 0, 0, \frac{-1}{2\sqrt{2}},\right.$

1	$\sqrt{2}$	1
0	0	0
−1	$-\sqrt{2}$	−1

(a)

1	0	−1
$\sqrt{2}$	0	$-\sqrt{2}$
1	0	−1

(b)

0	−1	$\sqrt{2}$
1	0	−1
$-\sqrt{2}$	1	0

(c)

$\sqrt{2}$	−1	0
−1	0	1
0	1	$-\sqrt{2}$

(d)

0	1	0
−1	0	−1
0	1	0

(e)

−1	0	1
0	0	0
1	0	−1

(f)

1	−2	1
−2	4	−2
1	−2	1

(g)

−2	1	−2
1	4	1
−2	1	−2

(h)

1	1	1
1	1	1
1	1	1

(i)

圖 4.4.1 基底

$\frac{-1}{2}, \frac{-1}{2\sqrt{2}}\Big)$。這時候可檢定其仍滿足 $w_i{}^t \cdot w_j=0$，$i \neq j$。

假設 3×3 視窗所框住的子影像，依列優先 (Row Major Order) 的順序得向量 $z=(z_1, z_2, \cdots, z_9)^t$。對上述九個正交且單位化的基底投影，可得 $m_1=z^t \cdot w_1$, $m_2=z^t \cdot w_2, \cdots, m_9=z^t \cdot w_9$。我們可從 $m_1, m_2, \cdots, m_9$ 這九個投影值中，挑出一個最大值 $m=\max\{m_1, m_2, \cdots, m_9\}$。假設 m 對應的基底之向量為圖 4.4.1(a)，則代表有類似圖 4.2.8(a) 所測得的邊點。若對應的為圖 4.4.1(i)，則表 z 的紋理 (Texture) 頗平滑的，即非邊點所在。實作時，也需引入門檻值，依迴積的方式進行。基底投射法的缺點是，有些基底向量的代表邊紋理之意義不是很明確。

範例 1：以上的九個基底向量為何要化成單位正交向量？可否給一個示意圖以明示基底投射法的觀念？

解答：每個基底的向量經過單位正交化後，我們再進行基底投射 (其實就是做內積運算) 時，才有比較公平的尺度。令自影像中取出的 3×3 子影像為 S，而 $\langle S, W_i\rangle$ 代表子影像 S 和單位正交基底向量進行向量內積運算。當完成了所有的九個內積運算後，我們再從中取出最大內積值所對應的 W_j。如果最大內積值大於門檻值，則 W_j 能讓我們更了解該邊點 (子影像的正中央像素) 的紋理特性。以上的運算可以用下面的示意圖來解釋：

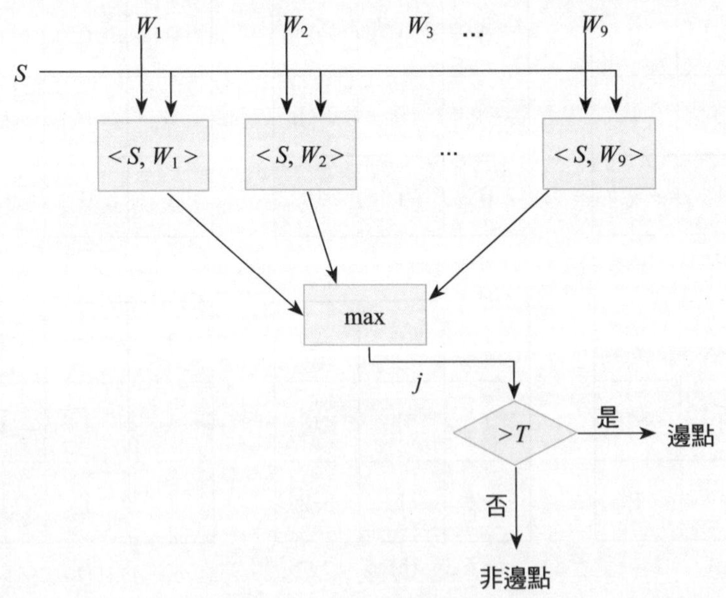

解答完畢

4.5 輪廓追蹤法

本節要介紹的輪廓追蹤法 (Contour Tracing) 為著名的蛇形 (Snakes) 法 [9, 11]。首先我們在物件輪廓的外圍標記出離散式的環狀控制點序列。

接下來，我們定義曲線的能量函數為

$$E = \int [\alpha(t)\, E_{cont} + \beta(t)\, E_{curv} + \gamma(t)\, E_{image}]\, dt \qquad (4.5.1)$$

在式 (4.5.1) 中，$\alpha(t)$、$\beta(t)$ 和 $\gamma(t)$ 為加權函數；$c(t)$ 為影像中初步用雲形曲線框住的輪廓，且輪廓上構成的控制點為 $v_1, v_2, v_3, \cdots, v_n$。在式 (4.5.1) 中，

$$E_{cont} = \left\| \frac{dc(t)}{dt} \right\|^2 = \| v_i - v_{i-1} \|^2$$

$$E_{curv} = \left\| \frac{d^2 c(t)}{dt^2} \right\|^2 = \| v_{i-1} - 2v_i + v_{i+1} \|^2$$

$$E_{image} = -\| \nabla I \|$$

上面三式中的 E_{cont} 代表一種張力 (Tension)，張力愈小，表示輪廓愈往內縮，也就是伸張出去的力道愈弱。E_{cont} 的最小化，會驅使控制點間在內縮的過程中彼此的間距會變接近的。下式也可以當作此種張力的另一種表示法：

$$E_{cont}(v_i) = \frac{\left| \bar{d} - |v_i - v_{i-1}| \right|}{\max\limits_{j} \left\{ \left| \bar{d} - |v_i(j) - v_{i-1}| \right| \right\}}$$

此處 $\bar{d} = \dfrac{\sum_{j=1}^{n} |v_i - v_{i-1}|}{n}$ 代表蛇形控制點 (Snake Control Point) 的平均長度，$v_0 = v_n$；$v_i(j)$ 代表控制點 v_i 在 3×3 視窗內的其他八個像素點的某一點。上式的整體效應將使得兩蛇形點之間的距離盡量相等。式 (4.5.1) 的 E_{curv} 能量主要是想達到控制點在內縮的過程，會盡量減少曲率的變化。$E_{curv}(v)$ 也有人利用下面的表示法：

$$E_{cont}(v) = \frac{|v_{i-1} - 2v_i + v_{i+1}|}{\max\{|v_{i-1} - 2v_i(j) + v_{i+1}|\}}$$
$$= \frac{|(v_{i+1} - v_i) - (v_i - v_{i-1})|}{\max\{|(v_{i+1} - v_i(j)) - (v_i(j) - v_{i-1})|\}}$$

從式子來看，若要使得 $E_{curv}(v)$ 值變得最小，蛇形點 v_i 可向 v_{i-1} 和 v_{i+1} 中點 (Midpoint) 的方向移動。

假設我們從 v_1 出發，首先以 3×3 視窗將 v_1 點框住，針對視窗內的每一點計算其能量 E。若某一點的能量和所得為最小，則 v_1 移往該處，然後出發到 v_2，直到 v_n 也被處理完。這樣的過程叫作一次迭代。不斷地進行迭代直到輪廓不再改變為止。式 (4.5.1) 中的 E_{cont} 代表在微分一次後連續項能量；E_{curv} 代表微分二次後平滑項能量；E_{image} 代表目前輪廓受到往影像邊點處的拉力。式 (4.5.1) 以一次迭代的觀點來看，就是想將下式最小化：

$$\sum_{i=1}^{n}(\alpha_i\, E_{cont} + \beta_i\, E_{curv} + \gamma_i\, E_{image})$$

通常 α_i、β_i 和 γ_i 可定為 1，但是若碰到角點 (Corner Point) 時，β_i 可定為 0，畢竟角點影響 E_{curv} 頗大的，可透過 $\beta_i = 0$ 來忽略它的影響。

在實作時，為了正規化三個能量項的影響，E_{cont} 和 E_{curv} 可除以視窗內相關能量的最大值，而 E_{image} 中的 $\|\nabla I\|$ 可改為 $\frac{\|\nabla I\| - m}{M - m}$，這裡 m 代表鄰近的 $\|\nabla I\|$ 最小值，而 M 代表鄰近 $\|\nabla I\|$ 的最大值。

給一影像如圖 4.5.1 所示。首先我們框出一初始輪廓如圖 4.5.2 所示。利用本節介紹的蛇形法，最終找到的輪廓如圖 4.5.3 所示。

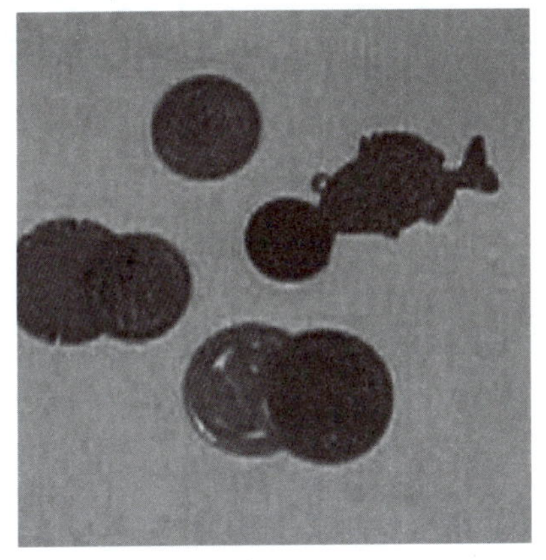

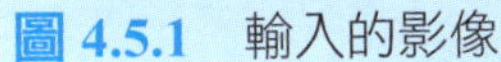

圖 4.5.1 輸入的影像

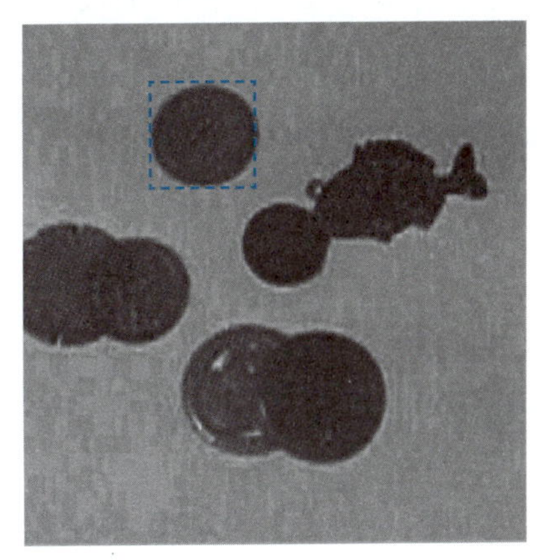

圖 4.5.2 初始輪廓

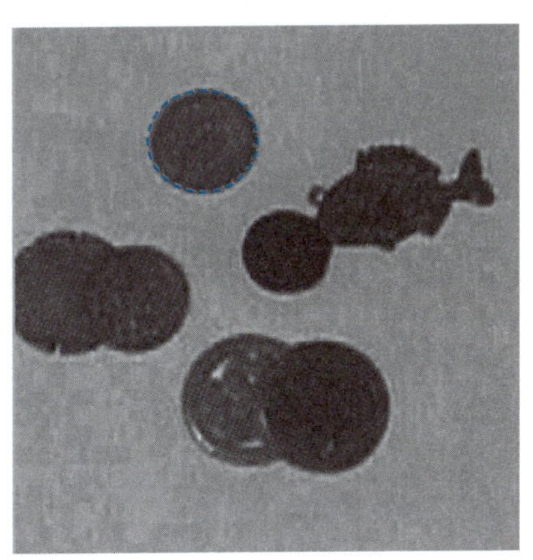

圖 4.5.3 最終所找到的輪廓

4.6 結 論

在這一章中，我們已介紹完六種測邊的方法。在此，我們給各方法一些綜合性的看法。拉普拉斯算子乃植基於二次差分，由於它的簡單性，不失為一個通用方法。Marr-Hildreth 算子多考慮了平滑的效果，使得測邊與平滑的雙重考量都兼顧了。年輕時就因癌症去逝的 Marr [15]，其所寫的書值得一讀，目前影像處理的一個大獎 Marr Award 就是為紀念他而設立的。這個獎的得獎論文較偏向電腦視覺方面。在影像處理與圖形識別的領域中，另一個大獎就是 K. S. Fu Prize，此獎的歷年得主如圖 4.6.1 所示。K. S. Fu 教授生前為中央研究院院士，普渡大學電機系教授。Fu 教授在圖形識別方面的貢獻度非常重大，著作等身，指導過很多非常優秀的博士生。Fu 教授在 1982 年出了一本語法式的圖形識別專書，有興趣的讀者可參見 [19]，近幾年在這方面的研究已不若當年熱門了。基底投射法雖有線性代數中基底的理論基礎，但有些投影並沒有明顯的邊訊息。輪廓追蹤法的人機介面之互動機制倒是很有創意。輪廓追蹤在醫學影像 [17] 與視訊處理上有很大的應用。

時　間	得獎者
1988	Azriel Rosenfeld
1990	R. L. Kashyap
1992	Leveen Kanal
1994	Herbert Freeman
1996	Teuvo Kohonen
1998	Jean-Claude Simon
2000	Theo Pavlidis
2002	Thomas S. Huang
2004	J. K. Aggarwal
2006	Josef Kittler
2008	A. K. Jain
2010	H. Bunke
2012	R. Chellappa
2014	J. Malik
2016	R. Haralick
2018	M. K. Pietikainen

圖 4.6.1　K. S. Fu Prize 歷年得主

4.7 作　業

1. 寫一 C 程式以完成基底投射法的實作。
2. 寫一 C 程式以完成輪廓追蹤法的實作。
3. 探討本章介紹的四種不同測邊法之優缺點。

4. 請詳細敘述 Canny 測邊算子。

解答：首先算出位於 (x, y) 位置像素 (x, y) 的梯度值，可用圖 4.2.8 的兩個 Sobel 面罩得出該梯度值 $MG(x, y)=\sqrt{(\nabla_x f(x, y))^2+(\nabla_y f(x, y))^2}$，接著算出方向值 $AG(x, y)=\tan^{-1}\left(\dfrac{\nabla_y f(x, y)}{\nabla_x f(x, y)}\right)$。對所有的像素而言，我們算出它們的 MG 值和 AG 值後，接下來，依照 AG 值分類成四區：

$$S(x, y)=\begin{cases} 0， & 當 -\dfrac{\pi}{8}<AG(x, y)\leq\dfrac{\pi}{8} \\ 1， & 當 \dfrac{\pi}{8}<AG(x, y)\leq\dfrac{3\pi}{8} \\ 2， & 當 -\dfrac{\pi}{8}<AG(x, y)\leq\dfrac{\pi}{8} \\ 3， & 其他情形 \end{cases}$$

$S(x, y)=0$ 代表通過 (x, y) 位置的直線大約是垂直方向，$AG(x, y)$ 的方向是該直線的方法向量方向。各個像素有了方向的區域編號後，可用它來決定該像素是否為邊點。假若 $S(x, y)=0$，則檢查 $(MG(x, y)>MG(x-1, y))$ $(MG(x, y)>MG(x+1, y))$ 是否成立？若成立且 $MG(x, y)$ 大於門檻值，則 $f(x, y)$ 無疑是邊點。否則將門檻值降低一點，假若 $MG(x, y)$ 大於該降低的門檻值，我們可以利用區域連結編號法 (Connected Component Labeling Method) 來決定是否將其更正為邊點。其他的 $MG(x, y)$ 區域用類似的方法也可決定出是否為邊點。

解答完畢

5. 雲形曲線 (B-spline) 是利用給定的控制點搭配上彎曲函數來繪出曲線，試解釋其方法。

解答：給定四個控制點 v_i、v_{i+1}、v_{i+2} 和 v_{i+3}。每一個控制點乘上一個彎曲函數 (Blending Function) 後，再加總起來就可形成一段三次方的雲形曲線。令四個接續的彎曲函數為 $N_{0,3}(t)$、$N_{1,3}(t)$、$N_{2,3}(t)$ 和 $N_{3,3}(t)$，且該雲形曲線 $P_i(t)=v_i\times N_{0,3}(t)+v_{i+1}\times N_{1,3}(t)+v_{i+2}\times N_{2,3}(t)+v_{i+3}\times N_{3,3}(t)$，$0\leq t\leq 1$。我們利用四個彎曲函數的下列等式關係：

$$\left.\begin{aligned} N_{0,3}(1) &= N_{1,3}(0) \\ N_{1,3}(1) &= N_{2,3}(0) \\ N_{2,3}(1) &= N_{3,3}(0) \end{aligned}\right\} \text{連續性}$$

$$\left.\begin{aligned} N'_{0,3}(1) &= N'_{1,3}(0) \\ N'_{1,3}(1) &= N'_{2,3}(0) \\ N'_{2,3}(1) &= N'_{3,3}(0) \end{aligned}\right\} \text{一次微分後連續}$$

$$\left.\begin{aligned} N''_{0,3}(1) &= N''_{1,3}(0) \\ N''_{1,3}(1) &= N''_{2,3}(0) \\ N''_{2,3}(1) &= N''_{3,3}(0) \end{aligned}\right\} \text{二次微分後連續}$$

$$\left.\begin{aligned} N_{0,3}(0) &= 0 \\ N'_{0,3}(0) &= 0 \\ N''_{0,3}(0) &= 0 \end{aligned}\right\} \text{邊界條件}$$

$$\left.\begin{aligned} N_{3,3}(1) &= 0 \\ N'_{3,3}(1) &= 0 \\ N''_{3,3}(1) &= 0 \end{aligned}\right\} \text{邊界條件}$$

可解得

$$N_{0,3}(t) = \frac{1}{6}t^3$$

$$N_{1,3}(t) = \frac{1}{6}(-3t^3 + 3t^2 + 3t + 1)$$

$$N_{2,3}(t) = \frac{1}{6}(3t^3 - 6t^2 + 4)$$

$$N_{3,3}(t) = \frac{1}{6}(-t^3 + 3t^2 - 3t + 1)$$

如此一來，雲形曲線可表示為

$$P_i(t) = \frac{1}{6}[t^3 \quad t^2 \quad t \quad 1]\begin{bmatrix} -1 & 3 & -3 & 1 \\ 3 & -6 & 3 & 0 \\ -3 & 0 & 3 & 0 \\ 1 & 4 & 1 & 0 \end{bmatrix}\begin{bmatrix} v_{i+3} \\ v_{i+2} \\ v_{i+1} \\ v_i \end{bmatrix}$$

我們可檢定兩條鄰近的雲形曲線有連續、一次微分連續和二次微分連續的性質。令 $P_{i+1}(t)$ 為 $P_i(t)$ 的鄰近雲形曲線，這裡 $P_{i+1}(t)$ 對應的四個控制點為 v_{i+1}、v_{i+2}、v_{i+3} 和 v_{i+4} 。我們不難檢定出 $P_i(1)=P_{i+1}(0)$、$P_i'(1)=P_{i+1}'(0)$ 和 $P_i''(1)=P_{i+1}''(0)$。這三個等式意味著 $P_i(t)$ 和 $P_{i+1}(t)$ 滿足兩曲線間的連續、一次微分連續和二次微分連續的性質。滿足以上這三個性質，則畫出的曲線會蠻平滑的。

解答完畢

4.8 參考文獻

[1] M. Sonka, V. Hlavac, and R. Boyle, *Image Processing, Analysis, and Machine Vision*, PWS Pub., New York, 1999.

[2] D. H. Ballard and C. M. Brown, *Computer Vision*, Prentice-Hall, New York, 1982.

[3] D. Marr and E. Hildreth, "Theory of edge detection," *Proc. of the Royal Society*, 1980, B 207: 187-217.

[4] A. Rosenfeld, R. A. Hummel, and S. W. Zucker, "Scene labeling by relaxation operations," *IEEE Trans. on Systems, Man, and Cybernetics*, 1976, pp. 420-433.

[5] A. Low, *Introductory Computer Vision and Image Processing*, McGraw-Hill, New York, 1991.

[6] W. Frei and C. C. Chen, "Fast boundary detection: a generalization and a new algorithm," *IEEE Trans. on Computers*, 26(10), 1977, pp. 988-998.

[7] R. C. Gonzalez and R. E. Woods, *Digital Image Processing*, Addison-Wesley, New York, 1992.

[8] W. Kaplan, *Advanced Calculus*, 4th Edition, Addison-Wesley, New York, 1991.

[9] M. Kass, A. Witkin, and D. Terzopoulos, "Snakes: active contour models," *International J. of Computer Vision*, 2, 1988, pp. 321-331.

[10] J. D. Foley, A. van Dam, S. K. Feiner, and J. F. Hughes, *Computer Graphics: Principles and Practice*, 2th Edition, Addison-Wesley, New York, 1996.

[11] E. Trucco and A. Verri, *Introductory Techniques for 3-D Computer Vision*, Prentice-Hall, New Jersey, 1998.

[12] M. A. Furst, "Edge detection with image enhancement via dynamic programming," *Computer Vision, Graphics, and Image Processing*, 33, 1986, pp. 263-279.

[13] L. Ding and A. Goshtasby, "On the Canny edge detector," *Pattern Recognition*, 34, 2001, pp. 721-725.

[14] J. Canny, "A computational approach to edge detection," *IEEE Trans. on Pattern Analysis and Machine Intelligence*, 8(6), 1986, pp. 679-698.

[15] D. Marr, *Vision*, Freeman, San Francisco, 1982.

[16] X. Wang, "Laplacian operator-based edge detectors," *IEEE Trans. on Pattern Analysis and Machine Intelligence*, 29(5), 2007, pp. 886-890.

[17] R. F. Chang et al., "Segmentation of breast tumor in 3-D ultrasound image using 3-D discrete active contour model," *Ultrasound in Medicine and Biology*, 29(11), 2003, pp. 1571-1581.

[18] K. L. Chung and W. M. Yan, "A fast algorithm for cubic B-spline curve fitting," *Computers & Graphics*, 18(3), 1994, pp. 327-334.

[19] K. S. Fu, *Syntactic Pattern Recognition and Applications*, Prentice-Hall, New York, 1982.

4.9 Marr-Hildreth 算子的 C 程式附錄

在本節中，我們針對 4.3 節中介紹的 Marr-Hildreth 算子的測邊方法，安排了一個有文件輔助說明的 C 程式。

```
/***********************************************************/
/*  程式中 OriginalImg 為輸入的灰階影像                      */
/*  EdgeImg 為輸出的測邊矩陣。兩者大小均為 M×N              */
/*  其中 M 和 N 為影像的長和寬                              */
/***********************************************************/
void Marr_Hildreth(int OrignialImg[M][N], int EdgeImg[M][N])
{
    int i, j, k;
    int PixelCounter = 0, TH;
    float TmpSum;
    int TempImg[M][N]
```

```
    for(i = 2; i < M – 2; i++)
    {
        for(j = 2; j < N – 2; j++)
        {
            /*代入如式 (4.3.4) 之係數至輸入的灰階影像計算*/
            TempImg[i][j] = OriginalImg[i][j]*16 – OriginalImg[i][j – 1]*2
            – OriginalImg[i][j + 1]*2 – OriginalImg[i – 1][j]*2
            – OriginalImg[i + 1][j]*2 – OriginalImg[i – 1][j – 1]
            – OriginalImg[i – 1][j + 1] – OriginalImg[i + 1][j – 1]
            – OriginalImg[i + 1][j + 1] – OriginalImg[i][j – 2]
            – OriginalImg[i][j + 2] – OriginalImg[i – 2][j]
            – OriginalImg[i + 2][j];
        }
    }

/*計算 Zero-crossing 之臨界值*/
TmpSum = 0;
for(i = 1; i < M – 1; i++)
    for(j = 1; j < N – 1; j++)
    {
        PixelCounter++;
        TmpSum = TmpSum + abs(TempImg[i][j]);
    }
TH = 2*(TmpSum/PixelCounter);

for(i = 0; i < M – 2; i++)
    for(j = 0; j < N – 2; j++)
    {
        /*找出通過臨界值之點*/
        EdgeImg[i + 1][j + 1] = 255;  /*將影像值設為白點*/
```

```
/*當左點大於零且右點小於零，且左右兩點之差大於臨界值
  則該點為邊點，其值設為黑點*/
if(((TempImg[i][j + 1] >= 0)&&(TempImg[i + 2][j + 1] <= 0))
&&((TempImg[i][j + 1] – TempImg[i + 2][j + 1]) >= TH))
{
    EdgeImg[i + 1][j + 1] = 0;
    continue;
}

/*當左點小於零且右點大於零，且左右兩點之差大於臨界值
  則該點為邊點，其值設為黑點*/
if(((TempImg [i][j + 1] <= 0)&&(TempImg [i + 2][j + 1] >= 0))
&&((TempImg [i + 2][j + 1] – TempImg [i][j + 1]) >= TH)))
{
    EdgeImg[i + 1][j + 1] = 0;
    continue;
}

/*當上點大於零且下點小於零，且上下兩點之差大於臨界值
  則該點為邊點，其值設為黑點*/
if(((TempImg [i + 1][j] >= 0)&&(TempImg [i + 1][j + 2] <= 0))
&&((TempImg [i + 1][j] – TempImg [i + 1][j + 2]) >= TH))
{
    EdgeImg[i + 1][j + 1] = 0;
    continue;
}

/*當上點小於零且下點大於零，且上下兩點之差大於臨界值
  則該點為邊點，其值設為黑點*/
if(((TempImg [i + 1][j] <= 0)&&(TempImg [i + 1][j + 2] >= 0))
```

```
        &&((TempImg [i + 1][j + 2] – TempImg [i + 1][j]) >= TH))
        {
            EdgeImg[i + 1][j + 1] = 0;
            continue;
        }
    }
}
```

CHAPTER

5

門檻值決定與區域的分割

5.1 前言

一般的灰階影像中每一像素的灰階有 256 階，在一些應用中，有時只需若干個灰階就夠了。例如，黑白影像的像素只需兩個灰階 (分別是 0 和 1) 表示就夠了。如何決定一個適當的門檻值以轉換高灰階影像為黑白影像是有趣的議題。將單一門檻值的決定推廣到多門檻值的決定也是很重要的。例如，給一 256 灰階的影像，若想將影像轉成只有 $(k+1)$ 個灰階的影像，我們得有個方法決定這 k 個門檻值為何，而且得到這些門檻值需要滿足一些合理的數學涵義。本章談的另一個重點為區域 (Regions) 的分割 (Segmentation)。在許多的應用中，我們對影像中的區域會很感興趣。例如，某些區域代表水域，而某些區域又代表林區等。這時候，如何將影像分割成若干個能代表其特殊屬性 (Attributes) 的區域就是一個重要課題。

在這一章中，針對門檻值的決定，我們將介紹下列四種方法：

- 統計式。
- 消息理論式。
- 動差守恆式。
- 最近配對式。

針對區域分割，我們將介紹下列二種方法：

- 分離與合併式。
- 分水嶺式。

5.2 統計式門檻值決定法

本節要介紹的統計式 (Statistical) 門檻值決定法是根據 Otsu 所提出的方法 [1]。在介紹 Otsu 的方法前，先來談一下如何利用蠻力法 (Brute-force) 來決定門檻值。

給一影像的灰階分佈柱狀圖 (Histogram)，如圖 5.2.1 所示。在圖 5.2.1 中可看出有兩個波峰 (Peaks)，在兩個波峰之間，即為波谷處 (Vally)，的確很

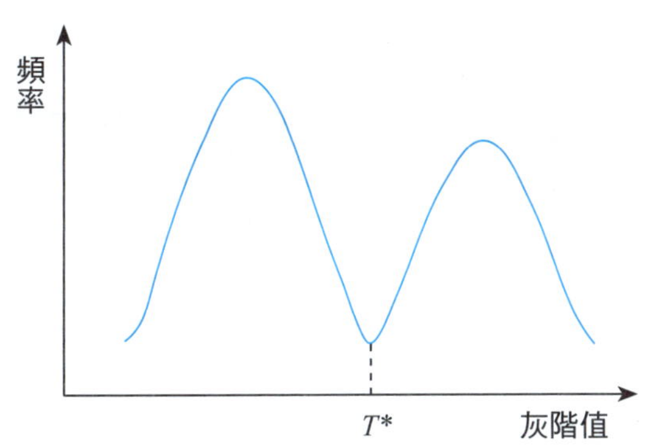

圖 5.2.1 灰階分佈柱狀圖

適合選為門檻值，圖中的 T^* 灰階值可選為將原影像轉換為黑白影像的門檻值依據。我們的作法是這樣的：若影像中的灰階值低於 T^*，則將該灰階值轉為黑色，否則轉為白色。這種透過灰階分佈柱狀圖的視覺選取法 (Visual Selection)，碰到灰階分佈柱狀圖的波谷處不明顯時，就不管用了。

範例 1：可否舉一個視覺選取法不適合的灰階分佈柱狀圖？

解答：下圖所示的灰階分佈柱狀圖由於沒有明顯的波谷，故不適合於視覺選取法：

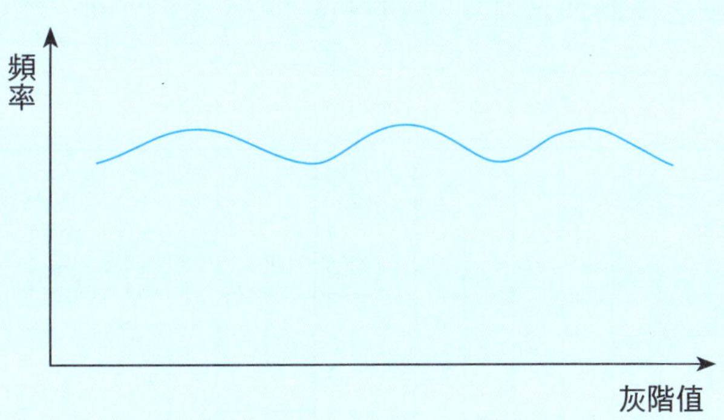

解答完畢

範例 2：給定如下兩張 6×6 之影像灰階值：

25	5	35	15	10	40
10	40	20	30	40	15
45	15	5	25	10	35
50	30	45	20	50	30
30	45	15	25	5	20
10	25	40	35	50	45

(a)

20	15	40	55	50	10
45	10	5	45	35	40
25	45	20	10	15	20
35	55	50	55	45	25
50	15	40	30	5	40
15	20	10	45	15	50

(b)

若我們想把影像分成兩群，請說明哪一張影像不適合使用視覺選取法決定門檻值，並分析原因。另外，請指出哪一張影像適合使用視覺選取法決定門檻值，並且找出其門檻值 T^*。

解答：(a) 這張影像的柱狀統計圖 (Histogram) 畫出來為下圖的圖 (1)，然而 (b) 這張影像的柱狀統計圖畫出來為下圖的圖 (2)，所以要把影像分兩群，(a) 這張影像不適合使用視覺法選取門檻值，而 (b) 影像因為有單一明顯波谷，所以適合使用視覺法選取門檻值，且門檻值 T^* 為 30。

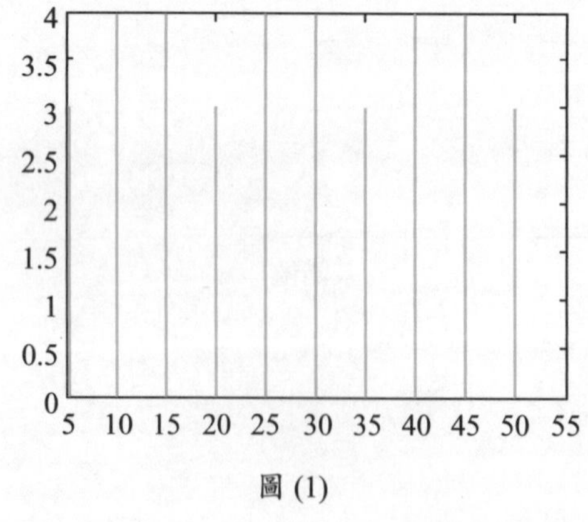

圖 (1)

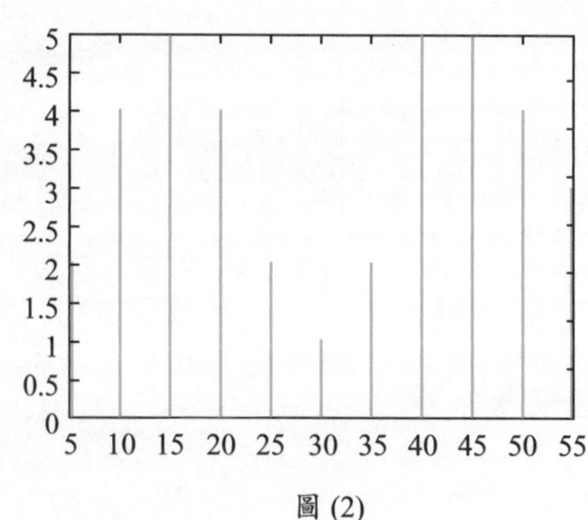

圖 (2)

解答完畢

我們先以決定一個門檻值為例。假若 T^* 為最佳門檻值，我們利用 T^* 把 512×512 影像分成二區，如圖 5.2.2 所示的 C_1 和 C_2。在 C_1 區內的任一像素，其灰階值 $f(x, y)$ 必滿足 $0 \leq f(x, y) \leq T^*$，且 C_2 區內的任一像素，其灰階值 $f(x, y)$ 必滿足 $T^* + 1 \leq f(x, y) \leq 255$。Otsu 提出兩個條件，只要任何一者成立時即可決定 T^* 的值。背景有時可想成具某些特徵的物件，而前景可想成具有它類特徵的物件。

第一個條件為 T^* 的決定會滿足 C_1 和 C_2 之間的變異數 (Between-variance) 為最大，而另一個條件為 T^* 的決定會滿足 C_1 內的變異數 (Within-variance) 加上 C_2 內的變異數之和為最小。關於第一個條件，各位可想成 C_1 和 C_2 可分得最開；第二個條件，各位可想成 C_1 或 C_2 內的灰階值最近似。

令影像的大小為 $N = 512 \times 512$ 且灰階值個數為 $I = 256$。則灰階值為 i 的機率可表示為

$$P(i) = \frac{n_i}{N}$$

此處 n_i 表示灰階值 i 出現在影像中的次數，且 i 的範圍介於 $0 \leq i \leq I - 1$。依據機率原理知

$$\sum_{i=0}^{I-1} P(i) = 1$$

假設 C_1 內的像素個數佔的比率為

$$W_1 = \Pr(C_1) = \sum_{i=0}^{T^*} P(i)$$

而 C_2 內的像素個數佔的比率為

$$W_2 = \Pr(C_2) = \sum_{i=T^*+1}^{I-1} P(i)$$

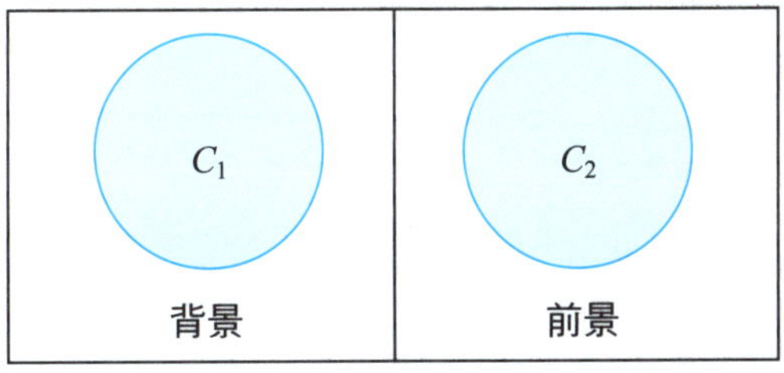

圖 5.2.2　二區的例子

這裡需滿足 $W_1+W_2=1$。

我們可以算出 C_1 的期望值為

$$u_1=\sum_{i=0}^{T^*}\frac{P(i)}{W_1}*i$$

而 C_2 的期望值為

$$u_2=\sum_{i=T^*+1}^{I-1}\frac{P(i)}{W_2}*i$$

利用 u_1 和 u_2，進一步可算出 C_1 和 C_2 的變異數為

$$\sigma_1^2=\sum_{i=0}^{T^*}(i-u_1)^2\frac{P(i)}{W_1} \quad 和 \quad \sigma_2^2=\sum_{i=T^*+1}^{I-1}(i-u_2)^2\frac{P(i)}{W_2}$$

很容易理解到 C_1 和 C_2 內變異數和為 $\sigma_W^2=W_1\sigma_1^2+W_2\sigma_2^2$ (參見定理 5.2.1 的證明)。在 C_1 和 C_2 之間的變異數可表示為 $\sigma_B^2=W_1(u_1-u_{T^*})^2+W_2(u_2-u_{T^*})^2$，此處 u_{T^*} 表整個原始影像的平均值。u_{T^*} 可計算如下：

$$\sum_{i=0}^{I-1}\frac{n_i*i}{N}=\frac{1}{N}\sum_{i=0}^{I-1}n_i*i$$

定理 5.2.1 證明在 σ_B^2、σ_W^2 和 $\sigma_{T^*}^2$ 之間存在有這樣的關係：$\sigma_B^2+\sigma_W^2=\sigma_{T^*}^2$，此處 $\sigma_{T^*}^2$ 為原始影像的變異數。

由於 $\sigma_{T^*}^2$ 為一定值，C_1 和 C_2 之間的變異數最大化問題等於 C_1 和 C_2 內的變異數和的最小化問題。那就考慮如何找到一個 T^* 使得 C_1 和 C_2 內的變異數和為最小就夠了。目前並沒有很好的方法可快速找到 T^*。我們使用的方法是在 0 至 $I-1$ 之間，分別將灰階值代入 σ_W^2 式子內，等全部 I 個灰階值都代完了，再從最小的 σ_W^2 得到對應的灰階值以為 T^*。這樣決定的 T^* 就是將原始影像分割為 C_1 和 C_2 兩區的最佳門檻值。

圖 5.2.3 為輸入的窗戶影像，利用上述介紹的 Otsu 方法，我們可得圖 5.2.4 的黑白影像。

圖 5.2.3 窗戶影像

圖 5.2.4 利用 Otsu 方法得到的黑白影像

定理 5.2.1 $\sigma_W^2+\sigma_B^2=\sigma_{T^*}^2$。

證明：依照定義，可得到

$$
\begin{aligned}
\sigma_{T^*}^2 &= \sum_{i=0}^{I-1}(i-u_{T^*})^2 P(i) \\
&= \sum_{i=0}^{T^*}(i-u_{T^*})^2 P(i) + \sum_{i=T^*+1}^{I-1}(i-u_{T^*})^2 P(i) \\
&= \sum_{i=0}^{T^*}(i-u_1+u_1-u_{T^*})^2 P(i) + \sum_{i=T^*+1}^{I-1}(i-u_2+u_2-u_{T^*})^2 P(i) \\
&= \sum_{i=0}^{T^*}[(i-u_1)^2+2(i-u_1)(u_1-u_{T^*})+(u_1-u_{T^*})^2]P(i) \\
&\quad + \sum_{i=T^*+1}^{I-1}[(i-u_2)^2+2(i-u_2)(u_2-u_{T^*})+(u_2-u_{T^*})^2]P(i) \\
&= \sum_{i=0}^{T^*}(i-u_1)^2 P(i) + 2(u_1-u_{T^*})\sum_{i=0}^{T^*}(i-u_1)P(i) + \sum_{i=0}^{T^*}(u_1-u_{T^*})^2 P(i) \\
&\quad + \sum_{i=T^*+1}^{I-1}(i-u_2)^2 P(i) + 2(u_2-u_{T^*})\sum_{i=T^*+1}^{I-1}(i-u_2)P(i) + \sum_{i=T^*+1}^{I-1}(u_2-u_{T^*})^2 P(i)
\end{aligned}
$$

$$= W_1\sigma_1^2 + 2(u_1 - u_{T^*})\sum_{i=0}^{T^*}(i-u_1)P(i) + (u_1 - u_{T^*})^2 W_1$$

$$+ W_2\sigma_2^2 + 2(u_2 - u_{T^*})\sum_{i=T^*+1}^{I-1}(i-u_2)P(i) + (u_2 - u_{T^*})^2 W_2$$

又因為

$$\sum_{i=0}^{T^*}(i-u_1)P(i) = \sum_{i=0}^{T^*} iP(i) - u_1\sum_{i=0}^{T^*} P(i) = W_1u_1 - u_1W_1 = 0$$

和

$$\sum_{i=T^*+1}^{I-1}(i-u_2)P(i) = \sum_{i=T^*+1}^{I-1} iP(i) - u_2\sum_{i=T^*+1}^{I-1} P(i) = W_2u_2 - u_2W_2 = 0$$

所以，我們進一步推得

$$\begin{aligned}\sigma_{T^*}^2 &= W_1\sigma_1^2 + (u_1 - u_{T^*})^2 W_1 + W_2\sigma_2^2 + (u_2 - u_{T^*})^2 W_2 \\ &= W_1\sigma_1^2 + W_2\sigma_2^2 + (u_1 - u_{T^*})^2 W_1 + (u_2 - u_{T^*})^2 W_2 \\ &= \sigma_W^2 + \sigma_B^2\end{aligned}$$

下面示意圖中的橫軸 g 代表所有要測試的灰階值，而縱軸 σ_B^2 代表 $T^*=g$ 時所得到 C_1 和 C_2 組間變異數。由下圖中可知，g^* 造成有最大的 σ_B^2，故可被選為 C_1 和 C_2 門檻值。

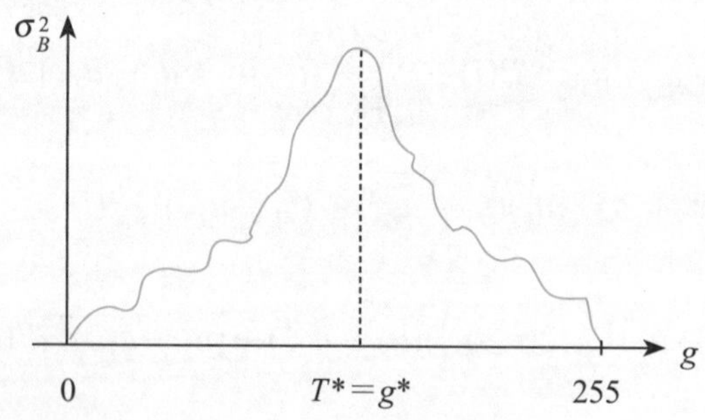

證明完畢

以上介紹 $k=1$ 的門檻值決定之方法很容易可以擴充到任意 k 的門檻值決定，唯 Otsu 的方法，其時間複雜度變高的，下一段內容將證明其時間複雜度為 $O(m^k)$，此處 m 可視為在影像中出現的不同灰階值個數。

當 $k=1$ 時，由於要代入 σ_W^2 的不同灰階值個數為 m，所以我們得以算出 m 個 σ_W^2 值。又因為算出一個 σ_W^2 只需 $O(1)$ 的時間，從

$$\sigma_1^2=\sum_{i=0}^{T^*}(i-u_1)^2\frac{P(i)}{W_1} \quad 和 \quad \sigma_2^2=\sum_{i=T^*+1}^{I-1}(i-u_2)^2\frac{P(i)}{W_2}$$

可得知：若利用一灰階值 T^* 已經算出 σ_1^2 和 σ_2^2，則對灰階值 T^*+1 而言，的確可利用遞增 (Incremental) 的方式在 $O(1)$ 時間內算出相關的 σ_1^2 和 σ_2^2。請參見下一段的討論。所以 $k=1$ 時，Otsu 的方法需花 $O(m)$ 的時間。當 $k=2$ 時，一共有 $\binom{m}{2}=O(m^2)$ 種灰階值配對 (Pair) 需考慮，故可推得共需 $O(m^2)$ 的時間完成 Otsu 的方法。假設 k 為常數，Otsu 的方法需花 $O(m^k)$ 的時間。

範例 3：已知 T^* 所對應的 C_1 之期望值為 u_1^{old}，試問如何快速求得 T^*+1 所對應的期望值 u_1^{new}？

解答：T^*+1 所對應的期望值可計算如下：

$$\begin{aligned}
u_1^{new}&=\sum_{i=0}^{T^*+1}\frac{P(i)}{W_1^{new}}\times i\\
&=\sum_{i=0}^{T^*+1}\frac{P(i)}{W_1^{old}+P(T^*+1)}\times i\\
&=\frac{1}{W_1^{old}+P(T^*+1)}\sum_{i=0}^{T^*+1}P(i)\times i\\
&=\frac{1}{W_1^{old}+P(T^*+1)}[(\sum_{i=0}^{T^*}P(i)\times i)]+P(T^*+1)\times(T^*+1)
\end{aligned}$$

事實上，u_1^{old} 的求得必須先求出 W_1^{old} 和 $\sum_{i=0}^{T^*}P(i)\times i$。我們可順便記住 W_1^{old} 和 $\sum_{i=0}^{T^*}P(i)\times i$ 這兩個值，因此 u_1^{new} 可在 $O(1)$ 的時間內求得。

解答完畢

至於 u_2^{new} 是否也可在 $O(1)$ 算出來呢？我們很容易可以推導出

$$\begin{aligned}
u_2^{new} &= \sum_{i=T^*+2}^{I-1} \frac{P(i)}{W_2^{new}} \times i \\
&= \sum_{i=T^*+2}^{I-1} \frac{P(i)}{W_2^{old} - P(T^*+1)} \times i \\
&= \frac{1}{W_2^{old} - P(T^*+1)} \sum_{i=T^*+2}^{I-1} P(i) \times i \\
&= \frac{1}{W_2^{old} - P(T^*+1)} \left\{ \left[\sum_{i=T^*+1}^{I-1} P(i) \times i \right] - P(T^*+1) \times (T^*+1) \right\}
\end{aligned}$$

我們只需事先記住 W_2^{old} 和 $\sum_{i=T^*+1}^{I-1} P(i) \times i$ 就可在 $OP(1)$ 的時間內算出 u_2^{new} 了。

範例 4： 已知 T^* 所對應的 C_1 之變異數為 σ_1^{old}，試問如何快速求得 T^*+1 所對應的變異數 σ_1^{new}？

解答： T^*+1 所對應的變異數可計算如下：

$$\begin{aligned}
\sigma_1^{new} &= \sum_{i=0}^{T^*+1} (i - u_1^{new})^2 \frac{P(i)}{W_1^{new}} \\
&= \sum_{i=0}^{T^*+1} [i^2 - 2iu_1^{new} + (u_1^{new})^2] \frac{P(i)}{W_1^{old} + P(T^*+1)} \\
&= \frac{1}{W_1^{old} + P(T^*+1)} \sum_{i=0}^{T^*+1} [i^2 - 2iu_1^{new} + u_1^{new})^2] P(i) \\
&= \frac{1}{W_1^{old} + P(T^*+1)} \left[\sum_{i=0}^{T^*+1} i^2 P(i) - 2u_1^{new} \sum_{i=0}^{T^*+1} iP(i) + (u_1^{new})^2 \sum_{i=0}^{T^*+1} P(i) \right]
\end{aligned}$$

上式中的 W_1^{old} 為已知，而 $\sum_{i=0}^{T^*} P(i) * i$ 亦為已知。事實上 $\sum_{i=0}^{T^*} i^2 P(i)$ 和 $\sum_{i=0}^{T^*} P(i)$ 在求 σ_1^{old} 的過程中皆可先儲存起來。由前範例 3 中的分析，已知 u_1^{new} 亦可在 $O(1)$ 時間內完成，故 σ_1^{new} 可在 $O(1)$ 的時間內完成。

解答完畢

範例 5： 給定下列 3×3 之影像灰階值：

20	120	120
20	100	100
30	30	40

請利用 Otsu 法找出其門檻值 T^* 把影像分成兩群，並詳述其過程。

解答： 先對影像的灰階值作統計且其機率分佈如下：

$$P(20)=\frac{2}{9}\text{，}P(30)=\frac{2}{9}\text{，}P(40)=\frac{1}{9}\text{，}P(100)=\frac{2}{9}\text{，}P(120)=\frac{2}{9}$$

$T^*=20$ 時，$W_1=2/9$，$W_2=7/9$

$$u_1=(2/9)/(2/9)*20=20$$

$$u_2=(2/9)/(7/9)*30+(1/9)/(7/9)*40+(2/9)/(7/9)*100+(2/9)/(7/9)*120=77.14$$

$$\sigma_B^2=(2/9)*(20-64.44)^2+(7/9)*(77.14-64.44)^2=564.32$$

$T^*=30$ 時，$W_1=4/9$，$W_2=5/9$

$$u_1=(2/9)/(4/9)*20+(2/9)/(4/9)*30=25$$

$$u_2=(1/9)/(5/9)*40+(2/9)/(5/9)*100+(2/9)/(5/9)*120=96$$

$$\sigma_B^2=(4/9)*(25-64.44)^2+(5/9)*(96-64.44)^2=1244.69$$

$T^*=40$ 時，$W_1=5/9$，$W_2=4/9$

$$u_1=(2/9)/(5/9)*20+(2/9)/(5/9)*30+(1/9)/(5/9)*40=28$$

$$u_2=(2/9)/(4/9)*100+(2/9)/(4/9)*120=110$$

$$\sigma_B^2=(5/9)*(28-64.44)^2+(4/9)*(110-64.44)^2=1660.25$$

$T^*=100$ 時，$W_1=7/9$，$W_2=2/9$

$$u_1=(2/9)/(7/9)*20+(2/9)/(7/9)*30+(1/9)/(7/9)*40+(2/9)/(7/9)*100=48.57$$

$$u_2=(2/9)/(2/9)*120=120$$

$$\sigma_B^2=(7/9)*(48.57-64.44)^2+(2/9)*(120-64.44)^2=881.87$$

$$u_1 = (2/9)/(7/9)*20 + (2/9)/(7/9)*30 + (1/9)/(7/9)*40 + (2/9)/(7/9)*100 = 48.57$$

$$u_2 = (2/9)/(2/9)*120 = 120$$

$$\sigma_B^2 = (7/9)*(48.57-64.44)^2 + (2/9)*(120-64.44)^2 = 881.87$$

$T^* = 120$ 時，$W_1 = 1$，$W_2 = 0$

$$u_1 = (2/9)*20 + (2/9)*30 + (1/9)*40 + (2/9)*100 + (2/9)*120 = 64.44$$

$$u_2 = 0$$

$$\sigma_B^2 = (9/9)*(64.44-64.44)^2 + 0 = 0$$

由上得知 $T^* = 40$ 時，σ_B^2 群間變異會達到最大，因此 40 為最適合門檻值。

解答完畢

當 $k=1$ 時，本節所描述的 Otsu 方法，其 C 語言程式的撰寫請參見 5.11 節的程式附錄。根據筆者的經驗，Otsu 方法在門檻值的決定上的確是相當成功的方法，尤其在灰階影像的二值化上。而在二值化的影像中，標記為 1 的像素集往往代表我們有興趣的前景，例如，圖 5.2.5(a) 為台電公司位於大園海邊的某一座電塔，影像中物件包含電塔和天空。利用 Otsu 方法，我們得到圖 5.2.5(b) 的二值化影像，二值化影像中黑色的部分代表電塔本身。

(a) 原電塔影像

(b) 二值化後的電塔

圖 5.2.5 將灰階影像轉化為二值化影像的電塔實例

5.3 消息理論為基礎的門檻值決定法

在介紹這一節前，先談一下基本的消息理論 [2, 16]。以地震為例，我們都知道地震發生的機率很低，在此令其機率為 P。如果一旦發生地震，則將帶給我們很大的震驚。換另一個倒過來的例子，中國人喜歡向人問說：「你還好吧？!」這種寒暄式的問話，對方大多回答說：「還好！」因為這樣的回答其機率實在太高了，所以這樣的回答不會帶給我們任何的震驚。從上面的例子可感覺到機率很低的事件一旦發生，則會帶給我們很大的震驚。不確定性愈高的事件，帶來的消息量愈大。

令事件 (Event) A 的機率為 P，而事件 A 帶來的消息量為 $I(P)$，則我們有下列二個性質 [3]：(1) $I(P) \geq 0$；(2) $I(P_1P_2)=I(P_1)+I(P_2)$。第二個性質也叫可加性 (Additive Property)。讀者可嘗試證明 $I(P)=\log\frac{1}{P}$ 會滿足上述兩個性質。例如，$\Pr(A)=\frac{1}{4}$、$\Pr(B)=\frac{1}{8}$、$\Pr(C)=\frac{1}{8}$ 和 $\Pr(D)=\frac{1}{2}$，則事件 A 的消息量為 $I\left(\frac{1}{4}\right)=2$、$B$ 的消息量為 $I\left(\frac{1}{8}\right)=3$、$C$ 的消息量為 $I\left(\frac{1}{8}\right)=3$ 和 D 的消息量為 $I\left(\frac{1}{2}\right)=1$。我們可以更進一步求得四個事件的平均消息量為

$$\begin{aligned}&\Pr(A)\times I\left(\frac{1}{4}\right)+\Pr(B)\times I\left(\frac{1}{8}\right)+\Pr(C)\times I\left(\frac{1}{8}\right)+\Pr(D)\times I\left(\frac{1}{2}\right)\\&=\frac{1}{4}\times 2+\frac{1}{8}\times 3+\frac{1}{8}\times 3+\frac{1}{2}\times 1=1\frac{3}{4}\ (\text{位元})\end{aligned}$$

平均消息量也稱為熵 (Entropy)。上述的例子，得出的熵為 $1\frac{3}{4}$ 位元。熵的觀念在壓縮時提供了低限的意義。這部分的討論在第十二章談影像壓縮時再進一步解釋。讀者可參見 [16] 以更明白相關理論及應用。

回到圖 5.2.2。Kapur 等人 [4] 提出了一個很類似 Otsu 的想法，只是決定門檻值 T^* 的量度不一樣。為簡便起見，Kapur 等人的方法就叫作 Kapur 法。令 C_1 區的百分比為 W_1，而 C_2 區的百分比為 W_2，此處仍需滿足 $1=W_1+W_2$。根據熵的定義，若門檻值取 T，則 C_1 區的熵為

$$E(C_1)=-\sum_{i=0}^{T}\frac{P(i)}{W_1}\times\log\frac{P(i)}{W_1}$$

而 C_2 區的熵為

$$E(C_2) = -\sum_{i=T+1}^{I-1} \frac{P(i)}{W_2} \times \log \frac{P(i)}{W_2}$$

最佳門檻值 T^* 的決定需滿足

$$\max_{T^*} \left(E(C_1) + E(C_2)\right) \tag{5.3.1}$$

我們在 $[0, I-1]$ 的區間內，一一檢查所有的灰階值直到式 (5.3.1) 被滿足，此時必會找到一個 T，即 T^*，類似於 Otsu 方法的時間複雜度之證明，利用 Kapur 方法 [4] 的作法，決定一個最佳門檻值需花費 $O(m)$ 的時間。如同 Otsu 的方法，Kapur 等人的方法也可推廣到找任意的 k 個門檻值上。假設 k 為一常數，則 Kapur 方法需花 $O(m^k)$ 的時間。

範例 1：在 Kapur 的方法中，為何要取兩個熵和之最大值？

解答： 如果選定的門檻值很不錯的話，那麼 C_1 區的分佈和 C_2 區的分佈將呈現比較平滑的情形。機率分佈愈平滑的事件集，所表現出來的熵會愈大；反之，機率分佈愈不均勻，所表現出來熵就愈小。Kapur 採用的熵觀念和 Otsu 的最小變異數和之觀念在本質上有相通之處。

解答完畢

範例 2：給定下列 3×3 之影像灰階值：

200	120	80
150	150	80
30	30	200

請利用 Kapur 法找出其門檻值 T^* 把影像分成兩群，並詳述其過程。

解答： 先對影像的灰階值作統計且其機率分佈如下：

$$P(30) = \frac{2}{9}，P(80) = \frac{2}{9}，P(120) = \frac{1}{9}，P(150) = \frac{2}{9}，P(200) = \frac{2}{9}$$

當 $T^* = 30$

$$E(C_1) = -\left[\frac{2}{2}\times\log\left(\frac{2}{2}\right)\right] = 0$$

$$E(C_2) = -\left[\frac{2}{7}\times\log\left(\frac{2}{7}\right)+\frac{1}{7}\times\log\left(\frac{1}{7}\right)+\frac{2}{7}\times\log\left(\frac{2}{7}\right)+\frac{2}{7}\times\log\left(\frac{2}{7}\right)\right] = 0.587$$

$$E(C_1) + E(C_2) = 0.587$$

當 $T^* = 80$

$$E(C_1) = -\left[\frac{2}{4}\times\log\left(\frac{2}{4}\right)+\frac{2}{4}\times\log\left(\frac{2}{4}\right)\right] = 0.301$$

$$E(C_2) = -\left[\frac{1}{5}\times\log\left(\frac{1}{5}\right)+\frac{2}{5}\times\log\left(\frac{2}{5}\right)+\frac{2}{5}\times\log\left(\frac{2}{5}\right)\right] = 0.458$$

$$E(C_1) + E(C_2) = 0.759$$

當 $T^* = 120$

$$E(C_1) = -\left[\frac{2}{5}\times\log\left(\frac{2}{5}\right)+\frac{2}{5}\times\log\left(\frac{2}{5}\right)+\frac{1}{5}\times\log\left(\frac{1}{5}\right)\right] = 0.458$$

$$E(C_2) = -\left[\frac{2}{4}\times\log\left(\frac{2}{4}\right)+\frac{2}{4}\times\log\left(\frac{2}{4}\right)\right] = 0.301$$

$$E(C_1) + E(C_2) = 0.759$$

當 $T^* = 150$

$$E(C_1) = -\left[\frac{2}{7}\times\log\left(\frac{2}{7}\right)+\frac{2}{7}\times\log\left(\frac{2}{7}\right)+\frac{1}{7}\times\log\left(\frac{1}{7}\right)+\frac{2}{7}\times\log\left(\frac{2}{7}\right)\right] = 0.587$$

$$E(C_2) = -\left[\frac{2}{2}\times\log\left(\frac{2}{2}\right)\right] = 0$$

$$E(C_1) + E(C_2) = 0.587$$

$$\text{Max}[E(C_1) + E(C_2)] = 0.759$$

$$\therefore T^* \in [80,\ 120]$$

因此求出的門檻值不會只有一個，$T^* = 80$ 或 $T^* = 120$ 都可以是一個不錯的門檻值。

解答完畢

仍以圖 5.2.3 的窗戶影像為輸入影像，利用本節介紹的 Kapur 法，我們可得圖 5.3.1 的黑白影像。依據我們針對同影像的實驗，Otsu 的方法在影像的

特徵保留 (Feature-preserving) 上要優於 Kapur 方法。我們從圖 5.2.4 和圖 5.3.1 的比較，也可以看出此點。圖 5.3.2 乃將圖 5.2.3 的柱狀圖標記出 Otsu 方法和 Kapur 法所得的不同門檻值。以圖 5.2.3 為例，$k=1$ 時，Otsu 方法所找到的門檻值為 80，而 Kapur 方法所找到的門檻值為 112。由這二個門檻值可得知 Otsu 方法所得的窗戶較明亮，原因是 Otsu 得到門檻值較低，所以黑點的個數較少。

圖 5.3.1 利用 Kapur 方法測得的黑白影像

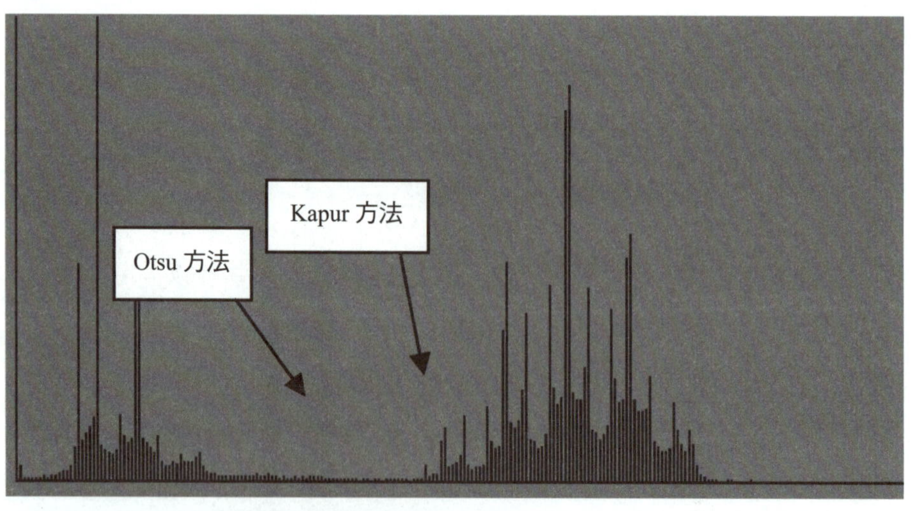

圖 5.3.2 Otsu 和 Kapur 方法找到的門檻值

5.4 動差守恆式的門檻值決定法

現在考量另一種需求，假設原始影像經過門檻值的分割，灰階的範圍已由原來的 [0, 255] 降到少數幾個灰階值。這時如果我們也希望分割後的影像仍保有和原始影像一樣的某些動差 (Moment)，那麼該如何設計才能滿足這種動差守恆 (Moment-preserving) 要求的門檻值決定法呢？本節要介紹的就是這種特殊需求的門檻值決定法，謂之動差守恆法 [5]。換言之，希望影像經過門檻值化以後，能夾帶更多的訊息。這個方法為蔡文祥教授所獨創，十分有創意，蔡教授的博士論文為大師 K. S. Fu 教授所指導。

仍然以將影像分割成二區為例。在前兩節中所介紹的方法都是在找一個 T^* 來分出二區，但本節介紹的方法是在 C_1 區找一個代表性的灰階值，而在 C_2 區找另一個代表性的灰階值，以滿足某些動差的守恆性。令 n_j 代表在影像中灰階值為 Z_j 的個數，

$$m_i = \frac{1}{n}\sum_x\sum_y f^i(x, y) = \frac{1}{n}\sum_j n_j(Z_j)^i$$

代表影像的 i 階動差。這裡 n 代表影像的大小。圖 5.4.1 為 4×4 子影像的小例子，依前述定義，一階動差 m_1 可求得為 $m_1=(1+1+2+2+\cdots+5+4+3)/16=2.7$。另外，也可算出 $n_0=1$、$n_1=3$、$n_2=4$、$n_3=3$、$n_4=2$ 和 $n_5=3$；$\bar{P}_0=1/16$、$\bar{P}_1=3/16$、$\bar{P}_2=4/16$、$\bar{P}_3=3/16$、$\bar{P}_4=2/16$ 和 $\bar{P}_5=3/16$ 代表灰階值 i 在影像中的機率且 $\bar{P}_i=n_i/n$。

假設我們打算將高灰階影像轉換為二階灰階影像，一共有四個未知數待

1	1	2	2
3	5	5	4
3	2	2	1
0	5	4	3

圖 5.4.1　一個小例子

解，分別為 Z_{C_1}、Z_{C_2}、P_{C_1} 和 P_{C_2}。此處 Z_{C_1} 代表 C_1 區的代表性灰階值；Z_{C_2} 代表 C_2 區的代表性灰階值；P_{C_1} 代表 C_1 區內總圖元佔原影像的百分比；P_{C_2} 代表 C_2 區內總圖元佔原影像的百分比。考慮機率和為 1 和動差守恆的要求，我們得到下列四個式子

$$
\begin{aligned}
&P_{C_1}+P_{C_2}=1=m_0\\
&P_{C_1}\times Z_{C_1}+P_{C_2}\times Z_{C_2}=m_1\\
&P_{C_1}\times Z_{C_1}^2+P_{C_2}\times Z_{C_2}^2=m_2\\
&P_{C_1}\times Z_{C_1}^3+P_{C_2}\times Z_{C_2}^3=m_3
\end{aligned}
$$

因為 m_0、m_1、m_2 和 m_3 皆可在事先利用 n_j 和 $\bar{P}_j$ 算出，所以將原始影像分割成二個區域 C_1 和 C_2 的工作可轉換為解上面四個等式的問題。

上面的四個等式可利用下面的三步驟之數值解法得到 P_{C_1}、P_{C_2}、Z_{C_1} 和 Z_{C_2}。

步驟一：解下列 2×2 的線性系統：

$$
\begin{pmatrix} m_0 & m_1 \\ m_1 & m_2 \end{pmatrix}\begin{pmatrix} \bar{C}_0 \\ \bar{C}_1 \end{pmatrix}=\begin{pmatrix} -m_2 \\ -m_3 \end{pmatrix}
$$

我們得到 $\overline{C_0}$ 和 $\overline{C_1}$ 的解。

步驟二：解出下列一元二次方程式 $Z^2+\overline{C_1}Z^1+\overline{C_0}=0$ 的根，假設得出的解為 Z_{C_1} 和 Z_{C_2}。此兩解 Z_{C_1} 和 Z_{C_2} 即為 C_1 區和 C_2 區的灰階代表值。

步驟三：解下列的線性系統：

$$
\begin{pmatrix} 1 & 1 \\ Z_{C_1} & Z_{C_2} \\ Z_{C_1}^2 & Z_{C_2}^2 \\ Z_{C_1}^3 & Z_{C_2}^3 \end{pmatrix}\begin{pmatrix} P_{C_1} \\ P_{C_2} \end{pmatrix}=\begin{pmatrix} m_0 \\ m_1 \\ m_2 \\ m_3 \end{pmatrix}
$$

我們進而得到 P_{C_1} 和 P_{C_2} 的解。

利用前述三步驟的數值解法，我們可解出 Z_{C_1}、Z_{C_2}、P_{C_1} 和 P_{C_2}。接著我們將原影像中的灰階值小於或等於 g 的灰階值指定為 Z_{C_1}，這裡的 g 要滿足

$\sum_{i=0}^{g}\overline{P}_i \le P_{C_1}$ 但 $\sum_{i=0}^{g+1}\overline{P}_i \ge P_{C_1}$。原影像中的灰階值大於 g 的則指定為 Z_{C_2}。最後，我們得到只有 Z_{C_1} 和 P_{C_2} 兩種灰階的影像。這時候，轉換後的二階影像和原影像有同樣的 m_0、m_1、m_2 和 m_3。

以上所介紹的方法，很容易可將二階擴充到 k 階。在 k 階的時候，共有 $2k$ 個變數待解，詳細的數值解法可參見 [5, 23]。

範例 1：在動差守恆式的門檻值決定法中，考慮 k 階時，請列出相關的 $2k$ 個等式。

解答： 當考慮 k 階時，共有 k 個區域會被討論到，它們分別是 C_1、C_2、⋯ 和 C_k。相關的 $2k$ 個等式可條列如下：

$$\sum_{i=1}^{k} P_{C_i} = 1 = m_0$$

$$\sum_{i=1}^{k} P_{C_i} \times Z_{C_i} = m_1$$

$$\vdots$$

$$\sum_{i=1}^{k} P_{C_i} \times Z_{C_i}^{2k-1} = m_{2k-1}$$

解答完畢

5.5 植基於最近配對門檻值決定法

從 5.2 節和 5.3 節可知統計式或消息理論式的門檻值決定法，其時間複雜度皆為 $O(m^k)$。例如 $k=8$，$O(m^8)$ 的時間複雜度是很嚇人的。基於執行效率的考量和兼顧特徵的保留，本節要介紹一種植基於最近配對 (Pairwise Nearest Neighbor) 的門檻值決定法 [6]。這個方法就叫 PNN 方法，它的確可以滿足執行速度快和保留重要特徵的兩大優點。

為方便讀者的了解，我們透過一個例子來解釋 PNN 方法。令 i 代表灰階值，n_i 代表灰階 i 出現的次數，而 $P(i) = \frac{n_i}{N}$ 代表灰階 i 的機率，這裡假設 N

為所有灰階的總數。圖 5.5.1 為一個 $N=100$ 的例子。

為了讓後面的計算更有效，圖 5.5.1 只留下非零灰階的相關資訊，這些非零的灰階以 i_j 變數代表，而 i_j 灰階的個數以 n_{ij} 代表。圖 5.5.2 稱為緊緻柱狀圖 (Compact Histogram)。

PNN 方法是構架在圖論的模式上。一開始每個節點 (Node) 內存 (i_j, n_{ij}) 的值並自成一個群 (Cluster)。對應於圖 5.5.2，到目前為止，我們共有七個群，分別稱為 C_0、C_1、C_2、⋯ 和 C_6。為方便後面的討論，令 C_i 內的灰階總個數為 $|C_i|=n_i'$。例如，節點 0 內存 (10, 10)，節點 1 內存 (25, 20)，而節點 6 內存 (90, 10)。

PNN 方法是採兩兩合併 (Merging) 的方式，如果 C_j 和 C_k 可合併的話，我們得先決定合併的量度與條件。這裡採用的合併量度是源自於 W. H. Equitz [7] 提出的結果，這個量度稱為平方誤差 (Square Error)。假設合併 C_j 和 C_k 後得到 C_q，則 C_q 的變異數 σ_q^2 乘以 C_q 內的灰階總個數可得

灰階值	0	⋯	9	10	11	⋯	24	25	26	⋯	29	30	31	⋯	34	35
n_i	0	⋯	0	10	0	⋯	0	20	0	⋯	0	25	0	⋯	0	15
$P(i)$	0	⋯	0	0.1	0	⋯	0	0.2	0	⋯	0	0.25	0	⋯	0	0.15

灰階值	36	⋯	79	80	81	⋯	84	85	86	⋯	89	90	91	⋯	254	255
n_i	0	⋯	0	5	0	⋯	0	15	0	⋯	0	10	0	⋯	0	0
$P(i)$	0	⋯	0	0.05	0	⋯	0	0.15	0	⋯	0	0.1	0	⋯	0	0

圖 5.5.1 $N=100$ 的例子

I	0	1	2	3	4	5	6
i_j	10	25	30	35	80	85	90
$P(i)$	0.1	0.2	0.25	0.15	0.05	0.15	0.1

圖 5.5.2 緊緻柱狀圖

$$
\begin{aligned}
n_q'\sigma_q^2 &= \sum_{x\in C_q}(x-\overline{X}_q)^2 \\
&= \sum_{x\in C_j}(x^2-2x\overline{X}_q+\overline{X}_q^2)+(\sum_{x\in C_k}x^2-2x\overline{X}_q+\overline{X}_q^2) \\
&= \{[n_j'(\sigma_j^2+\overline{X}_j^2)]-2n_j'\overline{X}_j\overline{X}_q+(n_j'\overline{X}_q^2)\}+\{[n_k'(\sigma_k^2+\overline{X}_k^2)]-2n_k'\overline{X}_k\overline{X}_q+(n_k'\overline{X}_q^2)\} \\
&= \{n_j'\sigma_j^2+n_j'(\overline{X}_j-\overline{X}_q)^2\}+\{n_k'\sigma_k^2+n_k'(\overline{X}_k-\overline{X}_q)^2\} \\
&= n_j'\sigma_j^2+n_k'\sigma_k^2+\left\{n_j'\left(\frac{n_k'\overline{X}_j-n_k'\overline{X}_k}{n_j'+n_k'}\right)^2\right\}+\left\{n_k'\left(\frac{n_j'\overline{X}_k-n_j'\overline{X}_j}{n_k'+n_j'}\right)^2\right\} \\
&= n_j'\sigma_j^2+n_k'\sigma_k^2+\frac{n_j'n_k'}{n_j'+n_k'}(\overline{X}_j-\overline{X}_k)^2 \\
&= n_j'\sigma_j^2+n_k'\sigma_k^2+\frac{n_j'n_k'}{n_q'}(\overline{X}_j-\overline{X}_k)^2
\end{aligned}
$$

在上式中，$\overline{X_q}$、$\overline{X_j}$ 和 $\overline{X_k}$ 代表 C_q、C_j 和 C_k 的平均值 $n_q'=n_j'+n_k'$。在上式中的

$$
\frac{n_j'n_k'}{n_q'}(\overline{X}_j-\overline{X}_k)^2
$$

可視為合併 C_j 和 C_k 的距離，令

$$
d(C_j,C_k)=\frac{n_j'n_k'}{n_q'}(\overline{X}_j-\overline{X}_k)^2
$$

假如 $d(C_j, C_k)$ 愈小，則表示 C_j 和 C_k 的關聯度 (Correlation) 愈高。$d(C_j, C_k)$ 是對稱的 (Symmetric)，因為滿足 $d(C_j, C_k)=d(C_k, C_j)$，很容易可檢定 $d(C_j, C_k)$ 可在 $O(1)$ 時間內完成。合併的原則是在目前所有的兩群配對 (Cluster-pairs) 中，挑選距離最短的。

以圖 5.5.2 為例，一開始有七個群，分別為 C_0、C_1、…和 C_6，如圖 5.5.3(a) 所示。針對 C_i 算出其與另外六個群的距離 $d(C_i, C_j)$，$i\neq j$ 且 $0\leq j\leq 6$。例如，C_1 和 C_2 有最短距離且

$$
d(C_1,C_2)=\frac{20\times 25}{20+25}(25-30)^2
$$

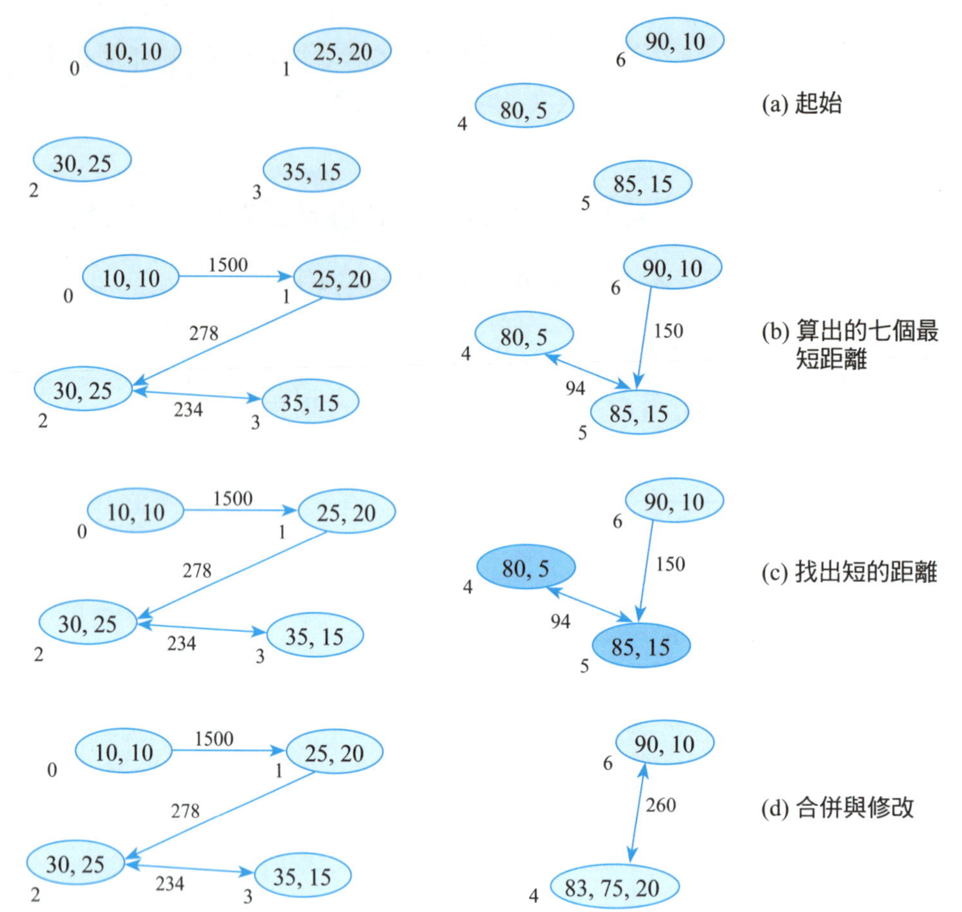

圖 5.5.3 第一次合併的模擬

所算出來的七個最短距離如圖 5.5.3(b) 所示。在這七個最短距離中，$d(C_4, C_5)=94$ 為最小者，如圖 5.5.3(c) 所示的兩個深色節點之距離。這時，我們將 C_4 和 C_5 兩個群合併成新的群 C_4。然後將 C_4 的平均值修正為

$$83.75=\frac{5\times 80+15\times 85}{5+15}$$

將 C_4 的大小修正為 $20=5+15$。接下來，修正 $d(C_4, C_6)$ 為

$$260=\frac{20\times 10}{20\times 10}(83.75-90)^2$$

修正後的結果，可參見圖 5.5.3(d)。

我們重複上述三個基本步驟：(1) 找出目前剩餘群組中最短的 $d(C_i, C_j)$；(2) 合併 C_i 和 C_j；(3) 修正合併後的群內資訊及調整其對外的距離，直到只剩下 $k+1$ 個群為止。也就是說，直到找到 k 個門檻值。

表格式的陣列是一個不錯的資料結構選擇 [8]。圖 5.5.3 可以用圖 5.5.4(a) 的表格儲存。廣義來說，一開始的表格大小為 $O(m^2)$。之後，圖 5.5.3(c) 到 (d) 的運作就可直接在圖 5.5.4(a) 的表格上運作了。第一次合併後的結果顯示於圖 5.5.4(b)。

步驟 (1) 需花 $O(m)$ 找到目前群組中最短的距離。步驟 (2) 需花 $O(1)$ 的時間修正合併後的群內資訊。步驟 (3) 需花 $O(m\tau)$ 的時間來修正每個群和別群的最短距離計算，這裡 $\tau-1 \leq m$。

由於兩群之間的合併會使其中一群不見，所以每次的合併會使群的個

i	最近鄰近群	平均灰階值	最大灰階值	最近距離	群內的圖元總數
0	1	10	10	1500	10
1	2	25	25	278	20
2	3	30	30	234	25
3	2	35	35	234	15
4	5	80	80	94	5
5	4	85	85	94	15
6	5	90	90	150	10

(a) 圖 5.5.3(b) 的表格表示法

i	最近鄰近群	平均灰階值	最大灰階值	最近距離	群內的圖元總數
0	1	10	10	1500	10
1	2	25	25	278	20
2	3	30	30	234	25
3	2	35	35	234	15
4	6	83.75	85	260	20
6	4	90	90	260	10

(b) 圖 5.5.3(d) 的表格表示法

圖 5.5.4　圖 5.5.3 的表格實作

數少一。我們從開始的 m 群出發，一直進行到只剩 $(k+1)$ 群，一共需完成 $[m-k-1]$ 次的合併動作。一個合併步驟前後又共需三個步驟來完成，所以共需 $O[(m-k)m\tau]$ 的時間。

接下來，我們利用 Pentium III 600 個人電腦，內部配備 128 MB RAM，而使用的語言為 C++ Builder 4.0 來評比三個方法的優劣。給定一張文件的輸入照片，如圖 5.5.5(a) 所示。令 $k=1$，Otsu 方法、Kapur 方法和 PNN 方法執行完後的結果顯示於圖 5.5.5(b)、(c) 和 (d)。從圖 5.5.5(b)、(c) 和 (d) 來看，PNN 方法的執行結果不輸 Otsu 法和 Kapur 法。當 $k=3$ 時，Otsu 法得到的兩個門檻值為 135 和 183，Kapur 法所得到的兩個門檻值為 119 和 183，而 PNN 法所得到

(a) 輸入的影像

(b) Otsu 方法執行後的結果

(c) Kapur 方法執行後的結果

(d) PNN 方法執行後的結果

圖 5.5.5　三種方法的比較

的兩個門檻值為 112 和 176。

從多次的實驗中，我們算得 Otsu 法的詳細時間複雜度為 $5.2\times10^{-2}\times m^k$，Kapur 法的時間複雜度為 $3.2\times10^{-8}\times m^k$，而 PNN 法的時間複雜度為 $2.6\times10^{-10}\times(m-k)m\tau$，這裡 $\tau=m/2$。$k\geq2$ 時，PNN 法最快，Kapur 法次之，而 Otsu 法最慢。$k=1$ 時，Otsu 法和 Kapur 法一樣快，而 PNN 法最慢。從執行的速度和執行後所得的影像品質一起考量，PNN 法在 $k\geq2$ 時為不錯的選擇。當 $k=1$ 時，我們仍建議使用 Otsu 法或 Kapur 法。

K. L. Chung 等人 [6] 提出，給定一個 **PSNR** (Peak Signal-to-Noise Ratio)，我們可在一定的時間內完成門檻化的工作，而使得門檻化後的影像與原影像之間的 PSNR 達到給定的要求，這裡 r 為很小的常數。

5.6 分離與合併式的區域分割法

本節介紹利用分離與合併 (Split-and-Merge) 的觀念來對影像進行區域的分割。不一樣的分離方式會連帶影響合併的方式。

假設有一影像 I 已經依四分樹分割方式被分割成圖 5.6.1(a) 的塊狀圖，而對應的四分樹結構又如圖 5.6.1(b) 所示。在圖 5.6.1 中的任一區塊，我們得記錄其平均灰階值和區塊內的變異數，以為合併的依據。圖 5.6.1(b) 的四分樹結構圖可被視為初始的影像分離狀態。

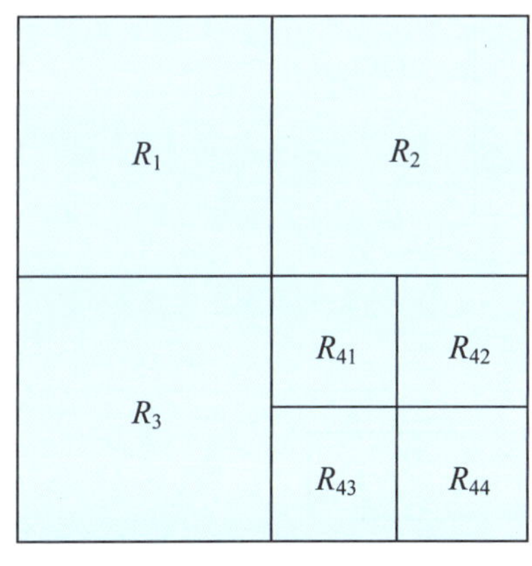

(a) 區塊圖

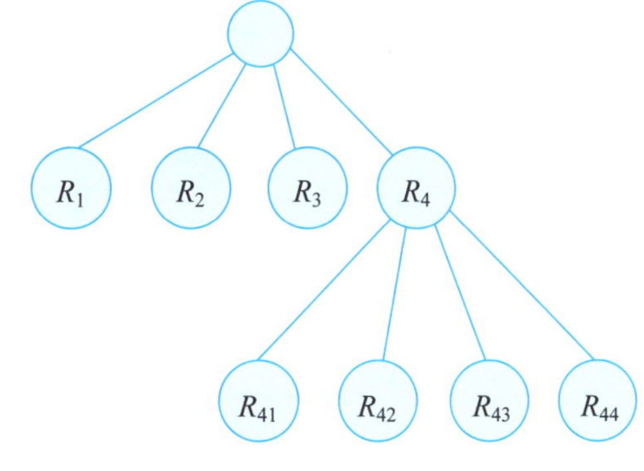

(b) 四分樹結構

圖 5.6.1　初始的分離狀態

接著我們從最底層的葉子進行鄰近區塊的查詢，一經找到鄰近的區塊，就比較兩者的平均灰階值和變異數，若彼此的差異在誤差以內，就進行合併的動作。依由下往上的方式不斷地進行鄰近區塊查詢和合併的動作，直到樹根為止。假設區塊 R_{41} 和 R_3 可合併，則最終可得圖 5.6.2 的區域分割圖。

介紹完上面植基於四分樹分割的區域分割法。接下來，我們介紹如何利用類似的觀念，但是卻使用不同的合併次序。首先將 $N \times N$ 的影像看成已分離成 $N \times N$ 個小區塊，每一個小區塊其實就是一個圖元。

我們先從影像上位於第一列和第一行的區塊處理起，先將該區塊和右邊的鄰近區塊比較彼此的平均灰階值差異和變異數差異，若差異夠小，則將兩區塊合併成一個區塊，並給與合併後的區塊一個編號。依此方式，當處理完第一列後，我們再處理第二列。第二列中位於 (i, j) 的待處理圖元需考慮幾何上的四鄰近區塊，如圖 5.6.3 所示，若位於 (i, j) 的區塊和四個鄰近區塊的平均灰階值和變異數小於門檻值，則進行合併的動作。依此下去，直到影像的全部圖元被處理完。以上程序可以用聯合和尋找 (Union-find) 之方式完成 [9, 10]。

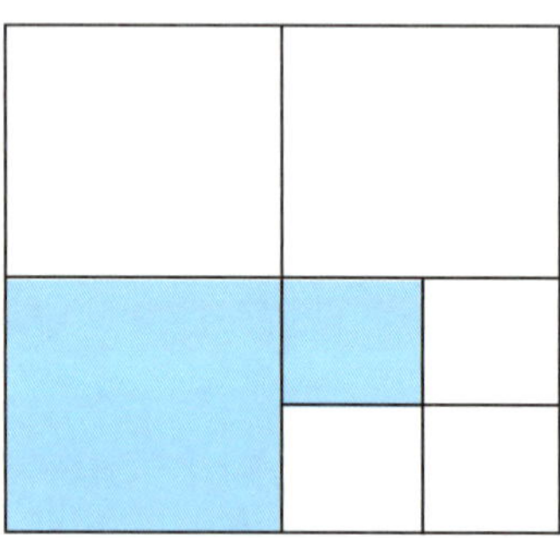

圖 5.6.2　區域分割圖

$(i-1, j-1)$	$(i, j-1)$	$(i+1, j-1)$
$(i-1, j)$	(i, j)	

圖 5.6.3　四個鄰近區塊

在上面介紹的兩種區域分割的方法中，我們主要針對灰階影像介紹，接下來，我們來談一下黑白影像的區域分割。事實上，利用門檻值的決定，我們很容易將灰階影像轉換成黑白影像。下面要介紹的是一種二階段式的作法 [17]。

範例 1：何謂二階段式的區域分割法？

解答：在介紹這個方法前，我們先定義這二階段式分割法會用到的面罩。在第一階段中，我們用到的面罩是

a	b	c
d	e	

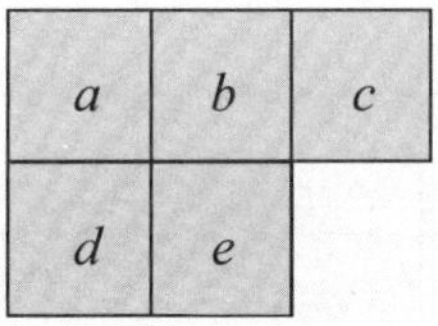

在上面的面罩中，標記為 e 的像素在進行區域編號 (Region Labeling) 時，需要參考到標記為 a、b、c 和 d 的像素以決定像素 e 的區域編號。在第二階段中，我們用到的面罩是

a	b	c
	e	d

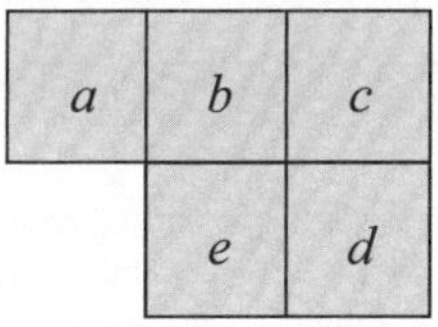

在第一階段時，我們掃描像素的次序乃遵循由左到右和由上到下的方式；在第二階段時，掃描的次序遵循由右到左和由上到下的方式。K. Suzuki 等人 [17] 提出，依據第一階段使用到的面罩，我們將像素 e 編上區域的號碼。完成第一階段後，在第二階段中，依據第二種面罩，我們再對影像進行區域編號。

解答完畢

範例 2：可否對各階段的區域編號詳細地介紹？

解答：第一階段中的區域編號乃依循下列的方法

$$L(x, y) = \begin{cases} F_B & \text{，若 } b(x, y) = F_B \\ m, (m = m+1) & \text{，若 } \forall\{i, j \in M_s\} L(x-i, y-j) = F_B \\ T_{\min}(x, y) & \text{，其他} \end{cases}$$

在上式中，F_B 代表背景像素，通常 $F_B=255$；$b(x, y)$ 代表位於 (x, y) 位置的像素值；M_s 代表第一階段中的面罩但不含像素 e；m 代表區域的編號；$T_{\min}(x, y)$ 代表當目前的像素 e 的面罩內之參考像素非全部為背景像素時，乃另外給像素 e 一個修正的區域編號 $T_{\min}(x, y)=\min\left|\{T[l(x-i, y-j)]\, i,\ j \in M_s\}\right|$。

例如，給一如下的子影像

				X	X
		X	X		
X	X				

上面子影像內的像素 X 指的是前景像素。依照前面所給區域編號法，下面為每一步的模擬：

起始時，$m=1$

				1	X
		X	X		
X	X				

此時 $m=2$

				1	1
		X	X		
X	X				

				1	1
		2	X		
X	X				

此時 $m=3$

				1	1
		2	1		
X	X				

				1	1
		2	1		
3	X				

此時 $m=4$，我們現在檢查最後一個像素 X，因為像素 X 的面罩所框住的參考區域編號為 3 和 2，所以取它們的最小值後，我們得到 2。我們得到第一階段完成後的區域編號為

				1	1
		2	1		
3	2				

接下來，我們來進行第二階段的區域編號之修正工作。修正工作乃依循下列的方法：

$$L(x, y) = \begin{cases} F_B & \text{，若 } L(x, y) = F_B \\ T_{\min}(x, y) & \text{，其他} \end{cases}$$

這裡
$$T_{\min}(x, y) = \min \left| \{T[L(x-i, y-j)]\, i,\ j \in M_s\} \right|$$

上式中的 $M=M_s \backslash \{e\}$。第二階段的區域編號可模擬如下：

				1	1
		1	1		
3	2				

				1	1
		1	1		
3	1				

				1	1
		1	1		
1	1				

至此，我們已完成區域的編號工作了。

解答完畢

5.7 分水嶺式的區域分割法

分水嶺 (Watershed) 式的區域分割法為 Vincent 和 Soille [11] 所提出。這個方法算是蠻成功的一個方法。本節將介紹這個方法和改良式的分水嶺式的區域分割法 [12]。為方便解說，先來看一個一維的圖，在圖 5.7.1 中共有六個局部最小值和五條垂直線所示的分水嶺，它們分別介於區域 A 和區域 B 之間、介於區域 B 和區域 C 之間等等。圖中的垂直軸代表灰階值大小，而水平軸代表位置。兩個分水嶺所夾的區域可視為分割的區域。

在圖 5.7.1 的局部最小值所在乃左右水流匯集之處。為更清楚了解局部最小值的涵義，現在來看一個二維的例子。假設有 5×5 的二維影像如圖 5.7.2 所

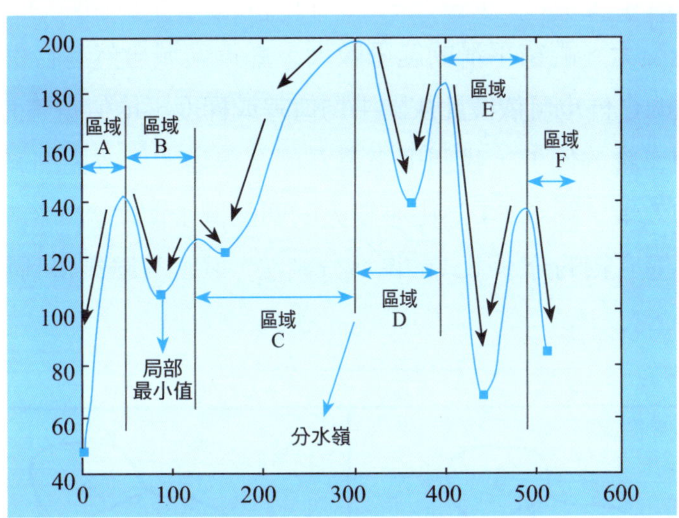

圖 5.7.1　區域、局部最小值和分水嶺

50	49	41	45	51
60	45	50	40	60
55	53	42	55	42
45	32	41	50	55
65	46	35	45	60

圖 5.7.2　二維的例子

↘	→	↘	↓	↙
→	↗	→		←
↘	↓	↙	↑	↖
→		←	↙	↑
↗	↑	↖	←	←

圖 5.7.3　水流和分水嶺

示。在圖 5.7.2 中，每一個像素檢查其八個方位的鄰居，找出一鄰居且其灰階值比原像素差最多者，則用一箭頭表示水流的流向；若有一像素和其八個方位的鄰居相比為最小者，則該像素為局部最小值，我們以空格表示之。圖 5.7.3 即為圖 5.7.2 的水流和局部最小值示意圖。粗線的部分為分水嶺所在。

利用調整高斯平滑函數的標準差，我們以迴積的方式將調整後的高斯平滑函數作用到影像上。若標準差愈大，則視窗涉及的範圍愈大。因此，作用後的影像經上述水流和局部最小值檢測後，所得的局部最小值個數將變少。換個角度講，標準差變大，視窗平滑的範圍較大，鄰近區域自然有合併的作用。當然，鄰近區域的合併也可依彼此灰階平均值差或梯度平均值差等而予以合併。

現在回到二維的例子，我們再來看看標準差變大導致模糊範圍擴大，其對區域合併的效果。圖 5.7.4 為由小變大的四個例子演變圖。給一 Lena 灰階影像，利用本節介紹的分水嶺式的區域分割法，我們實驗後得到圖 5.7.5 的結果。

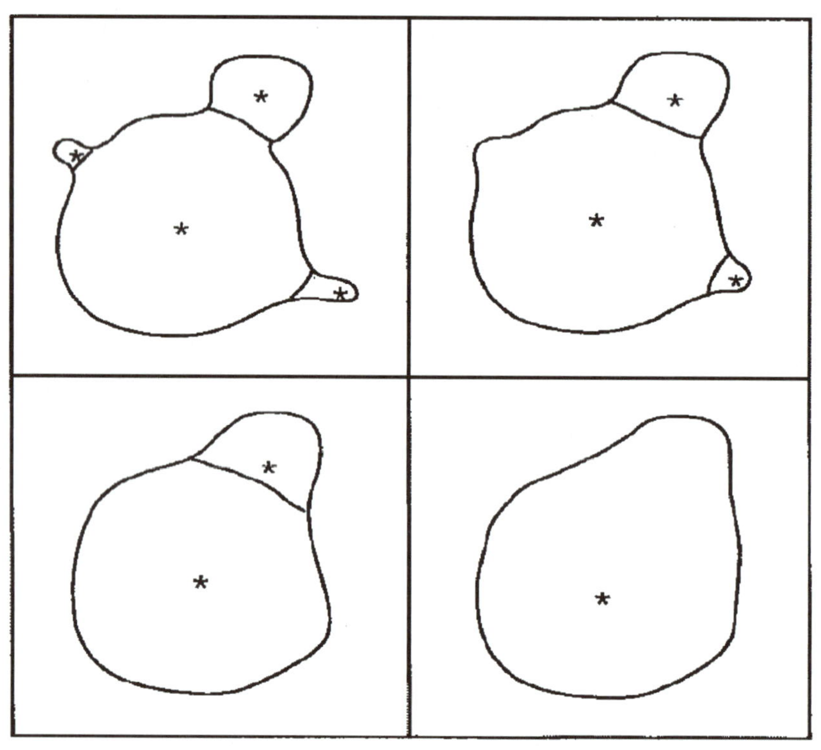

圖 5.7.4 標準差逐漸變大的四個演變圖

範例 1：在視訊處理中，分水嶺式的區域分割法很常被用到每張影像中，以便追蹤物件，試提出適用於視訊的有效區域分割法。

解答：根據 [14] 的結果，假設在兩張連續的影像中，第一張影像已經完成分水嶺式區域分割。我們接下來將第二張影像分割成許多的區塊 (Block)，例如，MPEG 中，區塊的大小常取為 16×16。針對第二張影像中的任一區

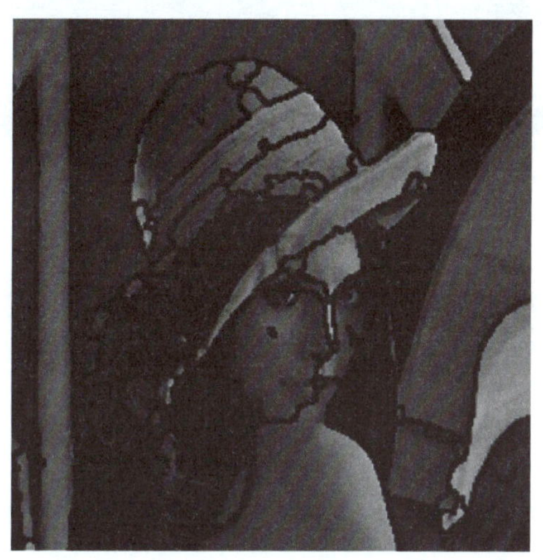

圖 5.7.5 Lena 影像的區域分割效果圖

塊，我們進行移動估計 (Motion Estimation) 的運算 (參見 12.6 節)。完成這移動估計的運算後，我們就可找到第二張影像內的該區塊 B_c 和第一張影像的哪一個區塊 B_r 最接近。假設這兩個匹配 (Matching) 到的區塊相差太大，我們就將該區塊 B_c 標記為 1；否則該區塊 B_c 就被標記為 0。我們現在針對標記為 1 的區塊進行分水嶺式的區域分割，如此一來，這種預測式 (Predictive) 的分水嶺法確實可大大改善時間上的效率。為了防止誤差的累積，我們屆時可每處理完若干張影像，就重新對下一張影像進行整張影像的分水嶺式的區域分割。

解答完畢

5.8 結 論

門檻值的決定和區域的分割非常重要，如果這二件工作處理得好，則對後續的進一步辨識工作有很大的幫助。在這一章中，我們共介紹了四種門檻值決定法和二種區域分割法。特別是在分水嶺式的區域分割法上，由於不同階層的變異數被引入，倒是蠻適合人機介面的互動關係。

5.9 作業

1. 利用 C 語言完成統計式門檻值決定法的實作。
2. 利用 C 語言完成消息理論式門檻值決定法的實作。
3. 利用 C 語言完成分離與合併式的區域分割法的實作。
4. 如何加快 Otsu 門檻值決定的速度？

解答：對所有的 T^*，$0 \le T^* \le 255$，我們可以事先算好所有的 $\sum_{i=0}^{T^*} P(i)$ 和 $\sum_{i=0}^{T^*} iP(i)$，然後將這些算好的值放在二個陣列中，屆時透過查表的方式，我們很容易可算出 σ_w^2 的值，這對增快 Otsu 方法有很大的幫助。

解答完畢

5. 在 5.7 節中，我們介紹了分水嶺式的區域分割法，試問：(1) 其為 Immersion (浸水) 法還是 Toboggan (雪橇) 法？(2) 浸水法和雪橇法的差別何在 [18]？

解答：(1) 5.7 節所介紹的方法是雪橇法。(2) 基本上，浸水法是先將影像的所有灰階值予以排序，然後按照由小到大的順序，首先定位出各盆地底部 (Catchment Basins) 再利用模擬洪水上漲的方式，找出盆地與盆地的邊界，整個過程可說是由下往上。雪橇法採用由上往下的方式，每一個像素都同時往下降，下降的方向乃依循梯度最大的方向，當一個像素的鄰近像素之下降梯度方向都指向它時，這像素即為一盆地之底部。雪橇法不需要排序的動作且可用深先搜尋法實作，所以較浸水法省時間。

解答完畢

6. 如何修改 Otsu 門檻值決定法以適用於核磁共振醫學影像的二值化 [21]？

解答：利用 Otsu 門檻值決定法在醫學影像上進行二值化時，往往因為物件主體本身內部又有另一層的紋理，而使得二值化後的影像在視覺效果上不太理想。有鑑於此，學者們首先利用手動的方式將影像上有興趣的區域圈起來，再利用訓練出來的下限值 L 和上限值 R 來限制住門檻值的範圍。下圖為一示意圖。

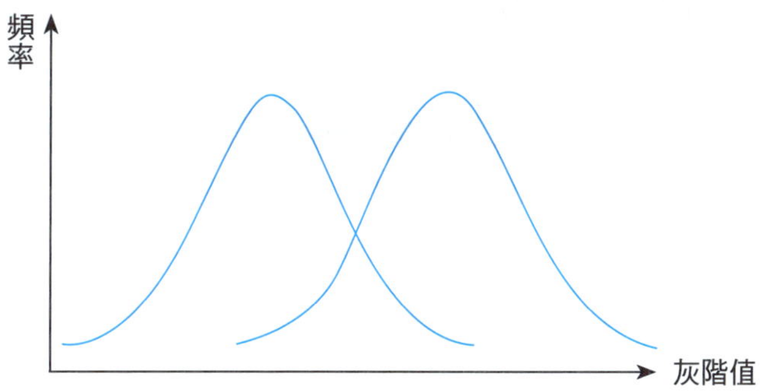

我們要求的門檻值 r 會滿足 $L<r<R$，類似於 Otsu 的方法，最佳的 r 得滿足

$$r_{optimal}=\min_{r} p_r(C_1)D(C_1)+p_r(C_2)D(C_2)$$

上式中的 C_1 為灰階值小於 r 的像素集，而 C_2 為灰階值大於等於 r 的像素集。$1\le i\le 2$，$p_r(C_i)$ 表示 C_i 的比例；$D(C_i)$ 表示 C_i 的組內變異數。基本上，$r_{optimal}$ 會使得第一類型的 **FN** (False Negative) 誤差 ε_1 加上第二類型的 **FP** (False Positive) 誤差 ε_2 的和 $(\varepsilon_1+\varepsilon_2)$ 最小。

解答完畢

7. 何謂溶合式 (Fusion) 的影像分割法 [22]？

解答：我們考慮 c 種彩色模式，對任一種彩色模式，先進行下列 k 群的分割：

步驟一：利用 7×7 的視窗將每一像素框住，接下來，將視窗內 49 個像素資訊轉化為量化過的正規直方圖 (假設有 125 個 bins)。

步驟二：利用這些建好的直方圖和 Bhattacharya 距離公式：

$$\left(1-\sqrt{h(n)h(n,x,y)}\right)^{\frac{1}{2}}$$

這裡 $h(n)$ 代表群心 n 的直方圖，而 $h(n,x,y)$ 代表位置 (x,y) 相對於 $h(n)$ 的直方圖；對 $1\le n\le k$ 而言，利用最小距離觀念，可將該彩色影像分成 k 群。

完成 c 種彩色模式的個別 k 群的分群工作後，我們得到 $k\times c$ 的特徵向量空間，最後再將其分割成 k_1 群。

解答完畢

5.10 參考文獻

[1] N. Otsu, "A threshold selection method from gray level histogram," *IEEE Trans. on Systems, Man, and Cybernetics*, SMC-9, 1979, pp. 62-66.

[2] Adamek, *Foundations of Coding*, John Wiley & Sons, New York, 1991.

[3] R. W. Hamming, *Coding and Information Theory*, 2nd Edition, Prentice-Hall, New York, 1986.

[4] J. N. Kapur, P. K. Sahoo, and A. K. C. Wong, "A new method for gray-level picture thresholding using the entropy of the histogram," *Computer Vision, Graphics, and Image Processing*, 29(3), 1985, pp. 273-285.

[5] W. H. Tsai, "Moment-Preserving thresholding: a new approach," *Computer Vision, Graphics and Image Processing*, 29, 1985, pp. 377-393.

[6] K. L. Chung and W. Y. Chen, "Fast adaptive PNN-based thresholding algorithms," *Pattern Recognition*, 36(12), 2003, pp. 2793-2804.

[7] W. H. Equitz, "A new vector quantization clustering algorithm," *IEEE Trans. on Acoustics, Speech and Signal Processing*, 37(10), 1989, pp. 1568-1575.

[8] P. Franti, T. Kaokoranta, D. F. Shen, and K. S. Chang, "Fast implementation of the exact PNN algorithm," *IEEE Trans. on Image Processing*, 9(5), 2000, pp. 773-777.

[9] C. Fiorio and J. Gustedt, "Two linear time union-find strategies for image processing," *Theoretical Computer Science*, 154, 1996, pp. 165-181.

[10] T. H. Cormen, C. E. Leiserson, R. L. Rivest, and C. Stein, *Introduction to Algorithm*s, 2nd Edition, The MIT Press, New York, 2001.

[11] L. Vincent and P. Soille, "Watersheds in digital spaces: an efficient algorithm based on immersion simulations," *IEEE Trans. on Pattern Analysis and Machine Intelligence*, 13(6), 1991, pp. 583-598.

[12] J. M. Gauch, "Image segmentation and analysis via multiscale gradient watershed hierarchies," *IEEE Trans. on Pattern Analysis and Machine Intelligence*, 8(1), 1999, pp. 69-79.

[13] C. K. Yang, J. C. Lin, and W. H. Tsai, "Color image compression by moment-preserving and block truncation coding techniques," *IEEE Trans. on Communications*, 45(12), 1997, pp. 1513-1516.

[14] S. Y. Chien, Y. W. Huang, and L. G. Chen, "Predictive watershed: a fast watershed

algorithm for video segmentation," *IEEE Trans. on Circuit and System for Video Technology*, 13(5), 2003, pp. 453-461.

[15] J. Park and J. M. Keller, "Snake on the watershed," *IEEE Trans. on Pattern Analysis and Machine Intelligence*, 23(10), 2001, pp. 1201-1205.

[16] 鍾國亮編著，離散數學 (附研究所試題與詳解)，第三版，東華書局，臺北，2014。

[17] K. Suzuki, I. Horiba, and N. Sugie, "Linear-time connected-component labeling based on sequential local operations," *Computer Vision and Image Understanding*, 89, 2003, pp. 1-23.

[18] Y. C. Lin, Y. P. Hung, and Z. C. Shih, "Comparison between immersion-based and toboggan-based watershed image segmentation," *IEEE Trans. on Image Processing*, 15(3), 2006, pp. 632-640.

[19] P. S. Liao, T. S. Chen, and P. C. Chung, "A fast algorithm for multilevel thresholding," *J. of Information Science and Engineering*, 17, 2001, pp. 713-727.

[20] D. M. Tsai and Y. H. Chen, "A fast histogram-clustering approach for multilevel thresholding," *Pattern Recognition Letters*, 13(4), 1992, pp. 245-252.

[21] Q. Hu, Z. Hou, and W. L. Nowinnski, "Supervised range-constrained thresholding," *IEEE Trans. on Image Processing*, 15(1), 2006, pp. 228-240.

[22] M. Mignotte, "Segmentation by fusion of histogram-based K-means clusters in different color spaces," *IEEE Trans. on Image Processing*, 17(5), 2008, pp. 780-787.

[23] 張家寧，"Generalized signal-rich-art code image- a new type of media for efficient data transfer with low distortion," Master Thesis, Supervised by Prof. Wen-Hsiang Tsai, Ins. of Multimedia Engineering, National Chiao-Tung University, Taiwan, June 2015.

5.11 統計式門檻值決定法的 C 程式附錄

5.2 節所介紹的 Otsu 方法，其 C 語言程式請參見下面的程式附錄。

Otsu 門檻值決定法程式

```
/*****************************************************************/
/* Otsu 演算法                                                    */
```

```
/* 輸入                                                                    */
/* k : 代表分群群數，即為欲求門檻數加 1                                        */
/* 使用到的 global 變數                                                      */
/* thresholds[] : 存放相對於 compact histogram 之 index 的門檻值               */
/* Index[i] : 代表 compact histogram index i 相對應之灰階值                    */
/* Sum_H[] : compact histogram H[] 的累加個數陣列 ;                            */
/* Sum_H[i] = H[i] + Sum_H[i – 1]                                           */
/* Sum_i[] : 累加灰階值乘上個數陣列;                                           */
/* Sum_i[i] = Index[i] * H[i] + Sum_i[i – 1]                                */
/* Sum_i2[] : 累加灰階值平方乘上個數陣列                                        */
/* Sum_i2[i] = Index[i] * Index[i] * H[i] + Sum_i2[i – 1]                   */
/* 輸出                                                                    */
/* Min_thresholds[] : 代表求得的 thresholds 值 (相對於 histogram),             */
/* 在程式過程中存暫時求得的 thresholds compact histogram index 值               */
/*********************************************************************/
Ostu(int k) /*k 為群數*/
{   /*設定區域變數*/
    int i;
    int p;
    float min_variance = 100000000;
    float variance;
    long count;
    double mean; /*平均值*/
    double mean2; /*平均值的平方*/

    /*********************************************************/
    /* 初設                                                    */
    /* thresholds[], exe : thresholds[0] = 0,                  */
    /* thresholds[1] = 0, thresholds[2] = 1, ...,              */
    /* thresholds[i] = thresholds[i – 1] + 1, ...,             */
```

```
/* thresholds[k – 1] = thresholds[k – 2], thresholds[k] = m – 1;          */
/*********************************************************/
thresholds[0] = 0;
thresholds[k] = m – 1; /*m 是整張影像中有灰階值的個數*/
thresholds[1] = 0;
for(i = 2; i < k; i++)
    thresholds[i] = thresholds[i – 1] + 1;
thresholds[k – 1]--; /*減 1 是為了用於第 1 次執行 while 指令*/
/*利用 full search 方式求得 Ostu 所提之最小變異數和*/
while(1)
{
    thresholds[k – 1]++; /*最大之門檻值 (存 compact histogram index) 加 1*/
    /*限制 : 第 p 個 thresholds 值不能大於 (m – 1) – (k – 1 – p)*/
    /*檢查前面 1...k – 1 門檻值有無違反限制，違反時需做調整，例如類似
      時鐘概念 */
    /*秒鐘超過 59 秒時，分鐘得加 1*/
    p = k – 1;
    while(thresholds[p] > (m – 1) – (k – 1 – p))
    {
        p – –;
        if (p == 0) /*如調整到需要調整 index 0 則 full search 完畢*/
            break;
        thresholds[p]++;
    }
    if (p == 0)
        break;
    else
    {/*調整位置 p 之後 (p + 1...k – 1) 之 thresholds 值為 thresholds
        [p + 1] =*/
     /*thresholds[p] + 1, ..., thresholds[k – 1] = thresholds[k – 2] + 1*/
```

```
    for(i = p + 1; i < k ; i++)
        thresholds[i] = thresholds[i – 1] + 1;
}
/*計算 within-variance*/
variance = 0;
for(i = 0; i < k; i++)
{
    if (i == 0)
    {
        count = Sum_H[thresholds[i + 1]];
        mean = Sum_i[thresholds[i + 1]];
        mean2 = Sum_i2[thresholds[i + 1]];
    }
    else
    {
        count = Sum_H[thresholds[i + 1]] – Sum_H[thresholds[i]];
        mean = (Sum_i[thresholds[i + 1]] – Sum_i[thresholds[i]]);
        mean2 = (Sum_i2[thresholds[i + 1]] – Sum_i2[thresholds[i]]);
    }
    if (count != 0)
        variance = variance + count/
      (float)N * (mean2/(float)count – (mean * mean)/(float)count/(float)
         count);
}
/*求得的 within-variance 比 min_variance 小，則換掉 Min_thresholds[]*/
if(variance < min_variance)
{
    min_variance = variance;
    for(i = 0; i < k + 1; i++)
        Min_thresholds[i] = thresholds[i];
```

```
        }
      }
      /*將 Min_thresholds[] 之值 (原為 compact histogram index) 轉換為
        histogram  index 值*/
      for(i = 0; i < k + 1; i++)
      Min_thresholds[i] = Index[Min_thresholds[i]];
      }
}
```

CHAPTER

6

直線與道路偵測

6.1 前 言

在數位影像中如何偵測影像中有幾條線，以及這些線的明確位置是非常重要的。這些線條可能代表道路的兩側、水平面、建築物的線條式外圍或窗戶的框邊。這些線條式外圍或道路的路邊有可能是直線或拋物線。

首先讓我們看一張 256×256 的高灰階道路影像，如圖 6.1.1 所示，我們人眼很容易看出圖 6.1.1 中的直線所在。在這些直線中，每一條直線的邊點 (Edge Pixel) 的確提供不少的訊息，以證明那些邊點形成的集合足以形成一條直線。這時如何用影像處理的技術來完成直線偵測的工作，就顯得很重要了 [5, 7]。

在本章中，我們較偏重於直線偵測的介紹，6.2 節要介紹蠻力法，6.3 節要介紹經典的霍氏轉換法，6.4 節要介紹快速的隨機式方法。這裡筆者得強調一點：許多的道路兩側呈現的並非是很理想的直線，反而像是拋物線。關於這個部分，我們將於 6.5 節中詳細討論。

圖 6.1.1 道路影像

6.2 蠻力法

由於我們處理的影像為數位式的，所謂的一條直線指的是數位式的直線。在圖 6.2.1 中，虛線代表的直線乃是由虛線兩側的數位邊點所構成。以虛線為中心所展開的灰色帶狀區的頻寬，以及灰色帶狀區上的離散邊點集都會影響直線偵測的結果。在圖 6.2.1 中，v_1、v_2、v_3 和 v_4 皆為邊點。

事實上，圖 6.2.1 中的數位直線所示的藍色帶狀區內的邊點集往往並非如圖所示的這般密集，首先我們可利用第四章所介紹的任何一個測邊法得到一張數位影像的邊點集，例如，利用 Sobel 的測邊法先得到邊點集，圖 6.2.2 為圖 6.2.1 經過 Sobel 算子作用後的結果。圖 6.2.2 中所示的邊點集即為黑色的邊點所示。我們到底該如何設計一種有效的方法，以充分利用這些邊點來決定出直線呢？

在介紹如何利用著名的霍氏轉換 [5, 7] 來解決在影像上的直線偵測前，在此先談一下如何利用蠻力法來解決同樣的問題。假設利用 Sobel 測邊法得到的邊點集為 V，且令 V 中的邊點數為 $m=|V|$。在這 m 個邊點中，每二個邊點可構成一直線，則總共有 $\binom{m}{2}=\frac{m(m-1)}{2}=O(m^2)$ 條可能的直線。令這些直線為 L_1、L_2、…和 L_k，此處 $k=\frac{m(m-1)}{2}$。例如，$m=|V|=4$，圖 6.2.3 的六條線段顯示出六種可能被偵測到的直線。事實上在應用時，往往許多的直線檢測是白費功夫的，因為落在直線上的邊點數小於門檻值。

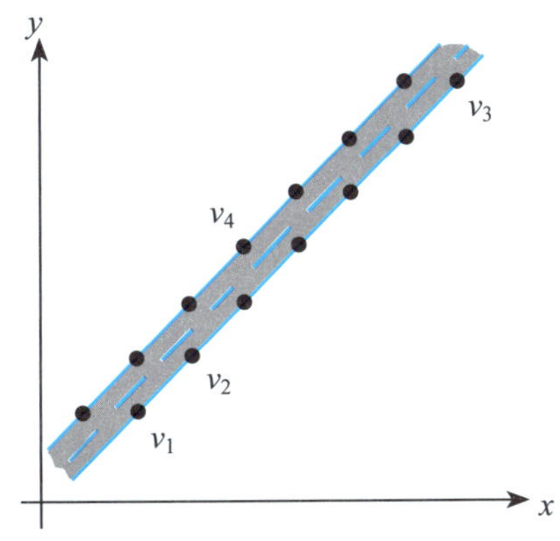

圖 6.2.1　數位直線

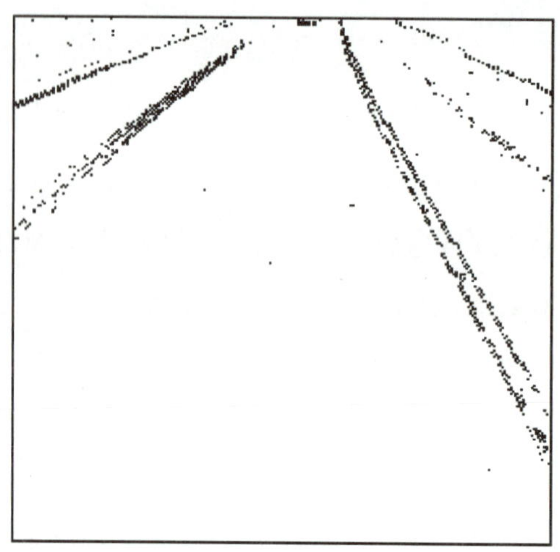

圖 6.2.2　圖 6.2.1 的邊點集

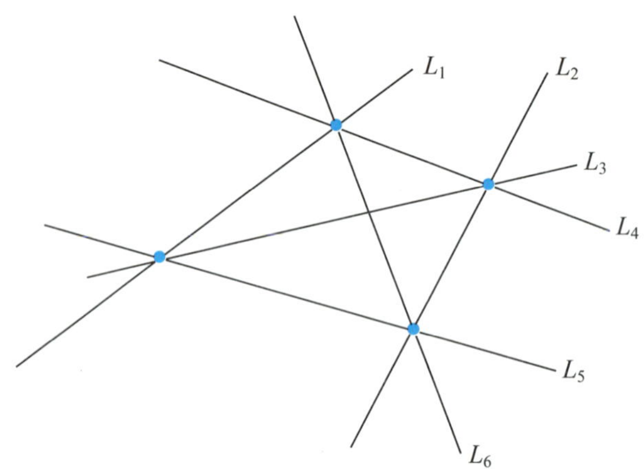

圖 6.2.3　$m=4$ 時的所有可能線

針對其中的任一條直線式 L_i，我們將所有的邊點集 V 中的每一邊點 (x', y') 計算其與 L_i：$y=a_ix+b_i$ 的距離 (參見圖 6.2.4)，可得距離為

$$d=\frac{\left|y'-a_ix'-b_i\right|}{\sqrt{1+a_i^2}} \tag{6.2.1}$$

若 d 小於設定的門檻值 T_1，例如 $T_1=1$，則邊點 (x', y') 對 L_i 貢獻了一點 (投了一票)，可以想像得了一分。此處 $T_1=1$ 代表該數位直線 L_i 的允許頻寬為 1。

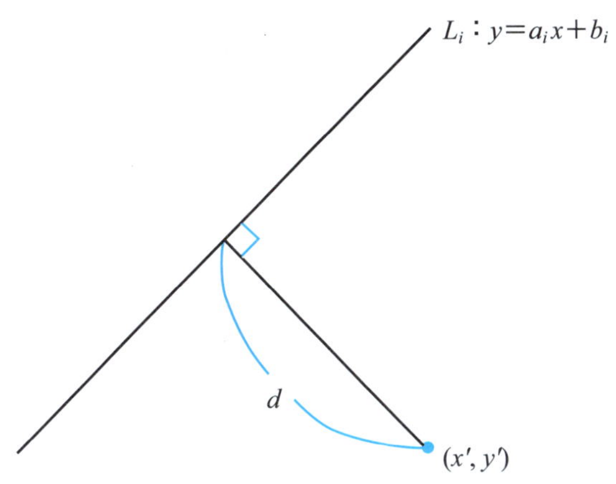

圖 6.2.4　距離 d 的決定

定理 6.2.1　令邊點集 V 的邊點數為 $m=|V|$，蠻力法可在 $O(m^3)$ 的時間完成直偵測的工作。

證明：已知 $m=|V|$，計算 V 在一條直線 L_i 的貢獻邊點數，也就是得分數，共需花費 $O(m)$ 的時間。因為我們必須考慮所有的 $O(m^2)$ 條直線，所以總時間複雜度為 $O(m\times m^2)=O(m^3)$。

證明完畢

假設所有的邊點皆已算出任一邊點與 L_i 的距離且算出貢獻的總邊點，也就是說，貢獻的總分數，若總得分數超過門檻值 T_2，則我們稱 L_i 為一真正的直線 (True Line)，此處門檻值由使用者決定。

範例 1：今有二維空間上通過直線 L：$y=\overline{m}x+\overline{b}$ 的兩點 (x_1, y_1) 和 (x_2, y_2)，試問這兩點在 (m, b) 參數空間的分佈情形為何？這裡 m 代表斜率，而 b 代表截距。

解答：(x_1, y_1) 和 (x_2, y_2) 這兩點既然通過直線 L，那麼就滿足等式

$$y_i=\overline{m}x_i+\overline{b}\text{，}i=1,2$$

如此一來，這兩點必定相交於 (m, b) 參數空間上的一點。下圖為示意圖。

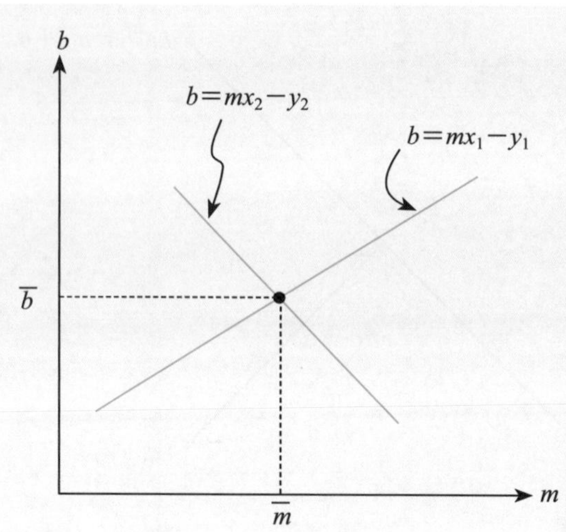

解答完畢

範例 2：利用 (m, b) 參數空間，可否在 $O(m^2)$ 的時間內完成直線偵測的工作？

解答：考慮 $O(m^2)$ 條可能的直線，每一條直線的 (m, b) 值可用來對 (m, b) 參數空間投票 (Voting)，屆時我們只需在投票處記錄該直線的對應兩邊點即可。完成了 $O(m^2)$ 條可能直線的投票動作後，只需輸出投票數超出門檻值的相關邊點即可。因為每一次的投票動作只需 $O(1)$ 的時間，故理論上，的確可在 $O(m^2)$ 的時間內完成直線偵測的工作。

解答完畢

範例 3：萬一可能直線的斜率趨近於無窮大，範例 2 的討論在實作上是否有困難？

解答：當斜率趨近於無窮大的時候，的確將使得在實作上需要宣告一個無窮大的陣列，這是行不通的。

解答完畢

以上的討論對下一節的霍氏轉換法 (Hough Transform) 的了解是會有幫助的。

6.3 霍氏轉換法

6.2 節中的定理 6.2.1 告訴我們，蠻力法需花 $O(m^3)$ 時間，此處 m 為影像中的邊點數。這樣的時間複雜度仍嫌高了些。本節將介紹一種有效的直線偵測法：霍氏轉換法。在本節中所介紹的霍氏轉換法，其原始想法於 1962 年 [7] 提出，1972 年 Duda 和 Hart 將 Hough 的想法應用到線和圓的偵測上 [5]，正式開啟了這方面研究的潮流。Rosenfeld 也是將霍氏轉換法推廣到影像處理的大功臣。

基本上，霍氏轉換法的精神為將 x-y 空間轉換成 γ-θ 參數空間 (Parameter Space)，即所謂的法距-法角空間 (Normal Distance-Normal Angle Space)。圖 6.3.1 顯示出 x-y 空間和 γ-θ 空間的關係。

在圖 6.3.1 上，線段 $\overline{AB}$ 長為 d；令線段 $\overline{OA}$ 的長度為 r。邊點 (x_1, y_1) 和邊點 (x_2, y_2) 為共線 (Collinear)。從邊點 (x_2, y_2) 得知 $\overline{CE}=y_2$ 和 $\overline{OE}=x_2$。又由直角三角形 $\triangle CDE$ 可得知

$$d = y_2 \sin\theta = \overline{AB}$$

由直角三角形 $\triangle OBE$ 又可得知

$$\overline{OB} = \overline{OE}\cos\theta = x_2 \cos\theta$$

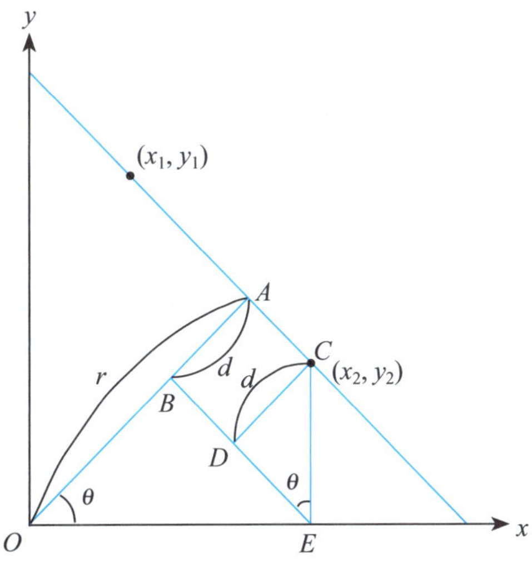

圖 6.3.1 x-y 空間和 γ-θ 空間的關係

我們進而得到下列很重要的一個式子：

$$r = \overline{OB} + \overline{BA} = x_2 \cos\theta + y_2 \sin\theta \tag{6.3.1}$$

式 (6.3.1) 在霍氏轉換法中為共線上的邊點進行投票時的重要依據。對邊點 (x_1, y_1) 而言，由於其和邊點 (x_2, y_2) 共線，所以式 (6.3.1) 會同時被滿足。我們接下來舉個例子，以便大家更了解式 (6.3.1) 的功能。

假設給一 4×4 的影像，如圖 6.3.2，符號 X 表示邊點所在。圖 6.3.2 的四個邊點之位置為 (2, 1)、(1, 2)、(0, 3) 和 (3, 3)。令 $\theta=45°$，將座標 (2, 1) 代入式 (6.3.1) 後，得到 $r = 2\times\frac{\sqrt{2}}{2}+1\times\frac{\sqrt{2}}{2}=\frac{3}{2}\sqrt{2}$。同理，由座標 (1, 2)，透過式子可得到 $r=\frac{3}{2}\sqrt{2}$；由座標 (0, 3) 可得到 $r=\frac{3}{2}\sqrt{2}$，但是由座標 (3, 3) 卻得到 $r=3\frac{\sqrt{2}}{2}+3\frac{\sqrt{2}}{2}=3\sqrt{2}$。依照上述所得到的四個 r 值可得知 (2, 1)、(1, 2) 和 (0, 3) 為共線，這邊假設門檻值定為 $T_2=2$。所以可得知在圖 6.3.2 中有一條角度為 $\frac{3}{4}\pi$ $(=\frac{\pi}{2}+\frac{\pi}{4})$ 的直線通過該影像，這和我們的視覺所見是一致的。

現在問題來了，我們怎麼知道 $\theta=45°$ 是合適的角度猜測值？基本上，我們將角度範圍 $[0, \pi]$ 切割成 n 份。例如：每隔 5 度切一份，則在 $[0, \pi]$ 之間可切割出 37 份角度，這些角度分別為 $\theta_0=0°$、$\theta_1=5°$、$\theta_2=10°$、…和 $\theta_{36}=\pi$。

在程式設計時，我們可考慮使用二維陣列來完成 γ-θ 參數空間的資料維

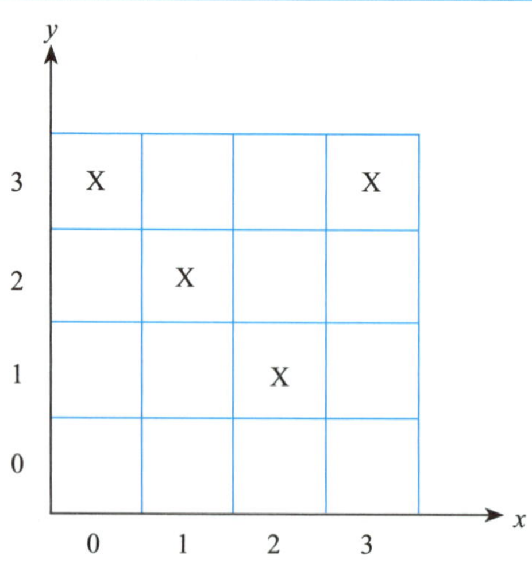

圖 6.3.2 4×4 的影像例子

護。這二維陣列稱作累積陣列 (Accumulation Array)，參見圖 6.3.3 的示意圖 (注意：法距值會有負值，陣列的宣告要反映此點)，這裡假設相鄰二個 r 的差為 1。

在圖 6.3.3 上，先從 θ_0 開始，將所有的邊點一一代入式 (6.3.1)，可得 $|V|$ 個 r 值，在這 $|V|$ 個法距值中有些值是相同的，而且這些具近似法距值的邊點會落入同一個位置上，這位置通常稱為投票箱 (Cell)。同理，我們繼續試 θ_1，同時進行投票箱的投票動作。依此類推，直到試完 θ_n 後，每個投票箱會記錄哪些共線的邊點落入其中。若在某一個投票箱中，其記錄的邊點數超過門檻值，則投票到該投票箱的那些邊點可說形成了一條可接受的直線。

根據以上的敘述，霍氏轉換法在累積陣列上的投票動作可表示如下：

$AA[] \leftarrow 0$ {將二維累積陣列歸零}
對邊點集 V 的每一邊點 (x, y)
for $i=0$ to n
  $r = x\cos\theta_i + y\sin\theta_i$
  $AA[r, \theta_i] \leftarrow AA[r, \theta_i] + 1$
end

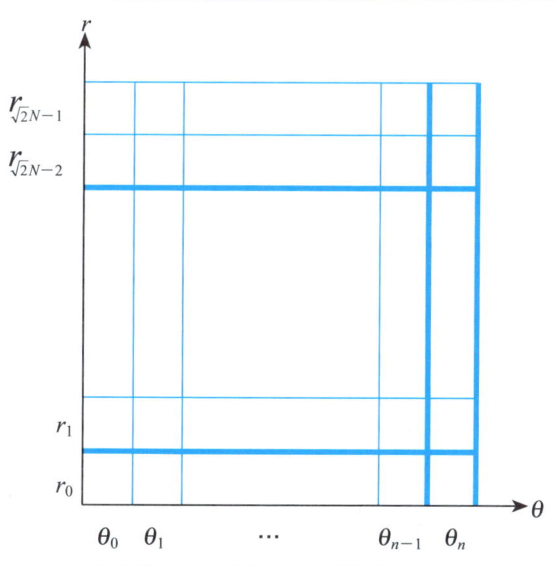

圖 6.3.3 累積陣列

事實上，上述的累積陣列 $AA[]$ 也可存邊點的座標。現在我們來分析一下霍氏轉換法的時間複雜度。

定理 6.3.1 **霍氏轉換法可在 $O(mn)$ 的時間內完成直線偵測的工作，此處 $m=|V|$ 且 n 為 $[0, \pi]$ 的角度分割數。**

證明：針對任一個 θ_i，$0 \le i \le n$，我們需花 $O(m)$ 的時間完成在二維陣列 AA 的投票工作。考慮所有的 θ_i，則總共需 $O(mn)$ 的時間來完成投票的工作。

證明完畢

一般而言，角度的分割數 n 小於 m^2 或遠小於 m^2，所以由定理 6.2.1 和定理 6.3.1 可得知霍氏轉換法在速度上會優於蠻力法。我們在實作上也證實了這一點。利用霍氏轉換法，圖 6.2.2 上的邊點集經投票後可測得如圖 6.3.4 所示的直線。

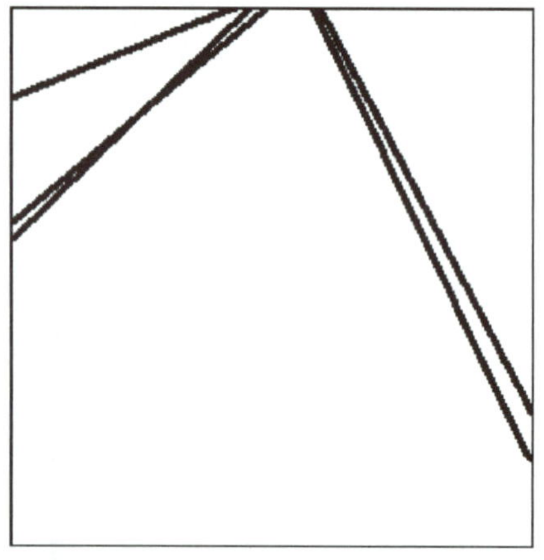

圖 6.3.4 測得之直線

範例 1：給予下列八個點 (2, 4)、(2, 8)、(4, 3)、(4, 6)、(5, 5)、(7, 3)、(10, 0)、(10, 5)，請利用霍氏轉換法並配合圖 6.3.3 所給的二維累積陣列 (假設門檻值 $Th=4$)。

(1) 求出滿足條件直線的之法距 (γ) 及法角 (θ)。

(2) 並把連成直線的點列出來。

解答：令角度以 45° 為跳躍基準，利用前述介紹的霍氏轉換法中的一個副程式

$$
\begin{aligned}
&\text{for } i=0 \text{ to } n \\
&\quad r=x\cos\theta_i+y\sin\theta_i \\
&\quad AA[r,\theta_i]\leftarrow AA[r,\theta_i]+1 \\
&\text{end}
\end{aligned}
$$

可得到在 $\theta=45°$ 且 $\gamma=5\sqrt{2}$ 處的投票箱 (Cell) 內，其得票數 (Votes) 等於 5。因為得票數大於 4，所以法距 (γ) 為 $5\sqrt{2}$，而法角 (θ) 為 45°。

將投票箱內每個邊點取出來，可得知 (2, 8)、(4, 6)、(5, 5)、(7, 3)、(10, 0) 五個點是連成一直線的。

解答完畢

針對本節所介紹的霍氏轉換方法，我們在 6.9 節的程式附錄中安排了一個有文件輔助說明的 C 程式，以供讀者實作時的參考。

6.4 隨機式方法

從圖 6.2.2 看，得到的邊點雖然很多，但是在這些邊點中，畢竟落在共線上的也不在少數。或許說用抽樣 (Sampling) 的方式來重新進行直線偵測的工作也是不錯的策略。Fischler 和 Bolles [6] 是最早提出 RANSAC 想法來實踐抽樣方式進行直線偵測的學者。之後，Xu、Oja 和 Kultanan [10] 提出了更有效的隨機式測線方法。在本節中，我們將介紹另一個方法 [1]，此方法在記憶體的使用上只需幾個變數就夠了，且在實作上的確有較快的效益表現。

首先，我們在邊點集 V 中，隨機抽出三個邊點出來，令這三個邊點分別為 $v_i=(x_i, y_i)$、$v_j=(x_j, y_j)$ 和 $v_k=(x_k, y_k)$。因為兩個邊點可決定一條線，所以三個邊點一共可決定出三條可能線，這三條線分別是圖 6.4.1 中所示的 $\overline{v_1v_2}$、$\overline{v_1v_3}$ 和 $\overline{v_2v_3}$。取出 $\overline{v_1v_2}$ 這條線，假若 v_3 這個邊點和 $\overline{v_1v_2}$ 靠得夠近，例如：差 0.5 像素，$\overline{v_1v_2}$ 形成的直線為影像上一條真直線的機會蠻高的。這時，$\overline{v_1v_2}$ 可被選為候選線 (Candidate Line)。6.2 節中的式 (6.2.1) 可被用來決定某一邊點是否夠靠

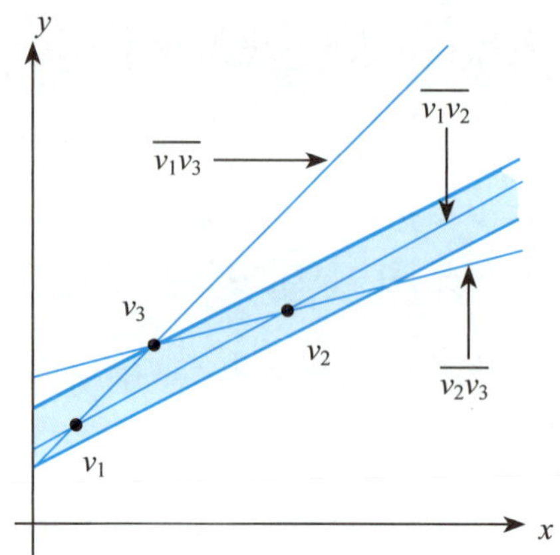

圖 6.4.1　三個邊點決定出三條可能線

近一條線。針對可能線 $\overline{v_iv_j}$ 和邊點 v_k，令 $d_{k\to ij}$ 代表邊點 v_k 到 $\overline{v_iv_j}$ 的距離，則式 (6.2.1) 的距離公式可改為

$$d_{k\to ij}=\frac{\left|(x_j-x_i)y_k+(y_i-y_j)x_k+x_iy_j-x_jy_i\right|}{\sqrt{(x_j-x_i)^2+(y_j-y_i)^2}} \tag{6.4.1}$$

考慮不同的三個 k，$k=1, 2, 3$，我們由式 (6.4.1) 得到三個不同的距離值 $d_{1\to23}$、$d_{2\to13}$ 和 $d_{3\to12}$。我們在其中挑一個最小的距離值，假設這最小的距離值為 $d_{k\to ij}$，則 v_i 和 v_j 這二個邊點便被稱作代理點。換言之，這二個代理點形成的直線可被稱作候選線。這裡有一個前提：$d_{k\to ij}$ 必須小於設定的門檻值。另外得特別注意一個異常的現象，那就是有時候 v_k、v_i 和 v_j 三個邊點靠得太近，形成了叢聚的現象，這種現象可能代表一聚集的邊點集。圖 6.4.2 所示的此一異常現象也必須予以排除。

決定好了候選線 $\overline{v_iv_j}$ 和代理點 v_i 和 v_j 後，我們將原先的邊點集 V 中的每一邊點代入式 (6.4.1) 中，若距離 $d_{k\to ij}$ 小於門檻值，則代表目前的邊點 v_k 對這候選線投了一票，我們這時就在計數器 C 上加 1。這投票的動作一直持續下去，直到邊點集 V 中的每一邊點都完成了投票動作。最後，假設得到 C 的值為 n_p，若 n_p 大於門檻值 T_2，則候選線 $\overline{v_iv_j}$ 就是真正線。這時候，我們將投票於 $\overline{v_iv_j}$ 上的所有邊點從邊點集 V 中扣除。然後重複上面的程序找出下一條線。為避免發生檢查次數過多仍無法偵測出直線，我們可自己設定檢查失敗的容忍

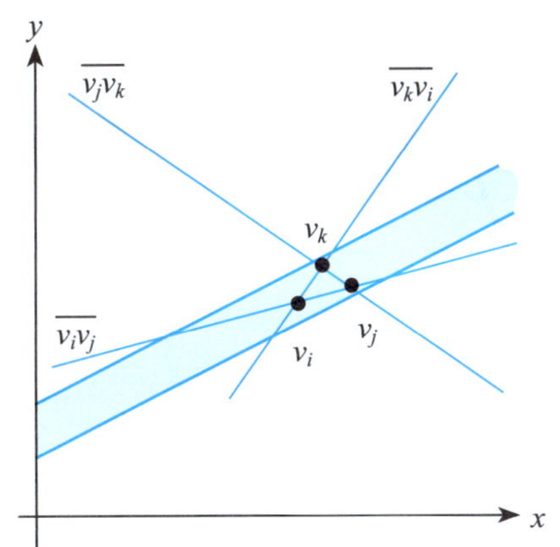

圖 6.4.2 三個邊點太靠近的異常例子

最大次數。檢查次數一超過容忍次數，若仍沒有偵測出直線，則強迫重新進行抽樣的動作。

圖 6.4.3 為一原始的地板影像。經過第四章的 Sobel 測邊算子可得圖 6.4.4 的邊點集。輸入圖 6.4.4，利用本節所介紹的隨機式測線法可得圖 6.4.5 的結果。從圖 6.4.5 測得的直線結果中可見此方法的適用性。我們在實驗中另外也發現隨機式測線法的確比 6.2 節和 6.3 節所介紹的蠻力法和霍氏轉換法都快許多，這也反映了抽樣方法的優點。

圖 6.4.3 地板影像

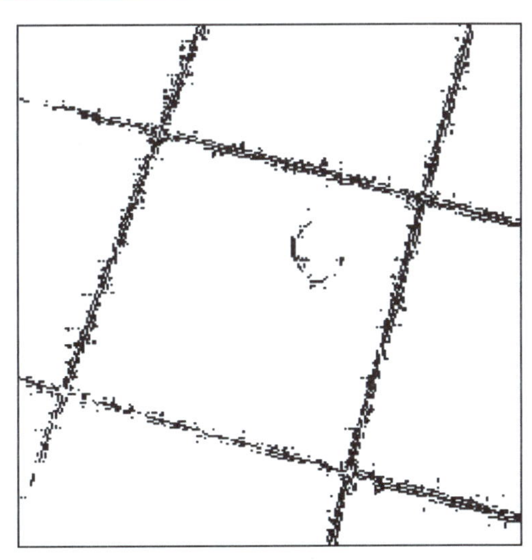

圖 6.4.4 圖 6.4.3 的邊點集

圖 6.4.5　測出的直線

範例 1： 令 (0, 3)、(0, 6)、(2, 3)、(2, 4)、(4, 2) 為下圖中的五個邊點，請依據上述的隨機式測線方法，找出圖中所代表的邊，這裡令 $d_{k \to ij}$ 門檻值為 $3/\sqrt{8} = 1.0606$，而計數器的門檻值 T_c 為 3。

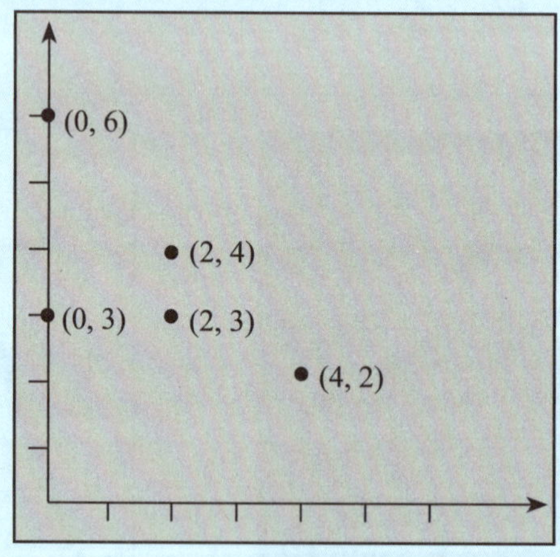

解答： 根據式 (6.4.1)，我們可以對這五個點得出下表。在表中，共有十條可能線，第一條可能線為 (2, 3) 和 (2, 4) 構成，邊點 (0, 3) 和這條可能線的距離為 2，我們將 2 寫在框框內。其餘的眾多點到可能線的距離就不再重述。

	(2, 3) (2, 4)	(2, 3) (4, 2)	(2, 3) (0, 6)	(2, 3) (0, 3)	(2, 4) (4, 2)	(2, 4) (0, 6)	(2, 4) (0, 3)	(4, 2) (0, 6)	(4, 2) (0, 3)	(0, 6) (0, 3)
(0, 3)	2	$2/\sqrt{5}$	$6/\sqrt{13}$		$6/\sqrt{8}$	$6/\sqrt{8}$		$6/\sqrt{8}$		
(0, 6)	2	$4/\sqrt{5}$		3	0		$6/\sqrt{5}$		$12/\sqrt{17}$	
(2, 3)					$2/\sqrt{8}$	$2/\sqrt{8}$	$2/\sqrt{5}$	$2/\sqrt{8}$	$2/\sqrt{17}$	2
(2, 4)		$2/\sqrt{5}$	$2/\sqrt{13}$	1				0	$6/\sqrt{17}$	2
(4, 2)	2		$4/\sqrt{13}$	1		0	$6/\sqrt{5}$			4

針對這十條候選線，我們得到：

(1) 考慮 (0, 3)(0, 6)(2, 3)：因為 (0, 3) 的 $d_{k\to ij}$ 為 $6/\sqrt{13} > 3/\sqrt{8}$，所以我們不認定它 [(0, 6) 和 (2, 3)] 構成的線為一條候選線。

因為 (0, 6) 的 $d_{k\to ij}$ 為 $3 > 3/\sqrt{8}$，所以我們不認定它為一條候選線。

因為 (2, 3) 的 $d_{k\to ij}$ 為 $2 > 3/\sqrt{8}$，所以我們不認定它為一條候選線。

(2) 考慮 (0, 3)(0, 6)(2, 4)：因為 (0, 3) 的 $d_{k\to ij}$ 為 $6/\sqrt{8} > 3/\sqrt{8}$，所以我們不認定它為一條候選線。

因為 (0, 6) 的 $d_{k\to ij}$ 為 $6/\sqrt{5} > 3/\sqrt{8}$，所以我們不認定它為一條候選線。

因為 (2, 4) 的 $d_{k\to ij}$ 為 $2 > 3/\sqrt{8}$，所以我們不認定它為一條候選線。

(3) 考慮 (0, 3)(0, 6)(4, 2)：因為 (0, 3) 的 $d_{k\to ij}$ 為 $6/\sqrt{8} > 3/\sqrt{8}$，所以我們不認定它為一條候選線。

因為 (0, 6) 的 $d_{k\to ij}$ 為 $12/\sqrt{17} > 3/\sqrt{8}$，所以我們不認定它為一條候選線。

因為 (4, 2) 的 $d_{k\to ij}$ 為 $4 > 3/\sqrt{8}$，所以我們不認定它為一條候選線。

(4) 考慮 (0, 3)(2, 3)(2, 4)：因為 (0, 3) 的 $d_{k\to ij}$ 為 $2 > 3/\sqrt{8}$，所以我們不認定它為一條候選線。

因為 (2, 3) 的 $d_{k\to ij}$ 為 $2/\sqrt{5} < 3/\sqrt{8}$，所以我們認定它為一條候選線。

因為 (2, 4) 的 $d_{k\to ij}$ 為 $1<3/\sqrt{8}$，所以我們認定它為一條候選線。

(5) 考慮 (0, 3)(2, 3)(4, 2)：因為 (0, 3) 的 $d_{k\to ij}$ 為 $6/\sqrt{13}>3/\sqrt{8}$，所以我們不認定它為一條候選線。

因為 (2, 3) 的 $d_{k\to ij}$ 為 $3>3/\sqrt{8}$，所以我們不認定它為一條候選線。

因為 (4, 2) 的 $d_{k\to ij}$ 為 $2>3/\sqrt{8}$，所以我們不認定它為一條候選線。

(6) 考慮 (0, 3)(2, 4)(4, 2)：因為 (0, 3) 的 $d_{k\to ij}$ 為 $6/\sqrt{13}>3/\sqrt{8}$，所以我們不認定它為一條候選線。

因為 (2, 4) 的 $d_{k\to ij}$ 為 $3>3/\sqrt{8}$，所以我們不認定它為一條候選線。

因為 (4, 2) 的 $d_{k\to ij}$ 為 $2>3/\sqrt{8}$，所以我們不認定它為一條候選線。

(7) 考慮 (0, 6)(2, 3)(2, 4)：因為 (0, 6) 的 $d_{k\to ij}$ 為 $2>3/\sqrt{8}$，所以我們不認定它為一條候選線。

因為 (2, 3) 的 $d_{k\to ij}$ 為 $2/\sqrt{8}<3/\sqrt{8}$，所以我們認定它為一條候選線。

因為 (2, 4) 的 $d_{k\to ij}$ 為 $2/\sqrt{13}<3/\sqrt{8}$，所以我們認定它為一條候選線。

(8) 考慮 (0, 6)(2, 3)(4, 2)：因為 (0, 6) 的 $d_{k\to ij}$ 為 $4/\sqrt{5}>3/\sqrt{8}$，所以我們不認定它為一條候選線。

因為 (2, 3) 的 $d_{k\to ij}$ 為 $2/\sqrt{8}<3/\sqrt{8}$，所以我們認定它為一條候選線。

因為 (4, 2) 的 $d_{k\to ij}$ 為 $4/\sqrt{13}>3/\sqrt{8}$，所以我們不認定它為一條候選線。

(9) 考慮 (0, 6)(2, 4)(4, 2)：因為 (0, 6) 的 $d_{k\to ij}$ 為 $0<3/\sqrt{8}$，所以我們認定它為一條候選線。

因為 (2, 4) 的 $d_{k\to ij}$ 為 $0<3/\sqrt{8}$，所以我們認定它為一條候選線。

因為 (4, 2) 的 $d_{k \to ij}$ 為 $0 < 3/\sqrt{8}$，所以我們認定它為一條候選線。

(10)考慮 (2, 3)(2, 4)(4, 2)：因為 (2, 3) 的 $d_{k \to ij}$ 為 $2/\sqrt{8} < 3/\sqrt{8}$，所以我們認定它為一條候選線。

因為 (2, 4) 的 $d_{k \to ij}$ 為 $2/\sqrt{5} < 3/\sqrt{8}$，所以我們認定它為一條候選線。

因為 (4, 2) 的 $d_{k \to ij}$ 為 $2 > 3/\sqrt{8}$，所以我們不認定它為一條候選線。

在上述十條可能的直線中，只有五條候選線成立。候選線找出後，接下來再決定真正的直線，考慮各種排列組合，針對一條候選線和門檻值 $T_c = 3$，用下述判斷式去判斷它是否為真正的直線。

(1) (0, 3)(2, 3)(2, 4) 為一條候選線：(0, 6) 的 $d_{k \to ij}$ 為 $6/\sqrt{5}$，(4, 2) 的 $d_{k \to ij}$ 為 $6/\sqrt{5}$ 皆大於 $3/\sqrt{8}$，所以我們說此候選線不為真正線。

(2) (0, 6)(2, 3)(2, 4) 為一條候選線：(0, 3) 的 $d_{k \to ij}$ 為 $6/\sqrt{8} > 3/\sqrt{8}$，但 (4, 2) 的 $d_{k \to ij}$ 為 0，所以計數器 $C = 1$，加上原本的候選線上的兩點，則 $C = 3$ 並不大於門檻值，所以我們說此候選線不為真正線。

(3) (0, 6)(2, 3)(4, 2) 為一條候選線：(2, 4) 的 $d_{k \to ij}$ 為 0，所以 $C = 1$，(0, 3) 的 $d_{k \to ij}$ 為 $6/\sqrt{8} > 3/\sqrt{8}$，加上原本的候選線上的兩點，則 $C = 3$ 並不大於門檻值，所以我們說此候選線不為真正線。

(4) (0, 6)(2, 4)(4, 2) 為一條候選線：(0, 3) 的 $d_{k \to ij}$ 為 $6/\sqrt{8} > 3/\sqrt{8}$，但 (2, 3) 的 $d_{k \to ij}$ 為 $2/\sqrt{8} < 3/\sqrt{8}$，所以 $C = 1$，加上原本的候選線上的三點，則 $C = 4$ 大於門檻值，所以我們說此候選線為真正線。

(5) (2, 3)(2, 4)(4, 2) 為一條候選線：(0, 3) 的 $d_{k\to ij}$ 為 $6/\sqrt{8}$，(0, 6) 的 $d_{k\to ij}$ 為 0，則 $C=1$，加上原本的候選線上的兩點，$C=3$ 並不大於門檻值，所以我們說此候選線不為真正線。

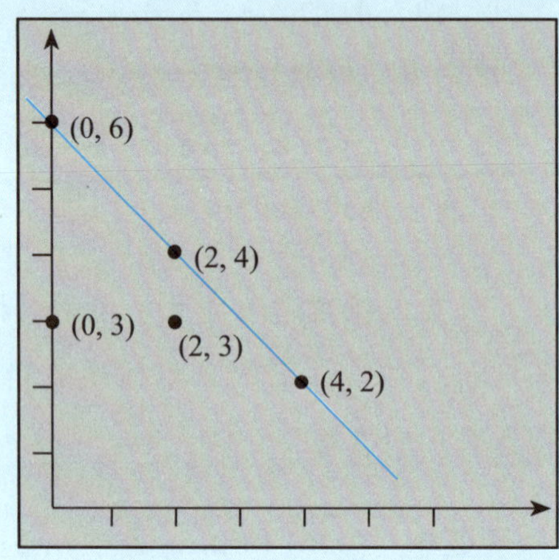

解答完畢

在這一節的最後，我們來分析一下時間複雜度。令 n 代表影像中所有的邊點數，而 m 代表落在直線上的邊點數。令 $p=\dfrac{m}{n}$ 且令 A 為所抽樣的二個邊點皆在線上的事件，而 B 為所抽樣的三個邊點皆在線上的機率。則事件 A 的機率為

$$P[A]=\frac{m(m-1)}{n(n-1)}$$

而事件 B 的機率為

$$P[B]=\frac{m(m-1)(m-2)}{n(n-1)(n-2)}$$

因為 n 和 m 皆很大，所以 $P[A]\approx p^2$，而 $P[B]\approx p^3$。

L. Xu 等人 [10] 提出，事件 A 需要發生二次，該候選直線才算確定；反之，若事件 A 不發生，則算失敗一次。很明顯地，經過多少次失敗才會使得事件 A 發生二次為一隨機變數。令這隨機變數為 X，則在 [10] 中的 RHT 方法中，X 為一負的二項式分配 (Negative Binomial Distribution) 且其機率密度函數為

$$f_{\text{RHT}}(x)=(x+1)(1-p^2)^x(p^2)^2\text{ ，}x=0,1,\ldots$$

在 RLD 方法中 [1]，若事件 B 發生過一次，則該候選線即算確定，所以 X 為一幾何分佈 (Geometric Distribution)，且其機率密度函數為

$$f_{\text{RLD}}(x)=(1-p^3)^x(p^3)\text{ ，}x=0,1,\ldots$$

我們先來看 $p=0.25$ 和 $p=0.5$ 時，$f_{\text{RLD}}(x)$ 和 $f_{\text{RHT}}(x)$ 的機率分佈。圖 6.4.6 為 $p=0.5$ 時，$f_{\text{RHT}}(x)$ 和 $f_{\text{RLD}}(x)$ 的機率分佈。從圖中可知 $x\leq 2$ 和 $x\geq 12$ 時，$f_{\text{RLD}}(x)$ 大於 $f_{\text{RHT}}(x)$；在圖 6.4.7 中，當 $p=0.25$ 時，在 $x\leq 3$ 和 $x\geq 56$ 時，$f_{\text{RLD}}(x)$ 大於 $f_{\text{RHT}}(x)$。

接下來，我們來探討利用累計分佈函數 (Cumulative Distribution Function, CDF) 來探討總失敗次數。已知

$$F_{\text{RLD}}(x)=\sum_{i\leq x}f_{\text{RLD}}(x)\quad\text{和}\quad F_{\text{RHT}}(x)=\sum_{i\leq x}f_{\text{RHT}}(x)$$

圖 6.4.6 的 CDF 表示於圖 6.4.8 中，而圖 6.4.7 的 CDF 表示於圖 6.4.9 中。由圖 6.4.8 和圖 6.4.9 中，我們可以看出當 $p=0.25$ 時，RLD 方法會比 RHT 方法更好。我們模擬也顯示當 $0.2\leq p\leq 1$ 時，RLD 方法會快於 RHT 方法。

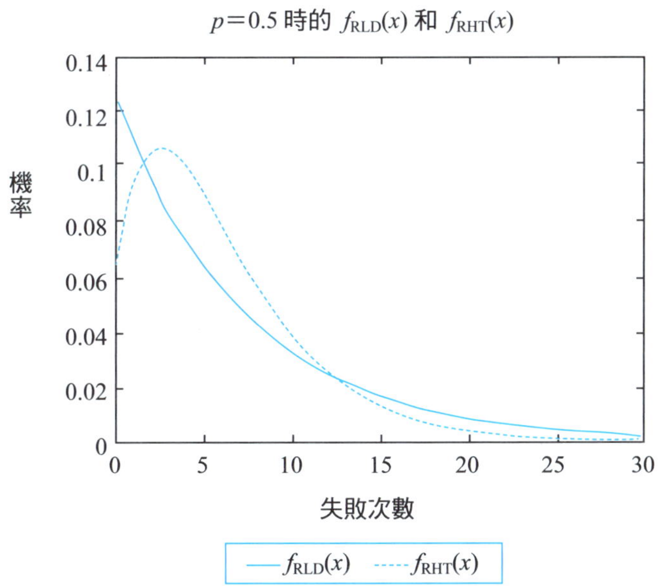

圖 6.4.6 $p=0.5$ 時的 $f_{\text{RLD}}(x)$ 和 $f_{\text{RHT}}(x)$

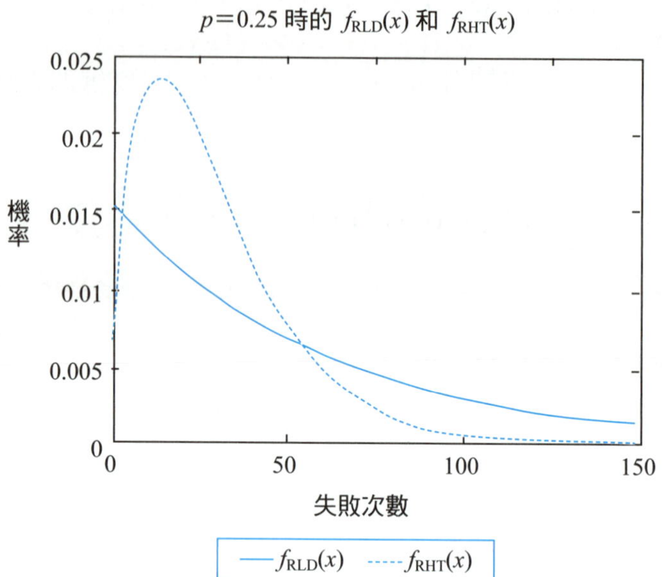

圖 6.4.7 $p=0.25$ 時的 $f_{RLD}(x)$ 和 $f_{RHT}(x)$

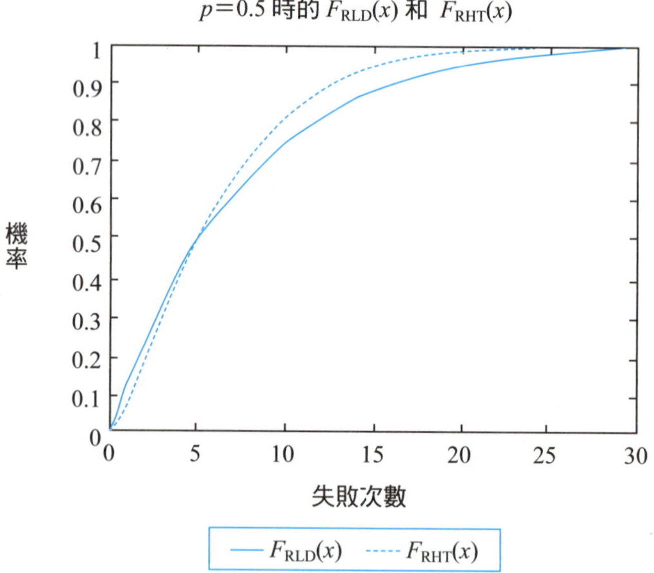

圖 6.4.8 $p=0.5$ 時的 $F_{RLD}(x)$ 和 $F_{RHT}(x)$

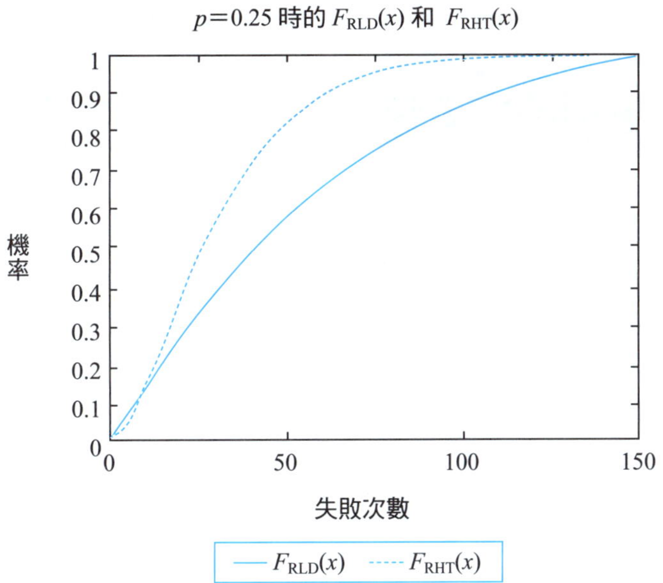

圖 6.4.9 $p=0.25$ 時的 $F_{RLD}(x)$ 和 $F_{RHT}(x)$

6.5 道路偵測

在圖 6.5.1 中，我們仔細觀察道路右側劃線的邊緣，可發現其並非很直，甚至可以說彎像拋物線的。首先來看一張道路彎曲度較大的影像 [請參見圖 6.5.1(a)]，很明顯地，圖中的道路邊緣用肉眼看的確彎像拋物線。利用測邊算子，我們可得到如圖 6.5.1(b) 所示的邊圖。

根據 Kluge [11] 的數學推導，在 (c, r) 影像平面上，道路的邊緣形狀可以下列的拋物線數學形式表示：

$$c=\frac{\kappa}{r}+\beta r+v \tag{6.5.1}$$

上式中 κ、β 和 v 為待解的參數。一旦解出這三個變數，則該道路邊緣的數學形式就確立下來了。利用求出來的數學表示式，我們就可標示出道路的邊緣。之前，Li、Zheng 和 Cheng [12] 合作提出了一個非常有效率的方法。延續 6.4 節的精神，我們介紹一種植基於陣列上的隨機式演算法來求解式 (6.5.1)。

我們首先在邊圖上抽取出四個邊點，然後將這四個邊點中的三個邊點代入式 (6.5.1) 中，解出來的三個參數 κ、β 和 v 可用來決定描述道路邊緣的拋物

(a) 輸入的道路影像

(b) 得到的道路邊圖

圖 6.5.1 道路邊圖的模擬結果

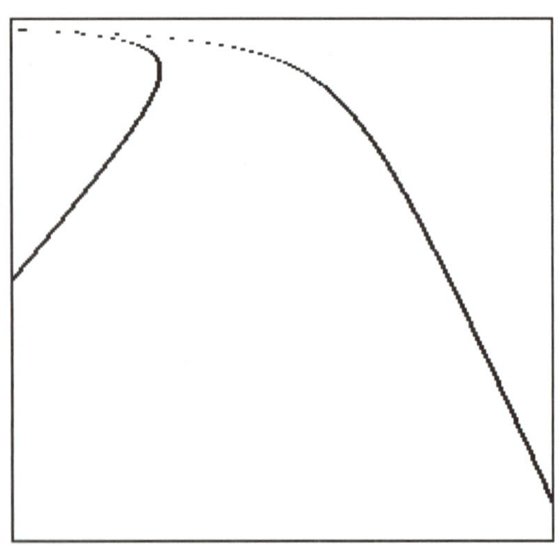

圖 6.5.2 偵測到的道路邊緣

線。令選用的三個邊點座標為 (c_0, r_0)、(c_1, r_1) 和 (c_2, r_2)，代入式 (6.5.1) 後，可以得到下列的 3×3 線性系統：

$$\begin{bmatrix} \frac{1}{r_0} & r_0 & 1 \\ \frac{1}{r_1} & r_1 & 1 \\ \frac{1}{r_2} & r_2 & 1 \end{bmatrix} \begin{bmatrix} \kappa \\ \beta \\ v \end{bmatrix} = \begin{bmatrix} c_0 \\ c_1 \\ c_2 \end{bmatrix} \tag{6.5.2}$$

利用高斯消去法，式 (6.5.2) 中的三個參數 κ、β 和 v 就可輕易解出了。透過上述的代數解法，圖 6.5.1(b) 的道路邊緣圖示於圖 6.5.2。讀者可參見另一種道路邊緣偵測的方法 [12]。

6.6 結 論

在本章中，我們一共介紹了四種直線偵測的方法。蠻力法雖然簡單，但在計算的速度上太慢了。霍氏轉換法是非隨機式方法，的確是很強健的 (Robust) 測線方法，它的缺點是使用了很花記憶體的累積陣列以及需檢查全部的邊點。隨機式方法倒是一個同時避開這二個缺點的好方法。利用隨機的方法，我們發現在道路偵測上也有很好的效果。最後補充一點的是，直線偵測在文件處理 [9] 時，對於文件內的欄位邊界之定位有很大的幫助。另外，K. L. Chung 等人 [2] 提出，斜截式的霍氏轉換法也可經由線性轉換而得到更省記憶體和更快的直線偵測法。

6.7 作 業

1. 解釋為何利用 $r=x\cos\theta+y\sin\theta$ 來測直線會優於利用傳統的斜截式 $y=mx+b$。
2. 法距的長短是否會影響到直線偵測時在門檻值的決定？
3. 邊點在候選線的頻寬帶狀內的位置分佈是否會影響直線的判定？
4. 討論投票範圍的大小和影像大小的比例如何幫助我們在可調式投票範圍法和隨機式法之間取得一平衡點 [3]。
5. 寫一 C 語言程式完成可調式投票範圍法的實作。

6. 試討論道路邊緣偵測到的結果如何應用到路標辨識 [15] 和車輛偵測上 [14]。

7. 何謂一般化霍氏轉換法及其應用？(請參見 [15, 16, 17, 18, 19]。)

6.8 參考文獻

[1] T. C. Chen and K. L. Chung, "An new randomized algorithm for detecting lines," *Real-Time Imaging*, 7(6), 2001, pp. 473-482.

[2] K. L. Chung, T. C. Chen, and W. M. Yan, "New memory and computation-efficient Hough transform for detecting lines," *Pattern Recognition*, 37(5), 2004, pp. 953-963.

[3] K. L. Chung. T. C. Chang, and Y. H. Huang, "Comment on: extended Hough transform for linear feature detection," *Pattern Recognition*, 42(7), 2009, pp. 1612-1614. (SCI)

[4] E. R. Davies, *Machine Vision*, Academic Press, New York, pp. 211-244, 1997.

[5] R. O. Duda and P. E. Hart, "Use of the Hough transformation to detect lines and curves in pictures," *Commun. ACM*, 15(1), 1972, pp. 11-15.

[6] M. A. Fischler and R. C. Bolles, "Random sample consensus: a paradigm for model fitting with applications to image analysis and automated cartography," *Commun. ACM*, 24(6), 1981, pp. 381-395.

[7] P. V. C. Hough, "Method and means for recognizing complex patterns," *U.S. Patent* 3,069,654, Dec. 18, 1962.

[8] R. M. Haralick and L. G. Shapiro, *Computer and Robot Vision*, Vol. I and II, Addision-Wesley, New York, 1992.

[9] H. F. Jiang, C. C. Han, and K. C. Fan, "A fast approach to the detection and correction of skew documents," *Pattern Recognition Letters*, 18, 1997, pp. 675-686.

[10] L. Xu, E. Oja, and P. Kultanan, "A new curve detection method: randomized Hough transform (RHT)," *Pattern Recognition Letters*, 11(5), 1990, pp. 331-338.

[11] K. Kluge, "Extracting road curvature and orientation from image edge points without perceptual grouping into features," *Proc. of IEEE Intelligent Vehicles Symposium*, 1994, pp. 109-114.

[12] Q. Li, N. Zheng, and H. Cheng, "Springrobot: a prototype autonomous vehicle and its algorithms for lane detection," *IEEE Trans. on Intelligent Transportation Systems*,

5(4), 2004, pp. 300-308.

[13] K. L. Chung, Z. W. Lin, S. T. Huang, Y. H. Huang, and H. Y. M. Liao, "New orientation-based elimination approach for accurate line-detection," *Pattern Recognition Letters*, 31(1), 2010, pp. 11-19.

[14] L. W. Tsai, J. W. Hsieh, and K. C. Fan, "Vehicle detection using normalized color and edge map," *IEEE Trans. on Image Processing*, 16(3), 2007, pp. 850-864.

[15] C. Y. Fang, S. W. Chen, and C. S. Fuh, "Road sign detection and tracking," *IEEE Trans. on Vehicular Technology*, 52(5), 2003, pp. 1329-1341.

[16] D. H. Ballard, "Generalizing the Hough transform to detect arbitrary shapes," *Pattern Recognition*, 13(2), 1981, pp. 111-122.

[17] D. M. Tsai, "An improved generalized Hough transform for the recognition of overlapping objects," *Image and Vision Computing*, 15, 1997, pp. 877-888.

[18] S. C. Jeng and W. H. Tsai, "Fast generalized Hough transform," *Pattern Recognition Letters*, 11(11), 1990, pp. 725-733.

[19] R. C. Lo and W. H. Tsai, "Color image detection and matching using modified generalized Hough transform," *IEEE Proc. Vision, Image, and Signal Process*, 143(4), 1996, pp. 201-209.

[20] C. C. Chang, "A*-guided generalized Hough transform for multiple shapes," 2007 Computer Vision, Graphics and Image Processing Conference, 2007, pp. 636-643, Taiwan.

6.9 霍氏轉換法的 C 程式附錄

在本節中，我們針對前述介紹的霍氏轉換法，安排了有文件輔助說明的 C 程式。各位在程式撰寫時可參考一下。

1. 自定一個存點之 XY 座標之結構。

```
typedef struct xyPoint {
    short int X;
    short int Y;
}XYPoint;
```

2. 自定一個存霍氏參數空間上某參數點座標值的結構，用此來記錄在參數空間中所找到之第幾條線，投票箱 (Cell) 其在參數空間上之位置 {I1, I2} 是座標值。

```
typedef  struct htlinePoint {
      short int I1;     // 記錄參數空間上第一參數的座標值
      short int I2;     // 記錄參數空間上第二參數的座標值
}HTLinePoint ;
```

3. 自定一個資料結構來儲存霍氏轉換的測線結果。

```
typedef struct htline
{
    float DeltaNormAngle;           // 存法角差為
    float DeltaNormDistance;        // 存法線差 (間隔長)
    int ThetaNum;                   // 存法角量化後之 (區間) 個數
    int DistNum;                    // 存法距量化後之 (區間) 個數
    float MinNormdistance;          // 存法距之最小值用
    HTLinePoint * LinePoint;        // 存在霍氏參數空間上測其為一線之
                                       投票箱的兩個座標 index 值
}HTLine;
```

介紹完三個自定的資料結構後，我們接著列出霍氏轉換的程式碼。在這裡我們將霍氏轉換寫成一個函式，使用者可在做完測邊的動作後，呼叫這個函式來做測線的動作。這個霍氏轉換法函式擁有八個輸入變數與一個輸出變數，其 C 程式程式碼請參見下面的程式附錄。

以霍氏轉換法來偵測直線

```
/************************************************************************/
/*霍氏轉換測線演算法                                                   */
/*輸入                                                                 */
/*EdgePoint                   邊點集                                   */
```

```
/*EdgeNum            總邊點數                                  */
/*DetectedLine       測線結果                                  */
/*MaxPointCount      存參數空間中一個投票箱多少點可被視為有
                     一線之門檻值                              */
/*ThetaNum           法角量化後之 (區間) 個數                  */
/*DistNum            法距量化後之 (區間) 個數                  */
/*ImgHeight          待測影像之高度                            */
/*ImgWidth           待測影像之寬度                            */
/*輸出：                                                       */
/*CountLine          總共測到的直線數                          */
/*************************************************************/
int HTDetectLine (XYPoint *EdgePoint, int EdgeNum, HTLine *DetectedLine, int
MaxPointCount, int ThetaNum, int DistNum, int ImgHeight, int ImgWidth)
{
/*存法角及法線差 [間隔長]，為求霍氏參數空間可分成多少投票箱*/
float  DeltaNormAngle, DeltaNormDistance;
/*存法距之最大值和最小值 */
float MaxNormdistance, MinNormdistance;
/*將各邊點 X, Y 在投票時轉成參數空間 (Theta, Dist) 之值*/
float Theta, Dist;
/*用來記錄找到幾條線*/
int CountLine;
/*作為投票時在霍氏空間中某邊點 (x, y) 所在的投票箱，其第一 index 下，
  所求出之第二 index 之臨時儲存變數 */
short int TempIndex2;
/*二維之參數空間 (累積陣列)*/
int **HSCellCount;
/*依照使用者所定大小動態配置累積陣列*/
HSCellCount = new int * [ThetaNum];
for(int i = 0; i < ThetaNum; i++)
```

```
  HSCellCount[i] = new int [DistNum];

/*法距最大值為 sqrt(x^2 + y^2)*/
MaxNormdistance = sqrt(ImgWidth * ImgWidth + ImgHeight * ImgHeight);
/*法距負最大值為 x 軸之大小*/
MinNormdistance = – 1*ImgWidth; /*法距負最大為負 x 軸*/
/*固定參數法角數目下，其法角差為總長/個數 [總長為 pi]*/
DeltaNormAngle = M_PI/(ThetaNum – 1) ;
/*固定參數法距數目下，其法距差*/
DeltaNormDistance = (MaxNormdistance – MinNormdistance)/(DistNum – 1);
/*二維之參數空間，HSCellCount1(i, j) 存投票數，現設各投票箱票數為 0*/
for (int i = 0; i < ThetaNum; i++ )
 for(int j = 0; j < DistNum; j++ )
    HSCellCount[i][j] = 0;
Theta = 0;
Dist = EdgePoint[0].X * cos (Theta) + EdgePoint[0].Y * sin(Theta) ;
for(int i = 0; i < EdgeNum; i++)
 for(int j = 0; j < ThetaNum; j++)
 {
     /*本應加最小法角，因為 0 故不用，求法角上各量化區間之法角為
       多少*/
     Theta = j*DeltaNormAngle ;
     /*求某邊點在法角下其法距為多少*/
     Dist = EdgePoint[i].X * cos(Theta) + EdgePoint[i].Y * sin(Theta);
     /*算所求法距屬於第幾個區間，並且在相對應的投票箱投票*/
     HSCellCount[j][(int)((Dist – MinNormdistance)/DeltaNormDistance)]++;
 }
/*初值設目前沒有線，現在測出之線總數為 0*/
CountLine = 0;
/*儲存此次測線所使用的各項參數設定*/
```

```
DetectedLine -> DeltaNormAngle = DeltaNormAngle;
DetectedLine -> DeltaNormDistance = DeltaNormDistance;
DetectedLine -> MinNormdistance = MinNormdistance;
DetectedLine -> ThetaNum = ThetaNum;
DetectedLine -> DistNum = DistNum;
/*求有幾個投票箱內投票數大於 MaxPointCount，即在霍氏空間中找到幾條
  線*/
for(int i = 0; i < ThetaNum; i++)
  for(int j = 0; j < DistNum; j++)
     /*當有一投票箱投票點數夠大時，即認定有一線存在*/
     if (HSCellCount[i][j] >= MaxPointCount)
     {
          CountLine++;
          DetectedLine -> LinePoint[CountLine].I1 = i;
          DetectedLine -> LinePoint[CountLine].I2 = j;
     }

for(int i = 0; i < ThetaNum; i++)
   delete [] HSCellCount[i];

delete[] HSCellCount;
return CountLine;
}
```

CHAPTER

7

圓與橢圓偵測

7.1 前　言

在工業自動光學檢測 (Automatical Optical Inspection) [7] 上，我們往往會需要偵測大量的圓形和橢圓物件。透過影像處理和電腦視覺的技術，我們可利用電腦來加速這類的偵測工作。第六章參數空間的觀念可用來完成圓和橢圓的偵測 [8, 10]，但使用的累積陣列為三維和五維的陣列，空間和時間的耗費都很驚人。對圓而言，之所以需要三維的陣列乃因需在半徑和二個圓心參數的三維參數空間上投票。對橢圓而言，為何需要五維的陣列呢？因為橢心需要兩個參數，長短軸和橢圓的方向性需要三個參數來表示。在本章，我們介紹二種隨機式作法 [4, 5] 來解決圓和橢圓的偵測，二種方法的記憶體需求只有少許的變數而已，但時間卻是目前所有方法中最快的。在一些工業視覺的應用上，對雜訊的抵抗也是有一定強健 (Robust) 性的。最後，我們介紹視訊場景變化偵測的應用。

7.2 隨機式測圓法

範例 1： 霍氏轉換法可否應用於圓偵測上？缺點為何？

解答： 霍氏轉換法中的投票概念的確可應用到圓偵測上。因為圓方程式牽涉到圓心兩個變數和半徑一個變數，所以需要一個三維的累積陣列。屆時，每一個邊點將其位置座標代入圓方程式中 (對所有的可能圓心) 後可求得半徑。利用選定的圓心和求得的半徑，該邊點就可對該三維的累積陣列投票了。當所有的邊點皆投完票後，根據門檻值的設定和累積陣列的投票情形，我們就可得知影像中是否有圓了。

令圓的圓心以 (a, b) 參數表示，而半徑以 r 表示，下圖為三維累積陣列的示意圖：

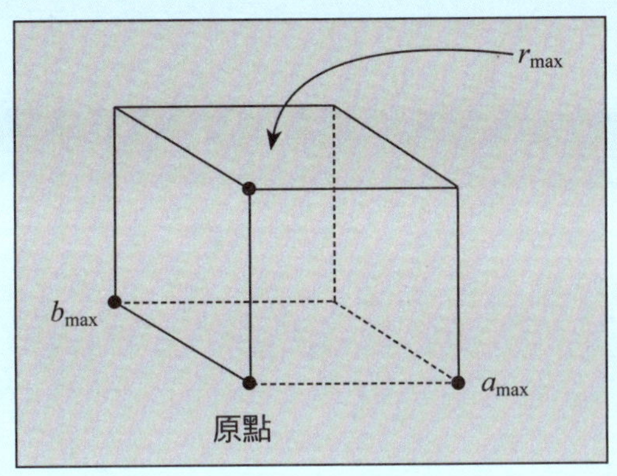

假設影像中一共有 k 個邊點，每個邊點座標都代入 $a_{max} \times b_{max}$ 大小的圓心二維座標上以求得對應的半徑值 r。例如，某一邊點的座標為 (x, y) 且代入二維圓心座標中的 (a, b)，則透過式子 $\sqrt{(x-a)^2+(y-b)^2}$ 可算出半徑值 r，於是我們在 (a, b, r) 的座標上記錄 (x, y) 座標 (看成投票動作)。仿照上述的作法，當花掉 $O(a_{max} \times b_{max})$ 時間後，我們可得出 $a_{max} \times b_{max}$ 個 r 值及附屬的邊點座標。現在一共有 k 個邊點，故總共需要 $O(k \times a_{max} \times b_{max})$ 這麼多時間以完成投票動作。最後，我們檢查每一個投票箱，一旦發現票數超過門檻值，則表示找到數位圓了。

解答完畢

7.2.1 基本想法

給定一個數位灰階影像 $\{I(i, j), 0 \le i,\ j \le 511\}$，假設利用第四章的測邊方法，例如 Sobel 法，我們已從該影像中求得邊點的集合 $V = \{(x, y)\}$。我們通常用下列方程式來表示圓：

$$(x-a)^2+(y-b)^2=r^2 \tag{7.2.1.1}$$

此處 (a, b) 表示圓心而 r 表示半徑。假設給定的邊點集合為 V，我們隨機地從 V 中挑出四點。該四點可以決定出四個圓，如圖 7.2.1.1 所示。假設被選出的四個點皆來自同一個圓，則我們可說這四點決定出的圓是候選圓。後面要介紹的隨機式演算法即是根據這樣的基本想法出發的。接下來，我們要介紹如何利用這隨機選出的四個點來決定該候選圓。

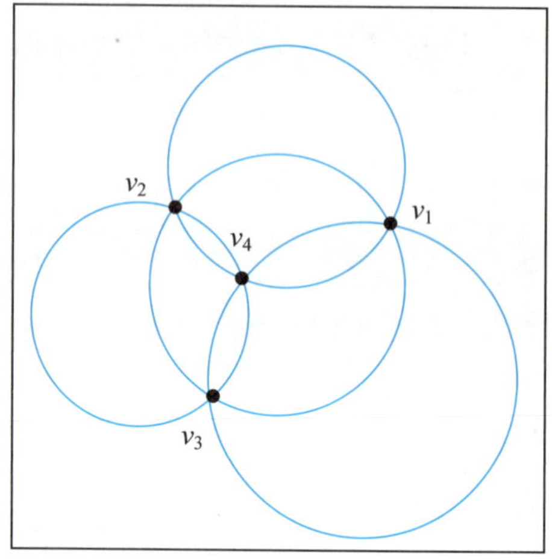

圖 7.2.1.1 四點決定四個圓

7.2.2 決定候選圓

將式 (7.2.1.1) 中的圓方程式改寫，可得下式：

$$2xa + 2yb + d = x^2 + y^2 \tag{7.2.2.1}$$

此處 $d = r^2 - a^2 - b^2$。令 $v_i = (x_i, y_i)$，$i = 1, 2, 3$，為影像邊點集中被隨機挑選出來的三個邊點。假若 v_1、v_2 和 v_3 沒有共線，則它們可以決定一圓 C_{123}，且可以得到圓心 (a_{123}, b_{123}) 和半徑 r_{123}。我們現在來探討如何利用式 (7.2.2.1) 解出圓 C_{123} 的圓心 (a_{123}, b_{123}) 和半徑 r_{123}。

將三個邊點 $v_1 = (x_1, y_1)$、$v_2 = (x_2, y_2)$ 和 $v_3 = (x_3, y_3)$ 代入式 (7.2.2.1)，我們可得

$$\begin{aligned}
2x_1 a_{123} + 2y_1 b_{123} + d_{123} &= x_1^2 + y_1^2 \\
2x_2 a_{123} + 2y_2 b_{123} + d_{123} &= x_2^2 + y_2^2 \\
2x_3 a_{123} + 2y_3 b_{123} + d_{123} &= x_3^2 + y_3^2
\end{aligned}$$

此處 $d_{123} = r_{123}^2 - a_{123}^2 - b_{123}^2$。上述三個等式可改寫成下列 3×3 線性系統：

$$\begin{pmatrix} 2x_1 & 2y_1 & 1 \\ 2x_2 & 2y_2 & 1 \\ 2x_3 & 2y_3 & 1 \end{pmatrix} \begin{pmatrix} a_{123} \\ b_{123} \\ d_{123} \end{pmatrix} = \begin{pmatrix} x_1^2 + y_1^2 \\ x_2^2 + y_2^2 \\ x_3^2 + y_3^2 \end{pmatrix}$$

利用高斯消去法，我們可得如下之線性系統：

$$\begin{pmatrix} 2x_1 & 2y_1 & 1 \\ 2(x_2-x_1) & 2(y_2-y_1) & 0 \\ 2(x_3-x_1) & 2(y_3-y_1) & 0 \end{pmatrix}\begin{pmatrix} a_{123} \\ b_{123} \\ d_{123} \end{pmatrix}=\begin{pmatrix} x_1^2+y_1^2 \\ x_2^2+y_2^2-(x_1^2+y_1^2) \\ x_3^2+y_3^2-(x_1^2+y_1^2) \end{pmatrix} \tag{7.2.2.2}$$

從假設得知 v_1、v_2 和 v_3 為不共線，所以滿足不等式 $(x_2-x_1)(y_3-y_1)-(x_3-x_1)(y_2-y_1)\neq 0$。從式 (7.2.2.2) 和利用克拉瑪公式，我們得圓心的解為

$$a_{123}=\frac{\begin{vmatrix} x_2^2+y_2^2-(x_1^2+y_1^2) & 2(y_2-y_1) \\ x_3^2+y_3^2-(x_1^2+y_1^2) & 2(y_3-y_1) \end{vmatrix}}{4[(x_2-x_1)(y_3-y_1)-(x_3-x_1)(y_2-y_1)]}$$

$$b_{123}=\frac{\begin{vmatrix} 2(x_2-x_1) & x_2^2+y_2^2-(x_1^2+y_1^2) \\ 2(x_3-x_1) & x_3^2+y_3^2-(x_1^2+y_1^2) \end{vmatrix}}{4[(x_2-x_1)(y_3-y_1)-(x_3-x_1)(y_2-y_1)]} \tag{7.2.2.3}$$

利用圓心 (a_{123}, b_{123}) 的解，我們進而解得圓半徑如下：

$$r_{123}=\sqrt{(x_i-a_{123})^2+(y_i-b_{123})^2}\text{ ，}i=1,2,3 \tag{7.2.2.4}$$

若所選定的三個邊點不幸滿足等式 $(x_2-x_1)(y_3-y_1)-(x_3-x_1)(y_2-y_1)=0$，則意味被隨機挑選的三個邊點 v_1、v_2 和 v_3 為共線，也就是說，它們無法形成一個圓。

令 $v_4=(x_4, y_4)$ 為第四個被挑選的邊點，令該點至圓 C_{123} 的距離為 $d_{4\to 123}$，且

$$d_{4\to 123}=\left|\sqrt{(x_4-a_{123})^2+(y_4-b_{123})^2}-r_{123}\right| \tag{7.2.2.5}$$

此處 $|z|$ 代表 z 的絕對值。

假如在圓 C_{123} 上，則式 (7.2.2.5) 為零。因為我們討論的圓為數位圓，會全部滿足圓方程式的情況並不多。因此在數位相片中探討圓偵測，我們談的圓為形如圖 7.2.2.1 的數位圓。在圖 7.2.2.1 的帶狀圓內的邊點我們都視為共圓。因此在式 (7.2.2.5) 中值夠小，則我們都視 v_4 在圓 C_{123} 的邊界上 (參見圖 7.2.2.2)。

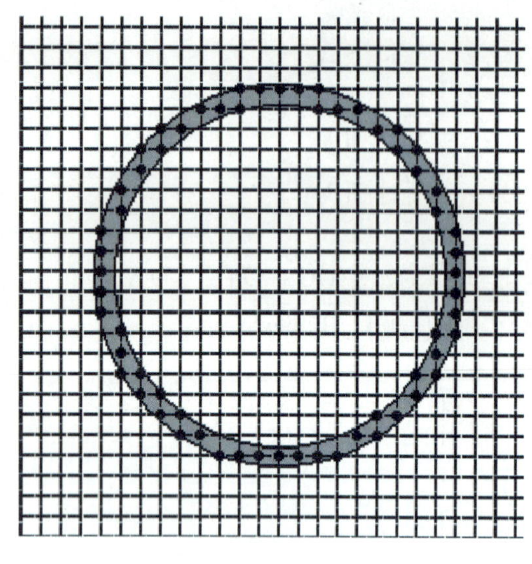

圖 7.2.2.1 數位圓

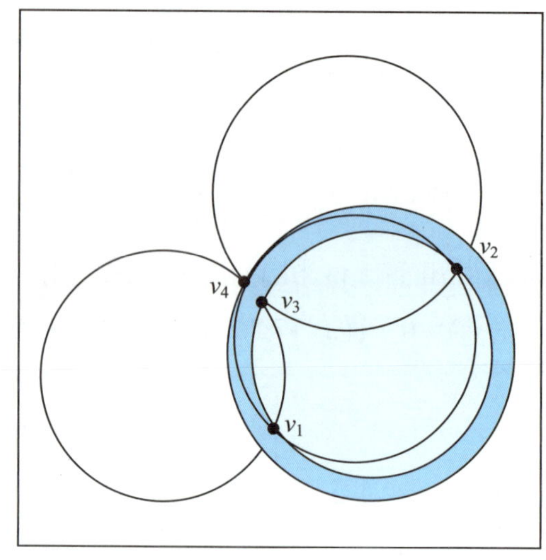

圖 7.2.2.2 四個抽樣邊點在一圓

給四個隨機邊點 $v_i=(x_i, y_i)$，$i=1, 2, 3, 4$，這四個邊點至多造成四個圓。其中由 v_i、v_j 和 v_k 造成的圓表為 C_{ijk}，且其圓心與半徑表示為 (a_{ijk}, b_{ijk}) 和 r_{ijk}。令 v_l 到圓 C_{ijk} 的距離為 $d_{l\to ijk}$ [參見式 (7.2.2.3) 到式 (7.2.2.5)]。例如，式 (7.2.2.5) 可被改為

$$d_{l\to ijk}=\left|\sqrt{(x_l-a_{ijk})^2+(y_l-b_{ijk})^2}-r_{ijk}\right| \tag{7.2.2.6}$$

這裡我們主要目標是從四個隨機選取的邊點中決定哪三點可形成一數位圓，同時第四個邊點也落在該圓的邊上。給四個點，共有 $\binom{4}{3}=4$ 個可能的圓需要進一步檢查以決定哪個是最可能的圓。這四個可能圓分別標記為 C_{123}、C_{124}、C_{134} 和 C_{234}，而四個相關距離為 $d_{4\to123}$、$d_{3\to124}$、$d_{2\to134}$ 和 $d_{1\to234}$。假設將門檻值 T_d 設定為 0.5 或 1。例如，$d_{4\to123}$ 為四個距離中最小者且其值小於 T_d 值，則圓 C_{123} 即為一候選圓。此處的 v_1、v_2 和 v_3 則稱為圓 C_{123} 的代理點。

接著我們進一步探討一種不理想的情形。這種不理想的情形是發生在三個代理點中有二點很接近。如此一來，這個可能圓有很高的機率不為一真正圓。如圖 7.2.2.3 所示，v_1、v_2 和 v_3 落在較大的圓周界上，可能形成一真正的圓。但是也可能如小圓所示並非一真正的圓。為了避免這種不理想的情形，我們希

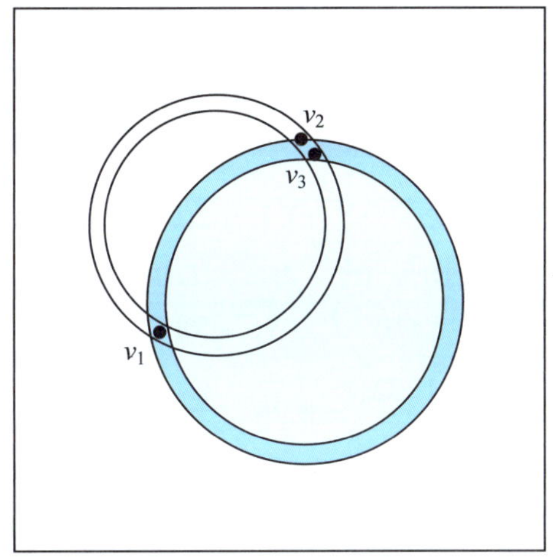

圖 7.2.2.3　不理想的情形

望任二個代理點之間的距離得超過一個門檻值 T_s。加上這個條件會讓由三個代理點決定的候選圓有更強的證據為真正圓。

範例 1： 給定三個邊點 $V_1(5, 0)$、$V_2(3, 6)$、$V_3(6, 10)$，在進行隨機式測圓法來決定可能圓的過程中：

(1) 請判斷此三個邊點是否可以形成一個可能圓。

(2) 請求出此可能圓的圓心與半徑，並詳述其計算過程。

解答： (1) 利用課本所述，若三點不共線，則滿足 (T 為門檻值，例如 $T=2$) $|(x_2-x_1)(y_3-y_1)-(x_3-x_1)(y_2-y_1)|>T$，則此三點可形成一個圓。將給定的三點 $V_1(5, 0)$、$V_2(3, 6)$ 和 $V_3(6, 10)$ 代入上面的不等式可得到：

$$\begin{aligned}(x_2-x_1)(y_3-y_1)-(x_3-x_1)(y_2-y_1) &= (3-5)(10-0)-(6-5)(6-0)\\ &= (-20)-6\\ &= -26\end{aligned}$$

所以此三點不共線，可形成一個可能圓。

(2) 根據式 (7.2.2.3) 所述，可得到可能圓之圓心為

$$a_{123}=\frac{\begin{vmatrix} x_2^2+y_2^2-(x_1^2+y_1^2) & 2(y_2-y_1) \\ x_3^2+y_3^2-(x_1^2+y_1^2) & 2(y_3-y_1) \end{vmatrix}}{4[(x_2-x_1)(y_3-y_1)-(x_3-x_1)(y_2-y_1)]}$$

$$=\frac{\begin{vmatrix} 3^2+6^2-(5^2+0^2) & 2(6-0) \\ 6^2+10^2-(5^2+0^2) & 2(10-0) \end{vmatrix}}{4[(3-5)(10-0)-(6-5)(6-0)]}$$

$$=\frac{(400-1332)}{4\times(-26)}=8.96$$

$$b_{123}=\frac{\begin{vmatrix} 2(x_2-x_1) & x_2^2+y_2^2-(x_1^2+y_1^2) \\ 2(x_3-x_1) & x_3^2+y_3^2-(x_1^2+y_1^2) \end{vmatrix}}{4[(x_2-x_1)(y_3-y_1)-(x_3-x_1)(y_2-y_1)]}$$

$$=\frac{\begin{vmatrix} 2(3-5) & 3^2+6^2-(5^2+0^2) \\ 2(6-5) & 6^2+10^2-(5^2+0^2) \end{vmatrix}}{4[(3-5)(10-0)-(6-5)(6-0)]}$$

$$=\frac{-484}{4\times(-26)}=4.65$$

而半徑為

$$r_{123}=\sqrt{(x_i-a_{123})^2+(y_i-b_{123})^2}$$

$$=\sqrt{(x_1-a_{123})^2+(y_1-b_{123})^2}$$

$$=\sqrt{(5-8.96)^2+(0-4.65)^2}$$

$$=6.1$$

所以此三點所形成的可能圓之圓心為 (8.96, 4.65)，而半徑為 6.1。

解答完畢

範例 2：若給予六個點，其座標分別為：$p_1(1, 0)$、$p_2(7, 0)$、$p_3(1, 6)$、$p_4(7, 6)$、$p_5(0, 7)$、$p_6(8, 7)$，請問若從這六個點中隨意取其中四個點來測試是否形成共圓，則可能共圓的機率為何？

說明：

三個點若不共線，則必可形成一圓，稱為共圓。

若第四個點不在圓上，則不為共圓。

若第四個點在圓上，則這四點共圓。

例如：(5, 0)、(3, 6)、(6, 10) 可以共圓形成圓心 (8.96, 4.65)，半徑 6.1 的圓。

解答：六點中任取四點來測試共圓，可能的組合為 $6\times5/2=15$ 種。取 p_1、p_2、p_3、p_4 可構成圓心為 (4, 3)，半徑為 $3\sqrt{2}$ 之圓。取 p_1、p_2、p_5、p_6 可構成圓心為 (4, 4)，半徑為 5 之圓。取 p_3、p_4、p_5、p_6 可構成圓心為 (4, 10)，半徑為 5 之圓。所以可共圓的機率為 $3/15=1/5$。

解答完畢

7.2.3 決定真正圓

假設利用上面的方法，v_i、v_j 和 v_k 決定了一個可能圓，且此圓有圓心 (a_{ijk}, b_{ijk}) 和半徑 r_{ijk}。接下來，我們加上一個門檻值 T_g 來檢查這個候選圓是否為真正圓。令計數器 C 的起始值為 0。我們從邊點集 V 中挑選任何一邊點 v_l，然後檢測距離 $d_{l\to ijk}$ 是否小於門檻值 T_d。若是，則將 C 的值加 1。然後，我們從剩餘的邊點集中再挑一邊點，繼續上述的距離計算和比較，一直到所有的邊點被處理完。若這時的 C 值大於門檻值 T_g，則 v_i、v_j 和 v_k 形成的候選圓即為真正圓。否則，該候選圓為一假圓。接下來，我們再將這 C 個邊點放回邊點集 V。最後，我們補充談一下如何制定 C 的門檻值。假設該候選圓的圓心與半徑分別為 (a_{ijk}, b_{ijk}) 和 r_{ijk}，則 $\dfrac{C}{2\pi r_{ijk}}$ 需大於一個門檻值 T_r，例如，$T_r=0.8$ 表示數位圓上的邊點需佔圓周的 80%，畢竟圓周上的點數與半徑是成正比的。這樣設的門檻值 T_r 較不受圓的大小之影響。

7.2.4 演算流程圖

介紹完 7.2.1 節到 7.2.3 節後，相信讀者也可完成此隨機式測圓法的程式設計了。在此，我們將隨機式測圓法的演算流程圖表示於圖 7.2.4.1 中。值得注意的是，我們在流程圖中設了一個失敗數小於容忍度的判斷式，以防止影像中沒有真正的圓。

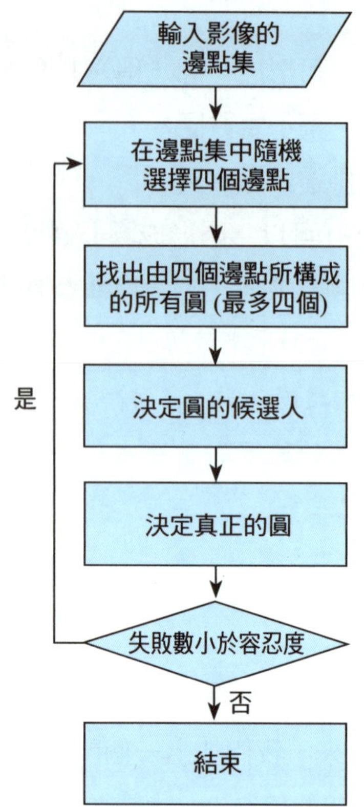

圖 7.2.4.1 演算流程圖

給定四張待測的影像如圖 7.2.4.2(a)、(b)、(c) 和 (d) 所示。這四張影像分別為錢幣、餅乾和巧克力棒、文具，以及渠洞。利用 Sobel 測邊算子得到的邊點圖如圖 7.2.4.3(a)、(b)、(c) 和 (d) 所示。利用本節所介紹的隨機式測圓法，圖 7.2.4.4 為四張影像中被測得的圓。

本節所介紹的隨機式測圓法，我們在 7.9 節中安排了一個有輔助說明的 C 程式，以供各位實作時的參考。

7.2.5 複雜度分析

前面介紹的隨機式測圓法，其時間上的效益主要取決於抽樣四個邊點失敗的總次數。失敗的總次數愈多，則時間的效益愈差。雖然說檢查一個圓是否為候選圓所花的時間很少，但是檢查失敗的次數太多的話，難免會讓效益大打折扣。所以我們就拿失敗次數當作時間複雜度分析的基準。在這一小節中，我們

(a) 錢幣影像

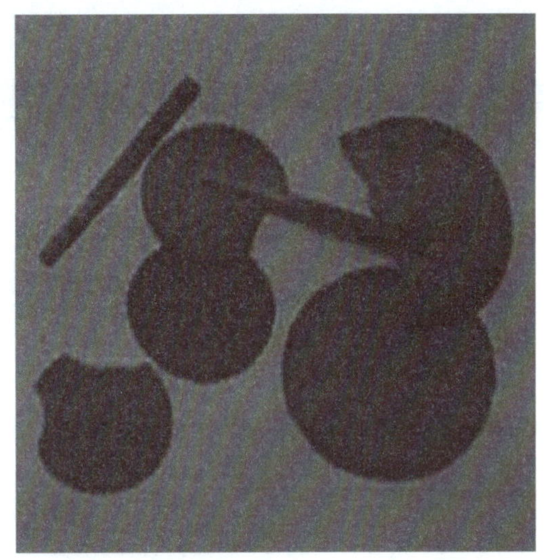

(b) 餅乾和巧克力棒影像

(c) 文具影像

(d) 渠洞影像

圖 7.2.4.2 四張待測影像

將分析前面介紹的隨機式測圓法和 [15, 16] 的時間複雜度。為方便起見，前面介紹的方法稱為 RCD 法，而 [15, 16] 介紹的方法稱為 RHT 方法。

假設在邊點圖中共有 n 個邊點，而在這 n 個邊點中一共有 m 個邊點落在數位圓上。令 $p=m/n$，且令 A 為所抽樣的三個邊點皆落在圓上的事件，而 B 為所抽樣的四個邊點皆落在圓上的事件。則事件 A 的機率為

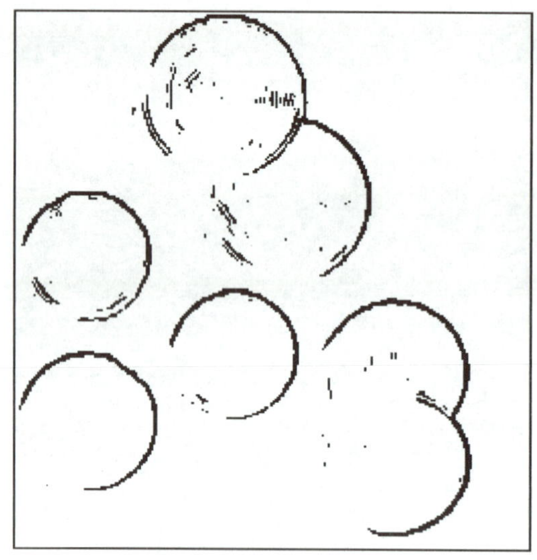

(a) 錢幣影像的邊點圖

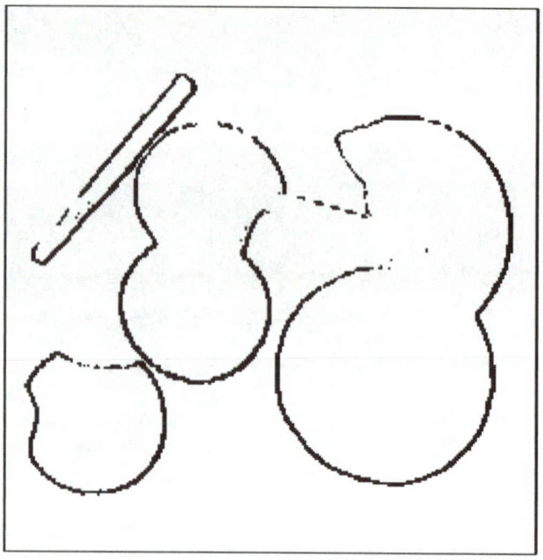

(b) 餅乾和巧克力棒影像的邊點圖

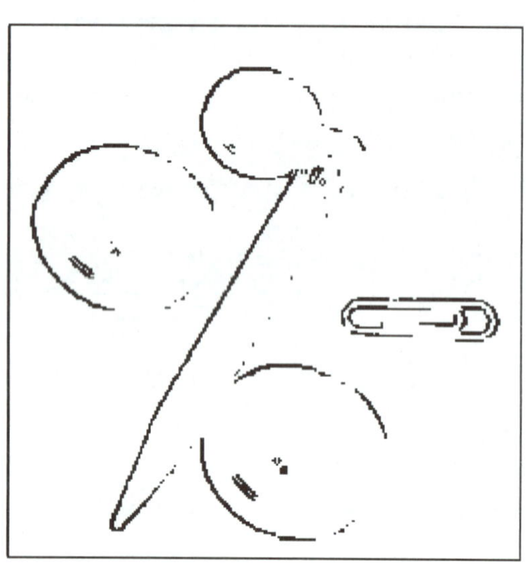

(c) 文具影像的邊點圖

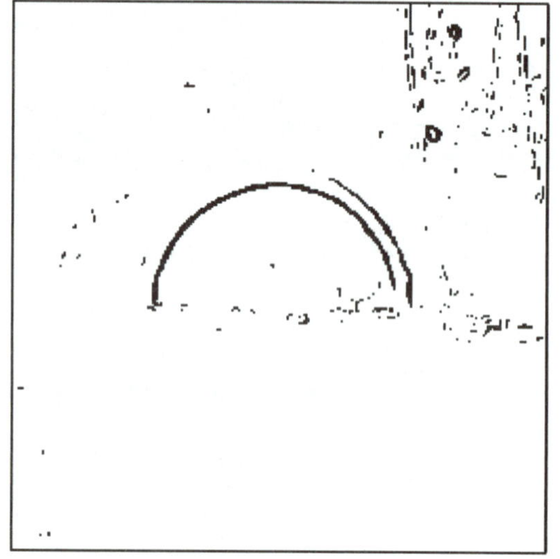

(d) 渠洞影像的邊點圖

圖 7.2.4.3　圖 7.2.4.2 的邊點圖

$$P[A]=\frac{m(m-1)(m-2)}{n(n-1)(n-2)}$$

而事件 B 的機率為

$$P[B]=\frac{m(m-1)(m-2)(m-3)}{n(n-1)(n-2)(n-3)}$$

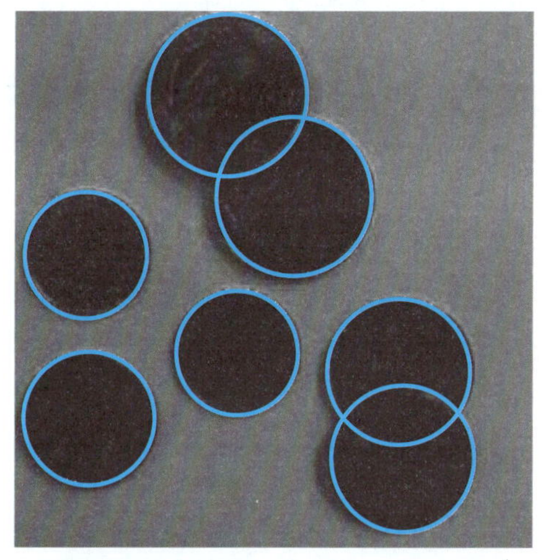

(a) 測得的圓形錢幣

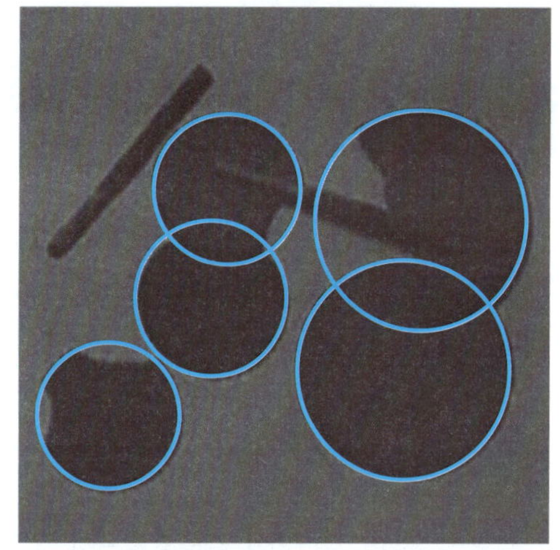

(b) 測得的圓形餅乾

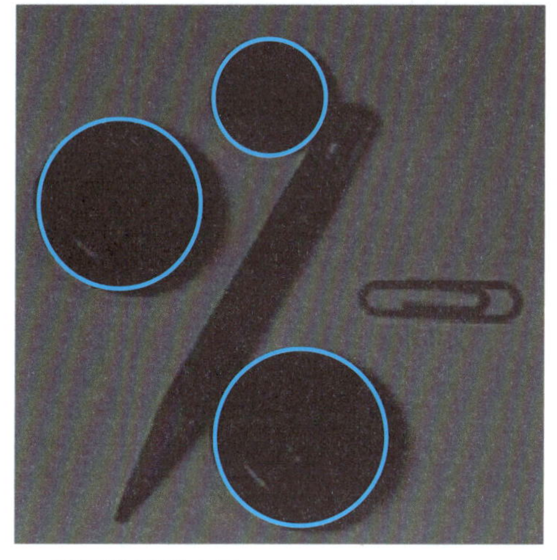

(c) 測得的圓形文具

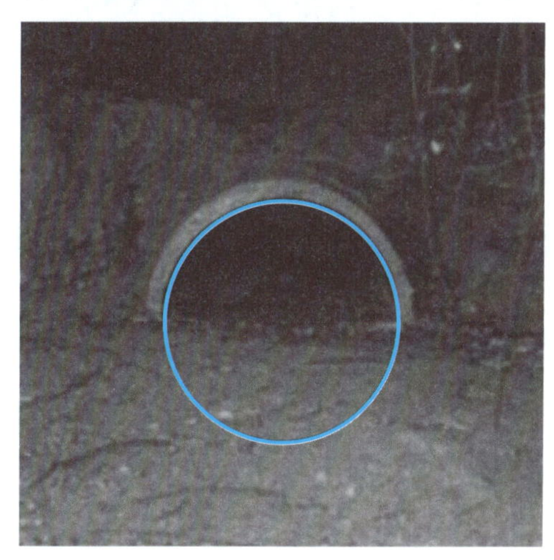

(d) 測得的圓形渠洞

圖 7.2.4.4　測得的各種圓

在實務上，n 和 m 的值都很大。例如，圖 7.2.4.3(d) 的渠洞邊點圖共有 $n=1255$ 個邊點，而 $m=413$ 個邊點落在渠洞的圓上，所以 $p=m/n\approx 0.33$。有了這樣的實際條件，我們可以合理的假設 $P[A]\approx p^3$ 和 $P[B]\approx p^4$。

在 RHT 方法中，若事件 A 發生兩次，則該候選圓即算確定；若事件 A 不發生，則算失敗一次。很明顯地，經歷多少次失敗才會使得事件 A 發生兩次為一隨機變數，令這隨機變數為 x。則在 RHT 方法中，x 為一負的二項式分布 [14]，且其機率密度函數為

$$f_{\text{RHT}}(x)=(x+1)(1-p^3)^x(p^3)^2，x=0,1,\cdots$$

在 RCD 方法中，若事件 B 發生一次，則該候選圓即算確定，所以 x 為一幾何分佈且其機率密度函數為

$$f_{\text{RCD}}(x)=(1-p^4)^x(p^4)，x=0,1,\cdots$$

我們先來看看 $p=0.25$ 和 $p=0.5$ 時，$f_{\text{RCD}}(x)$ 和 $f_{\text{RHT}}(x)$ 的機率分佈。圖 7.2.5.1(a) 為 $p=0.5$ 時，$f_{\text{RCD}}(x)$ 和 $f_{\text{RHT}}(x)$ 的機率分佈。當 $p=0.5$ 時，從圖中可知在 $x\le 4$ 的範圍和 $x\ge 30$ 的範圍，$f_{\text{RCD}}(x)$ 大於 $f_{\text{RHT}}(x)$；在圖 7.2.5.1(b) 中，當 $p=0.25$ 時，在 $x\le 19$ 和 $x\ge 233$ 的二個範圍內，$f_{\text{RCD}}(x)$ 大於 $f_{\text{RHT}}(x)$。

有了 $f_{\text{RCD}}(x)$ 和 $f_{\text{RHT}}(x)$ 後，我們可以用累計分佈函數

$$\text{CDF } F_{\text{RCD}}(x)=\sum_{i\le x} f_{\text{RCD}}(i) \quad 和 \quad F_{\text{RHT}}(x)=\sum_{i\le x} f_{\text{RHT}}(i)$$

來加總不同的累計機率和。圖 7.2.5.1 的 CDF 表示於圖 7.2.5.2。由圖 7.2.5.2 中，可看出當 $p=0.25$ 時，RCD 方法會比 RHT 好很多。我們的模擬顯示當 $1/3<p<1$ 時，也就是在低度雜訊和中度雜訊時，RCD 方法會快過 RHT 方法。然而，在高度雜訊時，RHT 方法會快過 RCD 方法，但 RHT 需花費較多的記憶體以便維護累積陣列。

7.2.6 可調式搜尋範圍法

回顧式 (7.2.2.6) 中對任何一個邊點 v_l 而言，檢測其與圓 C_{ijk} 必須先計算式 (7.2.2.6) 的值再看是否在門檻值以內。計算一次式 (7.2.2.6) 需花費四個加法、二個平方、一個開根號和一個絕對值。在這一小節中，我們要介紹如何將可調式投票範圍法應用到隨機式測圓法上 [6]。

假設我們已找到一個候選圓 C_{ijk}，也知道這個候選圓的圓心 (a_{ijk}, b_{ijk}) 和半徑 r_{ijk}。這時可用一個邊長為 $2\times(r_{ijk}+\Delta)$ 的正方形將該候選圓框住，這裡的 Δ 為人定的。圖 7.2.6.1 為候選圓和搜尋範圍的關係圖。

圖 7.2.6.1 中的正方形搜尋範圍的左上角可表示為

$$(w_{tx}, w_{ty})=[\max(a_{ijk}-r_{ijk}-\Delta,0),\max(b_{ijk}-r_{ijk}-\Delta,0)]$$

而右下角可表示為

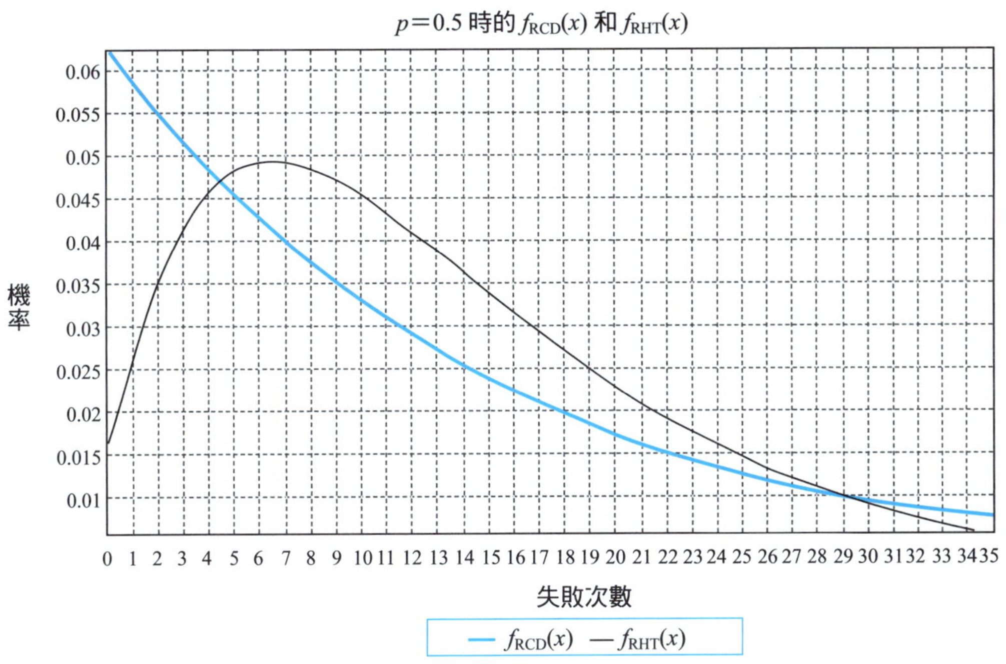

(a) $p=0.5$ 時

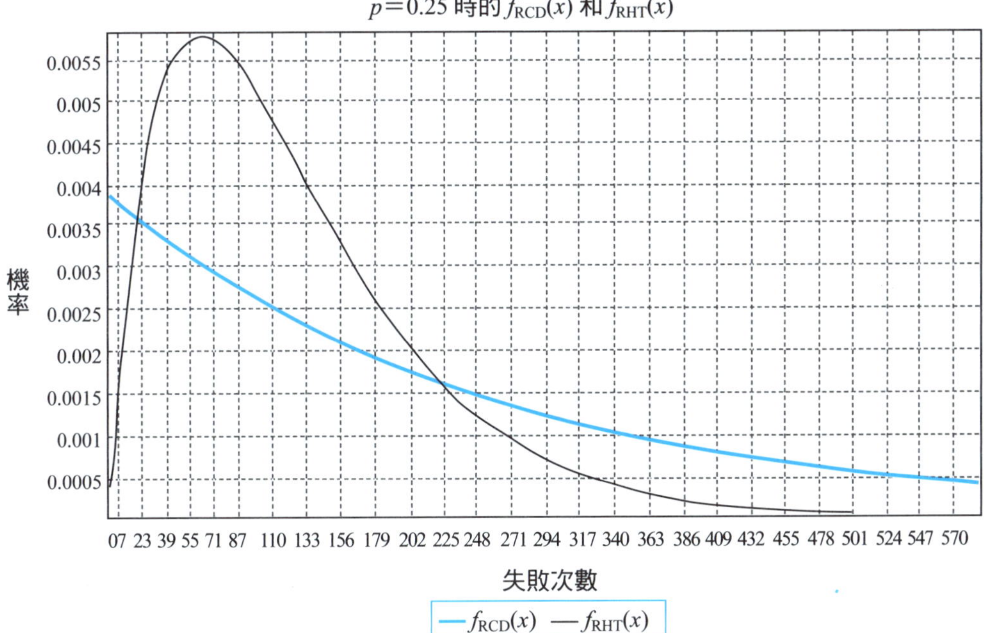

(b) $p=0.25$ 時

圖 7.2.5.1 對兩個不同 p 值，$f_{RCD}(x)$ 和 $f_{RHT}(x)$ 的比較

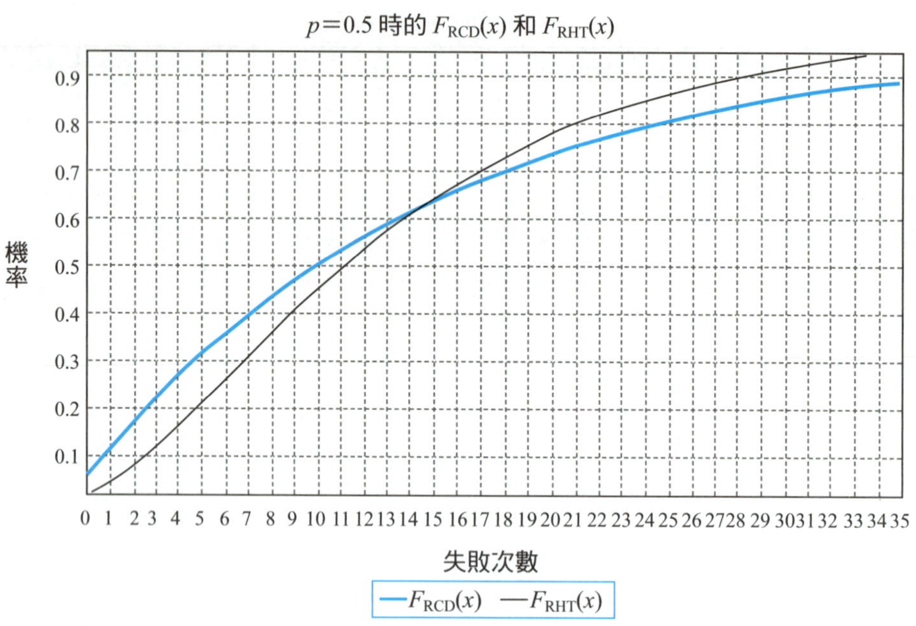

(a) p=0.5 時

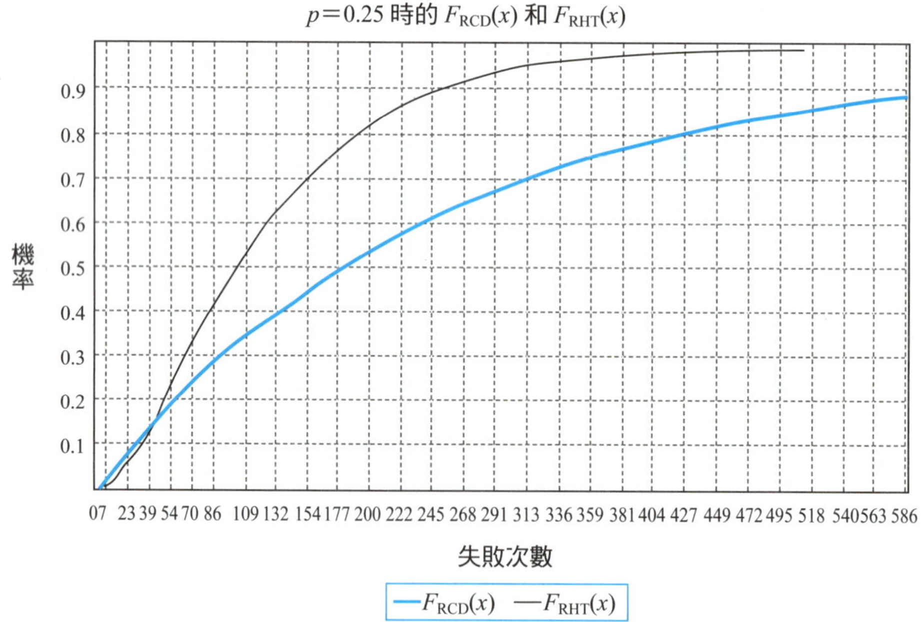

(b) p=0.25 時

圖 7.2.5.2 對兩個不同 p 值，$F_{RCD}(x)$ 和 $F_{RHT}(x)$ 的比較

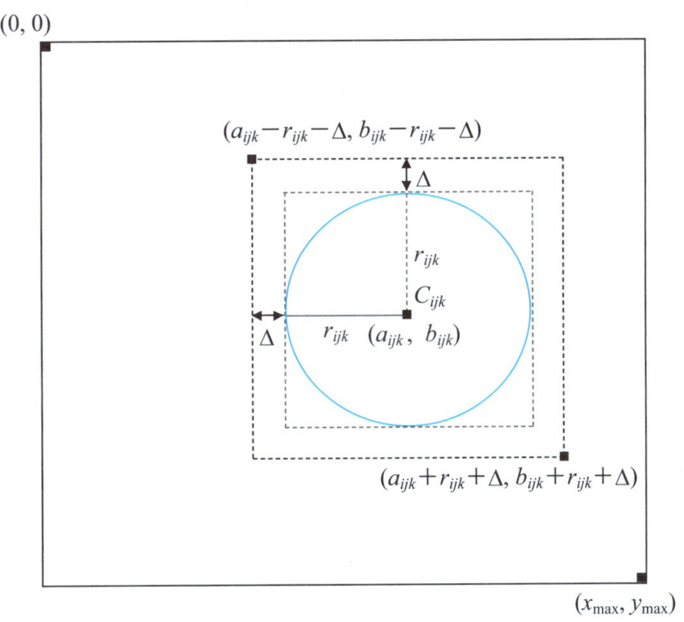

圖 7.2.6.1 候選圓和搜尋範圍的關係圖

$$(w_{bx}, w_{by}) = [\min(a_{ijk} + r_{ijk} + \Delta, x_{\max}), \min(b_{ijk} + r_{ijk} + \Delta, y_{\max})]$$

有了左上角和右下角的位置後，我們只需對 $v_l=(x_l, y_l)$ 進行下列四個比較的檢測即可。

$$x_l \geq w_{tx}$$
$$y_l \geq w_{ty}$$
$$x_l \leq w_{bx}$$
$$y_l \leq w_{by}$$

假如上面四個不等式皆滿足，則表示 v_l 落入搜尋範圍內。否則，表示 v_l 位於搜尋範圍外，那麼 v_l 就不必計算式 (7.2.2.6) 了。假如目前的待測邊點數為 m，而其中落在搜尋範圍內的邊點數為 m_w。令 $\alpha=m_w/m$ 且 t_a、t_s、t_r、t_b 和 t_c 代表一個加法、一個平方、一個開根號、一個取絕對值和一個比較的時間花費。

T. C. Chen 等人 [4] 提出，RCD 的方法一共花了 $t_{RCD}=m(4t_a+2t_s+t_r+t_b)$ 的時間在計算式 (7.2.2.6)，而 K. L. Chung 等人 [6] 提出 IRCD 的方法一共花了 $t_{IRCD}=\alpha\, t_{RCD}+m\times 4t_c$ 的時間。在我們的實驗中，t_{RCD} 佔了總時間的 75% 到

80% 之間。已知 $t_a=11$、$t_s=11$、$t_r=161$、$t_b=15$ 和 $t_c=12$ (10^{-9} 秒)，則可定義時間改良率為

$$\frac{t_{\text{RCD}}-t_{\text{IRCD}}}{t_{\text{RCD}}}=\frac{242m-242\alpha m-48m}{242m}=-\alpha+\frac{97}{121}=e$$

利用下式：

$$\int_0^1-\alpha+\frac{97}{121}d\alpha=0.3017$$

可推得改良法 IRCD 法平均較 RCD 法要來得好約 0.3017，若再乘上 75% 到 80% 的比率，理論上可推得總時間的改良率為 23% 左右。我們在實際的實驗中也證實此點。

7.3 隨機式橢圓測法

在一張影像中找出橢圓的物件也是一件重要的工作，如果利用參數空間的作法來完成橢圓的偵測 [7, 8]，在空間的需求上相當大，因為描述一個橢圓共需五個參數。在這五維的參數空間上進行投票的工作也是非常耗時的。在本節中，我們介紹一種省記憶體空間的方法，其記憶體的需求只要幾個變數而已；由於是採隨機式的方法，速度也很快。

7.3.1 橢心的決定

一個橢圓可以下式表示：

$$d(x-x_c)^2+e(x-x_c)(y-y_c)+f(y-y_c)^2=1 \tag{7.3.1.1}$$

式 (7.3.1.1) 中，(x_c, y_c) 代表橢心，而另外三個變數為 d、e 和 f，且滿足 $d>0$、$f>0$ 和 $4df-e^2>0$。令橢圓的旋轉角度為 θ，且兩個軸的長度分別為 a 和 b，則式 (7.3.1.1) 中的 5 個變數 (x_c, y_c, d, e, f) 可轉換為 (x_c, y_c, a, b, θ) 且滿足下列三式：

$$\theta = \frac{\arctan \dfrac{e}{d-f}}{2}$$

$$a = \sqrt{\frac{1}{d\cos^2\theta + e\sin\theta\cos\theta + f\sin^2\theta}}$$

$$b = \sqrt{\frac{1}{f\cos^2\theta - e\sin\theta\cos\theta + d\sin^2\theta}}$$

令 $P_i=(x_i, y_i)$，$i=1, 2, 3, 4$，為橢圓上的四個邊點。在邊點 P_i 上的斜率設為 S_i。在這四個邊點中挑選任意二個邊點，P_i 和 P_j，且假設 P_i 的切線斜率和 P_j 的切線斜率不為平行。如此一來，通過 P_i 和 P_j 的二條切線會交於一點，且令所交的點為 $T_{ij}=(t_{x_{ij}}, t_{y_{ij}})$。另外，我們令 $M_{ij}=(m_{x_{ij}}, m_{y_{ij}})$ 為 $\overline{P_iP_j}$ 的中點，則可得下列解：

$$m_{x_{ij}} = \frac{x_i + x_j}{2}$$

$$m_{y_{ij}} = \frac{y_i + y_j}{2}$$

$$t_{x_{ij}} = \frac{y_i - y_j - s_i x_i + s_j x_j}{s_j - s_i}$$

$$t_{y_{ij}} = \frac{s_i s_j (x_j - x_i) - y_j s_i + y_i s_j}{s_j - s_i} \tag{7.3.1.2}$$

一個很重要的幾何性質：連接 T_{ij} 和 M_{ij} 的直線會通過橢心。這條直線可表示為

$$(t_{x_{ij}} - m_{x_{ij}})y - (t_{y_{ij}} - m_{y_{ij}})x = t_{x_{ij}} m_{y_{ij}} - m_{x_{ij}} t_{y_{ij}} \tag{7.3.1.3}$$

接著來討論另外二個剩餘的邊點：P_k 和 P_l，且在挑選它們時已確保它們的切線不為平行。利用式 (7.3.1.2)，我們得 $T_{kl}=(t_{x_{kl}}, t_{y_{kl}})$ 和 $M_{kl}=(m_{x_{kl}}, m_{y_{kl}})$。如圖 7.3.1.1 所示，$T_{kl}$ 和 M_{kl} 形成的直線也是通過橢心。

很類似於式 (7.3.1.3)，通過橢心的直線可表示為

$$(t_{x_{kl}} - m_{x_{kl}})y - (t_{y_{kl}} - m_{y_{kl}})x = t_{x_{kl}} m_{y_{kl}} - m_{x_{kl}} t_{y_{kl}} \tag{7.3.1.4}$$

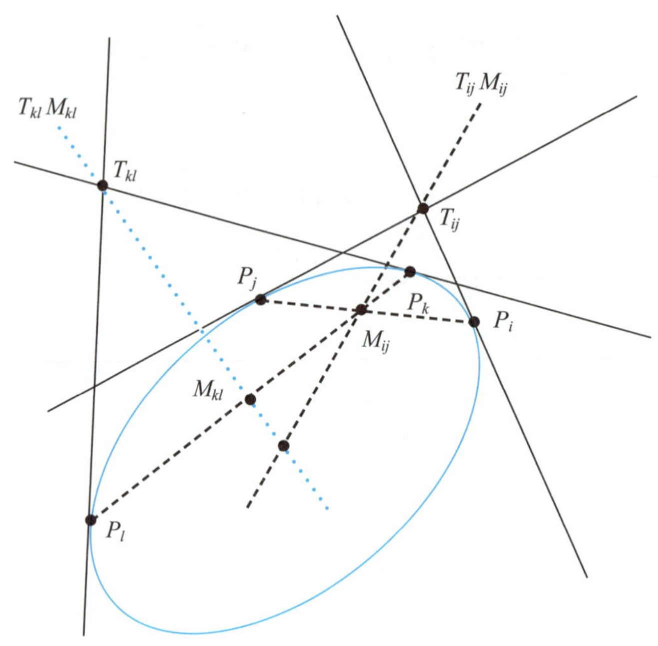

圖 7.3.1.1 橢圓的中心

利用式 (7.3.1.3) 和式 (7.3.1.4) 的二個聯立方程式可解出橢心的位置為

$$x_c = \frac{(t_{x_{ij}} m_{y_{ij}} - m_{x_{ij}} t_{y_{ij}})(t_{x_{kl}} - m_{x_{kl}}) - (t_{x_{kl}} m_{y_{kl}} - m_{x_{kl}} t_{y_{kl}})(t_{x_{ij}} - m_{x_{ij}})}{(t_{x_{ij}} - m_{x_{ij}})(t_{y_{kl}} - m_{y_{kl}}) - (t_{x_{kl}} - m_{x_{kl}})(t_{y_{ij}} - m_{y_{ij}})}$$

$$y_c = \frac{(t_{x_{ij}} m_{y_{ij}} - m_{x_{ij}} t_{y_{ij}})(t_{y_{kl}} - m_{y_{kl}}) - (t_{x_{kl}} m_{y_{kl}} - m_{x_{kl}} t_{y_{kl}})(t_{y_{ij}} - m_{y_{ij}})}{(t_{x_{ij}} - m_{x_{ij}})(t_{y_{kl}} - m_{y_{kl}}) - (t_{x_{kl}} - m_{x_{kl}})(t_{y_{ij}} - m_{y_{ij}})}$$

此橢心的位置即為圖 7.3.1.1 中直線 $\overline{T_{kl}M_{kl}}$ 和直線 $\overline{T_{ij}M_{ij}}$ 的交點。

由於一開始我們是隨機選四個邊點 P_1、P_2、P_3 和 P_4，所以共有三種組合方式 (P_1P_2, P_3P_4)、(P_1P_3, P_2P_4) 和 (P_1P_4, P_2P_3) 可以幫助我們求得三個可能的橢心。個別橢心的求法和前述的橢心求法是一樣的。因為我們探討的橢心為數位式的，所以得到的三個橢心不見得會在同一個位置。因此，我們需對這三個橢心做進一步的檢測，以便確定它們是否靠得夠近。

7.3.2 決定剩餘的三個變數

假設橢圓的橢心為 (x_c, y_c)，我們將橢圓上的點進行平移的動作，即將原點

移至橢心上。如此一來，式 (7.3.1.1) 的橢圓方程式可簡化為

$$dx^2 + exy + fy^2 = 1$$

上式中待解的變數有三個，分為是 d、e 和 f。我們只需利用挑選出來的四個邊點中的三個邊點即可解出這三個變數。分別將邊點 (x'_i, y'_i) 代入上面式子中，可得下列線性系統：

$$\begin{pmatrix} x_i'^2 & x_i'y_i' & y_i'^2 \\ x_j'^2 & x_j'y_j' & y_j'^2 \\ x_k'^2 & x_k'y_k' & y_k'^2 \end{pmatrix} \begin{pmatrix} d \\ e \\ f \end{pmatrix} = \begin{pmatrix} 1 \\ 1 \\ 1 \end{pmatrix}$$

這裡需注意的是 (x'_i, y'_i) 為邊點 (x_i, y_i) 經過平移 (x_c, y_c) 後的座標。從組合的觀點，共可解出四組 (d, e, f) 解。

7.3.3 決定候選橢圓

針對 7.3.2 節解出的四組 (d, e, f)，我們進一步檢查其是否滿足 $d > 0$、$f > 0$ 和 $4df - e^2 > 0$。若是，則對應的橢圓為一合法的橢圓；否則，其為假的橢圓。會造成假橢圓的原因是相關的邊點原本不在數位橢圓上，或是當初邊點上切線的斜率就估得不準了，以致不能滿足橢圓的數學限制要求。

若某一組係數 (x_c, y_c, d, e, f) 所代表的橢圓為一合法的橢圓，則該橢圓可否被選為橢圓候選人，得接著對一開始選出的四個邊點進行投票的動作。令邊點 $P_i = (x_i, y_i)$ 為四個邊點中的一個，若 P_i 與 (x_c, y_c, d, e, f) 所代表的橢圓之距離小於一門檻值，則我們說邊點 P_i 在數位橢圓上，其餘的三個邊點也是算各個邊點與 (x_c, y_c, d, e, f) 所代表的橢圓之距離。若四個邊點與橢圓的距離皆小於門檻值，我們就說這橢圓為數位影像中的一候選橢圓。這裡的邊點與橢圓的距離計算公式如下：

$$\left| d(x_i - x_c)^2 + e(x_i - x_c)(y_i - y_c) + f(y_i - y_c)^2 - 1 \right| \tag{7.3.3.1}$$

7.3.4 決定真正橢圓

決定完候選橢圓後，接著得檢查影像中的所有邊點中，到底有多少邊點是

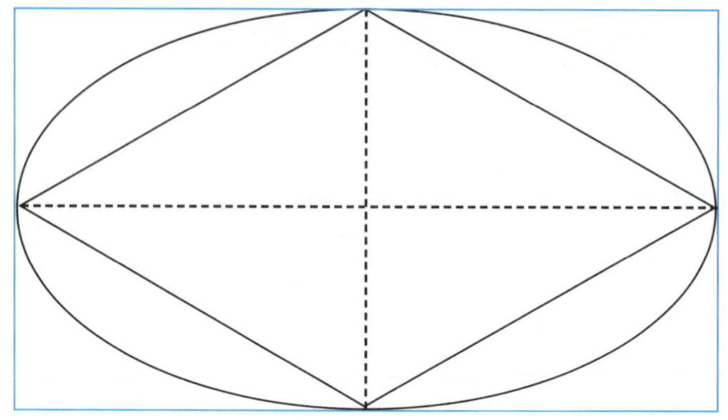

圖 7.3.4.1 橢圓周長的估計

屬於橢圓候選上的邊點？如果有足夠的邊點屬於該候選橢圓，則該候選橢圓為真正的橢圓。

令變數 C 為用來計算屬於候選橢圓的邊點數。式 (7.3.3.1) 和相關的距離門檻值仍被用來檢測一邊點是否為某一橢圓上的邊點。當所有的邊點都對該橢圓投完票了且 C 的值為 n_p。若 n_p 的值大於門檻值，則該候選橢圓可說是符合真正的橢圓之要求。我們將這些屬於真正橢圓已確立之邊點拋棄，重新對剩下的邊點進行下一個橢圓的檢測，直到所有的橢圓都被檢查出來為止。

回到 n_p 大於門檻值的討論上。7.2 節中告訴我們，不同半徑的圓所造成的圓周長也不一樣。同理，不同橢圓的周長也會有所不同，這裡我們利用一個小於橢圓的最大菱形和一個大於橢圓的最小長方形將該橢圓夾住，如圖 7.3.4.1 所示。令橢圓的長軸為 $2a$，而短軸為 $2b$，則外接的長方形之周長為 $4a+4b$，而內接的菱形之周長為 $4\sqrt{a^2+b^2}$。橢圓的周長可估計為外接長方形周長加上內接菱形周長的一半，即 $2(a+b)+2\sqrt{a^2+b^2}$。K. L. Chung 等人 [5] 曾探討更精確的周長估計 (參見作業 7)。

有時欲測的橢圓可能會被某些東西遮蔽，為增強隨機測橢圓的強健性，我們可將估計出的橢圓周長乘上百分比以達到此強健性的效果。

7.3.5 演算流程圖

綜合 7.3.1 節到 7.3.4 節的敘述，本節所介紹的隨機式橢圓測法的演算流程圖表示如圖 7.3.5.1。在流程圖中，有一個判斷式 (失敗數小於容忍度) 可用來

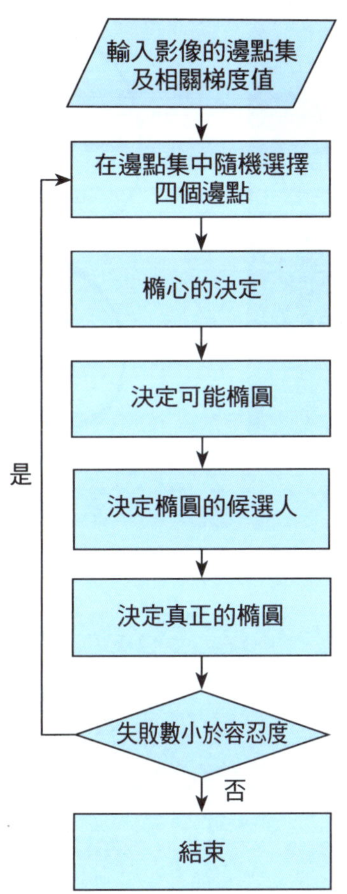

圖 7.3.5.1　演算流程圖

決定是否提前結束橢圓判定流程，為免太多無謂的檢測以節省時間。

給一影像，如圖 7.3.5.2 所示，內有四顆雞蛋，經第四章的測邊法得到如圖 7.3.5.3 所示的邊點集。經由圖 7.3.5.1 的隨機式橢圓測法，共有四個橢圓被測得，參見圖 7.3.5.4。為清晰起見，我們連橢圓的長軸和短軸也一併顯示出來。

假設在一開始取得的邊點之梯度就有些是不準的，並假設有 $\alpha\%$ 的錯誤率，我們可以利用 7.2.5 節的分析技巧，對本小節的隨機式橢圓偵測法給出類似的失敗次數的分析。

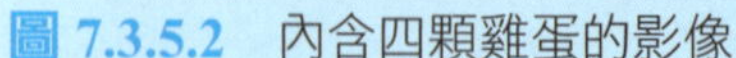

圖 7.3.5.2 內含四顆雞蛋的影像

圖 7.3.5.3 測邊後的結果

圖 7.3.5.4 偵測到的橢圓

7.4 植基於對稱性質的圓和橢圓測法

介紹完隨機式的測圓和測橢圓方法後，在這一節中，我們打算介紹利用圓和橢圓的對稱性質來加快前面兩節所介紹的隨機式測圓法 [25] 和橢圓測法，為了節省篇幅，我們只介紹植基於對稱性質的測圓法。

假設我們已經利用 7.2.2 節所提的方法找到了候選圓，接著，利用檢測圓的對稱性質，從這些候選圓中刪去假圓，省去了之後決定真正圓時在這些假圓的投票動作。

令候選圓的圓心為 (x, y)，半徑為 r，$\left(r, \theta+\dfrac{\pi}{36}\right)$ 和 $\left(r, \theta-\dfrac{\pi}{36}\right)$ 分別表示矩形 B_1 的左上角及右下角的極座標，如圖 7.4.1 所示，矩形 B_2、B_3、B_4 分別對稱 B_1 於 y 軸、x 軸及原點。令 V_i 表示包含於矩形 B_i 內的邊點集，$i=1, 2, 3, 4$，邊點標示為三角形如圖 7.4.1，為了有效的對稱性檢測，我們必須確保在矩形內的邊點數大於門檻值而成為有效邊點集，此門檻值為 $(0.6)r\left(\dfrac{2\pi}{36}\right)$，這裡 $r\left(\dfrac{2\pi}{36}\right)$ 代表被矩形所框住的弧長。

由於對稱性檢測需要兩個以上的有效邊點集，因此參數 θ 的決定取決於找到兩個以上的有效邊點集。為了讓四個矩形均勻分佈於圓周上，我們依序找尋 θ 如下：$\pi/4, \pi/4+\Delta, \pi/4-\Delta, \pi/4+2\Delta, \cdots, \pi/4-4\Delta$，這裡 $\Delta=\pi/18$。

經由上一步驟找出兩個以上的有效邊點集後，任取兩個有效邊點集 (V_k, V_l)，$k<l$ 計算對稱程度 (Symmetry Level)。首先，將 V_l 內所有的邊點，基於與 V_k 之間的對稱關係作鏡射轉換 (Mirror Transformation)，轉換後的邊點集標示為 $\tilde{V}_l$，例如：若 V_k 與 V_l 對稱於原點，則 $\tilde{V}_l$ 與 V_l 也會對稱於原點。接著，利用 V_k 與 $\tilde{V}_l$ 之間的 Hausdorff 距離計算對稱程度：

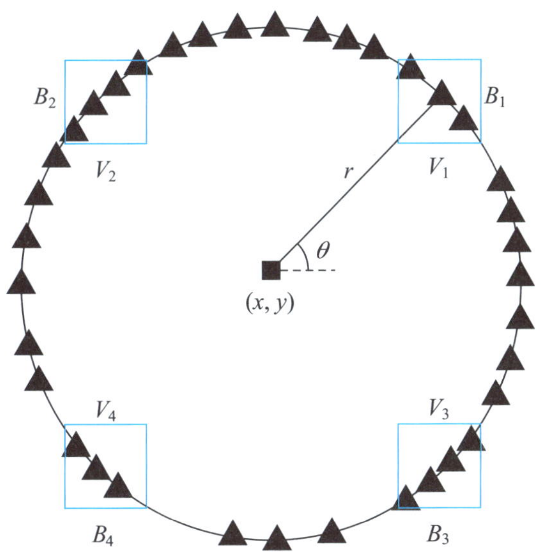

圖 7.4.1 用來檢測對稱性質的邊點集

$$H(V_k, \tilde{V}_l) = \max(h(V_k, \tilde{V}_l), h(\tilde{V}_l, V_k))$$
$$h(V_k, \tilde{V}_l) = \max_{p \in V_k} \min_{q \in \tilde{V}_l}(\|p - q\|)$$

這裡 $\|p-q\|$ 代表 p 與 q 的歐氏距離 (Euclidean Distance)，在 7.5 節會更詳細介紹 Hausdorff 距離。

若在所有的有效邊點集中，存在兩個有效邊點集之間的對稱程度大於門檻值，則此候選圓才會進一步做投票動作判斷是否為真正圓。

7.5 視訊場景的變化偵測

在本節中，我們介紹如何整合隨機式直線偵測、圓偵測和橢圓偵測等方法，以便應用在視訊的場景變化偵測上 [6]。

在視訊中，由於面對的是一連串的影像。在這麼多的影像中，人們嘗試著找出一些方法 [1, 9, 12, 13] 來分割視訊以得到場景集。有了視訊的場景集，非常有利於視訊的編輯。在一個場景中的影像，大致來說，其內容變化不是太大。通常場景的變化有淡入、淡出和消失等型。有些場景變化的偵測方法是採用彩色柱狀圖方法，也有採取直接在 MPEG 上的，更有在形狀的交點變化上的 [1]。我們這一節介紹的方法可說是 M. Ardebilian 等人 [1] 的推廣，採用的形狀更多樣，而不只是直線。另外，我們引入 Hausdorff 距離度量 [9] 以為場景有變化時的依據。

針對一連串影像中的第一張影像，第一步我們測得其中的直線、圓和橢圓之所在，並且記錄圖形上的交點所在。接著，利用這一張影像中的個別形狀位置去定出下一張影像中的個別形狀的可能搜尋範圍。假如在這些定出的搜尋範圍中仍找不到任何定義中的形狀，則重新引用各種形狀偵測的方法去偵測這張影像中的各種形狀。

對任一張影像而言，一旦找出影像中的各種形狀，例如：有直線、圓和橢圓，我們接著求出任二種形狀的所有交點作為影像的代表點集。假設某影像的代表點集為 $A=\{a_1, a_2, \cdots, a_m\}$，而下一張影像的代表點集為 $B=\{b_1, b_2, \cdots, b_m\}$，該如何量度兩者的差異呢？

A 和 B 的距離被下列的 Hausdorff 式子所決定：

$$H(A, B) = \max(h(A, B),\ h(B, A))$$

這裡 $h(A, B)=\max_{a\in A}\min_{b\in B}\|a-b\|$。因為 Hausdorff 距離對雜訊很敏感 (參見作業 8)，為了避免這個問題，可以採用部分 Hausdorff 距離為度量。部分 Hausdorff 距離度量定義為

$$H_{LK}(A, B)=\max(h_L(A, B), h_K(B, A))$$

這裡，我們選定 $L=K=f_1 m$，而 $f_1=0.9$；$h_K(B, A)=K^{th}_{b\in B}\min\|a-b\|$ 是選第 K 大的，而非 $h(A, B)$ 中最大的。

範例 1：可否證明 $h(A, B)\neq h(B, A)$？

解答： 我們舉一個小例子來說明 $h(A, B)\neq h(B, A)$。令點集合 A 以圓圈的點來表示，而點集合 B 以三角形來表示，下圖為 A 和 B 的示意圖：

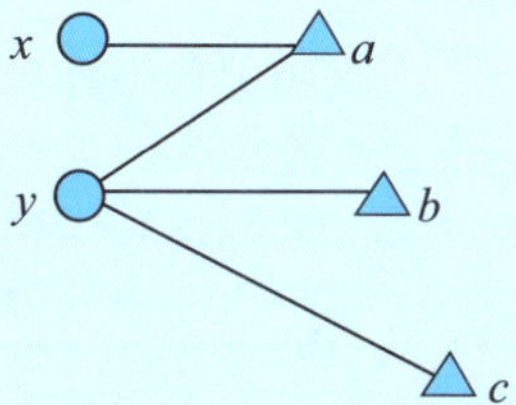

在上圖中，很容易可看 $h(A, B)=\|y-a\|$，而 $h(B, A)=\|y-c\|$。因為 $c\neq a$，所以 $h(A, B)\neq h(B, A)$，也就是說，h 函數並非對稱的。

解答完畢

若連續二張影像的**部分 Hausdorff 距離** (Partial Hausdorff Distance) 大於所設定的門檻值，則代表二張影像內的代表點有大的移位，於是我們認為有場景的變化存在。相反地，若部分 Hausdorff 距離小於所設定的門檻值，則被認為二張影像之間沒有場景的變化。

我們利用籃球在地板上滾動的視訊片段。圖 7.5.1 中的橫軸代表連續二張影像中前一張影像的序號。在這段視訊中，我們共有 20 張影像。圖 7.5.1 中的縱軸則代表算出來的部分 Hausdorff 距離。在圖中，我們可看出視訊中第九張影像到第十張影像有場景變化。由圖 7.5.1 的結果可知，視訊中的第一張影像 [參見圖 7.5.2(a)] 到第十張影像可被視為一個場景，而第十一張影像 [參見圖 7.5.2(b)] 到第二十張影像可被視為另一個場景。

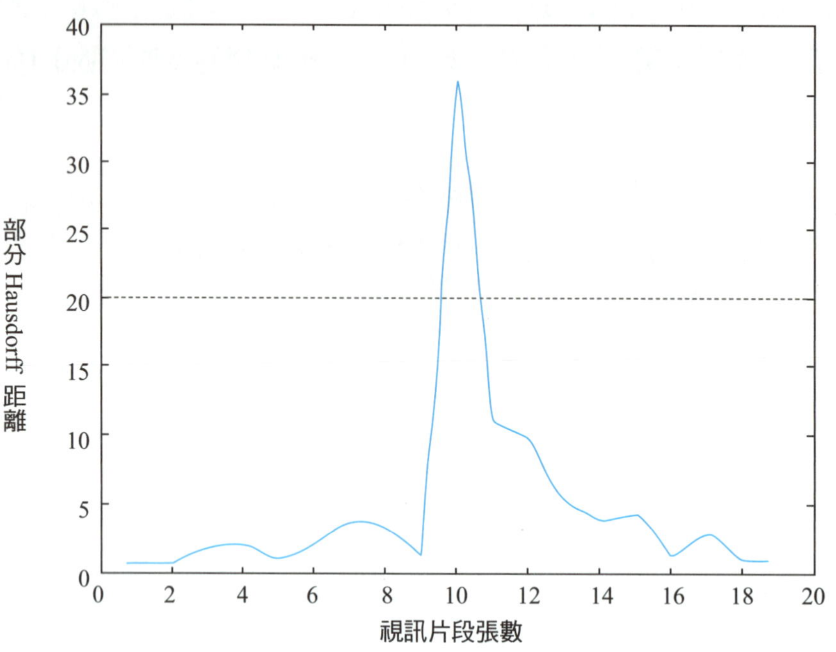

圖 7.5.1 視訊中的部分 Hausdorff 距離

(a) 第一個場景的起頭

(b) 第二個場景的起頭

圖 7.5.2 二個場景的起頭影像

範例 2：在視訊處理中，我們可利用在影像上測得的直線、圓和橢圓，運用在場景的變換偵測上面，且採用 Hausdorff 距離度量作為場景變化時的依據，給定如下兩個視訊中 Hausdorff 距離的統計圖 (A) 和 (B)：

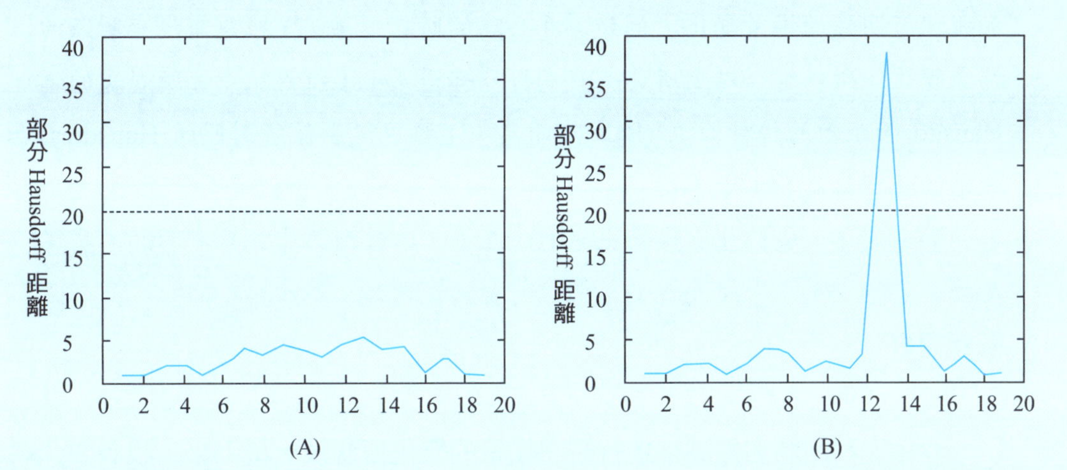

其中橫軸表示視訊片段的影像編號 (Frame Number)，而縱軸表示兩兩連續影像間的 Hausdorff 距離，考慮兩組視訊影像的片段 (Video Segment) 如下所示：

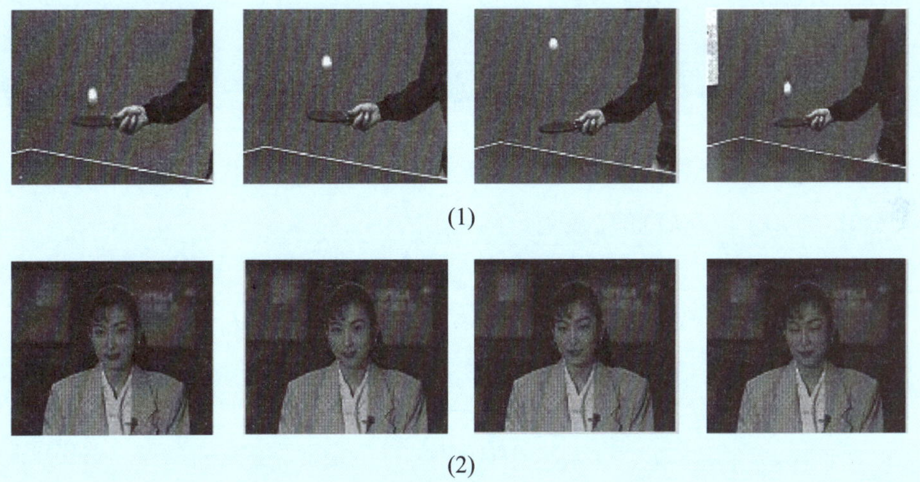

(1)

(2)

請依照兩組視訊影像 (1) 和 (2) 的片段影像，判別分別屬於 Hausdorff 距離的統計圖的 (A) 或 (B) 圖，並說明理由。另外，請依據 Hausdorff 距離的統計圖說明哪一個視訊有出現明顯的場景變換？並且請指出張數。

解答：在 Hausdorff 距離的統計圖當中，橫軸表示視訊片段的張數，而縱軸表示兩兩連續影像間的 Hausdorff 距離。從 (A) 和 (B) 的 Hausdorff 距離的統計圖中，我們可以發現，圖 (A) 沒有明顯的距離差異，而圖 (B) 有著明顯的距離差異，考慮題目中所給的兩組片段視訊，我們可以明顯得知，第 (1) 組的視訊有明顯的場景變化，例如：乒乓球的所在，第 (2) 組視訊沒有明顯的場景變化，所以綜合以上所述，我們可以知道第 (1) 組視訊影像所對應的為 Hausdorff 距離的統計圖為 (B)，然而第 (2) 組視訊影像所對照的 Hausdorff 距離的統計圖為 (A)。

如上所述，我們可以得知視訊 (B) 在第十二張到第十三張有明顯的場景變換。

解答完畢

介紹完利用圓和橢圓來進行視訊場景的變化偵測後，接下來，我們要介紹 PME (Perceived Motion Energy) 的概念 [21] 以找到主要影像 (Key Frames)。

範例 3：何謂 PME 概念？

解答：PME 主要由兩個觀念構成，對視訊中第 k 張 B 影像而言；我們將視訊影像分成 I、B、P 三類。PME 定義為

$$PME(k) = m(k) \times d(k)$$

上式中的 $m(k)$ 代表整數影像的平均移動向量值，而 $d(k)$ 代表決定性移動方向的百分比。$m(k)$ 和 $d(k)$ 的定義為

$$m(k) = \frac{1}{2}\left[\frac{1}{N}(\sum FMV(i, j) + \sum BMV(i, j))\right]$$

$$d(k) = \frac{\max(AH(k, l), l \in [1, n])}{\sum_{l=1}^{n} AH(k, l)}$$

上兩式中，$FMV(i, j)$ 為 B 影像之前向移動向量，而 $BMV(i, j)$ 為 B 影像之後向移動向量；N 代表移動向量的個數；n 代表範圍 360 度的量化份數，例如，n=16 代表每 20 度為一個刻度；AH 代表依量化後角度所建的移動向量方向之柱狀圖。讀者可將 $m(k)$ 想成平均移動向量，而 $d(k)$ 為主要移動向量的個數除以所有移動向量個數的比率。

解答完畢

範例 4：如何利用 PME 來進行視訊場景的變化偵測？

解答： 我們用 PME 的柱狀圖來說明可能較容易些。假如橫軸為影像的編號 k，而直軸為 PME 的值，例如，下圖即為一 PME 柱狀圖：

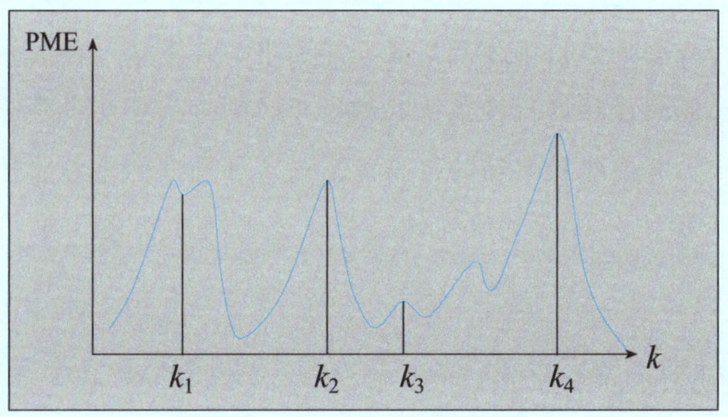

我們根據 PME 柱狀圖的四個明顯波峰，約莫可視第 k_1 張、第 k_2 張、第 k_3 張和第 k_4 張影像可視為場景的切換之處。這四張影像也可視為視訊中的主要影像。

解答完畢

7.6 結 論

本章針對圓的偵測介紹一個很有效率的隨機式方法，也對這個方法的複雜度分析給了詳細的證明。延續了第六章中的可調式搜尋範圍法，在圓的偵測上，我們也引用了這個方法，而且證得的平均複雜度相較於直線偵測時顯得更低。實驗也證實了這一點。和直線及圓的偵測相比，橢圓的偵測的確使用了較多的幾何性質。最後我們將直線、圓和橢圓的偵測應用到視訊的場景變化偵測上。近來，圓偵測又有了新的突破，有興趣的讀者可參見 [24]。

7.7 作 業

1. 寫一 C 程式以實作利用可調式範圍搜尋法完成圓偵測。
2. 討論隨機式橢圓偵測法的失敗總次數和雜訊的關係。

3. 寫一 C 程式以完成隨機式橢圓偵測法的實作。

4. 閱讀任意形狀的檢測方法之論文 [2]。

5. 在霍氏測圓法中，如何加速停止時機？

解答：我們先在邊點集中，挑出某個比例的邊點來進行投票，我們將得票數高的前面那些投票箱排序好並置於陣列中。接下來，再從剩餘的點集中挑出某個比例的邊點進行投票，我們修正陣列中的那些投票箱。若是修正後的陣列中，有某些投票箱的得票數不高，那麼它們是會被替代的。一直重複上述步驟，一旦發現陣列的投票箱達到穩定狀態，即可停止圓的工作。

解答完畢

6. 閱讀高雜訊下的橢圓偵測 [19]。

7. 在 7.3.4 節中，我們提到利用外接長方形和內接菱形周長的一半來當作橢圓的周長估計，可否再找另一種橢圓的周長估計法？

解答：[5] 首先利用參數式 $x=a\sin t$ 和 $y=b\cos t$ 來表示橢圓。先考慮 $a\geq b$ 的情況，利用線積分的技巧，令 $dx=a\cos t\,dt$ 和 $dy=-b\sin t\,dt$，則可得到

$$\begin{aligned} ds^2 &= (a^2\cos^2 t+b^2\sin^2 t)dt^2 \\ &= [a^2(1-\sin^2 t)+b^2\sin^2 t]dt^2 \\ &= [a^2-(a^2-b^2)\sin^2 t]dt^2 \end{aligned}$$

可得到 $ds=\sqrt{a^2-(a^2-b^2)\sin^2 t}\;dt=a\sqrt{1-\dfrac{a^2-b^2}{a^2}\sin^2 t}\;dt$。

令 $x=\dfrac{\sqrt{a^2-b^2}}{a}(\leq 1)$，則又可得到 $ds=a\sqrt{1-x^2\sin^2 t}\;dt$。如此一來，橢圓的周長可用下面的線積分 (Line Integral) 求得：

$$s=4\int_0^{\frac{\pi}{2}}ds=4a\int_0^{\frac{\pi}{2}}\sqrt{1-x^2\sin^2 t}\;dt$$

利用逼近式 $\sqrt{1-x^2\sin^2 t}=1-\dfrac{1}{2}x^2\sin^2 t-\dfrac{1}{2\times 4}x^4\sin^4 t-\cdots$，橢圓的周長為

$$s = 4a\left[\frac{\pi}{2} - \frac{x^2}{2}\int_0^{\frac{\pi}{2}} \sin^2 t\, dt - \frac{x^4}{2\times 4}\int_0^{\frac{\pi}{2}} \sin^4 t\, dt - \cdots\right]$$

利用 $\int_0^{\frac{\pi}{2}} \sin^{2n} t\, dt = \frac{1\times 3\times 5\times\cdots\times(2n-1)}{2\times 4\times 6\times\cdots\times 2n}\times\frac{\pi}{2}$，可得到

$$s = 2a\pi\left[1 - \left(\frac{1}{2}\right)^2 x^2 - \left(\frac{1\times 3}{2\times 4}\right)\frac{x^4}{3} - \left(\frac{1\times 3\times 5}{2\times 4\times 6}\right)^2\frac{x^6}{5} - \cdots\right]$$

$$s \cong 2a\pi\left[1 - \left(\frac{1}{2}\right)^2 x^2\right]$$

同理，當 $a<b$，可得 $s = 2\pi L - \frac{\pi(L+S)(L-S)}{2L}$。

解答完畢

8. 在 7.5 節中，我們曾介紹過 Hausdorff 距離的量度，可否舉一個小例子以說明其會受雜訊的影響？

解答：令兩組點集合分別為 A 和 B，點集合 A 的元素以 ○ 表示，而點集合 B 的元素以 Δ 表示。另外，A 中的雜訊以 $\overline{○}$ 表示，而 B 中的雜訊以 $\overline{\Delta}$ 表示。下圖為元素的分佈圖。

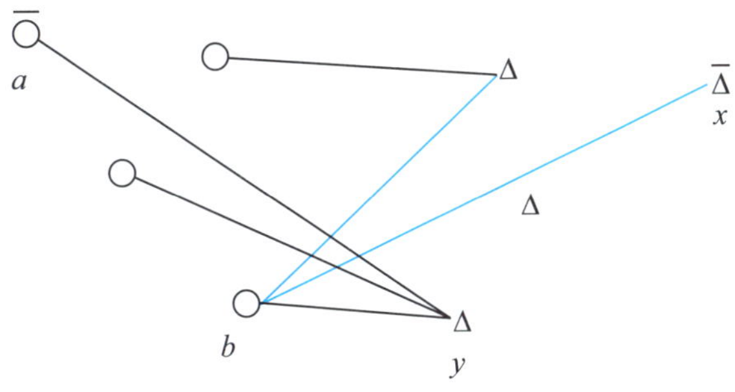

根據上圖的資料分佈和 Hausdorff 的計算，可得到 $h(A, B) = \overline{ay}$ 和 $h(B, A) = \overline{xb}$，很明顯可以看出 $H(A, B) = \max(\overline{ay}, \overline{xb})$ 受到雜訊的影響。

解答完畢

7.8 參考文獻

[1] M. Ardebilian, L. Chen, and X. Tu, "Robust 3D clue-based video segmentation for video indexing," *J. of Visual Communication and Image Representation*, 1, 2000, pp. 58-79.

[2] D. H. Balland, "Generalizing the Hough transform to detect arbitrary shapes," *Pattern Recognition*, 13, 1981, pp. 111-122.

[3] C. M. Brown, "Inherent bias and noise in the Hough transform," *IEEE Trans. on Pattern Analysis and Machine Intelligence*, 5(5), 1983, pp. 493-505.

[4] T. C. Chen and K. L. Chung, "An efficient randomized algorithm for detecting circles," *Computer Vision and Image Understanding*, 83, 2001, pp.172-191.

[5] K. L. Chung and Y. H. Huang, "A pruning-and-voting strategy to speed up the detection for lines, circles, and ellipses," *Journal of Information Science and Engineering*, 24(2), 2008, pp. 503-520.

[6] K. L. Chung and J. N. Lee, "Real-time shape analysis and its application to shot-change detection in video," *Research Report*.

[7] E. R. Davies, *Machine Vision*, Academic Press, New York, 1997, pp. 211-244.

[8] R. O. Duda and P. E. Hart, "Use of the Hough transformation to detect lines and curves in pictures," *Commun. ACM*, 15(1), 1972, pp. 11-15.

[9] D. P. Huttenlocher, G. A. Klanderman, and W. J. Rucklidge, "Comparing image using the Hausdorff distance," *IEEE Trans. on Pattern Analysis and Machine Intelligence*, 15(9), 1993, pp. 850-863.

[10] J. Illingworth and J. Kittler, "Survey: A survey of the Hough transform," *Computer Vision, Graphics, and Image Processing*, 44, 1988, pp. 87-116.

[11] V. F. Leavers, "Survey: which Hough transform," *Computer Vision and Image Understanding*, 58(2), 1993, pp. 250-264.

[12] J. Lee and B. W. Dickinson, "Hierarchical video index and retrival for subband-coded video," *IEEE Trans. on Circuits and System for Video Technology*, 10(5), 2000, pp. 824-829.

[13] S. W. Lee, Y. M. Kim, and S. W. Choi, "Fast scene change detection using direct feature extraction from MPEG compressed video," *IEEE Trans. on Multimedia*, 2(4), 2000, pp. 240-254.

[14] G. G. Roussas, *A First Course in Mathematical Statistics*, Addison Wesley, New York, 1983.

[15] L. Xu, E. Oja, and P. Kultanan, "A new curve detection method: Randomized Hough Transform (RHT)," *Pattern Recognition Letters*, 11(5), 1990, pp. 331-338.

[16] L. Xu and E. Oja, "Randomized Hough Transform (RHT): basic mechanisms, algorithms, and computational complextites," *Computer Vision and Image Understanding*, 57(5), 1993, pp. 131-154.

[17] K. L. Chung and Y. H. Huang, "Speed up the computation of randomized algorithms for detecting lines, circles, and ellipses using novel tuning- and LUT-based voting platform," *Applied Mathematics and Computation*, 190(1), 2007, pp. 132-149.

[18] C. T. Ho and L. H. Chen, "A fast ellipse/circle detection using geometry symmetry," *Pattern Recognition*, 28(1), 1995, pp. 117-124.

[19] W. Lu and J. Tan, "Detection of incomplete ellipse in images with strong noise by iterative randomized Hough transform (IRHT)," *Pattern Recognition*, 41, 2008, pp. 1268-1279.

[20] J. E. Bresenham, "A linear algorithm for incremental digital display of circular arcs," *CACM*, 20(2), 1977, pp. 100-106.

[21] T. Lin, H. J. Zhang, and F. Qi, "A novel video key-frame-extraction algorithm based on perceived motion energy model," *IEEE Trans. on Circuits and Systems for Video Technology*, 13(10), 2003, pp. 1006-1012.

[22] S. H. Chiu and J. J. Liaw, "An effective voting method for circle detection," *Pattern Recognition Letters*, 26(2), 2005, pp. 121-133.

[23] A. Jääski and N. Kiryati, "Adaptive termination of voting in the probabilistic circular Hough transform," *IEEE Trans. on Pattern Analysis and Machine Intelligence*, 16(9), 1994, pp. 911-915.

[24] K. L. Chung, Y. H. Huang, S. M. Shen, A. S. Krylov, D. V. Yurin, and E. V. Semeikina, "Efficient sampling strategy and refinement strategy for randomized circle-detection," *Pattern Recognition*, 45(1), 2012, pp. 252-263.

[25] Y. H. Huang, K. L. Chung, W. N. Yang, and S. H. Chiu, "Efficient symmetry-based elimination strategy to speed up randomized circle-detection," *Pattern Recognition Letters*, 33(16), 2012, pp. 2071-2076.

7.9 隨機式測圓法的 C 程式附錄

在介紹隨機式測圓法的 C 程式碼前，我們先將二個程式中所使用到的自訂資料結構列式於下。

1. 自訂一個存點之 X Y 座標之結構。

```
typedef  struct xyPoint {
short int X;
short int Y;
}XYPoint;
```

2. 自訂一個存圓心座標和半徑之結構。

```
typedef struct circle{
short int CCX;
short int CCY;
short int Rr;
}CIRCLE;
```

介紹完二個自訂的資料結構後，我們接著列出隨機式測圓法的 C 程式碼。在這裡我們將哈克轉換法寫成一個函式，使用者可在做完測邊的動作後，呼叫這個函式來做測圓的動作。這個函式擁有八個輸入變數與一個輸出變數，其 C 程式程式碼請參見下面的程式附錄。

隨機式測圓法

```
/*************************************************************/
/*隨機式測圓法 (八個輸入變數與一個輸出變數)                      */
/*輸入變數：                                                   */
/*EdgePoint              邊點集                                */
/*EdgeNum                總邊點數                              */
/*ThresholdRnd           測線結果                              */
/*ThresholdCoCircleDist  存第四點和前三點組成之圓周上的距離        */
/*                       多少內算共圓                           */
```

```
/*Threshold2PDist          取為圓之三點其彼此間距離差平方要多          */
/*                         少以上之門檻值                              */
/*ThresholdCircleRatio     記錄找到之圓點數要符合理論上圓點數          */
/*                         [4*根號 2*半徑] 之多少百分比                */
/*ThresholdCirclePoint     有多少點可視為共圓，即多少個其他點          */
/*                         和找到之圓近才當這些點視為一個圓            */
/*CircleData               所測到的圓的資料 (圓心和半徑)               */
/*輸出變數：                                                           */
/*CountLine                總共測到的圓個數                            */
/*****************************************************************************/
int DetectCircleRand1 (XYPoint * EdgePoint, int EdgeNum, int ThresholdRnd,
                       int ThresholdCoCircleDist, int Threshold2PDist,
                       int ThresholdCircleRatio, int ThresholdCirclePoint,
                       CIRCLE *CircleData)
{
 XYPoint TempEdgePoint[6000];
 /*存所抓到之隨機四點在 TempEdgePoint 一維陣列中的位置*/
 int  p[5];
 /*點 1 到 RestEdgeNum 是未視為線點之邊點*/
 int RestEdgeNum ;
 /*在沒有確定所抓之點真的是為一條線上之點前，RestEdgeNum 不能變*/
 /*所以用 TempRestNum 來暫存所餘要處理的邊點數*/
 int TempRestNum;
 /*記錄目前已進行抓多少次之三點失敗及抓多少次三點其外積皆不成功 [不
   符合為線] 便結束程式之門檻值*/
 int RndCount;
 /*用於迴圈控制指標用*/
 int i;
 /*用於在邊點中隨機抓四點之迴圈控制指標*/
 int i4;
```

```
/*隨機抓後，若有要交換時，用此來暫存交換之邊點 [存邊點 x, y 座標]*/
XYPoint SwapTemp;
/*存用 random 抓出之整數值，用此值來抓出一維邊點陣列中之某點*/
int RndValue;
/*存四點中四組之任三點之所得之圓心的 x, y 座標*/
float Cx123, Cy123, Cx124, Cy124, Cx134, Cy134, Cx234, Cy234;
/*為方便方程式計算，先求出圓心 (a, b) 及 TempD，再求半徑 r*/
float TempD123, TempD124, TempD134, TempD234;
/*存四點中四組之任三點所求出之圓半徑*/
float Radius123, Radius124, Radius134, Radius234;
/*存隨機抓四點中，第四點到前三點組成之圓周上的距離*/
float Dist4To123, Dist3To124, Dist2To134, Dist1To234;
/*分別存所求圓之圓心 (a = CenterX, b = CenterY) 及半徑 r = RadiusR*/
float CenterX, CenterY, RadiusR;
/*存 X1^2 + Y1^2 用，即第 1 點和原點之距離的平方*/
int Square1;
/*存 Xi^2 + Yi^2 用，即第 2, 3, 4 點和原點之距離的平方*/
int Square2, Square3, Square4;
/*為程式中表達方便，把所抓到之隨機四個點座標值放在此變數上*/
int X1,Y1, X2,Y2, X3,Y3, X4,Y4;
/*存第 2, 3, 4 點到第 1 點之 x, y 上的差值*/
int X21,Y21;
int X31,Y31;
int X41,Y41;
int X32,Y32;
int X42,Y42;
int X43,Y43;
int denom123;
/* denom234 = 2[(X3 – X2)(Y4 – Y2) – (Y3 – Y2)(X4 – X2)]，為解 123 圓心
 a、b 時要用到之分母 */
```

```
int denom124, denom134, denom234 ;
/*固定某為圓之三點下，記錄目前有多少第 4 點和這三點共圓*/
int CountCirclePoint;
/*找到圓時，存其他第 4 點和所找到之三點組成之圓周上的距離*/
float DistToCircle;
/*用來記錄找到幾個圓*/
int CountCircle;
/*存所找到之線要畫出時之顏色*/
int DrawColor;
/*為每次取亂數時皆不同，所以用此指令*/
randomize();
/*把 EdgePoint 在 TempEdgePoint 上備份，以作為後面處理時之可能改變*/
for( i = 1; i <= EdgeNum; i++)
TempEdgePoint[i] = EdgePoint[i];
/*對一些變數值初始化*/
CountCircle = 0;
RndCount = 0;
RestEdgeNum = EdgeNum;
TempRestNum = RestEdgeNum;
while ( RndCount <= ThresholdRnd && RestEdgeNum >=
ThresholdCirclePoint )
{
   /*抓四點來看是否有為圓之證據*/
   for(i4 = 1; i4 <= 4; i4++)
   {
         /*記錄下所抓之第 i4 點為目前 TempEdgePoint 邊點陣列的位置*/
         /*因為所抓之點換到後面，所以其為目前最後之點*/
         p[i4] = TempRestNum;
         RndValue = (rand() % TempRestNum + 1);
         /*抓到之點放到後面的三點上*/
```

```
        SwapTemp.X = TempEdgePoint[RndValue].X;
        SwapTemp.Y = TempEdgePoint[RndValue].Y;
        TempEdgePoint[RndValue].X = TempEdgePoint[TempRestNum].X;
        TempEdgePoint[RndValue].Y = TempEdgePoint[TempRestNum].Y;
        TempEdgePoint[TempRestNum].X = SwapTemp.X;
        TempEdgePoint[TempRestNum].Y = SwapTemp.Y;
        TempRestNum = TempRestNum – 1; /*臨時性的邊點數少一*/
  }
/*所抓之四點存在 TempEdgePoint 之 p[1], p[2], p[3], p[4] 位置上*/

X1 = TempEdgePoint[p[1]].X;
Y1 = TempEdgePoint[p[1]].Y;
X2 = TempEdgePoint[p[2]].X;
Y2 = TempEdgePoint[p[2]].Y;
X3 = TempEdgePoint[p[3]].X;
Y3 = TempEdgePoint[p[3]].Y;
X4 = TempEdgePoint[p[4]].X;
Y4 = TempEdgePoint[p[4]].Y;
/*存所抓之四點之 X^2+Y^2 值*/
Square1 = TempEdgePoint[p[1]].X * TempEdgePoint[p[1]].X +
          TempEdgePoint[p[1]].Y * TempEdgePoint[p[1]].Y;
Square2 = TempEdgePoint[p[2]].X * TempEdgePoint[p[2]].X +
          TempEdgePoint[p[2]].Y * TempEdgePoint[p[2]].Y;
Square3 = TempEdgePoint[p[3]].X * TempEdgePoint[p[3]].X +
          TempEdgePoint[p[3]].Y * TempEdgePoint[p[3]].Y;
Square4 = TempEdgePoint[p[4]].X * TempEdgePoint[p[4]].X +
          TempEdgePoint[p[4]].Y * TempEdgePoint[p[4]].Y;
/*求第 2, 3, 4 點到第 1 點之 X 與 Y 方向上的差值*/
X21 = X2 – X1;
Y21 = Y2 – Y1;
```

```
X31 = X3 – X1;
Y31 = Y3 – Y1;
X41 = X4 – X1;
Y41 = Y4 – Y1;
X32 = X3 – X2;
Y32 = Y3 – Y2;
X42 = X4 – X2;
Y42 = Y4 – Y2;
X43 = X4 – X3;
Y43 = Y4 – Y3;

/*存兩點間之距離用*/
int SquareDist21 = (X21 * X21) + (Y21 * Y21);
int SquareDist31 = (X31 * X31) + (Y31 * Y31);
int SquareDist41 = (X41 * X41) + (Y41 * Y41);
int SquareDist32 = (X32 * X32) + (Y32 * Y32);
int SquareDist42 = (X42 * X42) + (Y42 * Y42);
int SquareDist43 = (X43 * X43) + (Y43 * Y43);
/*解由 123, 124, 134, 234, 點組成之圓的圓心*/
denom123 = 2 * (X21 * Y31 – X31 * Y21);
denom124 = 2 * (X21 * Y41 – X41 * Y21);
denom134 = 2 * (X31 * Y41 – X41 * Y31);
denom234 = 2 * (X32 * Y42 – X42 * Y32);
/*求第 4 點和所算出之圓之差的過程*/
if (denom123 == 0) /*分母為 0 表示，234 三點共線，不會為圓*/
   Dist4To123 = 1000;
else
{
   Cx123 = ((Square2 – Square1) * (Y31) – (Square3 – Square1) * (Y21))/
     denom123;
```

```
        Cy123 = ((Square3 – Square1) * (X21) – (Square2 – Square1) * (X31))/
          denom123;
        /*2 * X1 * a + 2 * Y1 * b + TempD123 = X1^2 + Y1^2 [由方程式可得]*/
        TempD123 = Square1 – 2 * X1 * Cx123 – 2 * Y1 * Cy123;
        Radius123 = sqrt(TempD123 + Cx123 * Cx123 + Cy123 * Cy123);
        /*TempD = r^2 – a^2 – b^2 , or r^2 = TempD + a^2 + b^2*/
        Dist4To123 = sqrt((X4 – Cx123) * (X4 – Cx123) + (Y4 – Cy123) *
        (Y4 – Cy123)) – Radius123;
        /*第 4 點和圓周之距離為和圓心之距離跟圓半徑之差的絕對值*/
        if (Dist4To123 < 0)
        Dist4To123 = – 1 * Dist4To123;
    }

     /*求第 3 點和所算出之圓之差的過程*/
     if (denom124 == 0) // 分母為 0 表示，234 三點共線，不會為圓
        Dist3To124 = 1000;
     else
     {
        Cx124 = ((Square2 – Square1) * (Y41) – (Square4 – Square1) * (Y21))/
          denom124;
        Cy124 = ((Square4 – Square1) * (X21) – (Square2 – Square1) * (X41))/
          denom124;
        TempD124 = Square1 – 2 * X1 * Cx124 – 2 * Y1 * Cy124;
        Radius124 = sqrt(TempD124 + Cx124 * Cx124 + Cy124 * Cy124);
        Dist3To124 = sqrt((X3 – Cx124) * (X3 – Cx124) + (Y3 – Cy124) * (Y3 –
                    Cy124)) – Radius124;
        if (Dist3To124 < 0)
        Dist3To124 = – 1 * Dist3To124;
    }
    /*求第 2 點和所算出之圓之差的過程*/
```

```
if (denom134 == 0) /*分母為 0 表示，234 三點共線，不會為圓*/
    Dist2To134 = 1000;
else
{
    Cx134 = ((Square3 – Square1) * (Y41) – (Square4 – Square1) * (Y31))/
      denom134;
    Cy134 = ((Square4 – Square1) * (X31) – (Square3 – Square1) * (X41))/
      denom134;
    TempD134 = Square1 – 2 * X1  * Cx134 – 2 * Y1 * Cy134;
    Radius134 = sqrt(TempD134 + Cx134 * Cx134 + Cy134 * Cy134);
    Dist2To134 = sqrt((X2 – Cx134) * (X2 – Cx134) + (Y2 – Cy134) * (Y2 –
      Cy134)) –
    Radius134;
    if (Dist2To134 < 0)
    Dist2To134 = – 1 * Dist2To134;
}

/*求第 1 點和所算出之圓之差的過程*/
if (denom234 == 0)/*分母為 0 表示，234 三點共線，不會為圓*/
   Dist1To234 = 1000;
else
{
   Cx234 = ((Square3 – Square2) * (Y42) – (Square4 – Square2) * (Y32))/
     denom234;
   Cy234 = ((Square4 – Square2) * (X32) – (Square3 – Square2) * (X42))/
     denom234;
   TempD234 = Square2 – 2 * X2 * Cx234 – 2 * Y2 * Cy234;
   Radius234 = sqrt(TempD234 + Cx234 * Cx234 + Cy234 * Cy234);
   Dist1To234 = sqrt((X1 – Cx234) * (X1 – Cx234) + (Y1 – Cy234) * (Y1 –
     Cy234)) – Radius234;
```

```
    if (Dist1To234 < 0)
    Dist1To234 = －1 * Dist1To234;
}
/*上面四組資料皆算好了，下面開始判斷哪一組之圓，可使另一點也在圓
  上，即該組為可能之圓*/
/*本指令對三點組成之圓的三點間距離有限制*/
if((Dist4To123 > ThresholdCoCircleDist || SquareDist21 <= Threshold2PDist ||
    SquareDist31 <= Threshold2PDist || SquareDist32 <= Threshold2PDist) &&
    (Dist3To124 > ThresholdCoCircleDist || SquareDist21 <= Threshold2PDist ||
    SquareDist41 <= Threshold2PDist || SquareDist42 <= Threshold2PDist) &&
    (Dist2To134 > ThresholdCoCircleDist || SquareDist31 <= Threshold2PDist ||
    SquareDist41 <= Threshold2PDist || SquareDist43 <= Threshold2PDist) &&
    (Dist1To234 > ThresholdCoCircleDist || SquareDist32 <= Threshold2PDist ||
    SquareDist42 <= Threshold2PDist || SquareDist43 <= Threshold2PDist))
{

/* 第 4 點離任三點之圓過大，表示這次所找之四點不存在共圓之證明，
   增加抓四點之失敗次數一次*/
RndCount = RndCount + 1;
/*抽樣的四點不成功，所以 TempRestNum 要向前推四點*/
TempRestNum = TempRestNum + 4;
}
else /*找到一組三點之圓和第 4 點很近，即這圓可能真是存在圖上之圓*/
{
/*存符合條件之圓，其和第 4 點距離最近者*/
float MinDist = ThresholdCoCircleDist;
if (Dist4To123 <= ThresholdCoCircleDist &&
    SquareDist21 > Threshold2PDist &&
    SquareDist31 > Threshold2PDist && SquareDist32 > Threshold2PDist)
 { /*123 三點共圓，則記下找到之圓心和半徑*/
```

```
    CenterX = Cx123;
    CenterY = Cy123;
    RadiusR = Radius123;
    MinDist = Dist4To123;
 }
if (Dist3To124 < MinDist  && SquareDist21 > Threshold2PDist &&
    SquareDist41 > Threshold2PDist && SquareDist42 > Threshold2PDist)
{ /*124 三點共圓*/
    CenterX = Cx124;
    CenterY = Cy124;
    RadiusR = Radius124;
    MinDist = Dist3To124;
}
if (Dist2To134 < MinDist && SquareDist31 > Threshold2PDist &&
    SquareDist41 > Threshold2PDist && SquareDist43 > Threshold2PDist)
{/*134 三點共圓*/
    CenterX = Cx134;
    CenterY = Cy134;
    RadiusR = Radius134;
    MinDist = Dist2To134;
}
if (Dist1To234 < MinDist && SquareDist32 > Threshold2PDist &&
    SquareDist42 > Threshold2PDist && SquareDist43 > Threshold2PDist)
{ /* 234 三點共圓*/
    CenterX = Cx234;
    CenterY = Cy234;
    RadiusR = Radius234;
}
CountCirclePoint = 0;
/*三點視為共圓時，繼續判斷其他點是否為此圓上的點*/
```

```
for(i = TempRestNum ; i >= 1 ; i – – )
{
DistToCircle = sqrt((TempEdgePoint[i].X – CenterX) * (TempEdgePoint[i].X
                 – CenterX) + (TempEdgePoint[i].Y – CenterY) *
                 (TempEdgePoint[i].Y – CenterY)) – RadiusR;
/*求其他點到所找圓周上之距離，依此來判斷這些點是否在圓上*/
if (DistToCircle < 0)
    DistToCircle = – 1 * DistToCircle;
/*可視目前這個邊點在這圓周上*/
if (DistToCircle <=  ThresholdCoCircleDist)
{
   CountCirclePoint = CountCirclePoint + 1;
   /*抓到之點為圓上點時，放到後面以表示已處理找到了*/
   /*把抓到可視為找到之圓上點之其他點和最後面之點交換*/
   SwapTemp.X = TempEdgePoint[i].X;
   SwapTemp.Y = TempEdgePoint[i].Y;
   TempEdgePoint[i].X = TempEdgePoint[TempRestNum].X;
   TempEdgePoint[i].Y = TempEdgePoint[TempRestNum].Y;
   TempEdgePoint[TempRestNum].X = SwapTemp.X;
   TempEdgePoint[TempRestNum].Y = SwapTemp.Y;
   TempRestNum = TempRestNum – 1;
  }
}
/*要超過理論圓之點數之某百分比才算其為找到之圓*/
if(CountCirclePoint <= 4 * sqrt(2) * RadiusR * ThresholdCircleRatio/100)
{
  TempRestNum = RestEdgeNum;
  RndCount = RndCount + 1;
}
else /*前面所找到符合組成線之點數夠大認為其為圓時*/
```

```
{
        CircleData[CountCircle].CCX = CenterX;
        CircleData[CountCircle].CCY = CenterY;
        CircleData[CountCircle].Rr = RadiusR;
        CountCircle = CountCircle + 1;
        RndCount = 0 ;
        /*組成線之點皆向後移了，所以最後點位置 RestEdgeNum 向前推*/
        RestEdgeNum = TempRestNum;
        }
    }
 }
 return CountCircle;
}
```

CHAPTER

紋理描述與分類

8.1 前言

描述一張影像內物體的形狀和其紋理是很重要的工作，影像的形狀和紋理描述在影像資料庫的檢索和圖形識別上都直接的影響其方法的適用性。在這一章中，我們將針對形狀和紋理描述中的幾個方法 (鍊碼、多邊形估計、對稱軸與主軸偵測、細化、動差計算及同現矩陣) 做介紹。在本章的後半段，我們要介紹支持向量 (Support Vector Machine, SVM) 和 Adaboost 紋理分類的作法。SVM 和 Adaboost 都是很有名的機器學習方法。

8.2 鍊碼

由於非常簡單及實用，鍊碼 (Chain Codes) 很適合用來描述影像中物體的外圍 [1]。有時也稱作 Freeman 碼，H. Freeman 曾獲得第四屆 K. S. Fu 獎 (參見 4.6 節)。鍊碼中常用的方位有四方位和八方位。圖 8.2.1 為四方位和相關方向的碼；圖 8.2.2 為八方位和相關方向的碼。

給一物體的外圍如圖 8.2.3 所示。假設我們從 S 點開始依照順時針方向沿著物體的外圍走，則可得到八方位鍊碼的字串 212120766665533。

因為起始點的選擇不同，同一個物體外圍所得到的鍊碼也不同，這在儲存上會有不唯一的不方便性。在上述鍊碼上進行差分可得一差分鍊碼，在差分鍊碼上的第 i 個碼為原先得到的鍊碼上之第 i 個碼減去第 $(i-1)$ 個碼而得到。圖 8.2.3 的差分鍊碼為 771716770007060。

接著，我們將差分鍊碼看成環形鍊碼，針對每一個碼將環形鍊碼剪開，如此可得到十五個鍊碼。它們分別是 771716770007060、717167700070607、… 和 077171677000706。比較這十五個差分鍊碼的大小，可得知 000706077171677 為最小的鍊碼，這最小的鍊碼謂之形狀數 (Shape Number)。給任一鍊碼，形狀數是唯一的，所以即使物體外圍的進入點不一樣，我們若採用形狀數來表示物體的外圍，並不受影響。當然，我們也可以對差分鍊碼的所有環形鍊碼取其最大值以為形狀數。附記一點，形狀數不受旋轉物件的影響。

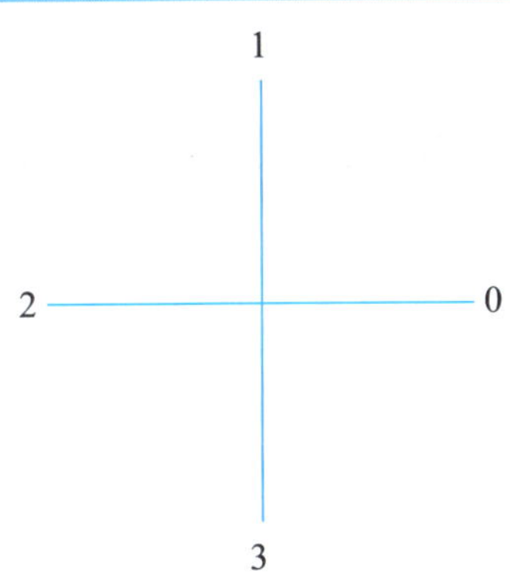

圖 8.2.1　四方位鍊碼

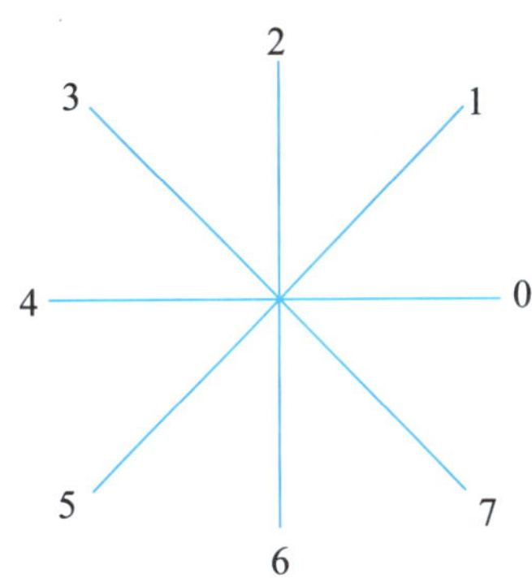

圖 8.2.2　八方位鍊碼

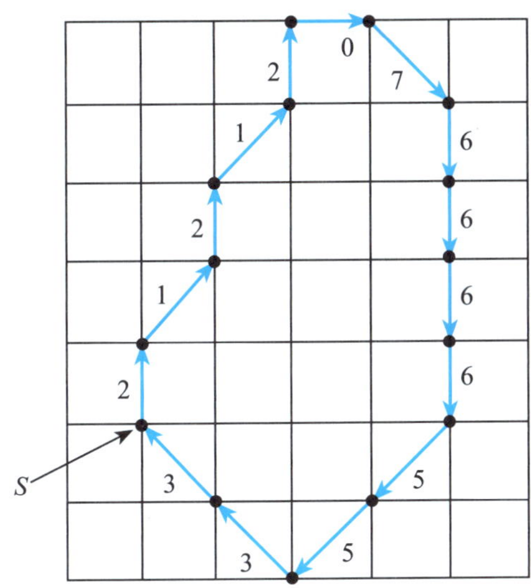

圖 8.2.3　一個鍊碼的例子

範例 1：除了用形狀數表示物體外圍外，是否可找到別的方式表示該物體的外圍？

解答：其實，仿照形狀數的求法也可以利用循環式鍊碼的概念求得最小的鍊碼。這得到的最小鍊碼可用來當作該物體外圍的唯一表示方式。利用這最小鍊碼，我們很容易得到原物體的外圍。例如，利用圖 8.2.3 所得到的鍊碼 212120766665533，我們得到最小的鍊碼為 076666553321212。

解答完畢

範例 2：給予一幾何圖形，其外圍如圖 8.2.4 所示，並配合圖 8.2.2 所表示的八方位相對位置，根據鍊碼描述影像物體外圍的方式，請算出此幾何圖形外圍的形狀數。

解答：由於鍊碼的起始點可以為物件邊緣的任意一點，在此我們選擇物件最右下方的點開始，則我們所得到八方位鍊碼字串如下：

4 4 3 5 4 3 1 3 1 1 7 0 6 7 6 7

經由上述鍊碼可以進一步得到差分鍊碼，也就是用鍊碼上的第 i 個碼減掉第 $(i-1)$ 個碼，所得到的差分鍊碼如下所示：

5 0 7 2 7 7 6 2 6 0 6 1 6 1 7 1

接著針對每一個碼把環形鍊碼剪開，可得 16 條鍊碼，比較其大小後，我們取出最小的鍊碼為

0 6 1 6 1 7 1 5 0 7 2 7 7 6 2 6

此鍊碼即為影像的唯一形狀數。

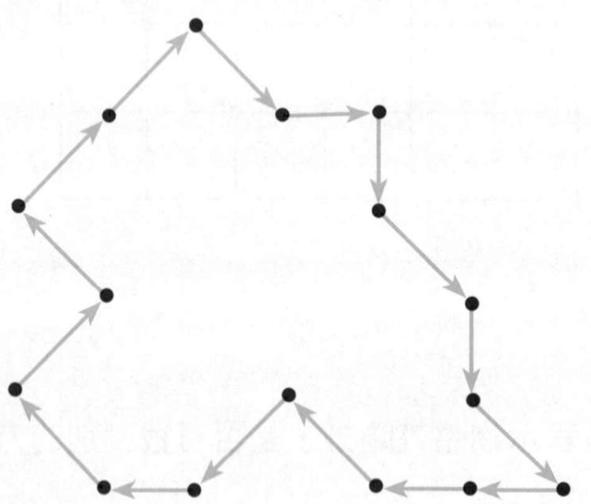

圖 8.2.4 一物件外圍

解答完畢

8.3 多邊形估計

假設我們已得到一影像中的物體之外圍輪廓，如下圖所示：

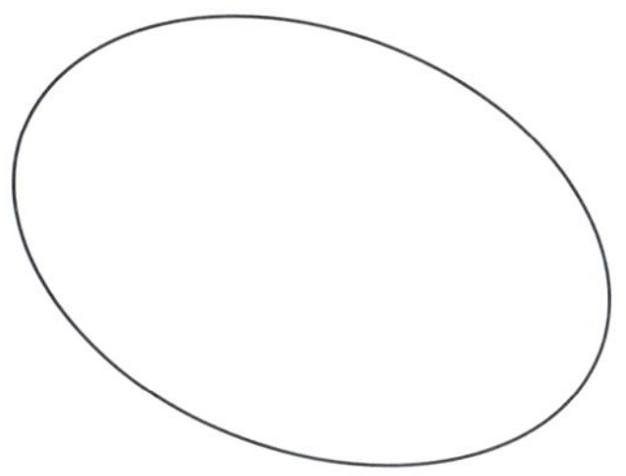

如果我們只允許使用四條邊，則上述之物體輪廓可能用下列的四邊形估計之：

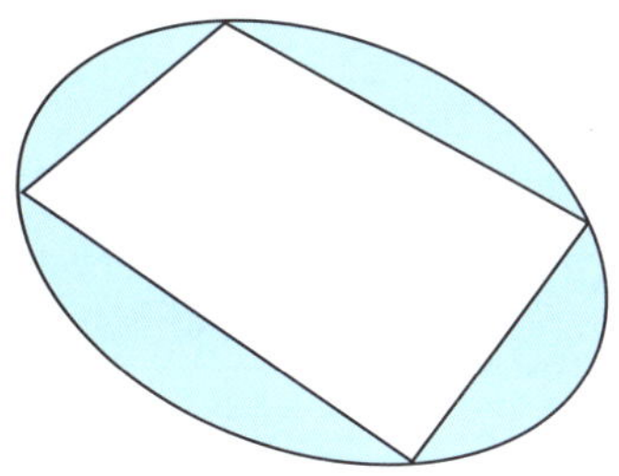

上圖中的顏色區域代表原物體輪廓與四邊形估計所得之間的誤差。以上所舉的例子雖為四邊形估計的例子，但可擴充到 n 邊形估計的解釋上。多邊形估計 (Polygonal Approximation) 在一些應用上常扮演重要角色，例如，視訊中物體外圍的描述可採用多邊形估計的表示法；兩個物體的比對可轉換為兩個多邊形的比對問題。多邊形估計也可視為資料壓縮的一種，它在影像漸近傳輸上也是有一些應用的。

範例 1：可否介紹一個直覺式的多邊形估計法 [10]？

解答：假設有一個物體，其外圍如下圖所示：

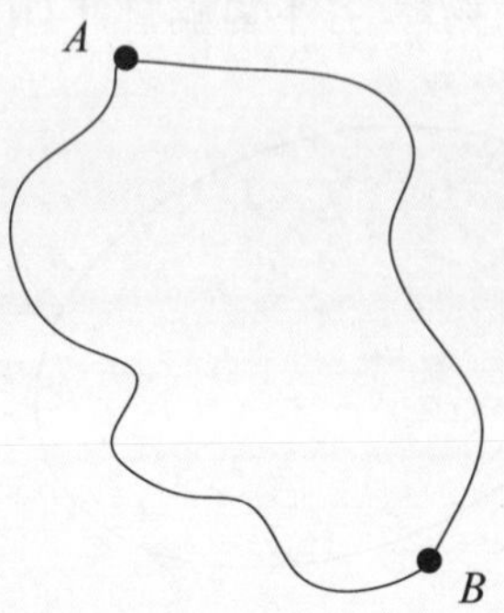

我們可以先找出相距最遠的兩個邊點 (參見上圖中的點 A 與點 B)，接著連接出直線 $\overleftrightarrow{AB}$，我們於是得到下圖：

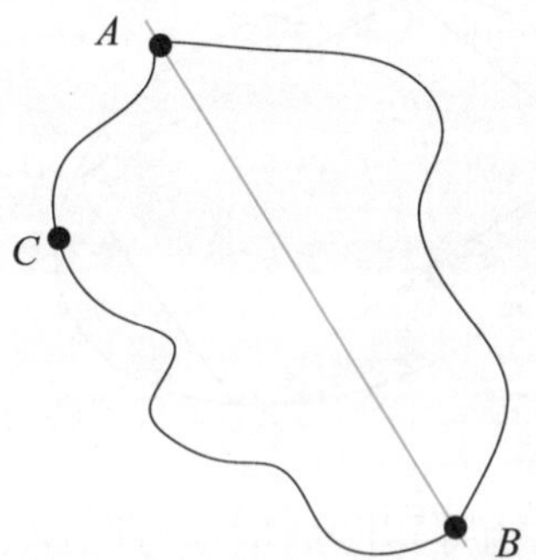

接下來，算出物體外圍上距離 $\overleftrightarrow{AB}$ 最遠的點 (參見上圖中的點 C)。我們可得到 $\triangle ABC$ 為該物體最粗糙的估計外圍：

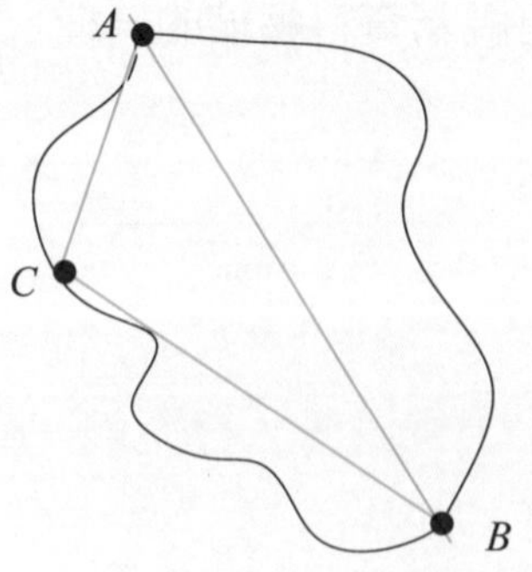

同理，可得出距離 $\triangle ABC$ 最遠的邊點 D，我們也可得出稍稍更接近原物體外圍的四邊形 $ABCD$：

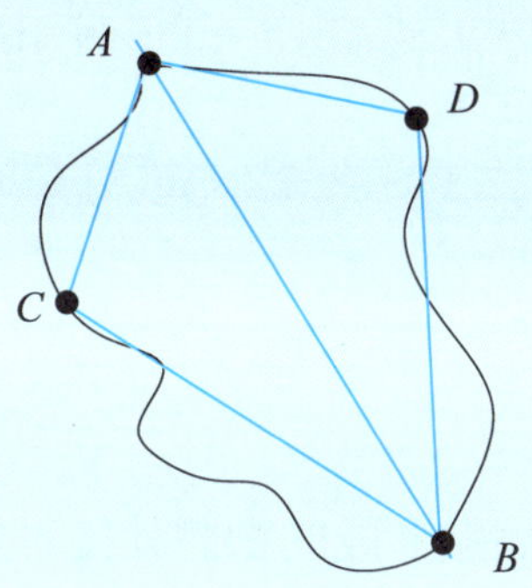

如此反覆下去，我們可得到 k 邊多邊形估計。以上直覺式的多邊形估計法並不能保證多邊形估計各個段落與原物體對應段落的誤差範圍。接下來，我們將更深入探討這方面的問題。

解答完畢

在圖 8.2.3 的鍊碼例子中，雖然鍊碼可將物體的外圍表示得很細緻。然而，礙於記憶體的限制，有時我們只允許用最少量的連續線段來表示該物體的外緣且必須滿足事先設定的誤差。這種多邊形估計的問題叫 PA-# 問題。另外一個多邊形估計的問題是，如何在事先設定的線段數量下，找出一個多邊形估計，以便達到最小誤差的要求。這個問題叫 PA- ε 問題。

在這一節中，我們將針對區域累積平方誤差 (Local Integral Square Error, *LISE*) 的量度，介紹方法 [2] 來解決 PA-# 和 PA- ε 問題。在此，特別聲明一點，不同的誤差量度可能將得到不同的 PA-# 和 PA- ε 之演算法設計。

範例 2：可否圖示一下 *LISE* 的度量？

解答：假設一物體外圍的某段落上有 $\langle P_i, P_{i+1}, \cdots, P_j \rangle$ 系列的點集合，今若將點和點拉出一條直線 line(P_i, P_j)，則直線 line(P_i, P_j) 和原段落的 *LISE* 可圖示如下：

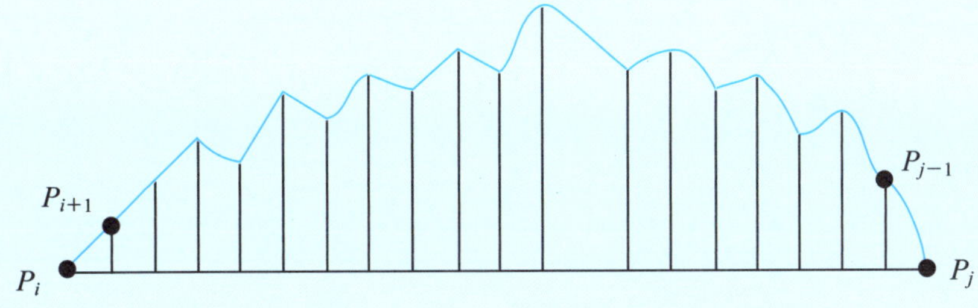

LISE 也可以看成所有 P_k，$i+1 \le k \le j-1$，到 line(P_i, P_j) 的距離平方和。

解答完畢

8.3.1 PA-#

假設在二維空間上有 n 個點形成的物體外緣，我們以集合 $\{P_k=(x_k, y_k), k=1, 2, 3, \cdots, n\}$ 代表之。令

$$LISE = d_{ij} = \sum_{k=i+1}^{j-1} d^2(P_k, \overline{P_iP_j})$$

上式中的距離量度就是 *LISE*，也可以看成所有 P_k，$i+1 \le k \le j-1$，到 line $(P_i, P_j) = \overline{P_iP_j}$ 的距離平方和。上式中介於 P_i 和 P_j 之間的點有 P_{i+1}、P_{i+2}、$\cdots$ 和 P_{j-1}，依照點斜式，$\overline{P_iP_j}$ 可以表示為：

$$y - y_i = \frac{y_j - y_i}{x_j - x_i}(x - x_i)$$

令 $a_i=y_i-y_j$、$b_i=x_j-x_i$ 和 $c_i=x_iy_j-x_jy_i$。將 a_i、b_i 和 c_i 代入上式，可得到

$$a_ix+b_iy+c_i=0$$

所以點 $P_k(x_k, y_k)$ 到 $\overline{P_iP_j}$ 的距離平方為

$$\frac{(a_ix_k + b_iy_k + c_i)^2}{a_i^2 + b_i^2}$$

因此，介於 P_i 和 P_j 之間的點 P_{i+1}、P_{i+2}、$\cdots$和 P_{j-1} 的 $LISE_{i,j}$ 可以寫成

$$\begin{aligned} LISE_{i,j} &= \sum_{k=i+1}^{j-1} d^2(P_k, \overline{P_iP_j}) = \frac{1}{a_i^2 + b_i^2} \sum_{k=i+1}^{j-1} (a_ix_k + b_iy_k + c_i)^2 \\ &= \frac{1}{a_i^2 + b_i^2} \sum_{k=i+1}^{j-1} [a_i^2x_k^2 + b_i^2y_k^2 + c_i^2 + 2a_ib_ix_ky_k + 2a_ic_ix_k + 2b_ic_iy_k] \end{aligned}$$

$$=\frac{1}{a_i^2+b_i^2}\left[a_i^2\sum_{k=i+1}^{j-1}x_k^2+b_i^2\sum_{k=i+1}^{j-1}y_k^2+(j-i-1)c_i^2+2a_ib_i\sum_{k=i+1}^{j-1}x_ky_k\right.$$
$$\left.+2a_ic_i\sum_{k=i+1}^{j-1}x_k+2b_ic_i\sum_{k=i+1}^{j-1}y_k\right]$$
$$=\frac{1}{a_i^2+b_i^2}[a_i^2S_1(i,j)+b_i^2S_2(i,j)+(j-i-1)c_i^2+2a_ib_iS_3(i,j)$$
$$+2b_ic_iS_4(i,j)+2c_ia_iS_5(i,j)]$$

這裡我們令 $S_1(i,j)=\sum_{k=i+1}^{j-1}x_k^2$、$S_2(i,j)=\sum_{k=i+1}^{j-1}y_k^2$、$S_3(i,j)=\sum_{k=i+1}^{j-1}x_ky_k$、$S_4(i,j)=\sum_{k=i+1}^{j-1}x_k$、$S_5(i,j)=\sum_{k=i+1}^{j-1}y_k$，且 $S_l(i,j+1)$、$S_l(i+1,j)$ 的計算結果，可藉由 $S_l(i,j)$，$l=1,2,\cdots,5$，在 $O(1)$ 的時間複雜度得到，依據邊界條件，我們分兩個情況來討論，相關的式子如下所示：

情況 1：當 $j<n$

$S_1(i,j+1)=S_1(i,j)+x_j^2$，$S_2(i,j+1)=S_2(i,j)+y_j^2$，$S_3(i,j+1)=S_3(i,j)+x_jy_j$，$S_4(i,j+1)=S_4(i,j)+x_j$，$S_5(i,j+1)=S_5(i,j)+y_j$

情況 2：當 $i+1<j$

$S_1(i+1,j)=S_1(i,j)-x_{i+1}^2$，$S_2(i+1,j)=S_2(i,j)-y_{i+1}^2$，$S_3(i+1,j)=S_3(i,j)-x_{i+1}y_{i+1}$，$S_4(i+1,j)=S_4(i,j)-x_{i+1}$，$S_5(i+1,j)=S_5(i,j)-y_{i+1}$

依照上面兩個情況，也許讀者對於我們在計算 $LISE_{i,j}$ 所使用的加快運算速度方法還不是很了解，在此我們舉個例子說明一下。$LISE_{1,2}$ 可依前面所推導出來計算 $LISE_{i,j}$ 的式子在 $O(1)$ 的時間得到，要計算 $LISE_{1,3}$，考慮情況 1，我們很清楚可以利用已經求出的 $LISE_{1,2}$ 在 $O(1)$ 時間內算出 $LISE_{1,3}$。依此類推，$LISE_{1,4}$，$LISE_{1,5}$，⋯，$LISE_{1,n}$ 總共可在 $O(n)$ 時間運用加快運算速度方法計算完畢。接下來，要計算 $LISE_{2,3}$，考慮情況 2，我們可以利用已經求出的 $LISE_{1,3}$ 在 $O(1)$ 時間內算出 $LISE_{2,3}$。依此類推，$LISE_{2,4}$，$LISE_{2,5}$，⋯，$LISE_{2,n}$ 總共可在 $O(n)$ 時間運用加快運算速度方法計算完畢。從上面的討論，我們可以很清楚的得到一個結論，已知的值 $S_l(i,j)$，$l=1,2,\cdots,5$ 以及 x_i,y_i,x_j,y_j，對所有

$d_{ij}=\sum_{k=i+1}^{j-1} d^2(P_k,\overline{P_iP_j})$，$1\le i\le j\le n$，可以在 $O(n^2)$ 時間內完成計算。

在介紹如何解決 PA-# 問題前，我們先介紹如何建構一個有向加權圖 (Directed Weighted Graph)，$G=(V,E)$，$V=\{P_1,P_2,\cdots,P_n\}$，每一個邊 $(P_i,P_j)\in E$，$1\le i\le j\le n$，使得 $LISE\ d_{ij}\le\varepsilon$。

範例 1：有向加權圖的建置。

解答：假若我們只考慮一物體外圍的某段落 (如下所示) 的起始點 P_i，將點 P_i 對點 P_{i+2}、P_{i+3} 和 P_{i+4} 拉出三條直線 (如虛線所示)。

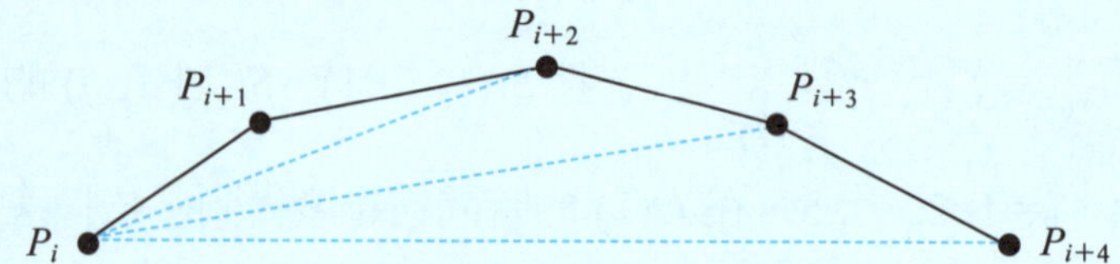

如果 $LISE\ (P_iP_{i+2})\le\varepsilon$，而 $LISE\ (P_iP_{i+3})>\varepsilon$ 和 $LISE\ (P_iP_{i+4})>\varepsilon$，則只需保留 $\overline{P_iP_{i+2}}$ 即可，故得下圖：

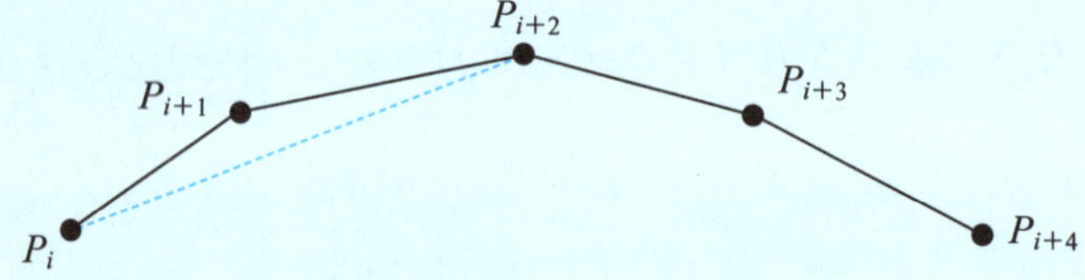

解答完畢

考慮第一個點 P_1，我們連接所有 P_1 和 P_i 的配對，$2\le i\le n$，假若 $LISE\ d_{1i}\le\varepsilon$ 的條件成立，每個邊給 1 的加權。依此類推，我們只需花 $O(n^2)$ 的時間和空間即可建立此整個有向圖 G。接著引用 Dijkstra 演算法 [3]，可在 G 上找出從 P_1 到 P_n 的最短路徑。在這最短路徑上，每一個段落皆滿足 $LISE$ 的要求。由 [3] 可知，我們可在 $O(n^2)$ 的時間內完成這最短路徑的尋找 [8]。找出的這條最短路徑就是 PA-# 問題的多邊形估計之解答。

為了讓讀者實際體會 PA-# 的多邊形估計問題，我們利用 Borland C++ Builder 4.0 語言在 Pentium 133 PC 上實作。輸入一張有 233 個線段的南臺灣

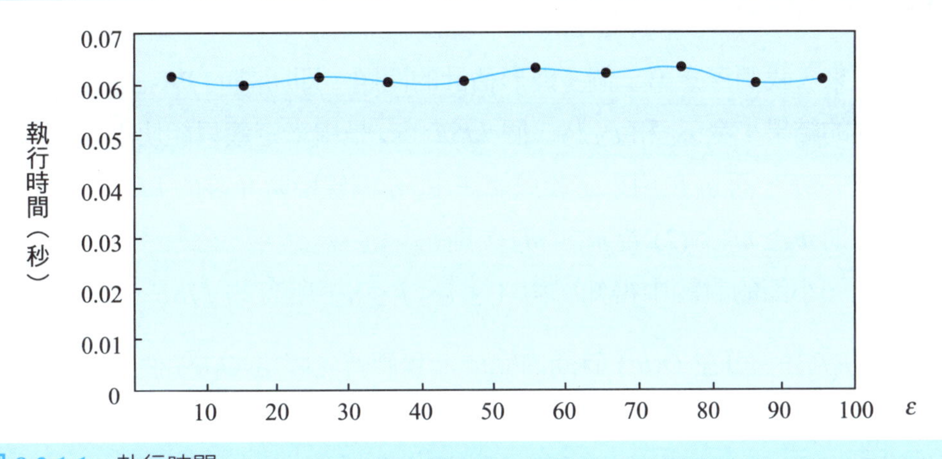

圖 8.3.1.1 執行時間

地圖。PA-# 問題可在圖 8.3.1.1 所示的時間內完成。較精確的時間複雜度為 $1.1\times10^{-6}\,n^2$，這裡 n 代表原物體外圍所需的段落數。

對 PA-# 問題，我們將 *LISE* 設定為 $\varepsilon=10$、$\varepsilon=20$、$\varepsilon=30$ 和 $\varepsilon=40$ 時，應用 8.3.1 節的方法，我們得到的多邊形估計分別為圖 8.3.1.2(a)、(b)、(c) 和 (d) 顯示的 27、19、15 和 13 個線段。

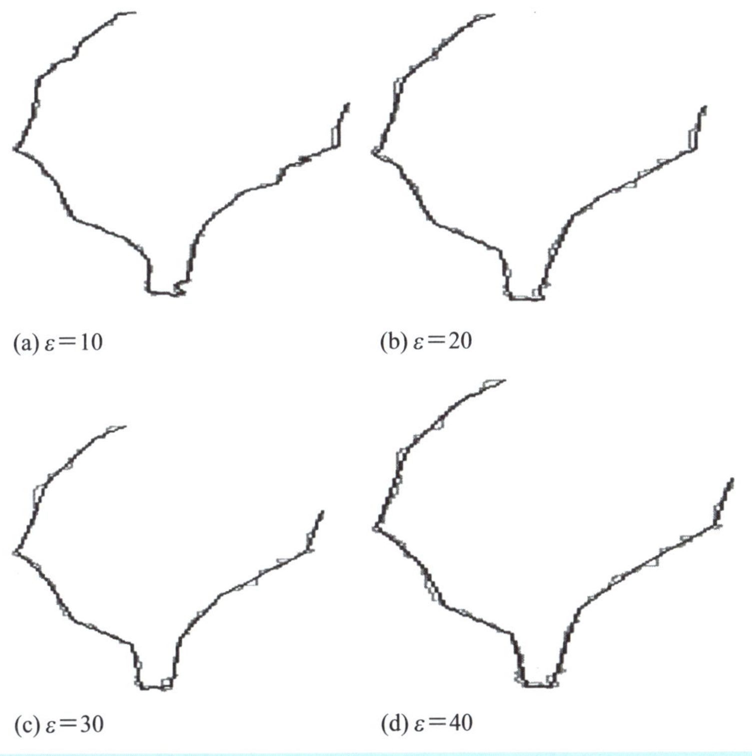

圖 8.3.1.2 PA-# 的實作結果

8.3.2 PA-ε

接下來，我們考慮第二個多邊形估計的問題，即所謂的 PA-ε。由 [5]，我們有下列的結果：令 ε_A 和 ε_B 為二個 *LISE*。ε_A 是用來定義只能使用 m_A 個線段時允許的 *LISE*，而 ε_B 是用來定義只能使用 m_B 個線段時允許的 *LISE*。則 (1) 若 $\varepsilon_A < \varepsilon_B$，則 $m_A \geq m_B$；(2) 若 $m_A < m_B$，則 $\varepsilon_A > \varepsilon_B$。

從上一小節的討論中得知，對 $1 \leq i < j \leq n$，所有的 *LISE*，$d_{ij} = \sum_{k=i+1}^{j-1} d^2(p_k, \text{line}(P_iP_j))$，可在 $O(n^2)$ 時間內完成。我們首先將這 $O(n^2)$ 個 *LISE* 予以排序，由大到小的次序為 err_1、err_2、…、err_q，$q = O(n^2)$。利用二分搜尋法，我們先固定 $err_{q/2}$ 為 *LISE*，然後利用 8.3.1 節的 PA-# 方法求出最小的線段數需求量 m'。假如 m' 等於給定的線段數 S，則完成 PA-ε 的解法了。否則，若 $m' > S$，則選 $err_{(q/4)'}$ 為 *LISE*，並再利用 8.3.1 節的方法重新執行一次。假若 $m' < S$，則選 $err_{(3q/4)'}$ 為 *LISE*，並依上法執行下去。至多花 $O(\log n)$ 的搜尋步驟便可完成 PA-ε 的工作。我們總共需花 $O(n^2 \log n)$ 的時間可完成 PA-ε 的解法。在 [2] 中，我們另外介紹如何利用 [4] 的隨機觀念將記憶體由 $O(n^2)$ 降至 $O(n)$。

利用原輸入有 233 個線段的南臺灣地圖，PA-ε 問題可在 $2.023 \times 10^{-6}\, n^2 \log n$ 的時間內解決掉。假設允許的段落數為 6、11、21 和 31，利用本節介紹的 PA-ε 解法，我們得到圖 8.3.2.1(a)、(b)、(c) 和 (d) 的結果。它們的

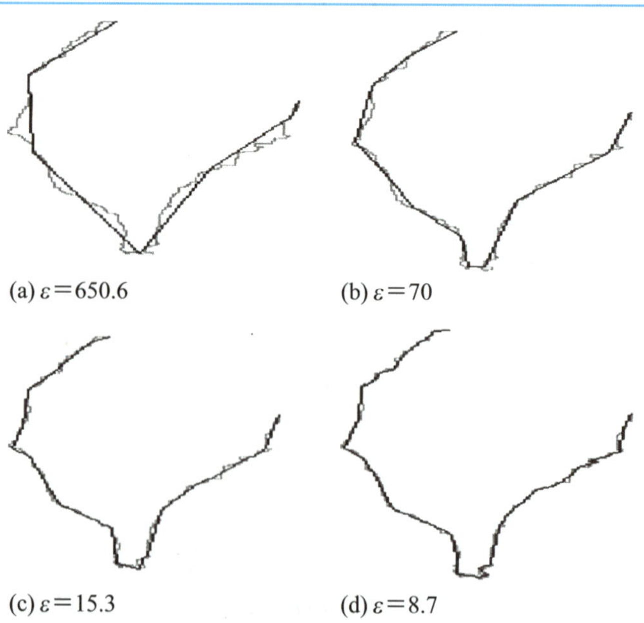

圖 8.3.2.1 PA-ε 的實作結果

LISE 誤差分別為 650.6、70、15.3 和 8.7。

在前二小節的討論中，不管是 PA-# 問題或是 PA-ε 問題，似乎都沒有考慮到物體邊緣的光影明暗。在 [15] 中，學者針對 PA-# 問題，特別注意到物體邊緣的明暗度會影響到多邊形估計的邊數多寡之需求量。

範例 1：何謂物體邊緣明亮度？

解答：例如給一月球的表面示意圖 (參見圖 8.3.2.2)，在這月球的邊緣上，由於角度的關係，左邊的邊緣明亮度偏暗色，而右邊的邊緣明亮度偏亮色。

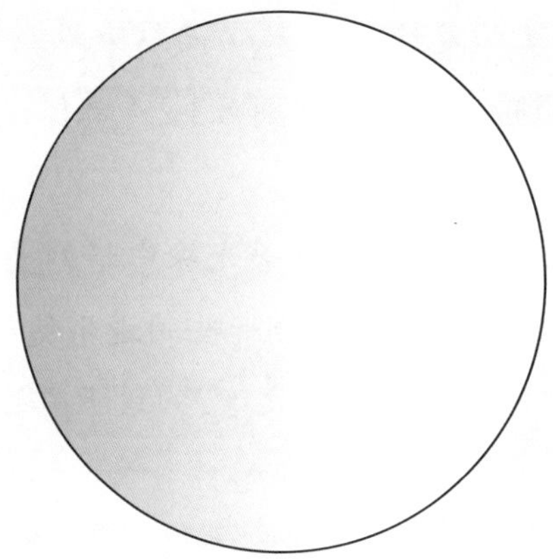

圖 8.3.2.2 物體邊緣明亮度不均等的情形

解答完畢

範例 2：物體邊緣明亮度如何影響多邊形估計的邊數多寡之需求量？

解答：根據人類的視覺系統，很自然地，會用較少的邊數來表示圖 8.3.2.2 的左半部，而用較多的邊數來表示圖 8.3.2.2 的右半部。我們沒有採用 8.3.1 節中所提的 *LISE* 誤差量度，也沒有採用一種稱為幾何失真的量度。簡單地說，幾何失真的量度就是在點 $P_{i+1}, P_{i+2}, \cdots$ 中找出一點 P_k，使得距離 $d^2(P_k, \overline{P_iP_j})$ 為最大之量度。在多邊形的估計中，對每一段的估計都需保證所計算出的最大幾何失真度必須小於事先設定的誤差允許值。

為了反映物體邊緣明亮度的影響，筆者重新定義了一種失真量度。我們首先可觀察出在圖 8.3.2.2 的上半部有下列現象：圖 8.3.2.3 為圖 8.3.2.2 上

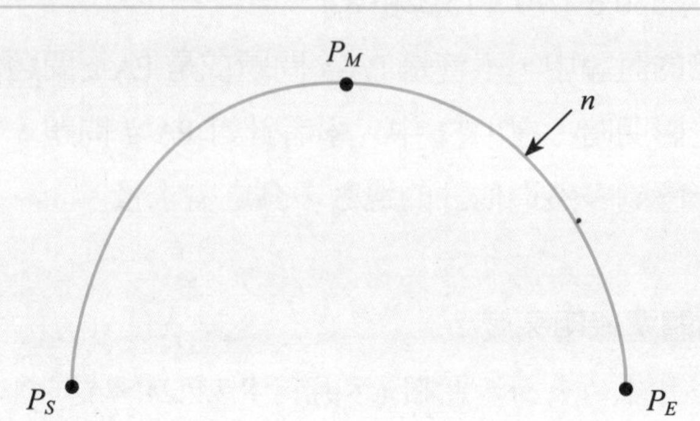

圖 8.3.2.3 梯度向量示意圖

半部的示意圖，上半部邊緣的起始點為 P_S，而結束點為 P_E。n 代表物體邊緣的梯度向量；P_M 代表明暗的中間點。圖 8.3.2.4 為梯度向量值大小的分佈圖。

從圖 8.3.2.4 可觀察出梯度向量值隨著光線由暗到亮逐漸變大。透過這個觀察我們可發現在 P_M 到 P_E 之間可用多一些的邊來估計它，原因是 P_M 到 P_E 之間的邊是物件邊緣較明晰的邊。反之，P_S 到 P_M 之間則用少一些的邊來估計它即可。

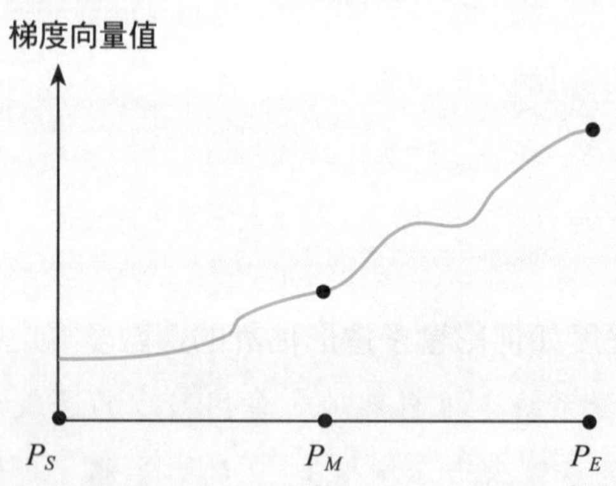

圖 8.3.2.4 梯度向量值分佈圖

解答完畢

在 [15] 中，作者利用重新定義幾何失真量度的方法來當作實作的依據。主要的概念是：較暗區域的幾何失真可賦與較小的加權，如此一來，較暗區域的多邊形估計，實際上相較於明亮區域，是允許較大失真的。

範例 3： 雖然以上二小節所介紹的多邊形估計法在 *LISE* 的考量下可達到：(1) 在固定誤差內的要求下，找出最少的線段數；(2) 在固定的線段數要求下，得到的結果可使得誤差最小，然而也有可能遺漏一些重要的特徵？

解答： 的確是有可能的，例如，在下面的圖形中：

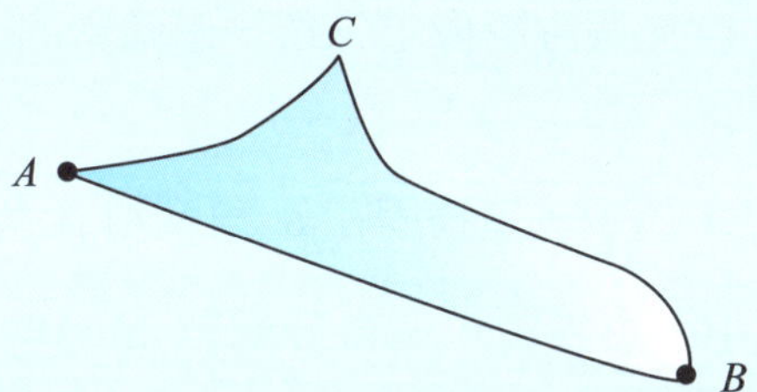

$\overline{AB}$ 的 *LISE* 並不大，但是尖凸的重要特徵點 C 卻被忽略掉了。在有些應用上，這種忽略有時是不被允許的。針對這個問題，我們可考慮在多邊形估計方法中納入曲率 (Curvature) 的考慮。在考慮 *LISE* 和曲率限制的情況下及利用圖論模型，在 [17] 中，PA-# 問題可被有效的解決。

解答完畢

8.4 對稱軸偵測與細化

在本節，我們要介紹兩個議題：對稱軸偵測與細化。

8.4.1 對稱軸偵測

在第四章中，我們在介紹拉普拉斯算子時，曾提到 $\nabla_x f$ 和 $\nabla_y f$ 二個梯度量。二個梯度量的合成大小可表示成

$$m = \sqrt{(\nabla_x f)^2 + (\nabla_y f)^2}$$

而二個梯度的夾角又可表示為

$$\phi = \arctan \frac{\nabla_y f}{\nabla_x f}$$

此處 $0 \le \phi \le 2\pi$。

為了建立所謂的梯度方向柱狀圖 (Gradient Orientation Histogram) [6]，我們首先將 $[0, 2\pi]$ 分割成若干份，例如 1024 份。事實上，我們也可以利用第四章介紹的 Sobel 算子來得到 ϕ 的值，讀者也可自己分割 $[0, 2\pi]$ 的份數。針對每一個 ϕ，事實上，它代表物體表面的走勢，我們在 $[0\cdots1023]$ 的角度區間中，找到 ϕ 對應的角度，然後在柱狀圖中投下一票，即完成 $h[i]=h[i]+1$ 的動作，此處 i 即為 ϕ 對應的角度。假設影像上，每一個像素的 ϕ 皆在 h 陣列投完票了。

有一物體如圖 8.4.1.1 所示，這物體在 α 角度和 β 角度有二個對稱軸。相對於梯度方向柱狀圖，[6] 定義了一個得分函數 $S(x)=\sum_{\theta=0}^{\pi} h(x+\theta)h(x-\theta)$，$h(x)=h(x\pm 2n\theta)$，我們針對每一個 x，$0\le x\le 1023$，求出其得到的 $S(x)$。這時我們有 $S(0)$、$S(1)$、⋯、$S(1023)$ 共 1024 個分數，從這 1024 個分數中，挑出分數最高的二個，其對應的角度就是我們要的 α 和 β。

在計算所有的 $S(x)$ 中，[7] 提出用 FFT 的方式來完成對所有 x 的 $S(x)=\sum_{\theta=0}^{\pi} h(x+\theta)h(x-\theta)$ 之迴積計算。

給一影像如圖 8.4.1.2 所示，利用上述方法所得的梯度方向柱狀圖如圖 8.4.1.3 所示。透過 $S(x)$ 所計算，我們得到的對稱軸如圖 8.4.1.4 中的中央白線所示。

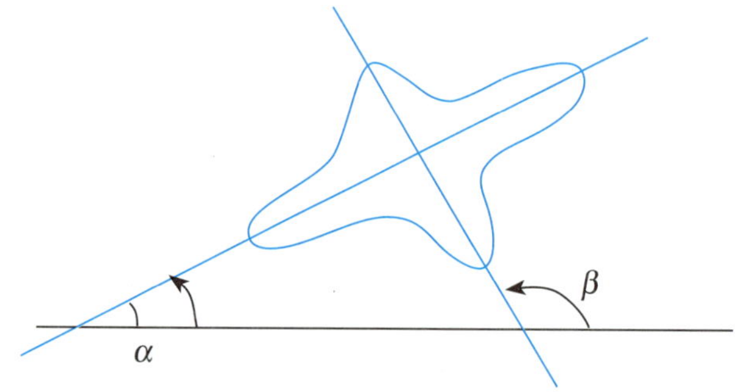

圖 8.4.1.1 一物體的二個對稱軸

圖 8.4.1.2　輸入的影像

圖 8.4.1.3　梯度方向柱狀圖

圖 8.4.1.4　所得對稱軸

8.4.2 細 化

細化 (Thinning) [10] 其實就是在找物體的骨架 (Skeleton)。令物體表示為 O 且物體的外圍輪廓為 B，讀者可以參見第四章的方法求得輪廓 B。在 O 內，若能找到一個像素 t 且在 B 上能找到二個邊點，e_1 和 e_2，使得 $d(t, e_1)=d(t, e_2)$，則 t 就可為 O 的骨架中之一個元素。這裡距離函數 $d(t, e_i)$，$1 \leq i \leq 2$，表示像素 t 和邊點 e_i 的最短距離。

在這一節中，我們主要考慮黑白影像的 O。我們要介紹的方法有些像剝洋蔥的方式，由外往內的順序。先選一個 3×3 的面罩，假設該面罩框住的 3×3 子影像的像素如圖 8.4.2.1 所示。以 Z_5 為中心，在圖 8.4.2.1 中 Z_5 之鄰近像素的非零像素個數記為 $N(Z_5)$。例如，當 $Z_1=0$、$Z_2=0$、$Z_3=1$、$Z_4=1$、$Z_6=1$、$Z_7=1$、$Z_8=0$ 和 $Z_9=1$ 時，可得 $N(Z_5)=5$。再者考慮 Z_5 的八個鄰近像素，以 Z_1 為出發點，且沿著順時針方向，計算出灰階由 0(1) 變到 1(0) 的個數，記為 $T(Z_5)$。依上面例子，可得 $T(Z_5)=2$。

當 $N(Z_5)=0$ 或 1 時，表示像素 Z_5 的八個鄰近像素中所有的像素皆為白色像素或只有一個像素為黑色像素。在這個例子中，Z_5 可能為孤立點或最外圍的端點。無論 Z_5 是孤立點或是端點，Z_5 都不該去除掉，也就是 $N(Z_5)=1$ 時，Z_5 不必改為 0。當 $N(Z_5)=0$ 時，我們本來就不做任何處理。換言之，當 $2 \leq N(Z_5) \leq 6$ 時且 $Z_5=1$ 時，Z_5 需進一步處理，以判定 Z_5 是否要改為 0。

假設 $2 \leq N(Z_5) \leq 6$ 的條件成立時，若 $T(Z_5)=1$ 也成立，則 $Z_5=1$ 時，Z_5 很有可能被改為 0。為了怕 $Z_5=1$ 被改為 0 後，對物體的細化將產生凹下去的作用。我們另外加了二個條件 $Z_2 \cdot Z_6 \cdot Z_8=0$ 和 $Z_2 \cdot Z_4 \cdot Z_6=0$ 以防

0 Z_1	0 Z_2	1 Z_3
1 Z_4	Z_5	1 Z_6
1 Z_7	0 Z_8	1 Z_9

圖 8.4.2.1 3×3 子影像

止去除黑色像素 Z_5 會造成凹下去的現象。我們已考慮了防止往東方和北方凹下去的情形。綜合以上分析，我們利用下列四個式子來決定 Z_5 是否要改為 0。

$$
\begin{aligned}
&(1)\ 2 \le N(Z_5) \le 6 \\
&(2)\ T(Z_5) = 1 \\
&(3)\ Z_2 \cdot Z_6 \cdot Z_8 = 0 \\
&(4)\ Z_2 \cdot Z_4 \cdot Z_6 = 0
\end{aligned}
\qquad (8.4.2.1)
$$

若以上四個式子皆成立，則 $Z_5=1$ 時，將 Z_5 改為 0。

細化時，需考慮到細化過程時的對稱性。以上四個式子中的 (3) 式和 (4) 式考慮了北方和東方的方向進行細化工作。為平衡細化後的骨架，我們可交替另外考慮西方和南方的細化程序，其相關的四個式子如下所示：

$$
\begin{aligned}
&(1)\ 2 \le N(Z_5) \le 6 \\
&(2)\ T(Z_5) = 1 \\
&(3)\ Z_4 \cdot Z_6 \cdot Z_8 = 0 \\
&(4)\ Z_2 \cdot Z_4 \cdot Z_8 = 0
\end{aligned}
\qquad (8.4.2.2)
$$

實際進行細化物體 O 時，我們在物體 O 的最外圍開始依式 (8.4.2.1) 進行細化的工作。再依式 (8.4.2.2) 進行另二個方向的細化工作。利用式 (8.4.2.1) 和式 (8.4.2.2) 在物體 O 的外圍不斷地交替進行細化工作，直到無法再細化為止。

範例 1：給定如下所示的小影像

0	1	1	1
1	1	1	0
1	0	0	0

試問上述小影像中間的兩個像素經細化後可否被移除？

解答：先檢查下面的 3×3 子影像

0	1	1
1	1	1
1	0	0

很容易求得

$$N(Z_5)=5$$
$$T(Z_5)=2$$

由於 $T(Z_5)=2\neq 1$，所以 3×3 子影像中的 $Z_5=1$ 不可改為 $Z_5=0$。

接下來，我們檢查下面的 3×3 子影像

1	1	1
1	1	0
0	0	0

可求得

$$N(Z_5)=4$$
$$T(Z_5)=1$$
$$Z_2\cdot Z_6\cdot Z_8=0$$
$$Z_2\cdot Z_4\cdot Z_6=0$$

由於滿足移除的四個條件，所以上述的 3×3 子影像中的 $Z_5=1$ 可改為 $Z_5=0$。

解答完畢

範例 2： 給予下列六組 3×3 黑白子影像，請利用下列細化的條件式子對這些黑白子影像的中心黑像素予以細化，並加以說明原因。

- $2 \leq N(Z_5) \leq 6$
- $T(Z_5)=1$
- $Z_2 \cdot Z_6 \cdot Z_8=0$
- $Z_2 \cdot Z_4 \cdot Z_6=0$

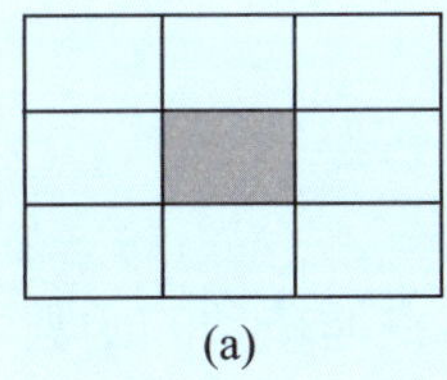
(a)

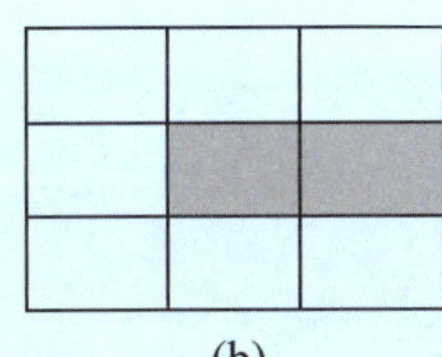
(b)

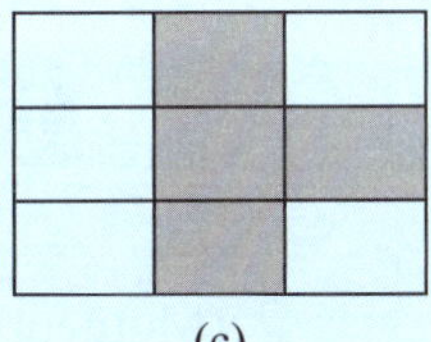
(c)

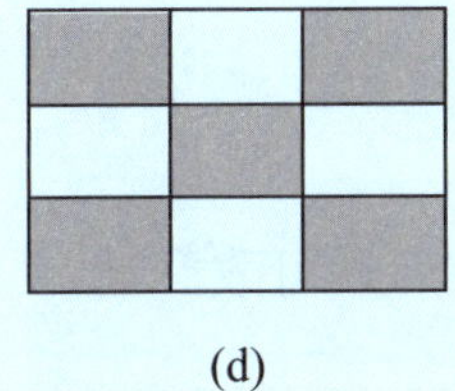
(d)

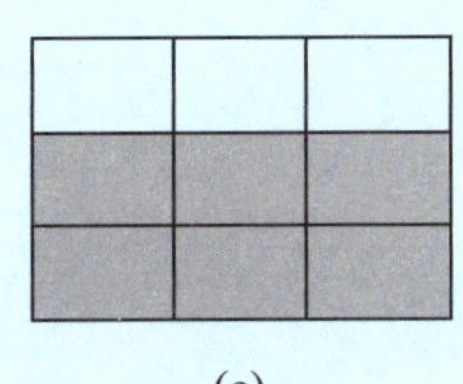
(e)

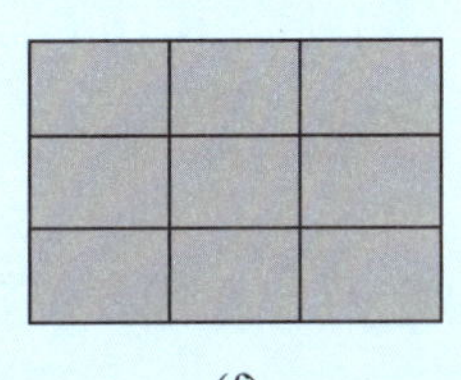
(f)

解答： 仿照範例 1 的類似方式，可以得到

(a) 因為 $N(Z_5)=0$，表示 Z_5 為孤立點，所以 Z_5 不能移除，故 $Z_5=1$。

(b) 因為 $N(Z_5)=1$，表示 Z_5 八個鄰近像素只有一個非零像素的鄰居，即 Z_5 為一個端點，不能被消除，故 $Z_5=1$。

(c) 因為 $T(Z_5)=3$，表示 Z_5 為二個線段以上的連結點，所以 Z_5 不能被消除，故 $Z_5=1$。

(d) 因為 $T(Z_5)=4$、$Z_5=1$，理由同上。

(e) 因為 $N(Z_5)=5$、$T(Z_5)=1$、$Z_2 \cdot Z_6 \cdot Z_8=0$、$Z_2 \cdot Z_4 \cdot Z_6=0$，表示 Z_5 為一邊界點，所以 Z_5 可以被消除，也就是 $Z_5=0$。

(f) 因為 $N(Z_5)=7$，表示 Z_5 為一內部點，所以 Z_5 不能被消除，故 $Z_5=1$。

解答完畢

圖 8.4.2.2 為一輸入的影像，經上述細化法作用後，我們得到圖 8.4.2.3 的細化結果。為便於實作，我們在 8.12 節中安排了一個細化的 C 程式。

圖 8.4.2.2 輸入之影像圖

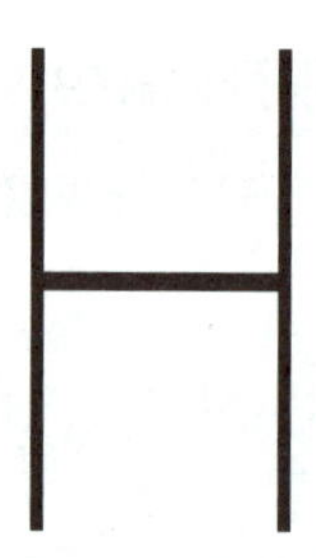

圖 8.4.2.3 細化後的結果

8.5 動差計算

動差 (Moment) 在影像處理的特徵表達上有蠻多的應用。在連續型的函數 $f(x, y)$ 上，其 $(p+q)$ 階的動差可表示為

$$m_{pq} = \int_{-\infty}^{\infty}\int_{-\infty}^{\infty} x^p y^q \ f(x, y)\, dx\, dy \tag{8.5.1}$$

此處 $f(x, y)$ 代表位於 (x, y) 的像素之灰階值。式 (8.5.1) 的離散形式可改寫為

$$m_{pq} = \sum_{1\leq x\leq 512}\ \sum_{1\leq y\leq 512} x^p y^q \ f(x, y) \tag{8.5.2}$$

此處假設影像的大小為 512×512。在實際的應用中，$(p+q)$ 的階數通常不大於 3。換言之，低階的動差計算較常被用到。

質心 (Centroid) 是很重要的一個幾何性質。質心可表示為

$$\left(\frac{m_{10}}{m_{00}}, \frac{m_{01}}{m_{00}}\right)$$

m_{00} 其實就是把灰階值加總起來。給一 3×3 的影像如圖 8.5.1 所示，其 m_{10} 可計算得

$$m_{10}=0\times(1+2+3)+1\times(1+3)+2\times(1+1+2)=12$$

m_{01} 可計算得

$$m_{01}=1\times(2+1+1)+2\times(3+3+2)=20$$

m_{00} 可計算得

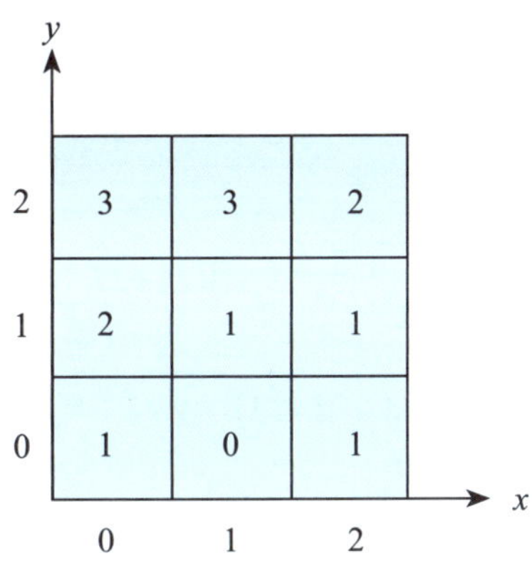

圖 8.5.1 一個例子

$$m_{00}=1+2+3+1+3+1+1+2=14$$

所以質心為 $\left(\dfrac{12}{14},\dfrac{20}{14}\right)$。在連續影像中，質心的變動有時可用來幫助移動物體追蹤用。從二個質心中，我們可求出質心間的距離與角度以為物體追蹤的參考。

另外有一種中心動差 (Central Moment) 也很常用到，其定義為

$$u_{pq}=\sum_{1\le x\le 512}\sum_{1\le y\le 512}(x-\bar{x})^p(y-\bar{y})^q f(x,y) \tag{8.5.3}$$

此處 $\bar{x}=\dfrac{m_{10}}{m_{00}}$ 和 $\bar{y}=\dfrac{m_{01}}{m_{00}}$。結合式 (8.5.2) 和式 (8.5.3) 關於動差和中心動差的定義，我們接著介紹一個很重要的物件特徵：主軸 (Major Axis)。它主要的應用之一是可定位物件的主軸所在，這樣解釋仍有些不清楚，或許把主軸想像成烤肉時的轉軸就容易體會了。

範例 1：給一小影像

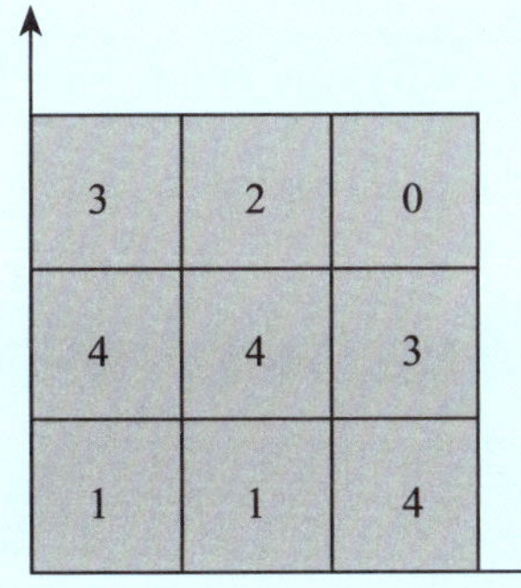

(1) 請求出此影像的動差 m_{00}、m_{10}、m_{01}，和此影像的質心。

(2) 請求出此影像的中心動差 u_{00}、u_{10}、u_{01}。

解答：

(1) 由 $m_{00}=1+4+3+1+4+2+4+3+0=22$

$$m_{10}=0*(1+4+3)+1*(1+4+2)+2*(4+3+0)=21$$

$$m_{01}=0*(1+1+4)+1*(4+4+3)+2*(3+2+0)=21$$

可得質心 $\left(\frac{21}{22},\frac{21}{22}\right)$。

(2) $u_{00}=1+4+3+1+4+2+4+3+0=22$

$$u_{10}=((0-\frac{21}{22})\times(1+4+3)+(1-\frac{21}{22})\times(1+4+2)+(2-\frac{21}{22})\times(4+3+0))$$
$$=0$$

$$u_{01}=((0-\frac{21}{22})\times(1+1+4)+(1-\frac{21}{22})\times(4+4+3)+(2-\frac{21}{22})\times(3+2+0))$$
$$=0$$

解答完畢

假設某一物體的形狀如圖 8.5.2 所示。為討論方便起見，令在圖 8.5.2 內但在物體外的背景其灰階值皆為零，而物體內位於 (x, y) 位置的灰階值為 $f(x,y)$。

在圖 8.5.2 中，直線 L 為待求解的主軸所在處。在 L 上取一點 (x, y) 且假設經過點 (α,β)，則主軸 L 可由點 (x,y) 和點 (α,β) 表示如下：

$$\frac{y-\beta}{x-\alpha}=\frac{\sin\theta}{\cos\theta}=\tan\theta$$

上式亦可改成 $(x-\alpha)\sin\theta-(y-\beta)\cos\theta=0$。很明顯地，若點 (x', y') 不在 L 軸上，則 $(x'-\alpha)\sin\theta-(y'-\beta)\cos\theta\neq 0$。換言之，若點 (x', y') 離 L 軸愈遠，則 $(x'-\alpha)\sin\theta-(y'-\beta)\cos\theta$ 離零愈遠。那麼 $[(x'-\alpha)\sin\theta-(y'-\beta)\cos\theta]^2$ 似乎也可視為一種偏離 L 軸的慣量，而 $f(x, y)$ 視為加權，如此一來，圖 8.5.2 中物體上所有點累積的慣量可表示為

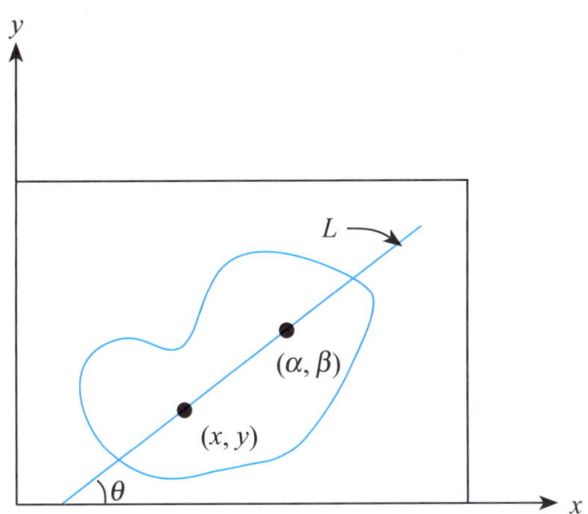

圖 8.5.2 物體上求主軸

$$\Sigma\Sigma[(x-\alpha)\sin\theta-(y-\beta)\cos\theta]^2 f(x,y) \tag{8.5.4}$$

最佳的主軸所在會使得式 (8.5.4) 有最小值，也就是相當於在解下式：

$$\min_{\alpha,\beta,\theta} \Sigma\Sigma[(x-\alpha)\sin\theta-(y-\beta)\cos\theta]^2 f(x,y) \tag{8.5.5}$$

解式 (8.5.5) 中的三個變數是一最小化問題，首先式 (8.5.5) 對 α 和 β 分別微分且令為零，可得

$$\begin{aligned} -2\sin\theta\,\Sigma\Sigma[(x-\alpha)\sin\theta-(y-\beta)\cos\theta]f(x,y)=0 \\ 2\cos\theta\,\Sigma\Sigma[(x-\alpha)\sin\theta-(y-\beta)\cos\theta]f(x,y)=0 \end{aligned} \tag{8.5.6}$$

在式 (8.5.6) 中，不可能存在一個特定的 θ 使得 $\sin\theta=\cos\theta=0$，所以可得下式

$$\Sigma\Sigma\, x\sin\theta\, f(x,y)-\Sigma\Sigma\,\alpha\sin\theta\, f(x,y)-\Sigma\Sigma\, y\cos\theta\, f(x,y)+\Sigma\Sigma\,\beta\cos\theta\, f(x,y)=0$$

依式 (8.5.2) 的定義，上式可改寫為

$$\sin\theta\, m_{10}-\alpha\sin\theta\, m_{00}-\cos\theta\, m_{01}+\beta\cos\theta\, m_{00}=0$$

上式除以 m_{00} 後，又可改寫為

$$\sin\theta\,\bar{x}-\alpha\sin\theta-\cos\theta\,\bar{y}+\beta\cos\theta=0$$

經過移項整理，我們得 $\sin\theta(\bar{x}-\alpha)+\cos\theta(\beta-\bar{y})=0$，故可解得 $\alpha=\bar{x}$ 和 $\beta=\bar{y}$。因此我們得到下面的定理。

定理 8.5.1 **物體的主軸會通過質心。**

解完了 α 和 β 的值後，我們接著解 θ。將 $\alpha=\bar{x}$ 和 $\beta=\bar{y}$ 代入式 (8.5.5) 中，解 θ 的問題變成了這樣的一個最小化問題：

$$\min_{\theta} \Sigma\Sigma[(x-\alpha)\sin\theta-(y-\beta)\cos\theta]^2 f(x, y) \tag{8.5.7}$$

式 (8.5.7) 對 θ 微分後令為零，可得

$$u_{20}\sin 2\theta-u_{02}\sin 2\theta-2u_{11}\cos 2\theta=0$$

兩邊除以 cos 2θ，可得

$$u_{20}\tan 2\theta-u_{02}\tan 2\theta=2u_{11}$$

所以得到 $\theta=\frac{1}{2}\tan^{-1}\frac{2u_{11}}{u_{20}-u_{02}}$。於是得到下面定理。

定理 8.5.2 **物體的主軸與 x 軸的夾角為 $\frac{1}{2}\tan^{-1}\frac{2u_{11}}{u_{20}-u_{02}}$。**

的確蠻有趣的，物體的主軸決定，經過一番數學推演，可以用動差與中心動差來表示其通過的質心和主軸與 x 軸的夾角。物件的主軸決定在移動物體的追蹤有一些應用。

8.6 同現矩陣

首先，我們先介紹一種利用同現矩陣 (Co-occurrence Matrix) 來表示紋理的方法，為方便敘述，這個矩陣簡稱為 Co 矩陣。給一影像如圖 8.6.1 所示，我們將用它來模擬是如何計算出 Co 矩陣。

Co 矩陣可表示為 Co$[i, j, d, \theta]$，這裡 i 和 j 代表兩對應灰階值，d 代表 i 和 j 的距離，而 θ 表示 i 到 j 的角度。我們來看幾個不同 i、j、d 和 θ 的組合。例如，$d=1$ 和 $\theta=0^\circ$ 時，由圖 8.6.1，我們得到如下的 Co 矩陣：

1	1	0	0
3	0	0	3
3	2	2	3
1	1	0	0

圖 8.6.1 輸入的影像

	0	1	2	3
0	3	0	0	1
1	2	2	0	0
2	0	0	1	1
3	1	0	1	0

再者，$d=1$ 和 $\theta=90^{\circ}$ 時，我們得到如下的 Co 矩陣：

	0	1	2	3
0	1	0	2	1
1	1	0	0	1
2	1	1	0	0
3	1	1	0	2

範例 1：可否建構出下面影像的 Co 矩陣？

6	6	6	6
4	4	4	4
6	6	6	6
4	4	4	4

解答：根據 Co 矩陣的定義，上述影像的 Co 矩陣在 $d=2$ 和 $\theta=90^\circ$ 時可被建構為：

	0	1	2	3	4	5	6
0	0	0	0	0	0	0	0
1	0	0	0	0	0	0	0
2	0	0	0	0	0	0	0
3	0	0	0	0	0	0	0
4	0	0	0	0	4	0	0
5	0	0	0	0	0	0	0
6	0	0	0	0	0	0	4

由所建構的 Co 矩陣可得知：原影像在距離為 2 的情況下有間隔出現的橫條紋理，且知是灰階值 4 和 6 在垂直間隔 2 個距離下有兩條水平紋理。

解答完畢

同現矩陣的確可描述出影像中有等距離且呈現某種角度走向的規則紋理，例如有些衣服或動物的皮毛都相當具有這一類的紋理。就筆者所知，同現矩陣近幾年已被應用到紡織布匹的檢測上。

8.7 支持向量式的紋理分類

在這一節中，我們將介紹如何利用支持向量 (Support Vector Machine, SVM) 的方法來進行紋理分類 (Texture Classification) [12]。為簡化討論，我們主要以二類的紋理分類為主要介紹對象。關於 SVM 的詳細原理可參見 [13]。接下來，我們介紹 SVM 的一些基本原理。

在空間上給二群資料 $\{(x_i, y_i) \mid i=1,2,\cdots,n, x_i \in R^d, y_i \in \{1,-1\}\}$，如圖 8.7.1 所示，SVM 的目標就是找到一個超平面 $w^t x + b = 0$，以便將圖 8.7.1 中的二群資料分得最開，這裡的向量 w 和純量 b 為未知。

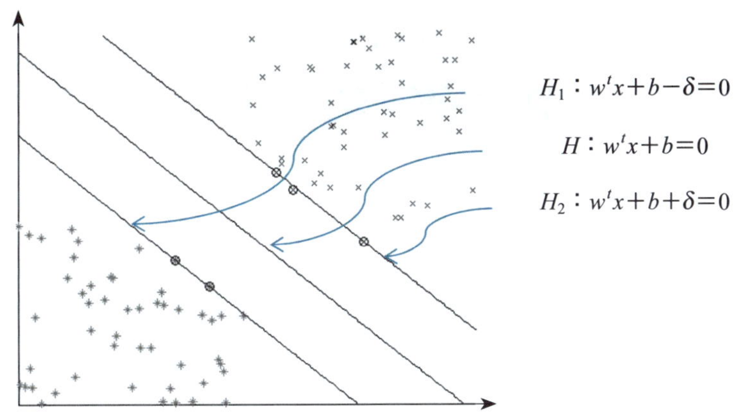

圖 8.7.1 二群資料的分類

在圖 8.7.1 中，SVM 得到的超平面 $w^tx+b=0$ 距離兩支持超平面的距離皆是 δ。對 H_1 和對 H_2 的相關係數正規化，可得到

$$H_1 : w^t x + b - 1 = 0$$
$$H_2 : w^t x + b + 1 = 0$$

H_1 到原點的距離為 $\frac{|b-1|}{\|w\|}$；H_2 到原點的距離為 $\frac{|b+1|}{\|w\|}$。SVM 要找的 $w^tx+b=0$ 需使 H_1 和 H_2 距離最遠，也就是 $\frac{2}{\|w\|}$ 最大；換言之，$\|w\|$ 最小，所以 SVM 的目標就是解

$$\min_{w,b} w^t w$$
$$y_i((w^t x_i) + b) \geq 1$$

給二張訓練用紋理影像如圖 8.7.2(a) 和圖 8.7.2(b) 所示。我們的目標為設計出一個分類的機制 [14]，以有效地將輸入的小模組矩陣 (子影像) 予以分類為屬於圖 8.7.2(a) 或圖 8.7.2(b)。最後將所有的小模組矩陣的分類予以綜合起來，我們就能判定原對應的輸入影像屬於哪一類了。

我們首先在訓練用的二張影像上，將其分割成 L 份，假設每份的訓練小模組為一張 $\sqrt{M} \times \sqrt{M}$ 的子影像，則可先將其轉換成 $(X_i, y_i) \in R^M \times \{\pm 1\}$，$i = 1, 2, \cdots, L$。這裡 X_i 為一向量，而 $y_i=1$ 代表 X_i 來自於圖 8.7.2(a) 的 A 類。反之，

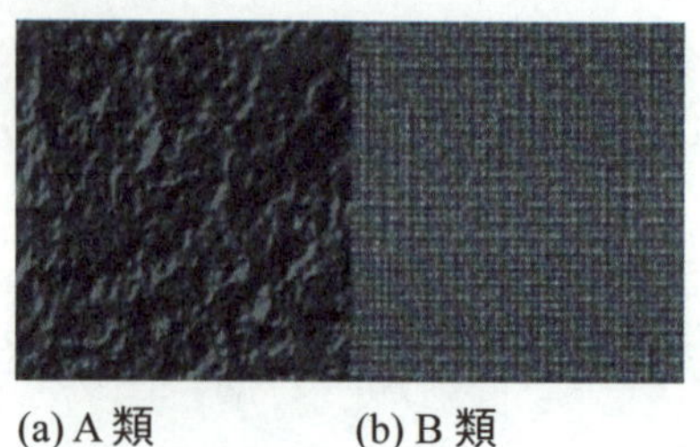

圖 8.7.2 訓練用的二類影像

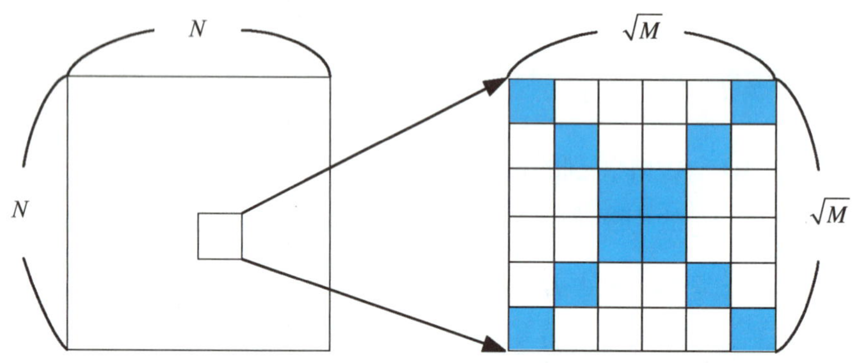

圖 8.7.3 抽樣

$y_i=-1$ 代表 X_i 來自於圖 8.7.2(b) 的 B 類。圖 8.7.3 為一張 $N \times N$ 訓練影像中的一個 $\sqrt{M} \times \sqrt{M}$ 小模組之例子，採取抽樣的優點是可節省計算量。這裡我們沿用圖 8.7.2(a) 的例子。

接著，我們將這些為數 L 個的小模組代入下列的二次數學規劃的問題 (Quadratic Programming Problem) 上以解得係數 α_1、α_2、⋯、α_L。在這些解得的係數中，我們有興趣的是正的係數。下式的 C 由讀者設定，例如：$C=100$。

$$\max D(\alpha)=\sum_{i=1}^{L}\alpha_i-\frac{1}{2}\sum_{i,\,j=1}^{L}\alpha_i\,\alpha_j y_i y_j (X_i \cdot X_j)$$

滿足

$$\sum_{i=1}^{L}\alpha_i y_j=0\text{，}0\le\alpha_i\le C$$

這些解出的正係數所對應的小模組向量集也稱作支持向量。假設共有 L' 個支持向量被解出來。這些利用訓練影像所得到的正係數在後面的分群上有很重要的應用。

範例 1：如何將 L' 個支持向量所對應的抽樣模組集找出來呢？

解答： 假設之前求出的 L 個支持向量 α_1、α_2、⋯ 和 α_L 所對應的抽樣模組向量為 X_1、X_2、⋯、X_L，為便於理解，我們將兩者的關係圖示如下：

$$\begin{gathered}\alpha_1 \leftrightarrow X_1 \\ \alpha_2 \leftrightarrow X_2 \\ \vdots \\ \alpha_L \leftrightarrow X_L\end{gathered}$$

令大於等於零的支持向量為 α_1'、α_2'、⋯、α_L'，且它們所對應的抽樣模組向量為 X_1'、X_2'、⋯、X_L'。

解答完畢

理想上，對圖 8.7.2 而言，我們在圖 8.7.2(a) 和 (b) 上任取一小模組 X 後，將其代入 $f(x) = \text{sgn}\,(\sum_{i=1}^{L'} y_i \alpha_i X_i^{L'} \cdot X + b)$ 後，可測得正負號，$f(x)$ 的值為正，則代表小模組 X 屬於圖 8.7.2(a)，我們輸出一個黑點以代表之；反之，若 $f(x)$ 的值為負並以白點代表之，則代表小模組 X 屬於圖 8.7.2(b)。當我們將所有的小模組測試完畢後，可得類似於圖 8.7.4 的圖。經過中值法作用後，我們可得圖 8.7.5(a)，而分割兩類紋理的分割線如圖 8.7.5(b) 所示。

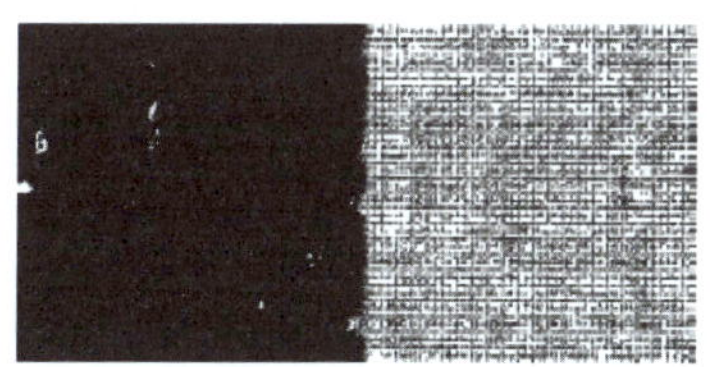

圖 8.7.4 分類後的結果

(a) 中值法後的分類結果

(b) 二類的分割結果

圖 8.7.5 處理後的結果

在上述 $f(x)$ 的計算中，$(X_i^{L'} \cdot X)$ 的計算可轉換成 $\phi(X_i^{L'}) \cdot \phi(X)$ 的計算，往往經過這樣的轉換後，可得更好的分割效果。令

$$K(X_i^{L'} \cdot X) = \phi(X_i^{L'}) \cdot \phi(X)$$

這裡內積核 (Inner Product Kernel) 通常有下列三種選擇：

$$K(x, y) = (x \cdot y)^p \text{：多項式核}$$

$$K(x, y) = \exp\left(-\frac{1}{2\sigma^2}\|x-y\|^2\right) \text{：高斯核}$$

$$K(x, y) = \tanh(x \cdot y - \theta) \text{：切線雙曲線核}$$

介紹完二類紋理的分割，很自然會聯想將其擴展到更多類紋理的分割上。例如，針對四類紋理的分割，我們可利用圖 8.7.6 的四種二類紋理分割的組合來達到四類紋理分割的目的。

在圖 8.7.6(a) 中，利用前面介紹的方法可將 A 類的紋理和 B、C、D 類的紋理分開，依此類推，當處理完圖 8.7.6(d) 後，我們就可將四類的紋理予以分割開來。

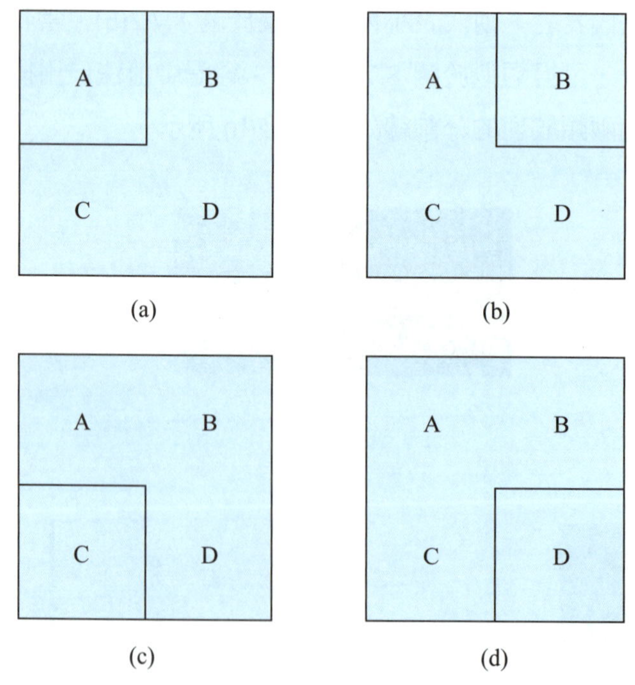

圖 8.7.6 四種二類紋理的分割

8.8 Adaboost 分類法

由 Freund 和 Schapire [18] 所提出的 Adaboost 分類法是一種普遍受到重視的機器學習法，這幾年在人臉辨識和血管識別上 [18] 都有很不錯的表現。這個分類法常與其他的機器學習法混合使用，有時候也稱作 Meta 分類法。以下我們以血管識別為例。

首先，我們輸入 m 個訓練樣本 $(F_1, y_1), (F_2, y_2), \cdots, (F_m, y_m)$，令 F_i 代表第 i 個訓練樣本的特徵，此特徵可以是一個 n 維的向量，n 的大小取決於我們在像素點上取了多少特性，我們以 $F_i = [f_{i(1)} f_{i(2)} \ldots f_{i(n)}]^T$ 表示之，如圖 8.8.1 所示。訓練樣本中的 y_i 代表的是 F_i 是否具備了血管的特徵，或者說其為血管的一部分，假若 F_i 為血管上的特徵，則令 $y_i = 1$；反之，則令 $y_i = -1$。

令像素點 $I(x, y)$ 經過低通濾波器後得到 $S(x, y)$ $(= G(x, y, \sigma) * I(x, y))$。利用 $S(x, y)$，我們得到赫斯矩陣 (Hessian Matrix) 如下：

$$M_h(x, y) = \begin{bmatrix} \dfrac{\partial^2 S(x, y)}{\partial x^2} & \dfrac{\partial^2 S(x, y)}{\partial x \partial y} \\ \dfrac{\partial^2 S(x, y)}{\partial y \partial x} & \dfrac{\partial^2 S(x, y)}{\partial y^2} \end{bmatrix} \tag{8.8.1}$$

算出 $M_h(x, y)$ 的特徵值 λ_1 和 λ_2，令 $R = \lambda_1 / \lambda_2$，且 $|\lambda_1| \leq |\lambda_2|$。$\lambda_1$ 和 λ_2 對應的兩個特徵向量可用來當作 F_1 的特徵值。在 [18] 中，F_i 的特徵向量長度可達 41 維。

在 Adaboost 分類法中，我們首先設定迭代次數。令迭代次數為 K，每經過一次迭代後，我們將會得到一個弱分類器 (Weak Classifier，符號定義

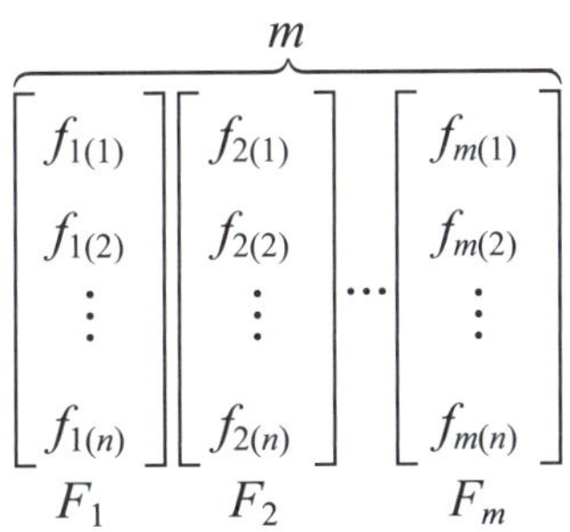

圖 8.8.1 m 個訓練樣本

為 h)。完成 K 次迭代後，即可將此 K 個弱分類器組成一個強分類器 (Strong Classifier，符號定義為 H)，並透過所得到的強分類器來判斷輸入之像素是否為一血管上的像素。

令 W_i^k 為第 k $(1 \le k \le K)$ 次迭代中第 i 個訓練樣本的權重。首先我們初始化 m 個訓練樣本 $F_1, F_2, \cdots, F_m$ 的權重分別為

$$w_i^1 = \frac{1}{m}\text{，} i \in \{1, 2, \cdots, m\} \tag{8.8.2}$$

已知訓練樣本 F_i 為一個 n 維的向量，n 即為 F_i 的特徵個數。我們在 m 個向量 $F_1, F_2, \cdots, F_m$ 中，令 Γ_j 為分別從每個向量取出第 j 個元素之集合，即 $\Gamma_j = \{f_{i(j)} \cdot \forall\, i \in \{1, 2, \cdots, m\}\}$，其中 $j \in \{1, 2, \cdots, n\}$。把 Γ_j 中的元素進行排序後，可得到排序後的結果 $V_j = \langle v_{1(j)}, v_{2(j)}, \cdots, v_{m(j)} \rangle$。經過 n 次的排序後，我們可得到 $V_1, V_2, \cdots, V_n$，如圖 8.8.2 所示。

接下來，我們先針對 V_j 中的每個元素進行粗略的分類。我們使用下述門檻值進行粗略的分類：

$$T_{V_j} = \left\{ t_x = \frac{v_{x(j)} + v_{x+1(j)}}{2} \,\middle|\, \forall\, x \in \{1, 2, \cdots, m-1\} \right. \tag{8.8.3}$$

接著，分別把門檻值與 Γ_j 裡的元素進行比較，我們可以得到比較後的結果：

$$R_{t_x, \Gamma_j}^k = \left\langle h_{t_x}^k (f_{i(j)}) \,\middle|\, \forall\ f_{i(j)} \in \Gamma_j, \forall\, i \in \{1, 2, \cdots, m\} \right\rangle \tag{8.8.4}$$

其中

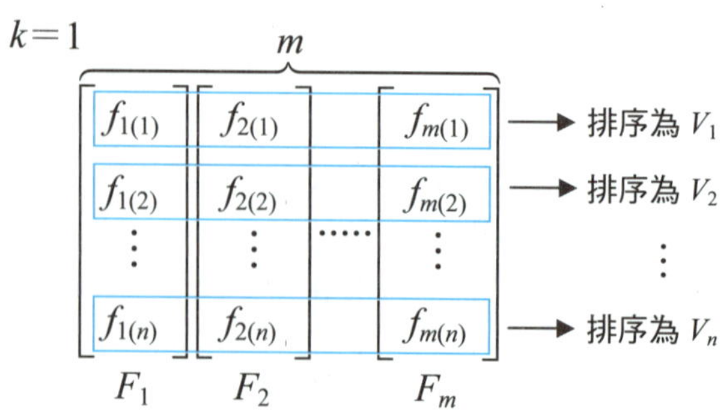

圖 8.8.2　排序後的向量

$$h_{t_x}^k(f_{i(j)})=\begin{cases}1 & \text{，若 } f_{i(j)}\le t_x \text{ ，} j\in\{1,2,\cdots,n\}\\ -1 & \text{，其他}\end{cases}$$

由上式中，我們可以得知當 $f_{i(j)}$ 小於等於 t_x，就認定 $f_{i(j)}$ 是血管上之特徵並定義 $h_{t_x}^k(f_{i(j)})=1$；反之，則 $f_{i(j)}$ 並非為血管上之特徵並定義 $h_{t_x}^k(f_{i(j)})=-1$。另外，由式 (8.8.3) 可以得知，每一個 Γ_j 可以產生出 $m-1$ 個門檻值。因此，針對 Γ_j 而言，我們可以得到 $m-1$ 個比較後的結果，即為 $\{R_{t_1,\Gamma_j}^k, R_{t_2,\Gamma_j}^k, R_{t_3,\Gamma_j}^k,\cdots, R_{t_{m-1},\Gamma_j}^k\}$。

在得到 $m-1$ 個結果之後，我們將所得到的結果與正確的結果 y_i 進行比較以分別計算出每個結果的錯誤率：

$$\varepsilon_j^k=\{e_x^k(R_{t_x,\Gamma_j}^k)\,|\,\forall\, x\in\{1,2,\cdots,m-1\},\forall\, t_x\in T_{V_j}\}\tag{8.8.5}$$

其中 $e_x^k(R_{t_x,\Gamma_j}^k)=\sum_{i=1}^{m}\omega_i^k(R_{t_x,\Gamma_j}^k)$，

$$\omega_i^k(R_{t_x,\Gamma_j}^k)=\begin{cases}W_i^k & \text{，若 } h_{t_x}^k(f_{i(j)})\ne y_i \text{ ，} \forall\, h_{t_x}^k(f_{i(j)})\in R_{t_x,\Gamma_j}^k\\ 0 & \text{，其他}\end{cases}$$

若所得到的結果 $h_{t_x}^k(f_{i(j)})$ 與真實結果 y_i 相同，則視為正確，即錯誤率累加值為 0。反之，則將 W_i^k 累加到錯誤率之和中。而後，我們將可透過下式得知針對每個特徵向量第 j 個元素之最佳門檻值 $t_{O(j)}^k$ 及其所對應之錯誤率 E_j^k：

$$\begin{aligned}t_{O(j)}^k&=\arg\min_{t_x\in T_{V_j}}(e_x^k(R_{t_x,\Gamma_j}^k))\\ E_j^k&=\min(\varepsilon_j^k)\end{aligned}\tag{8.8.6}$$

其中 $j\in\{1, 2, \cdots, n\}$。求得 n 個最佳門檻值後，我們將可以求得此次迭代的弱分類器 $R_{t_{O(\eta)}^k,\Gamma_\eta}^k$ 及其對應的錯誤率 ϕ^k：

$$\begin{aligned}R_{t_{O(\eta)}^k,\Gamma_\eta}^k&=\left\langle h_{t_{O(\eta)}^k}^k(f_{i(\eta)})\,\middle|\,\forall\, f_{i(\eta)}\in\Gamma_\eta,\forall\, i\in\{1,2,\cdots,m\}\right\rangle\\ \phi^k&=\min(\{E_j^k\,|\,\forall\, j\in\{1,2,\cdots,n\}\})\end{aligned}\tag{8.8.7}$$

其中 $\eta=\arg\min_j(E_j^k)$。

而後，在每一次迭代中，我們會透過弱分類器的錯誤率 ϕ^k 來更新權重，更新方法如下：

$$W_i^{k+1} = \frac{W_i^k}{Z^k} \times \begin{cases} \exp(-\rho^k)\text{，若 } h_{t_{O(\eta)}^k}^k (f_{i(\eta)}) = y_i \\ \exp(\rho^k) \quad \text{，若 } h_{t_{O(\eta)}^k}^k (f_{i(\eta)}) \neq y_i \end{cases} \tag{8.8.8}$$

其中 $\forall\, h_{t_{O(\eta)}^k}^k (f_{i(\eta)}) \in R_{t_{O(\eta)}^k, \Gamma_\eta}^k$，$\rho^k = \frac{1}{2}\ln((1-\phi^k)/\phi^k)$，而 Z^k 為所有的權重和 (即 $Z^k = \sum_{i=1}^{m} W_i^k$)。當完成 K 次迭代後，我們將可得到 K 個弱分類器。最後根據求得的弱分類器進行權重重組以得到一個強分類器，其公式如下：

$$H(F_i) = \text{sign}(\sum_{k=1}^{K} \rho^k h_{t_{O(\eta)}^k}^k (f_{i(\eta)})) \tag{8.8.9}$$

在此，我們將 Adaboost 分類法的演算流程圖表示於圖 8.8.3 中。

範例 1：給定七個訓練樣本表示如下：{([175, 26]^T, 1), ([269, 48]^T, －1), ([331, 17]^T, －1), ([149, 33]^T, 1), ([337, 6]^T, －1), ([190, 41]^T, 1), ([350, 2]^T, 1)}，請模擬 Adaboost 分類法第一次迭代的過程。

$k=1$

$$\underset{y_1=1}{\begin{bmatrix}175\\26\end{bmatrix}} \underset{y_2=-1}{\begin{bmatrix}269\\48\end{bmatrix}} \underset{y_3=-1}{\begin{bmatrix}331\\17\end{bmatrix}} \underset{y_4=1}{\begin{bmatrix}149\\33\end{bmatrix}} \underset{y_5=-1}{\begin{bmatrix}337\\6\end{bmatrix}} \underset{y_6=1}{\begin{bmatrix}190\\41\end{bmatrix}} \underset{y_7=1}{\begin{bmatrix}350\\2\end{bmatrix}}$$

解答：

(1) 初始化權重 $W_i^1 = \frac{1}{7}$，$i \in \{1, 2, \cdots, 7\}$。

(2) 分別從每個向量中取出第一個元素，即 $\Gamma_1 = \{175, 269, 331, 149, 337, 190, 350\}$。而後對於所取出的元素進行排序，我們可以得到排序後的結果為 $V_1 = \langle 149, 175, 190, 269, 331, 337, 350 \rangle$。

(3) 針對 V_1 中元素 S 兩兩分別代入式 (8.8.3)，即可得到六個門檻值，分別為 $T_{V_1} = \{162, 182.5, 229.5, 300, 334, 343.5\}$，將 T_{V_1} 及 Γ_1 代入式 (8.8.5) 中，便可得到相對應的錯誤率 $\varepsilon_1^1 = \{0.43, 0.29, 0.14, 0.29, 0.43, 0.57\}$。

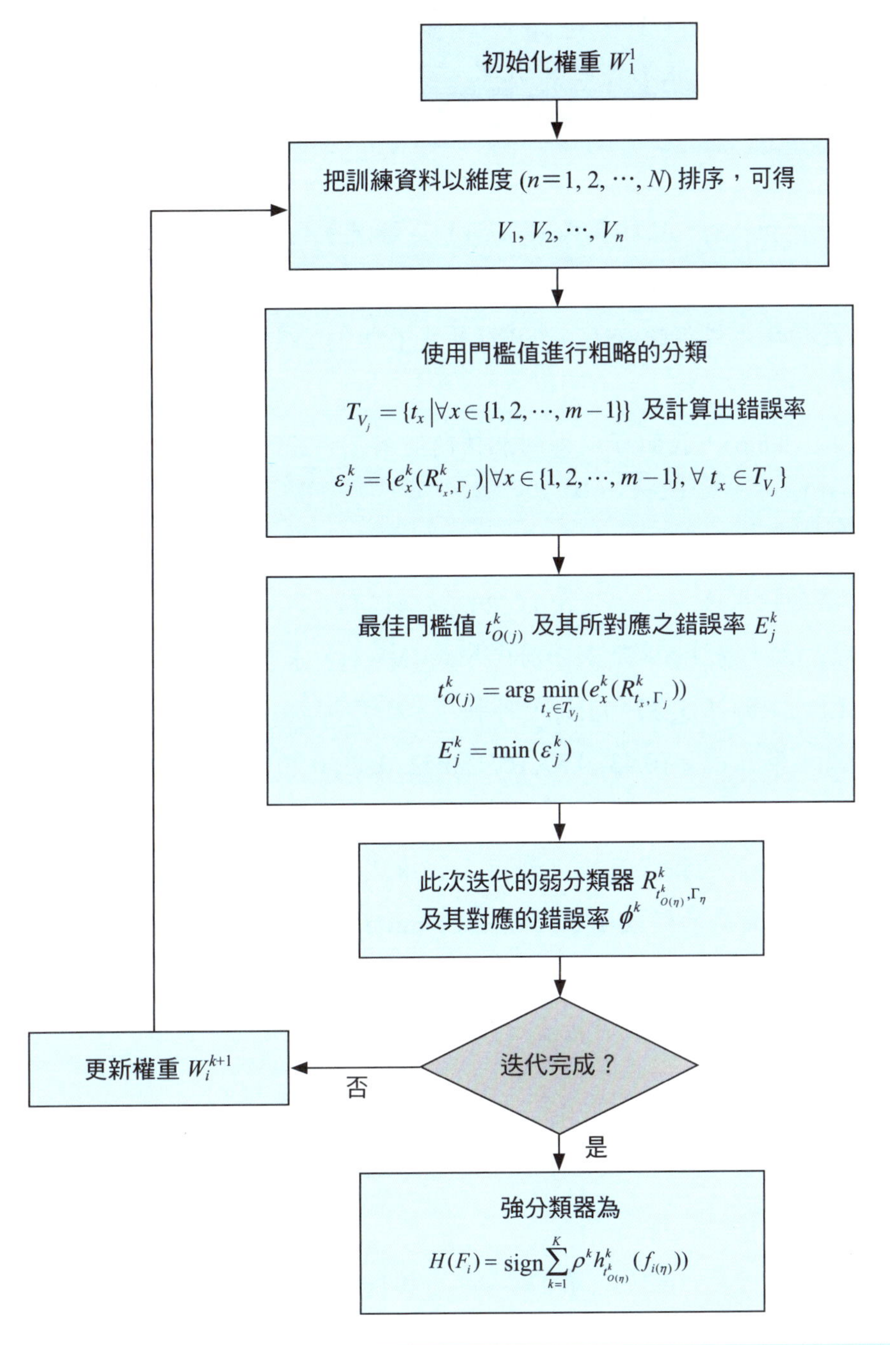

圖 8.8.3 Adaboost 流程圖

例如，當門檻值為 162 時，與 Γ_1 的比較結果分別為 $\langle -1, -1, -1, 1, -1, -1, -1 \rangle$，接著再與 y_1 比較，此時發生錯誤的有 $f_{1(1)}$、$f_{6(1)}$ 和 $f_{7(1)}$，且計算式 (8.8.5)，其錯誤率為 0.43。當門檻值為 182.5 時，與 Γ_1 的比較結果分別為 $\langle 1, -1, -1, 1, -1, -1, -1 \rangle$，再與 y_i 比較，此時發生錯誤的有 $f_{6(1)}$ 和 $f_{7(1)}$，且計算式 (8.8.5)，其錯誤率為 0.29。當門檻值為 229.5 時，與 Γ_1 的比較結果分別為 $\langle 1, -1, -1, 1, -1, 1, -1 \rangle$，接著再與 y_i 比較，此時發生錯誤的有 $f_{7(1)}$，且計算式 (8.8.3)，其錯誤率為 0.14；以此類推。

(4) 透過式 (8.8.6)，我們可以得到最佳門檻 $t^1_{O(1)} = 229.5$ 及其所對應之錯誤率 $E^1_1 = 0.14$。

(5) 從每個向量中取出第二個元素 $\Gamma_2 = \{26, 48, 17, 33, 6, 41, 2\}$ 進行排序，其排序後的結果為 $V_2 = \langle 2, 6, 17, 26, 33, 41, 48 \rangle$。

(6) 同步驟 (3)，將 V_2 中元素分別代入式 (8.8.3)，求得其六個門檻值為 $T_{V_2} = \{4, 11.5, 21.5, 29.5, 37, 44.5\}$，再將 T_{V_2} 及 Γ_2 代入式 (8.8.5) 中，得到相對應的錯誤率為 $\varepsilon^1_2 = \{0.43, 0.57, 0.71, 0.57, 0.43, 0.29\}$。

(7) 同步驟 (4)，我們可以得到最佳門檻為 $t^1_{O(2)} = 44.5$，錯誤率 $E^1_2 = 0.29$。

(8) 算出每個元素的錯誤率後，利用式 (8.8.7)，得到第一次迭代的弱分類器 $R^1_{t^1_{O(1)}, \Gamma_1}$ 及其對應的錯誤率 $\phi^1 = 0.14$ [$= \min(\{0.14, 0.29\})$]。

(9) 利用弱分類器中的錯誤率及與 y_i 的比較結果來更新權重 [式 (8.8.8)]。當更新權重 W^2_i 時，此時檢查 $h^1_{229.5}(f_{i(\eta)}) = y_i$ 是否成立。例如，

$$i=1，則\ W_1^2 = \frac{W_1^1}{Z^1} \times \exp(-\rho^1) = 0.058$$

這裡

$$\rho^1 = \frac{1}{2}\ln((1-\phi^1)/\phi^1) = \frac{1}{2}\ln\left(\frac{1-0.14}{0.14}\right) = 0.908$$

其更新完的權重為 $W^2_1 = W^2_2 = W^2_3 = W^2_4 = W^2_5 = W^2_6 = 0.058$，$W^2_7 = 0.354$。

解答完畢

給定兩張待測的血管影像如圖 8.8.4(a) 和 (b) 所示。這兩張影像皆為

DRIVE 資料庫的眼球血管，我們利用上述 Adaboost 分類法可得到辨識的結果，如圖 8.8.5(a) 和 (b) 所示。這幾年，由田新技公司熱心贊助百萬元的 UTMVP 人臉資訊辨識比賽的參賽隊伍大多所使用上述的機器學習機制，以完成年齡判定、性別判定、人臉辨識與表情辨識。由田新技公司舉辦的電腦視覺競賽第一名 50 萬元、第二名 30 萬元、第三名 20 萬元。

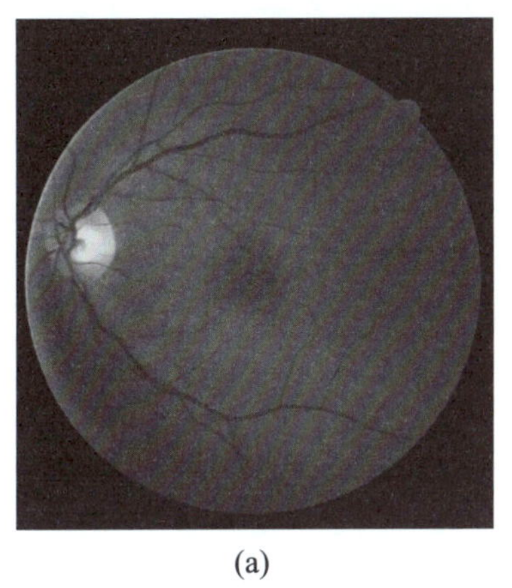

(a)

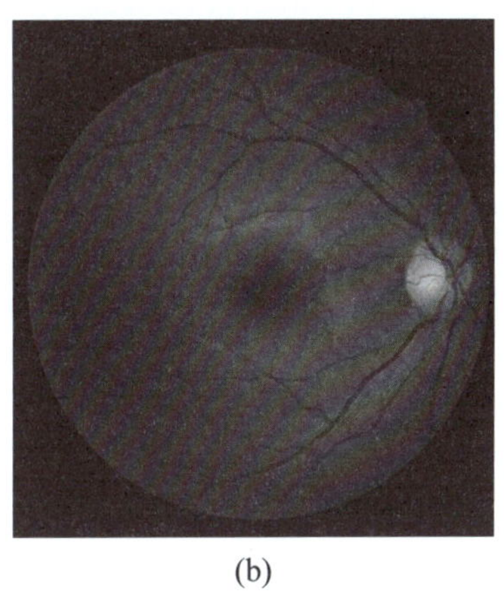

(b)

圖 8.8.4　兩張待測影像

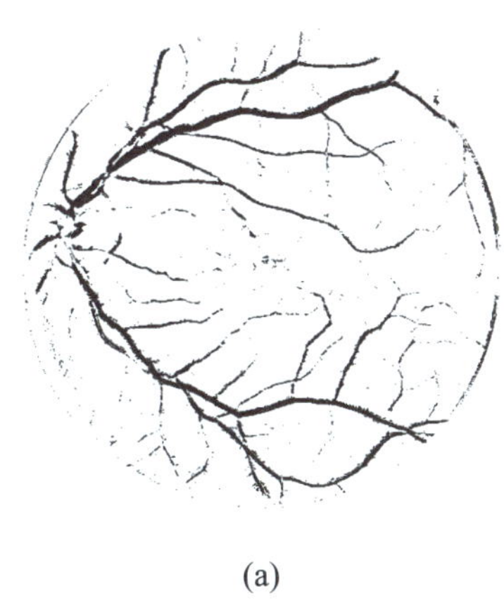

(a)

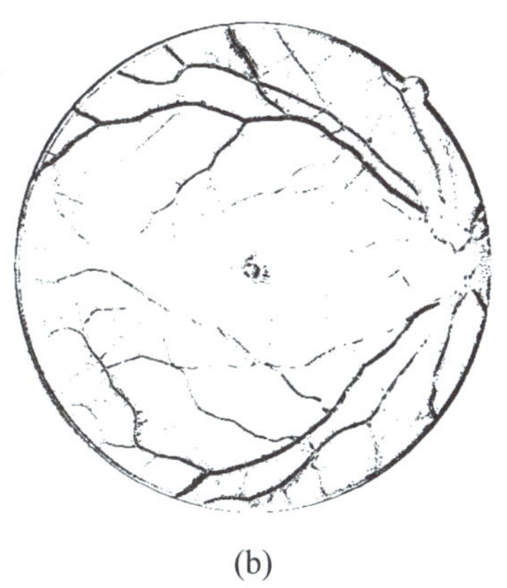

(b)

圖 8.8.5　實驗結果

8.9 結 論

形狀和紋理的描述是影像處理及電腦視覺中較難的部分。本章共介紹了六個議題：鍊碼、多邊形估計、對稱軸與主軸的偵測與細化、動差計算、同現矩陣、支持向量式的紋理分類和 Adaboost 分類法等。尤其最後兩者在這幾年一直是很熱門的研究議題。

8.10 作 業

1. 給一物體的外圍如下：

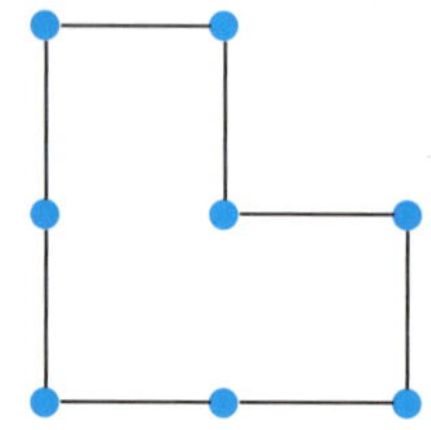

求其鍊碼、差分碼和形狀數。

2. 假設物體的外圍已用八方位鍊碼表示，討論物體外圍的周長如何計算。(提示：碰到偶數鍊碼加 1，碰到奇數鍊碼加 $\sqrt{2}$。)
3. 如何利用鍊碼計算物體內部的面積？
4. 假設物體外圍的鍊碼已編至第 i 個，試問第 $(i+1)$ 個碼如何會較快速得到？
5. 閱讀對稱檢測的論文 [11]。
6. 探討灰階影像的細化。
7. 以圖 8.6.1 為例，得出 $Co(i, j, 2, 0^\circ)$。
8. 閱讀 SVM 的相關論文 [14]。

8.11 參考文獻

[1] H. Freeman, "On the encoding of arbitrary geometric configuration," *IRE Trans. on Electronic Computers*, 10(2), 1961, pp. 260-268.

[2] K. L. Chung, W. M. Yan, and W. Y. Chen, "Efficient algorithms for 3-D polygonal approximation based on LISE criterion," *Pattern Recognition*, 35, 2002, pp. 2539-2548.

[3] T. H. Cormen, C. E. Leiserson, and R. L. Rivest, *Introduction to Algorithms*, Section 25.2: Dijkstra's algorithm, The MIT Press, Cambridge, MA, 1990.

[4] D. Z. Chen and O. Daescu, "Space-efficient algorithms for approximating polygonal curves in two dimensional space," The 4th Annual International Conference COCOON'98, W. L. Hsu and M. Y. Kao Eds., 1998, pp. 45-54.

[5] H. Imai and M. Iri, "Computational-geometric methods for polygonal approximations of a curve," *Computer Vision, Graphics, and Image Processing*, 36, 1986, pp. 31-41.

[6] C. Sun, "Symmetry detection using gradient information," *Pattern Recognition Letters*, 16, 1995, pp. 987-996.

[7] C. Sun and D. Si, "Fast refectional symmetry detection using orientation histograms," *Real-Time Imaging*, 5, 1999, pp. 63-74.

[8] 鍾國亮編著，離散數學 (附研究所試題與詳解)，第三版，東華書局，臺北，2014。

[9] W. H. Tsai and S. L. Chou, "Detection of generalized principal axes in rotational symmetric shapes," *Pattern Recognition*, 24, 1991, pp. 95-104.

[10] R. C. Gonzalez and R. E. Woods, *Digital Image Processing*, Addison-Wesley, New York, 1992.

[11] D. Shen et al., "Symmetry detection by generalized complex (GC) moments: a closed-form solution," *IEEE Tran. on Pattern Analysis and Machine Intelligence*, 21, 1999, pp. 466-476.

[12] K. I. Kim and K. J. Jung, "Support vector machines for texture classification," *IEEE Trans. on Pattern Analysis and Machine Intelligence*, 24(11), 2002, pp. 1542-1549.

[13] N. Cristianini and J. Shawe-Tayor, *An Introduction to Support Vector Machines*, Cambridge University Press, New York, 2000.

[14] O. Chapelle, P. Haffner, and V. N. Vapnik, "Support vector machines for histogram-

based image classification," *IEEE Trans. on Neuron Network*, 10(5), 1999, pp. 1055-1064.

[15] K. Joong et al., "Adaptive approximation bounds for vertex based contour encoding," *IEEE Trans. on Image Processing*, 8(8), 1999, pp. 1142-1147.

[16] C. Harris and M. Stephens, "A combined corner and edge detector," Fourth Alvey Vision Conference, 1988, pp. 147-151.

[17] K. L. Chung, P. H. Liao, and J. M. Chang, "Novel efficient two-pass algorithm for closed polygonal approximation based on LISE and curvature constraint criteria," *Journal of Visual Communication and Image Representation*, 19(4), 2008, pp. 219-230.

[18] C. A. Lupascu, D. Tegolo, and E. Trucco, "FABC: retinal vessel segmentation using Adaboost," *IEEE Trans. on Information Tech. in Biomedicine*, 14(5), 2010, pp. 1267-1274.

[19] Y. T. Chen, C. S. Chen, "Fast human detection using a novel boosted cascading structure with meta stages," *IEEE Trans. on Image Processing*, 17(8), 2008, pp. 1452-1464.

[20] C. C. Chang and C. J. Lin, LIBSVM: a library for support vector machines, ACM Transactions on Intelligent Systems and Technology, 2, 1-27, 2011.

8.12 細化的 C 程式附錄

```
/*像素類別宣告*/
class TMyPoint
{
public:
    int X;
    int Y;
    bool Used;
};

/*主要視窗宣告*/
```

```
class TMainForm : public TForm
{
private:
    AnsiString  MyFileName;
public:
    /*記錄鄰居的陣列*/
    int m_intNeighbor[9];
    /* | p0 p1 p2 |*/
    /* | p3 p4 p5 |*/
    /* | p6 p7 p8 |*/
    TMyPoint points[2304];
    TRect bmpRect;
public:
    __fastcall TMainForm(TComponent* Owner);
    void __fastcall GetNeighbor(int x, int y);
    bool __fastcall Condition_a(void);
    bool __fastcall Condition_b(void);
    bool __fastcall pointsMultiply(int a, int b, int c);
    bool __fastcall BasicStep1(int x, int y);
    bool __fastcall BasicStep2(int x, int y);
    // The Following Functions are Management of Deleted Points
    void __fastcall AddEntry(int x, int y);
    void __fastcall ClearEntry(void);
    void __fastcall DelEntry(void);
    bool __fastcall IsDelete(int x, int y);
    bool __fastcall IsEmpty();
    bool __fastcall ThinningPass1(TRect region);
    bool __fastcall ThinningPass2(TRect region);
};
```

```
/*取得鄰居資訊*/
/*輸入影像座標值 x, y*/
void __fastcall TMainForm::GetNeighbor(int x, int y)
{
    x – –; y – –;
    for (int j = y; j < y + 3; j++)
        for (int i = x; i < x + 3; i++)
          m_intNeighbor[(i – x) + 3 * (j – y)] = MainForm –> Canvas –>
          Pixels[i][j] == clBlack)?1:0;
}

/*條件判斷式 a*./
bool __fastcall TMainForm::Condition_a(void)
{
    int Function_P = 0;
    for (int i = 0; i < 9; i++)
    if (i! = 4) Function_P = Function_P + m_intNeighbor[i];
    if (Function_P <= 6 && Function_P >= 2) return TRUE;
    return FALSE;
}
/*條件判斷式 b*/
bool __fastcall TMainForm::Condition_b(void)
{
    int Function_S = 0;
    if (m_intNeighbor[0] == 0 && m_intNeighbor[1] == 1)
        Function_S++;
    if (m_intNeighbor[1] == 0 && m_intNeighbor[2] == 1)
        Function_S++;
    if (m_intNeighbor[2] == 0 && m_intNeighbor[5] == 1)
        Function_S++;
```

```
    if (m_intNeighbor[5] == 0 && m_intNeighbor[8] == 1)
        Function_S++;
    if (m_intNeighbor[8] == 0 && m_intNeighbor[7] == 1)
        Function_S++;
    if (m_intNeighbor[7] == 0 && m_intNeighbor[6] == 1)
        Function_S++;
    if (m_intNeighbor[6] == 0 && m_intNeighbor[3] == 1)
        Function_S++;
    if (m_intNeighbor[3] == 0 && m_intNeighbor[0] == 1)
        Function_S++;
    if (Function_S == 1) return TRUE;
        return FALSE;
}

bool __fastcall TMainForm::pointsMultiply(int a, int b, int c)
{
    if (a*b*c == 0) return TRUE;
    return FALSE;
}

/*細化處理函式 1*/
/*輸入影像座標 x, y*/
bool __fastcall TMainForm::BasicStep1(int x, int y)
{
    BOOL Condition_c1, Condition_d1;
    GetNeighbor(x, y);
    Condition_c1 = pointsMultiply(m_intNeighbor[1],
                                  m_intNeighbor[5],
                                  m_intNeighbor[7]);
    Condition_d1 = pointsMultiply(m_intNeighbor[5],
```

```
                                          m_intNeighbor[7],
                                          m_intNeighbor[3]);
    if (Condition_a() &&
        Condition_b() &&
        Condition_c1  &&
        Condition_d1) return TRUE;
    return FALSE;
}

/*細化處理函式 2*/
/*輸入影像座標 x, y*/
bool __fastcall TMainForm::BasicStep2(int x, int y)
{
    BOOL Condition_c2, Condition_d2;
    GetNeighbor(x, y);
    Condition_c2 = pointsMultiply(m_intNeighbor[1],
                                  m_intNeighbor[5],
                                  m_intNeighbor[3]);
    Condition_d2 = pointsMultiply(m_intNeighbor[1],
                                  m_intNeighbor[7],
                                  m_intNeighbor[3]);
    if (Condition_a() &&
        Condition_b() &&
        Condition_c2  &&
        Condition_d2) return TRUE;
    return FALSE;
}

void __fastcall TMainForm::AddEntry (int x, int y)
{
```

```
        for (int i = 0; i < 2043; i++)
        {
            if (points[i].Used == FALSE)
            {
              points[i].X = x; points[i].Y = y; points[i].Used = TRUE;
              break;
            }
        }
}

/*初始變數*/
void __fastcall TMainForm::DelEntry()
{
        for (int i = 0; i < 2043; i++)
        {
            if (points[i].Used == TRUE)
            {
                 MainForm -> Canvas -> Pixels[points[i].X][points[i].Y] = clWhite;
                points[i].Used = FALSE;
            }
        }
}

bool __fastcall TMainForm::IsDelete (int x, int y)
{
        for (int i = 0; i < 2043; i++)
        {
            if ((points[i].X == x)&&(points[i].Y == y)) return TRUE;


        }
```

```
        return FALSE;
}

bool __fastcall TMainForm::IsEmpty()
{
        for (int i = 0; i < 2043; i++)
        {
                if (points[i].Used == TRUE) return FALSE;
        }
        return TRUE;
}
/*初始變數*/
void __fastcall TMainForm::ClearEntry()
{
        for (int i = 0; i < 2043; i++)
        {
                points[i].Used = FALSE;
        }
}
/*細化 Pass1*/
/*輸入參數：一個矩形區域*/
bool __fastcall TMainForm::ThinningPass1(TRect region)
{
        for(int j = region.Left; j <= region.Right; j++)
        {
                for (int i = region.Top; i <= region.Bottom; i++)
                {
                        if (MainForm -> Canvas -> Pixels[i][j] == clBlack)
                        if (BasicStep1 (i, j))
                        {
```

```
                    AddEntry (i, j);
                }
            }
        }
        if (IsEmpty()) return FALSE;
            DelEntry();
            return TRUE;
}
/*細化 Pass2*/
/*輸入參數：一個矩形區域*/
bool __fastcall TMainForm::ThinningPass2 (TRect region)
{
    for(int j = region.Left; j <= region.Right; j++)
    {
        for (int i = region.Top; i <= region.Bottom; i++)
        {
            if (MainForm -> Canvas -> Pixels[i][j] == clBlack)
              if (BasicStep2 (i, j))
              {
                AddEntry (i, j);
              }
        }
    }
    if (IsEmpty()) return FALSE;
        DelEntry();
        return TRUE;
}
__fastcall TMainForm::TMainForm (TComponent* Owner)
  : TForm (Owner)
{
```

```
        ClearEntry();
}

/*讀圖檔*/
void __fastcall TMainForm::Button1Click (TObject * Sender)
{
    MainForm -> FormStyle = fsNormal;
    if (OpenDialog1 -> Execute())
    {
        MainForm -> FormStyle = fsStayOnTop;
        MyFileName = OpenDialog1 -> FileName;
        Graphics::TBitmap* MyBmp;
        MyBmp = new Graphics::TBitmap();
        MyBmp -> LoadFromFile (MyFileName);
        MainForm -> Canvas -> Draw (0, 0, MyBmp);
        bmpRect.Top = 0;
        bmpRect.Left = 0;
        bmpRect.Bottom = MyBmp -> Height;
        bmpRect.Right = MyBmp -> Width;
        delete MyBmp;
    }
}

/*開始做細化*/
void __fastcall TMainForm::Button2Click (TObject * Sender)
{
    Button2 -> Enabled = FALSE;
    bool Pass1 = TRUE, Pass2 = TRUE;
    while (Pass1 || Pass2)
    {
```

```
        Pass1 = ThinningPass1 (bmpRect);
        Pass2 = ThinningPass2 (bmpRect);
    }
    Button2 -> Enabled = TRUE;
}
```

CHAPTER

9

圖形識別、匹配與三維影像重建

9.1 前 言

在電腦視覺中，識別 (Recognition) 和匹配 (Matching) 在工業視覺檢定、影像檢索 (Image Retrieval)、影像匹配和三維視覺重建等都為核心的部分。在本章中，我們將介紹識別與匹配的各種常用的方法和它們在上述領域的應用。在本章的第二節，我們將介紹植基於統計的圖形識別法，主要的觀念建立在貝氏理論上。

第三節將介紹如何利用 Harris 角點偵測法和 SIFT 法在影像內找出主要的特徵點，再利用找到的特徵點來進行兩張影像的匹配。針對匹配的技巧，第四節將介紹植基於動態規劃的作法。本章的最後兩節將介紹 3D 影像的重建及如何利用已知參數算出影像內的像素深度。

9.2 統計圖形識別

在這一節中，我們打算介紹統計圖形識別的方法。

本節主要介紹如何利用統計的方法來從事圖形識別的基本原理。我們就從單變數談起，假設有二類木頭，A 和 B，A 佔 $P(A)$ 的比例，而 B 佔 $P(B)$ 的比例，這裡滿足 $P(A)+P(B)=1$。以下所介紹的例子源自於貝氏決策理論 [1, 15]。

假設我們利用木頭的某個紋理 X 來評估該木頭為 A 或 B。若不管 X 如何，已知 $P(A)>P(B)$，我們每次都報告說該木頭為 A，很明顯地，我們會犯誤判的風險，也就是該木頭有可能是 B。

先來看二個條件機率 $P(X\mid A)$ 和 $P(X\mid B)$，如圖 9.2.1 所示。木頭的紋理 X 在此被視為隨機變數。當 $X=\overline{X}$ 時，$P(\overline{X}\mid A)>P(\overline{X}\mid B)$，我們說該木頭為 A 類，的確很合理，但得注意一點，我們仍會犯誤判的風險，畢竟 $P(\overline{X}\mid B)$ 仍有機率值，其實比較合理的考慮條件機率值是 $P(A\mid X)$ 和 $P(B\mid X)$。

前面出現的 $P(A)$、$P(B)$、$P(X\mid A)$ 和 $P(X\mid B)$ 皆可視為已知的事前機率。我們有興趣的是給一個 X 值，該木頭屬於 A 或 B 的機率為何？依據貝氏法則，$P(A|X)=\dfrac{P(A\cap X)}{P(X)}=\dfrac{P(X|A)P(A)}{P(X)}$，此處 $P(X)=P(X\mid A)P(A)+$

$P(X \mid B)P(B)$。透過貝氏法則，$P(A \mid X)$ 這個事後機率就可由事前機率求得。

假設利用上述貝氏法則所得到的 $P(A \mid X)$ 和 $P(B \mid X)$ 的分佈圖如圖 9.2.2 所示。當 $X=\overline{X}$，由圖可知 $P(A \mid X) > P(B \mid X)$，我們這時可判斷該木頭為 A，畢竟冒的風險較低，也就是 $P(\text{error} \mid X)=P(B \mid X)$。去掉 $P(A \mid X)$ 和 $P(B \mid X)$ 的 $P(X)$ 項，當 $P(X \mid A)P(A) > P(X \mid B)P(B)$ 時，我們判斷該木頭為 A。

我們現在將紋理 X 由一維擴充到 d 維，而將樹木的種類由 2 種擴充到 t 種。延續貝氏法則的精神及上述的討論，令第 i 個識別器為 $g_i(X)=P(X \mid T_i)$

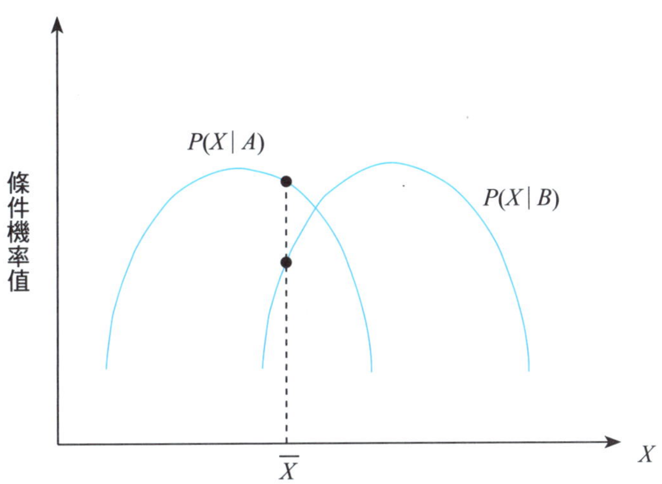

圖 9.2.1　$P(X \mid A)$ 和 $P(X \mid B)$ 的分佈圖

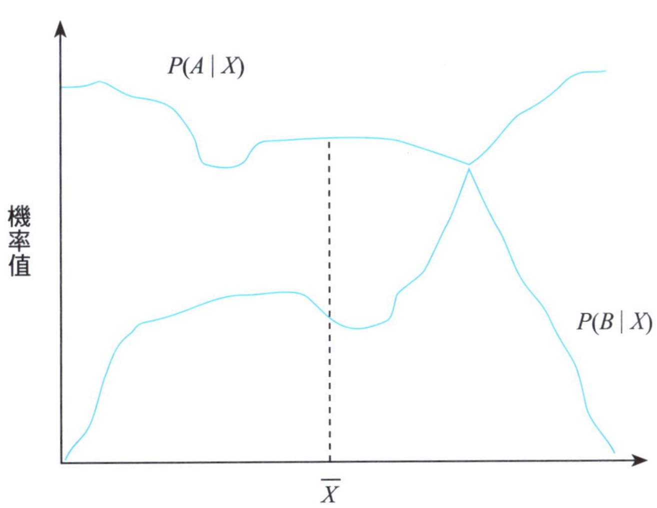

圖 9.2.2　$P(A \mid X)$ 和 $P(B \mid X)$ 的分佈圖

$P(T_i)$，此處 X 表木頭紋理向量 $X=(x_1, x_2, \cdots, x_d)$，而 T_i 表第 i 類木頭，$1 \le i \le t$。為簡化計算起見，我們作用單調遞增函數加入 log 於 $g_i(X)$ 上，得

$$\bar{g}_i(X) = \log P\,(X / T_i) + \log P\,(T_i)$$

給一紋理向量 X，如果 $\bar{g}_i(X)$ 為最大值，$1 \le j \le t$，我們將該木頭分類為 T_j。圖 9.2.3 為識別器的示意圖。

就以木頭為例，$\bar{g}_i(X) = \log P(X \mid T_i) + \log P(T_i)$ 中的 $P(X \mid T_i)$ 往往是常態分佈 $\sim N(\mu_i, \Sigma_i)$。先來看多變數常態分佈

$$P(X) = \frac{1}{\sqrt[d]{2\pi}\,|\Sigma_x|^{\frac{1}{2}}} e^{-\frac{1}{2}(x-\mu)^t \sum_x^{-1}(x-\mu)}$$

這裡 $\mu = [\mu_1, \mu_2, \cdots, \mu_d]^t$ 可以事先估好，而共變異矩陣 (Covariance Matrix) 可計算如下：

$$\begin{aligned}
\Sigma_X &= E[(X-\mu)^t(X-\mu)] \\
&= E[(X_1-\mu_1, X_2-\mu_2, \cdots, X_d-\mu_d)^t(X_1-\mu_1, X_2-\mu_2, \cdots, X_d-\mu_d)] \\
&= E\begin{bmatrix} (X_1-\mu_1)^2 & (X_1-\mu_1)(X_2-\mu_2) & \cdots & (X_1-\mu_1)(X_d-\mu_d) \\ (X_2-\mu_2)(X_1-\mu_1) & (X_2-\mu_2)^2 & \cdots & (X_2-\mu_2)(X_d-\mu_d) \\ \vdots & \vdots & \vdots & \vdots \end{bmatrix}
\end{aligned}$$

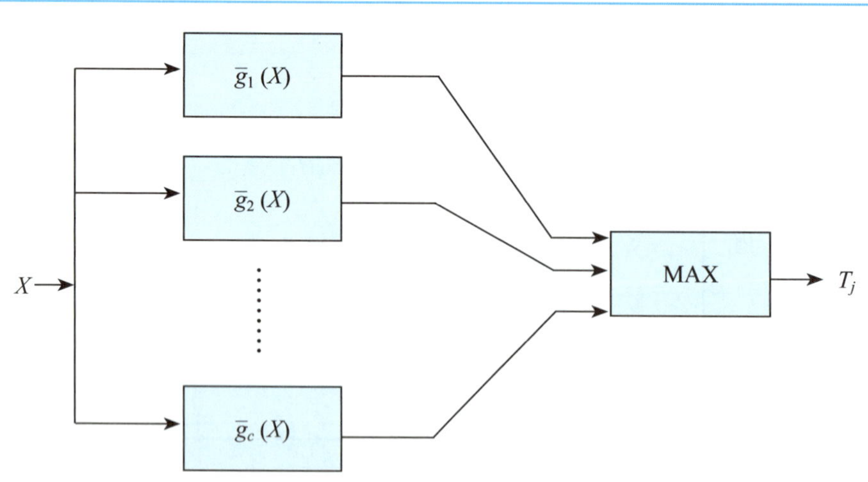

圖 9.2.3 識別器示意圖

$$= \begin{bmatrix} \sigma_{11}^2 & \sigma_{12} & \cdots & \sigma_{1d} \\ \sigma_{21} & \sigma_{22}^2 & \cdots & \sigma_{2d} \\ \vdots & \vdots & \ddots & \vdots \\ \sigma_{d1} & \sigma_{d2} & \cdots & \sigma_d^2 \end{bmatrix}$$

有時候將 X 轉成 $A^t X = Y$ 可以將上述的 Σ_X 轉換成更簡單的對角矩陣以利後續的分析。

由 $A^t X = Y$ 和 $\Sigma_y = E[(Y - U_Y)(Y - U_Y)^t] = E[YY^t] - E[Y]E[Y^t]$，可推得

$$\begin{aligned} \Sigma_{A^t X} &= E[(A^t XX^t A)] - A^t E[X]E[X^t]A \\ &= A^t E[(XX^t)]A - A^t E[X]E[X^t]A \\ &= A^t \{E(XX^t) - E(X)E(X^t)\}A \\ &= A^t \Sigma_X A \end{aligned}$$

事實上，因為 Σ_X 是一對稱矩陣，我們可利用 Schur 分解技巧將 Σ_X 分解成對角矩陣，在對角矩陣中的對角線上是 Σ_X 的特徵值。接下來我們花一點篇幅介紹如何利用 Schur 分解來將 Σ_X 分解成對角矩陣。

首先透過式子 $\det(\Sigma_X - \lambda I) = 0$ 可以解出 Σ_X 的特徵值，λ_1、λ_2、$\cdots$和 λ_d。λ_i，$1 \le i \le d$，為實數。針對 λ_1，透過式子 $\Sigma_X v_1 = \lambda_1 v_1$ 可求得 v_1 且滿足 $\|v_1\| = 1$。假設我們已建好單位正交基底 $\{v_1, v_2, \cdots, v_n\}$。令 $Q_1 = [v_1, v_2, \cdots, v_n]$，必滿足 $Q_1^t Q_1 = I$。$Q_1^t \Sigma_X Q_1$ 的第一行可表示為 $Q_1^t \Sigma_X = \lambda_1 Q_1^t v_1 = \lambda_1 e_1$。所以 $Q_1^t \Sigma_X Q_1$ 型如：

$$\left[\begin{array}{c|ccc} \lambda_1 & 0 & \cdots & 0 \\ \hline 0 & & & \\ \vdots & & M_{(d-1)\times(d-1)} & \\ 0 & & & \end{array}\right]$$

再利用 $Q_2 = [v_2, \cdots, v_d]$ 得到

$$Q_2^t M_{(d-1)\times(d-1)} Q_2 = \left[\begin{array}{c|ccc} \lambda_2 & 0 & \cdots & 0 \\ \hline 0 & & & \\ \vdots & & N_{(d-2)\times(d-2)} & \\ 0 & & & \end{array}\right]$$

因為 Q_1 和 Q_2 皆為正交矩陣，所以 $\lambda_3 \cdots \lambda_n$ 皆保留在 $N_{(d-2)\times(d-2)}$ 中。另外留意一點，剛開始的 $\{v_1, v_2, \cdots, v_n\}$ 可透過 Gram-Schmidt 程序得到。令

$$Q_2' = \left[\begin{array}{c|ccc} 1 & 0 & \cdots & 0 \\ \hline 0 & & & \\ \vdots & & Q_2 & \\ 0 & & & \end{array}\right]$$

則可得到

$$(Q_2')^t Q_1^t \Sigma_X Q_1 Q_2 = \left[\begin{array}{c|cccc} \lambda_1 & 0 & 0 & \cdots & 0 \\ \hline 0 & \lambda_2 & 0 & \cdots & 0 \\ \hline 0 & 0 & & & \\ \vdots & \vdots & & N_{(d-2)\times(d-2)} & \\ 0 & 0 & & & \end{array}\right]$$

因為正交矩陣乘以正交矩陣仍得到正交矩陣，依上面對角化的程序，最後可得到

$$W^t \Sigma_X W = \begin{bmatrix} \lambda_1 & 0 & \cdots & \cdots & 0 \\ 0 & \lambda_2 & 0 & \cdots & 0 \\ \vdots & 0 & \ddots & & \vdots \\ \vdots & \vdots & & \ddots & 0 \\ 0 & 0 & \cdots & 0 & \lambda_n \end{bmatrix}$$

這裡 W 為正交矩陣。

由前面定義的多變數常態分佈和 $\bar{g}_i(X) = \log P(X \mid T_i) + \log P(T_i)$，假若 $P(X|T_i) \sim N(\mu_i, \Sigma_i)$，則我們可定義識別器如下：

$$\bar{g}_i(X) = -\frac{1}{2}(X-u_i)^t \Sigma_i^{-1}(X-\mu_i) - \frac{d}{2}\log 2\pi - \frac{1}{2}\log|\Sigma_i| + \log P(T_i)$$

來看一個特殊的情形：當 $\Sigma_i = \sigma^2 I$ 時。在這個特殊情形下，因為 $-\frac{d}{2}\log 2\pi$ 和 $-\frac{1}{2}\log|\Sigma_i|$ 和 i 無關，識別器可修正為下列更簡便的形式：

$$\bar{g}_i(X) = -\frac{\|X-u_i\|^2}{2\sigma^2} + \log P(T_i)$$

經 Schur 分解後，就 $\gamma^2 = (X-\mu)^t\Sigma^{-1}(X-\mu)$ 這項而言，由於 $(X-\mu)^t\Sigma^{-1}(X-\mu)$ 為二次形式，從圖形上來看，若 $d=3$，則圖形為橢球的形式。在這橢球上的三個軸長恰好就是 Σ 的三個特徵值。有時候，若是某個軸的軸長很短，我們可以縮減探討的維度，以節省計算時間。

9.3 影像間的匹配對應

本節主要探討如何在兩張影像間找出彼此的匹配關係。在找出兩張影像彼此之間匹配關係前，我們會對個別影像找出其主要的特徵點集。在 9.3.1 節，我們介紹普遍使用的 Harris 角點 (Corner Point) 偵測法；在 9.3.2 節，我們介紹很知名的 SIFT 關鍵點偵測法；在 9.3.3 節，我們介紹植基於最大可能 (Maximum-likelihood) 的統計式點集合匹配法以為影像間的匹配對應之實現方法。

9.3.1 Harris 角點偵測法

試想在一影像中，我們利用一個小視窗在影像上移動，如果小視窗移動中所經過的小區域含有平滑面、邊或折角線，則會有下列現象：

(1) 平面：往任何方向移動僅造成小變化；
(2) 含一條邊：與邊平行的變化量小；反之則大；
(3) 含角點或獨立點：往任何方向變化皆大。

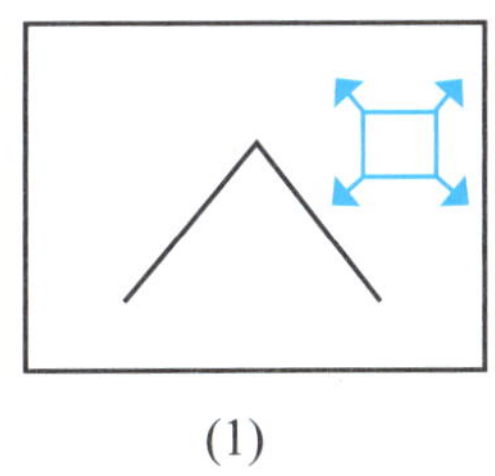
(1)

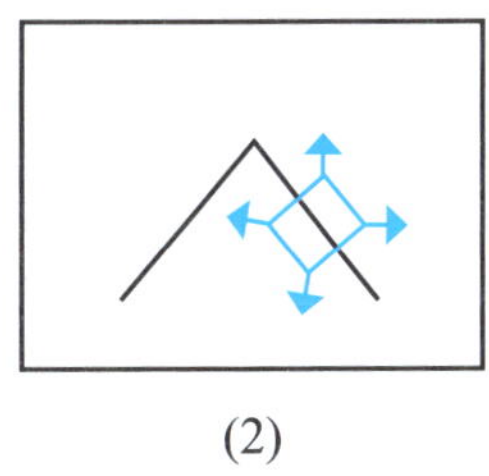
(2)

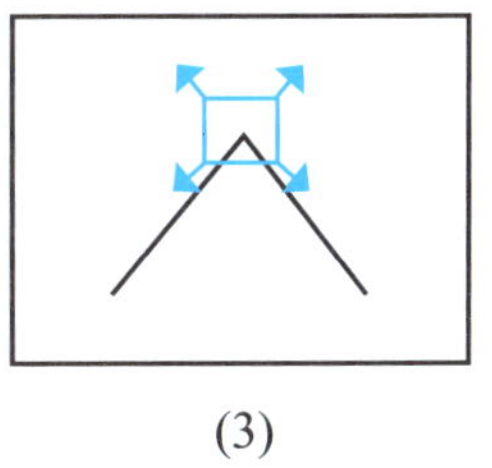
(3)

為了捕捉視窗內子影像的灰階梯度變化，令

$$\nabla_x f = f * (-1, 0, 1) = \nabla_x$$
$$\nabla_y f = f * (-1, 0, 1)^t = \nabla_y$$

類似於 Marr-Hildreth 算子 (參見 4.3 節)，我們可進一步利用高斯函數 $G(x, y) = e^{-\frac{x^2+y^2}{2\sigma^2}}$ 來平滑雜訊的影響，令

$$A = \nabla_x^2 * G$$

$$B = \nabla_y^2 * G$$

$$C = \nabla_x \nabla_y * G$$

可以得到視窗作用到子影像的綜合灰階梯度變化之影響，這影響可表示為

$$\begin{aligned} Ax^2 + By^2 + 2Cxy &= (x \;\; y)\begin{pmatrix} A & C \\ C & B \end{pmatrix}\begin{pmatrix} x \\ y \end{pmatrix} \\ &= (x \;\; y)M(x \;\; y)^t \\ &= E \end{aligned}$$

我們可以說函數 E 是一種局部自我關聯 (Local Autocorrelation) 的函數，而在函數 E 的矩陣式子中，矩陣 M 就是函數 E 的代表。數學上，矩陣 M 為一個正半定矩陣 (Positive-semidefinite)，因為矩陣 M 會滿足對於所有的向量 X，使得 $X^T MX$ 皆大於等於零。故兩特徵值 λ_1 和 λ_2，為正或零，有下列意義：

(1) λ_1 和 λ_2 皆很小：代表視窗內為平滑區；

(2) λ_1 和 λ_2 中，一大一小：代表含一邊的區域；

(3) λ_1 和 λ_2 皆很大：代表含角點的區域。

圖 9.3.1.1 為上述意義的示意圖。

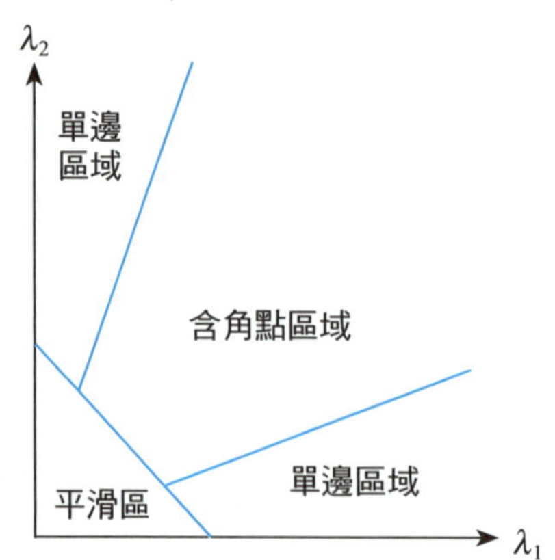

圖 9.3.1.1 矩陣 M 的特徵值所代表的意義

上述的意義說明很類似於主成份分析 (Principle Component Analysis) 中特徵值所隱含的意義。在實作上，我們常常利用下面的影響值 (Response)

$$R = \det(M) - k^*(\mathrm{trace}(M))^2$$

(這裡 $k = 0.04$) 來決定是否小區域內有角點，判斷的準則為

(1) $R > 0$ 且 $R \approx 0$：代表平滑區；
(2) $R < 0$：代表含單邊的區域；
(3) $R >> 0$：代表含角點的區域。

屆時利用上述的方法就可以將 I 和 F 內的所有角點找出來。圖 9.3.1.2(a) 為原始的一張影像，圖 9.3.1.2(b) 為找出的所有角點集。

利用 Harris 法找出的角點集也可當成連接兩張影像的重要依據 [20]。

9.3.2 SIFT 關鍵點偵測法

SIFT 演算法是由 Lowe [24] 所提出，其全名為尺度不變特徵轉換 (Scale-Invariant Feature Transform)，此演算法可以擷取出對平移、旋轉、縮放、明暗變化有容忍力的關鍵點 (Keypoint) 來。我們接下來介紹如何得出關鍵點，首先將原圖進行縮減取樣 (Downsampling) n 次，通常在實作上取 $n=2$，把圖片分成 3 個影像尺度，進一步利用 m 個不同標準差的高斯函數來分出不同的尺度

NTUST
CSIE

(a) 原始影像

NTUST
CSIE

(b) 找出的角點集

圖 9.3.1.2 利用 Harris 方法找出角點集

$$G(x, y, \sigma) = \frac{1}{2\pi\sigma^2} e^{-\frac{-(x^2+y^2)}{2\sigma^2}}$$

我們在這裡可以取 $m=5$，這 5 個尺度的高斯函數標準差分別是 $\sigma, k\sigma, k^2\sigma, k^3\sigma, k^4\sigma$，在實作上通常取 $\sigma=2$ 且 $k=\sqrt{2}$ ，將這些不同尺度的高斯函數與 3 個影像尺度做以下迴積運算：

$$L(x, y, k^t\sigma) = G(x, y, k^t\sigma) * I(x, y)\text{，其中 } t \in 0, 1, 2, 3, 4$$

接著對同尺度且相鄰的影像做 **DOG** (Difference-of-Gaussian)：

$$\begin{aligned} D(x, y, k^t\sigma) &= [G(x, y, k^{t+1}\sigma) - G(x, y, k^t\sigma)] * I(x, y) \\ &= L(x, y, k^{t+1}\sigma) - L(x, y, k^t\sigma)\text{，其中 } t \in 0, 1, 2, 3 \end{aligned}$$

形成如圖 9.3.2.1 的 DOG 金字塔。

屆時利用 DOG 金字塔，將每一個像素與周圍 8 個像素及同尺度上下層同位置周圍 9 個像素總共 26 個點做比較，如圖 9.3.2.2，如果該像素為極值 (極小值或極大值)，則設為候選關鍵點 (Candidate Keypoint)。此方法挑選的關鍵點可以容忍影像的大小縮放。

接下來，為了要讓我們選取出來的關鍵點有好的代表性，我們將移除對比 (Contrast) 較低的候選關鍵點，以每個不同挑選出的候選關鍵點當原點，計算出其近旁點的一階泰勒展開式求

$$D(X) = D(0) + \frac{\partial D(0)}{\partial X} X$$

其中 $X = (x, y)^T$ ，令泰勒展開式 $D(X)$ 對 X 的導數為 $0 = (0, 0)^T$，即

$$\frac{\partial D(0)}{\partial X} + \frac{\partial^2 D(0)}{\partial X^2} \mathbb{X} = 0$$

可解出極值的位置為 $$\mathbb{X} = -\left(\frac{\partial^2 D(0)}{\partial X^2}\right)^{-1} \frac{\partial D(0)}{\partial X}$$

此時，$\mathbb{X}$ 代表一個相對於候選關鍵點的所求得偏移量 (Offset)。如果 $\mathbb{X}$ 內的座標值都小於 0.5，則我們將此點視為合理極值點並進一步檢查 $|D(\mathbb{X})| < 0.03$ 是否成立？若 $|D(\mathbb{X})| < 0.03$，代表此區域的對比較低，應移除此關鍵點。

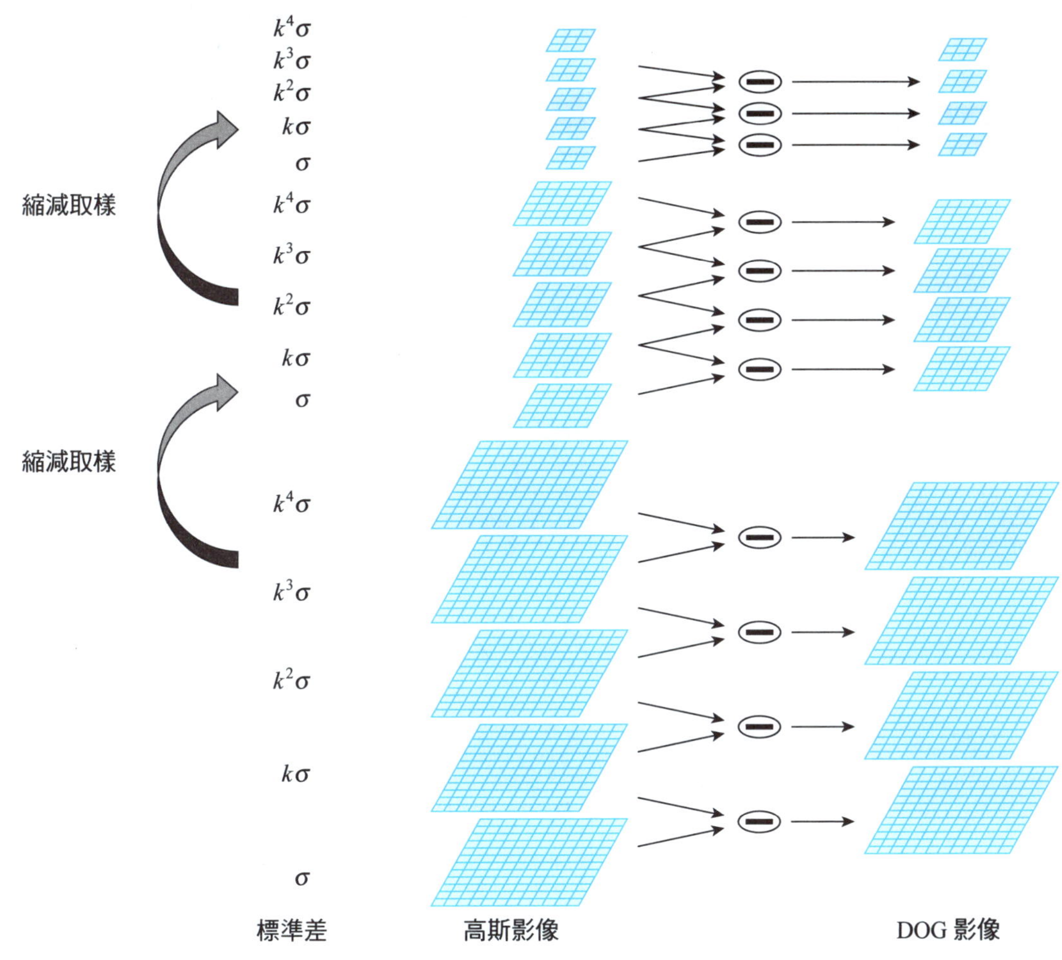

圖 9.3.2.1 DOG 金字塔

接著我們想去除掉在邊上的候選關鍵點，我們求出每個候選關鍵點的四個二階導數 $D_{xx}, D_{xy}, D_{yx}, D_{yy}$，並表示成一個赫斯矩陣 (Hessian Matrix)：

$$H = \begin{bmatrix} D_{xx} & D_{xy} \\ D_{yx} & D_{yy} \end{bmatrix} = \begin{bmatrix} D_{xx} & D_{xy} \\ D_{xy} & D_{yy} \end{bmatrix}$$

H 的特徵值 λ_1 和 λ_2 可計算如下：

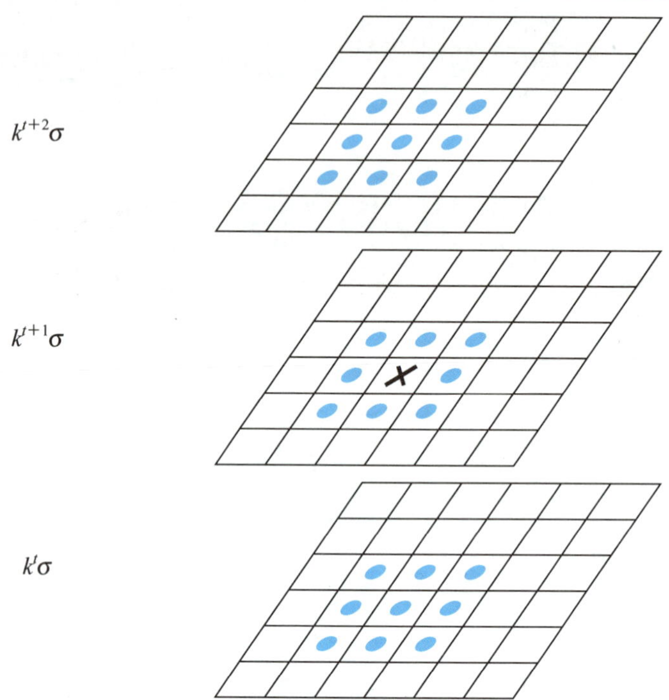

圖 9.3.2.2　DOG 金字塔找極值

$$\begin{aligned}\det(H-\lambda I) &= \det\left(\begin{bmatrix} D_{xx}-\lambda & D_{xy} \\ D_{xy} & D_{yy}-\lambda \end{bmatrix}\right) \\ &= (D_{xx}-\lambda)(D_{yy}-\lambda)-D_{xy}^2 \\ &= D_{xx}D_{yy}-D_{xx}\lambda-D_{yy}\lambda+\lambda^2-D_{xy}^2 \\ &= \lambda^2-(D_{xx}+D_{yy})\lambda+(D_{xx}D_{yy}-D_{xy}^2) \\ &= 0\end{aligned}$$

利用一元二次方程式的求根公式，可得

$$\lambda=\frac{(D_{xx}+D_{yy})\pm\sqrt{(D_{xx}+D_{yy})^2-4(D_{xx}D_{yy}-D_{xy}^2)}}{2}$$

又可得

$$\lambda_1+\lambda_2=D_{xx}+D_{yy}$$

$$\lambda_1\lambda_2=D_{xx}D_{yy}-D_{xy}^2$$

接下來利用 H 的兩個特徵值 (Eigenvalue) λ_1、λ_2，來計算出 H 的行列式 (Determinant) 與跡數 (Trace)，得到

$$\mathrm{trace}(H) = D_{xx} + D_{yy} = \lambda_1 + \lambda_2$$
$$\det(H) = D_{xx}D_{yy} - D_{xy}^2 = \lambda_1 \lambda_2$$

令 $\lambda_1 \geq \lambda_2$ 且 $\lambda_1 = \gamma\lambda_2$，得到

$$\frac{(\mathrm{trace}(H))^2}{\det(H)} = \frac{(\lambda_1 + \lambda_2)^2}{\lambda_1\lambda_2} = \frac{(\gamma\lambda_2 + \lambda_2)^2}{\gamma\lambda_2^2} = \frac{(\gamma+1)^2}{\gamma}$$

所以我們求得候選關鍵點不在邊上的判斷式

$$\frac{(\mathrm{trace}(H))^2}{\det(H)} < \frac{(\gamma'+1)^2}{\gamma'}$$

在實作上，我們令 $\gamma' = 10$，若判斷式成立，代表主曲率 (Principal Curvature) 的比值小於 10，則此候選關鍵點不在邊上。反之，則為邊上的候選關鍵點，我們將其移除。

再者，我們以關鍵點為中心定出一區塊，區塊半徑為 4.5 倍的標準差取四捨五入，計算區塊內每個像素的梯度值 $m(\alpha, y)$ 與梯度方向 $\theta(x, y)$

$$m(x, y) = \sqrt{[L(x+1, y) - L(x-1, y)]^2 + [L(x, y+1) - L(x, y-1)]^2}$$
$$\theta(x, y) = \tan^{-1}\{(L(x, y+1) - L(x, y-1)) / [L(x+1, y) - L(x-1, y)]\}$$

最終我們以關鍵點為中心取一個 16×16 的區塊，把此區塊分成十六個 4×4 的小區塊，將區塊內的梯度值乘上一高斯函數的權重值，在實作時標準差為區塊邊長的一半，即 $\sigma = 8$。如圖 9.3.2.3，利用八個方向來統計小區塊內的梯度值及梯度向量，最後每個區塊由主方向開始以順時針旋轉，記錄每個方向的梯度值加總，產生出了一個 $4 \times 4 \times 8 = 128$ 維的特徵向量，以達到關鍵點的旋轉不變性 (Rotation Invariant)。以上的 SIFT 關鍵點偵測法的流程圖為圖 9.3.2.4，圖 9.3.2.5 是 SIFT 演算法在腦血管圖上選取的關鍵點。

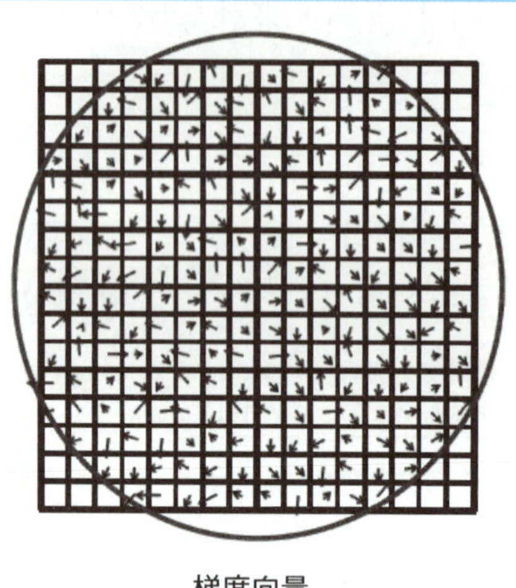

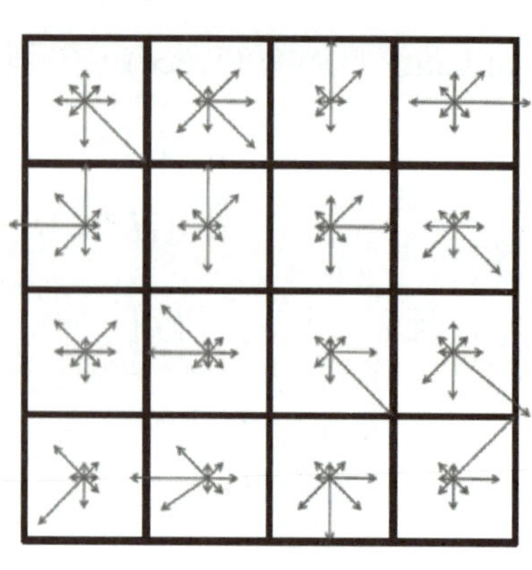

梯度向量　　128 維的特徵向量

圖 9.3.2.3　決定關鍵點的特徵向量

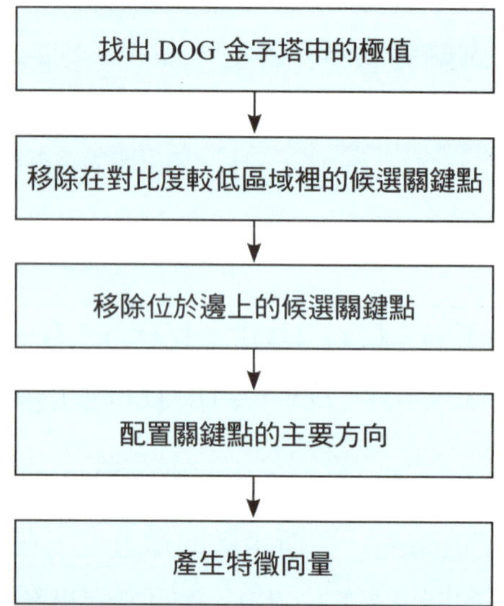

圖 9.3.2.4　SIFT 流程圖

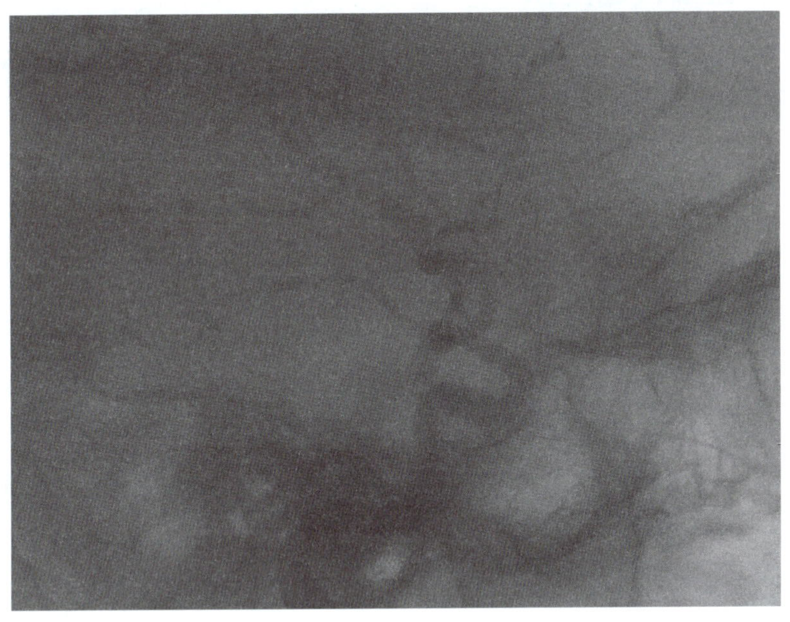

圖 9.3.2.5 (a)　輸入的腦血管影像

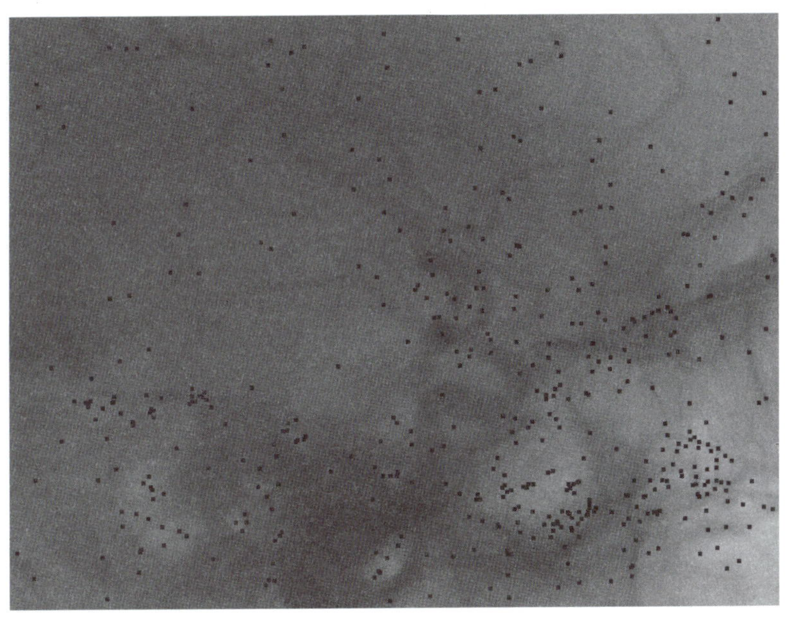

圖 9.3.2.5 (b)　SIFT 演算法選取到的關鍵點

9.3.3 點集合匹配法

利用 9.3.1 節和 9.3.2 節所介紹的方法，假設影像內的角點或主要特徵點已被找出。我們在這些點上可仿照 8.8 節 Adaboost 分類法，在點上可找出更多的特徵訊息。如此一來，第 k 張影像上的主要點或角點形成的特徵向量集可表示為 $F=(f_1, f_2, \cdots, f_m)$，而第 $k+1$ 張影像的特徵向量集可表示為 $\overline{F}=(\overline{f_1}, \overline{f_2}, \cdots, \overline{f_n})$。在 F 與 $\overline{F}$ 之間找配對關係，最簡單的作法是 F 中的 f_i 和 $\overline{F}$ 中的 $\overline{f_1}, \overline{f_2}, \cdots, \overline{f_n}$ 個別比較後，在 $\overline{F}$ 中找出和 f_i 最匹配的 $\overline{f_j}$。依此類推，我們就可完成 F 和 $\overline{F}$ 之間的匹配了。在這匹配對應關係中，仍需進一步排除在空間上不合理的交叉對應。

另一種作法是尋找一個轉移矩陣 T，使得 ToF 與 $\overline{F}$ 有最小的誤差。令 $d_i(T)$，$1 \leq i \leq m$，代表 F 中的 f_i 與 $\overline{F}$ 中的 $\overline{f_j}$ 之距離，這裡 $\overline{f_j}$ 代表與 $\overline{F}$ $\overline{f_j} \in F$ 和 $Tof_i \in \overline{F}$ 最接近的特徵向量。如此一來，可定義出聯合 (Joint) 機率密度函數為

$$p(d_1(T), d_2(T), \cdots, d_m(T)|T) = \prod_{i=1}^{m} p(d_i(T))$$

引入最大可能 (Maximum-likelihood) 的觀念，我們得

$$\ln L(d_1(T), d_2(T), \cdots, d_m(T)|T) = \sum_{i=1}^{m} \ln p(d_i(T))$$

匹配的精神就是在找一個 T 使得上式有最大值，這裡

$$p(d) = \frac{1}{2\pi\sigma^2} e^{\frac{-d^2}{2\sigma^2}}$$

9.4 匹配演算法原理

在下兩節中，我們將介紹影像匹配和三維影像重建。我們先針對植基於動態規劃的匹配與估計匹配原理做一番介紹。

9.4.1 動態規劃式的 BSSC 解法

BSSC (Banded String-to-String Correction) 問題被拿來當作動態規劃式匹配演算法的例子是很合適的。給二個字串，一為樣本 (Pattern)，另一為正本 (Text)，假設樣本長度為 m，而正本長度為 n。BSSC 之目的是在樣本和正本之間找出最匹配的對應點。給一個例子如下：

$$樣本 = P_1 P_2 P_3 P_4 P_5 \cdots P_8 P_9 P_{10}$$

$$正本 = T_1 T_2 T_3 T_4 T_5 \cdots T_8 T_9 T_{10}$$

我們可將 P_j 和 T_j 想像成特徵值。因為視差 Δ 的關係，P_i 只能與 $T_{j\pm\Delta}$ 範圍內的特徵匹配到。利用動態規劃法，樣本和正本在視差 Δ 的限制下，我們假設得到圖 9.4.1.1 的匹配結果。

給任意的一組樣本和正本，首先來定義三個算子：取代算子 (Replacement Operator)、刪除算子 (Deletion Operator) 和插入算子 (Insertion Operator)。為表示簡單起見，取代算子簡稱為 R，刪除算子簡稱為 D，插入算子簡稱為 I。當 $a \neq b$，$R(a)=b$ 的花費定為 1；$a=b$ 時，$R(a)=b$ 的花費定為 0。$D(a)=\wedge$ 的花費定為 1。$I(\wedge)=a$ 的花費也定為 1。圖 9.4.1.1 的搜尋範圍就是粗邊框住的範圍，而得到的最佳匹配就是鋸齒形的路徑上之黑圓點集。在實際的應用中，例如在下一節的三維影像重建方法中，上述三種花費是有些差異的。

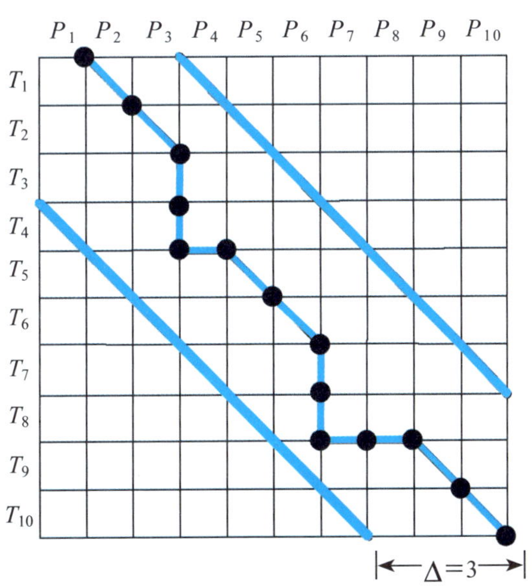

圖 9.4.1.1 匹配結果

我們現在來模擬如何得到這最佳匹配。圖 9.4.1.1 一共含有下列十四個運算：

(1) $I(\wedge)=P_1$　(2) $R(T_1)=P_2$　(3) $R(T_2)=P_3$　(4) $D(T_3)=\wedge$
(5) $D(T_4)=\wedge$　(6) $I(\wedge)=P_4$　(7) $R(T_5)=P_5$　(8) $R(T_6)=P_6$
(9) $D(T_7)=\wedge$　(10) $D(T_8)=\wedge$　(11) $I(\wedge)=P_7$　(12) $I(\wedge)=P_8$
(13) $R(T_9)=P_9$　(14) $R(T_{10})=P_{10}$

令 $T[1\ldots i]=T_1T_2\cdots T_i$ 和 $P[1\ldots j]=P_1P_2\cdots P_j$，其中 $1\le i\le n$ 和 $1\le j\le m$。Edit $[i,j]$ 表示將 $T[1\ldots i]$ 轉換成 $P[1\ldots j]$ 的花費。這裡的起始條件為 Edit $[0,k]=k$ 和 Edit $[k,0]=k$，$1\le k\le b$。動態規劃的核心式子為

$$\text{Edit}[i,j]=\min(\text{Edit}[i-1,j]+\text{edit}(T_i,\wedge),\ \text{Edit}[i,j-1]+\text{edit}(\wedge,P_j),\ \text{Edit}[i-1,j-1]+\text{edit}(T_i,P_j))$$

上式中，$\text{edit}(T_i,P_j)$ 表示 $R(T_i)=P_j$ 的花費；$\text{edit}(T_i,\wedge)$ 表示 $D(T_i)=\wedge$ 的花費；$\text{edit}(\wedge,P_j)$ 表示 $I(\wedge)=P_j$ 的花費。

我們不難從圖 9.4.1.1 的搜尋空間中看出 BSSC 問題可在 $O(n)$ 的時間內完成。如果將循環的條件加入樣本字串中，在 [3] 中，有一個新的方法被提出。

9.4.2 KMP 演算法

KMP 字串演算法為 Knuth、Morris 和 Pratt [4] 所提出。其想法是將樣本先進行事前處理，然後正本再依據處理後的樣本進行匹配的工作。這種有些逆向的思考方式的確有趣得很。在影像匹配的應用中，有時會使用上 KMP 演算法的技術。

我們透過一個小的樣本例子來說明 KMP 匹配演算法是如何運作的。給一樣本字串如陣列 $P[\,]$ 所示

i	1	2	3	4	5	6	7	8	9	10
$P[i]$	a	c	a	c	a	a	a	c	a	c
$J[i]$	0	0	1	2	3	1	1	2	3	4

所謂的將樣本先進行事前處理乃是利用樣本中子字串 (Substring) 與前置字串 (Prefix String) 的吻合度，並記錄其吻合的長度於陣列 $J[\ ]$ 中。例如 $P[3]=P[1]$，所以 $J[3]=1$；$P[3\ldots5]=aca=P[1\ldots3]$，所以 $J[5]=3$。又因為 $P[7\ldots10]=acac=P[1\ldots4]$，所以 $J[10]=4$。很容易可檢定在樣本長度為 m 的條件下，建立陣列 $J[\ ]$ 只需 $O(m)$ 時間。

建好了陣列 $J[\ ]$ 以後，我們以正本 $T[\ ]=cccacacaaacaccaa$ 為例來模擬一下。因為 $T[i]\neq P[i]$，$1\leq i\leq 3$，但 $T[4\ldots13]=P[1\ldots10]$，所以在正本中的第四個位置是匹配位置。接下來，$T[5]\neq P[1]$，我們試 $T[6]$ 和 $P[1]$，發現 $T[6]=P[1]$，同理，我們得到 $T[6\ldots8]=P[1\ldots3]$ 但 $T[9]\neq P[4]$，這時 $T[9]$ 停格一下。檢查 $J[4]=2$，可得知在樣本中 $P[1\ldots J[4]-1]=P[1]=T[9-J[4]+1\ldots8]=T[8]$。如此一來，$T[9]$ 只需和 $P[2]$ 直接比即可。很明顯的，陣列 $J[\ ]$ 提供了一個跳躍的機制，讓正本的匹配動作可一直往右前進。這也直觀地證明了 KMP 匹配演算法可在線性時間內，即 $O(m+n)$ 時間內，完成所有匹配點的決定。

9.5 三維影像重建

9.5.1 稠密式視差估測

在這一小節中，我們將透過稠密式視差估測 (Dense Disparity Estimation) 問題，將 9.4 節介紹的動態規劃法引入到稠密式視差估測的解決上。根據 [7] 的假設，我們給定兩部相機且這兩部相機以平行的方式排列。令左邊的照相機所攝得的照片為 L，且所屬座標系為 $X-Y-Z$；右邊的照相機所攝得的照片為 R，且所屬座標系為 $X'-Y'-Z'$。圖 9.5.1.1 為三維空間中某一點 P、L 及 R 的幾何示意圖。

理論上，在圖 9.5.1.1 中，左邊相機和右邊相機所拍攝出來的影像只有在 X 軸上有平移差異而已。所謂的稠密式視差估測問題是在 L 上的所有像素中和 R 上的所有像素中找到一個對應。圖 9.5.1.1 中的 OL 和 OR 分別為左相機和右相機的鏡心。在 [7] 中，學者提出了一個非常有效的分割與克服 (Divide and Conquer) 方法來解決這個問題。本節所述內容源自於 [8]，[8] 為 [7] 的改良方法。基本上，[8] 上的方法為二階段式的分割與克服方法。

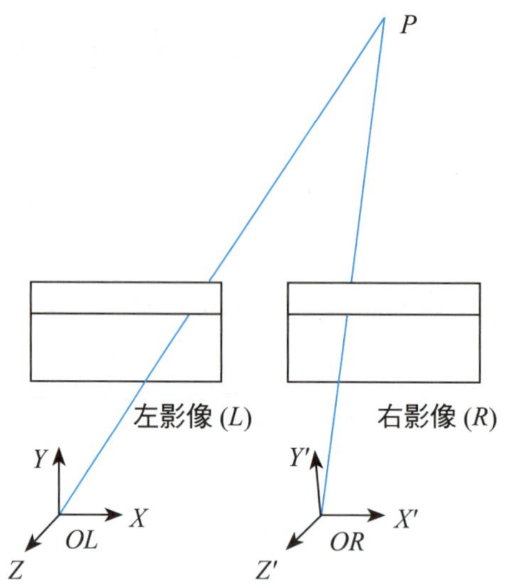

圖 9.5.1.1 稠密式視差估測示意圖

在第一階段的分割與克服方法中，首先令 $I_L(i, j)$ 和 $I_R(i, j)$ 分別為 L 上位於 (i, j) 位置的像素灰階值和 R 上位於 (i, j) 位置的像素灰階值，$1 \le i, j \le N$。為了符號簡便起見，令 $I_L(i, *)$ 和 $I_R(i, *)$ 分別代表 L 和 R 上的第 i 列。

我們第一步將第四章介紹的測邊法作用到 $I_L(N/2, *)$、$I_L(N/2-2, *)$、$I_L(N/2-1, *)$、$I_L(N/2+1, *)$ 和 $I_L(N/2+2, *)$ 上。也就是作用到 L 上的中間五列。隨後，我們將反應值大於門檻值的所有 $I_L(N/2, *)$ 記錄下來以為主要特徵像素集，在 L 上第 $N/2$ 列中的主要特徵集表示為

$$S_L^{N/2} = S_L^{N/2}(1)S_L^{N/2}(2)\cdots S_L^{N/2}(N_{N/2})，1 \le N_{N/2} \le N$$

同理，在 R 上第 $N/2$ 列中的主要特徵集表示為

$$S_R^{N/2} = S_R^{N/2}(1)S_R^{N/2}(2)\cdots S_R^{N/2}(N_{N/2})，1 \le N_{N/2} \le N$$

接下來，我們討論如何完成 $S_L^{N/2}$ 和 $S_R^{N/2}$ 的匹配工作。利用 9.4.1 節的計算架構，圖 9.5.1.2 為其計算示意圖，三個相關的算子 [9] 和三者之間的最小者改為

$$C(S_L^{N/2}(v), S_R^{N/2}(w)) = \min(C_{match}(S_L^{N/2}(v), S_R^{N/2}(w)), C_{rightocc}(S_L^{N/2}(v), S_R^{N/2}(w)), C_{leftocc}(S_L^{N/2}(v), S_R^{N/2}(w))$$

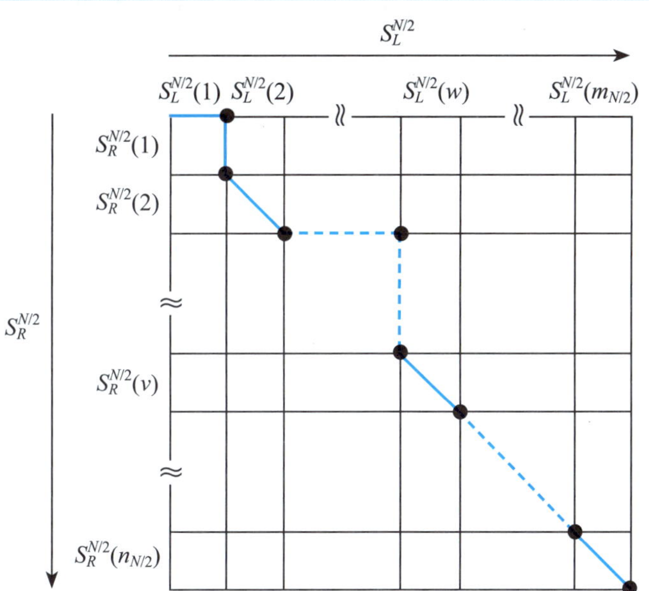

圖 9.5.1.2　$S_L^{N/2}$ 和 $S_R^{N/2}$ 的匹配

上式中的三個花費為

$$C_{leftocc}(S_L^{N/2}(v), S_R^{N/2}(w)) = C(S_L^{N/2}(v), S_R^{N/2}(w-1)) + C_{occ}$$

$$C_{rightocc}(S_L^{N/2}(v), S_R^{N/2}(w)) = C(S_L^{N/2}(v-1), S_R^{N/2}(w)) + C_{occ}$$

$$C_{match}(S_L^{N/2}(v), S_R^{N/2}(w)) = C(S_L^{N/2}(v-1), S_R^{N/2}(w-1)) + C_{S_L^{N/2}(v),\, S_R^{N/2}(w)}$$

取代算子的花費 $C_{S_L^{N/2}(v),\, S_R^{N/2}(w)}$ 定義如下：

$$C_{S_L^{N/2}(v),\, S_R^{N/2}(w)} = \sigma^2 * |l_1 - l_2|$$

上式中 σ、l_1 和 l_2 定義如下：

$$l_1 = S_L^{N/2}(v) - S_L^{N/2}(v-1)$$

$$l_2 = S_R^{N/2}(w) - S_R^{N/2}(w-1)$$

$$mean = \frac{1}{2}\left(\frac{1}{l_1}\sum_{p=1}^{l_1} I_L(S_L^{N/2}(v-1)+p) + \frac{1}{l_2}\sum_{q=1}^{l_2} I_R(S_R^{N/2}(w-1)+q)\right)$$

$$\sigma^2 = \frac{1}{2}\left(\frac{1}{l_1}\sum_{p=1}^{l_1}(I_L(S_L^{N/2}(v-1)+p) - mean)^2 + \frac{1}{l_2}\sum_{q=1}^{l_2}(I_R(S_R^{N/2}(w-1)+q) - mean)^2\right)$$

右遮蔽的花費 $C_{rightocc}=(S_L^{N/2}(v), S_R^{N/2}(w))$ 和左遮蔽花費 $C_{leftocc}=(S_L^{N/2}(v), S_R^{N/2}(w))$ 的幾何意義可參見圖 9.5.1.3(a) 和圖 9.5.1.3(b)。C_{occ} 表示為

$$C_{occ}=k\times f((\sigma_1^2+\sigma_2^2)/2; thr)$$

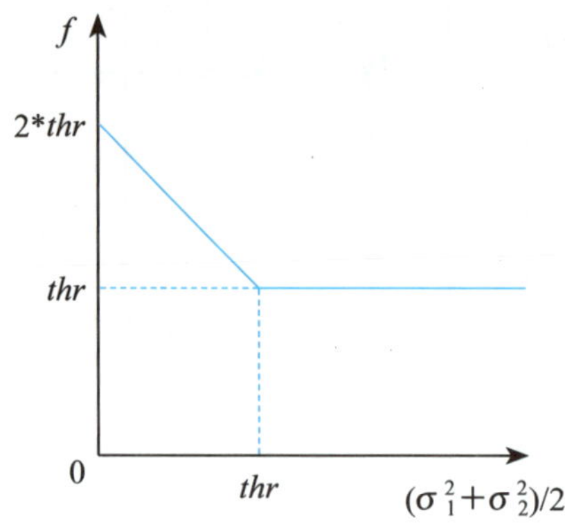

在我們的實驗中，*thr* 取 600 的值。

有時候為了得到更強健的結果，我們得加入一些消去法則，以便讓匹配的結果更好。例如，若兩兩匹配位置的差，形成之序列為〈5, −2, 5, 6, 5〉，則 −2 的視差偏移不太正常，可以予以去除。假設在 $N/2\pm k$ 列時的平均視差偏移序列為〈5, 5, 6, 5〉。若新進來的視差偏移序列為〈5, 7, 3, 16, 4〉，則 16 的視差偏移可予以去除。

在第二階段的動態規劃方法中。我們得在二段匹配的子區間中，再進一步找出個別的像素配對。例如，在 $[S_L^{N/2}(2), S_L^{N/2}(3)]$ 和 $[S_R^{N/2}(2), S_R^{N/2}(3)]$ 之間找出所有的像素配對。圖 9.5.1.4 為二段子區間匹配的示意圖。

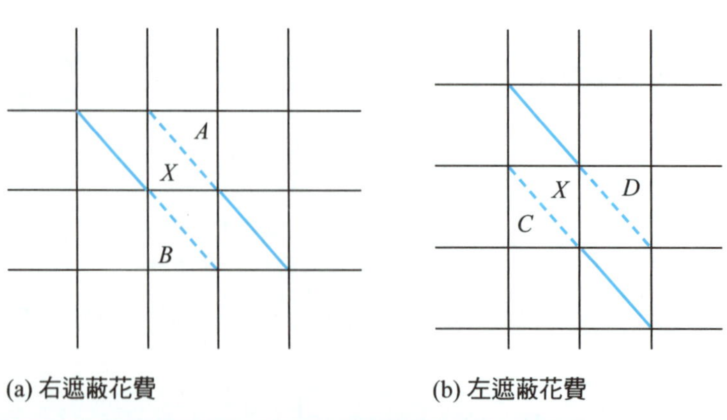

圖 9.5.1.3　右遮蔽花費和左遮蔽花費示意圖

因為在第一階段的動態規劃方法中，平均視差偏移量 d 已得到，我們利用 d 可將第二階段的工作轉成 BSSC 問題的解決上。9.4.1 節的方法恰好可派上用場。圖 9.5.1.5 為本節所對應的 BSSC 搜尋空間。

接下來，我們只需將解決 BSSC 問題使用到的三個算子 R、D 和 I 定義清楚即可。R 算子定義如下：

$$C'(S_L^{N/2}(v)+\hat{v},\ S_R^{N/2}(w)+\hat{w})$$
$$=\sum_{x,\,y=-W/2}^{W/2}\left|I_L(N/2+x, S_L^{N/2}(v)+\hat{v}+y)-I_R(N/2+x, S_L^{N/2}(v)+\hat{w}+y)\right|$$

上式中的 W 為事前定義好的小視窗。D 算子很類似於前面定義的左遮蔽花

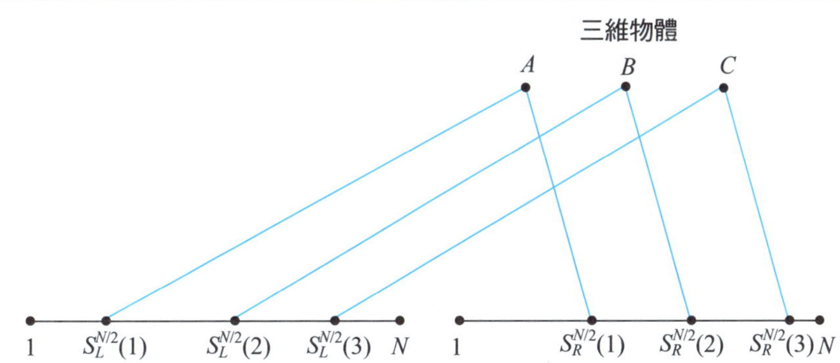

圖 9.5.1.4　二子區間匹配

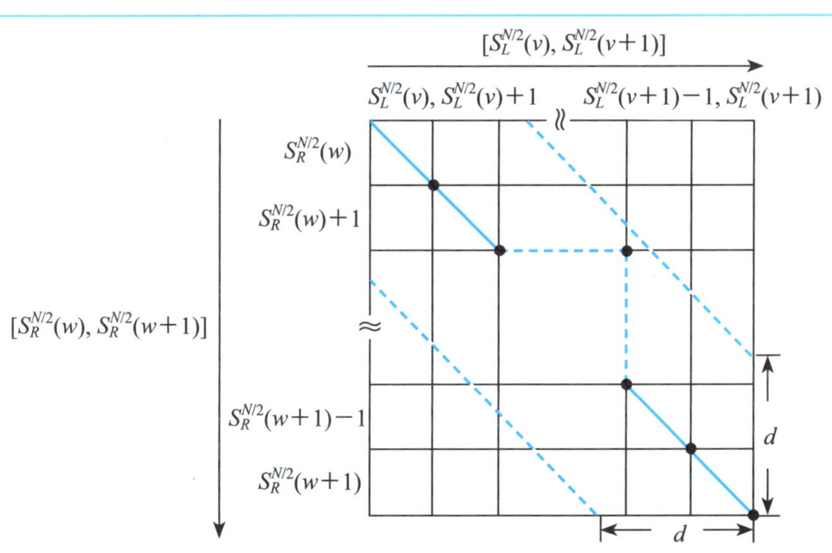

圖 9.5.1.5　對應的 BSSC 搜尋空間

費，而 I 算子相當於前面定義的右遮蔽花費。

給二張輸入影像，L 和 R，如圖 9.5.1.6 所示。利用本節所介紹的二階段動態規劃方法，我們得到圖 9.5.1.7 的視差圖 (Disparity Map)。利用 OpenGL 函式庫，所重建的立體五角大廈，如圖 9.5.1.8 所示。

(a) 影像 L

(b) 影像 R

圖 9.5.1.6　輸入的二張影像

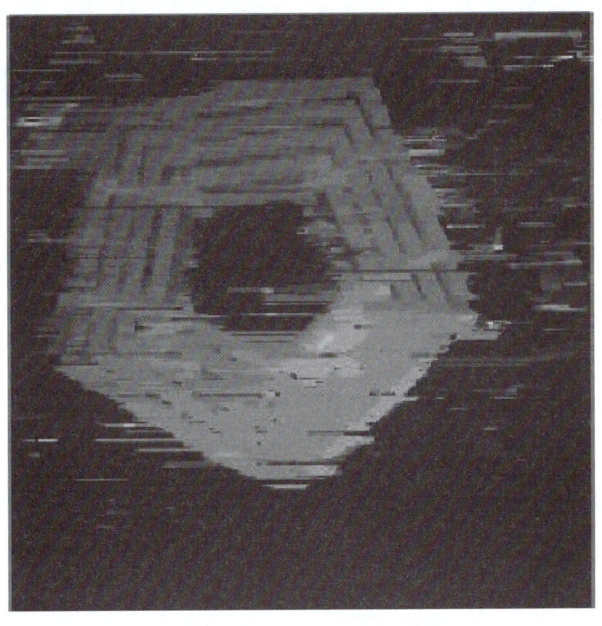

圖 9.5.1.7　得到的視差圖

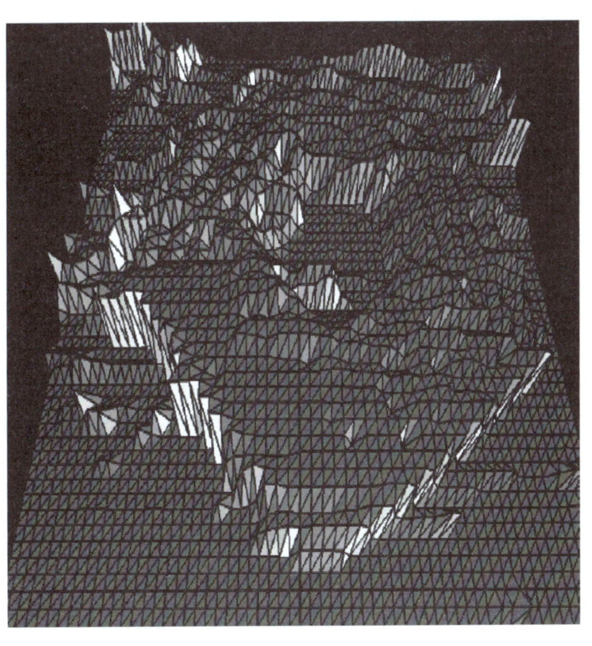

圖 9.5.1.8　重建後的三維五角大廈圖

9.5.2 相機校正

相機校正 (Camera Calibration) 在三維電腦視覺中屬於比較難的議題。主要的原因在於相機校正的研究牽涉較多的數學與一些光學的模式。本節內容主要介紹 [11] 中的結果，在相機校正的領域中，[11] 是一篇很有代表性的文章。

我們有三個座標系統，分別為世界座標系統 (World Coordinate System)、相機座標系統 (Camera Coordinates System) 和二維的影像系統 (Image System)。利用旋轉矩陣 R 和平移向量 T，我們可將世界座標系統和相機座標系統聯繫起來，聯繫的式子如下所示：

$$\begin{bmatrix} x \\ y \\ z \end{bmatrix} = R\begin{bmatrix} x_w \\ y_w \\ z_w \end{bmatrix} + T \qquad R = \begin{bmatrix} r_1 & r_2 & r_3 \\ r_4 & r_5 & r_6 \\ r_7 & r_8 & r_9 \end{bmatrix} \qquad T = \begin{bmatrix} T_x \\ T_y \\ T_z \end{bmatrix}$$

相機座標系統和影像座標系統的關係可以圖 9.5.2.1 表示。在圖中，我們根據三角比例關係，可得

$$X_t = f\frac{x}{z}$$

$$Y_t = f\frac{y}{z}$$

這裡 f 為焦距長。

理論上，(X_t, Y_t) 為 (x, y) 投射到影像座標系統的理想座標位置。由於受到透鏡的輻射效應，(x, y) 實際投射到影像座標系統的位置應為 (X_a, Y_a)。通常 $(X_t,$

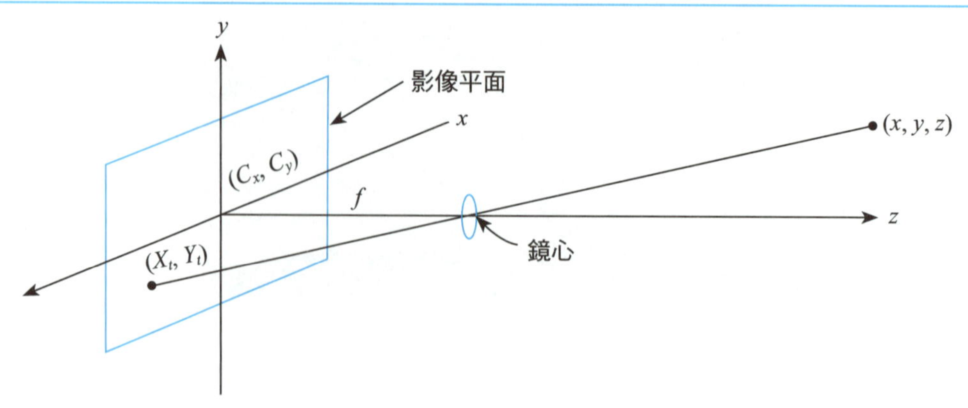

圖 9.5.2.1 相機座標系統和影像座標系統

Y_t) 不等於 (X_a, Y_a)，但滿足下式：

$$X_a + E_x = X_t$$
$$Y_a + E_y = Y_t$$

上兩式中的誤差項 E_x 和 E_y 可表示成

$$E_x = X_a(\kappa_1 r^2 + \kappa_2 r^4)$$
$$E_y = Y_a(\kappa_1 r^2 + \kappa_2 r^4)$$
$$r = \sqrt{X_a^2 + Y_a^2}$$

上面式子中的係數 κ_1 和 κ_2 為待求的參數，在光學透鏡的輻射失真 (Radial Distortion) 的影響下，內部參數 κ_1 和 κ_2 往往滿足 $\kappa_2 << \kappa_1$，這時我們令 $\kappa_2 = 0$，而只關心 κ_1 的求解。

前面所提的 (X_a, Y_a) 為實數，但數位影像的座標系統之座標為整數座標 (X_I, Y_I)。在介紹 (X_a, Y_a) 和 (X_I, Y_I) 的關係前，得先引入影像感應器 (Sensor) 為媒介，以便將 (X_a, Y_a) 和 (X_I, Y_I) 的關係聯繫起來。假設感應器的 $X(Y)$ 方向共有 $S_x(S_y)$ 個感應器。例如，$S_x = S_y = 576$。兩個感應器中心點的水平距離為 d_x，例如 $d_x = 0.023$ mm，而垂直距離為 d_y。N_x 是影像在 x 方向的解析度。令

$$d'_x = d_x \frac{S_x}{N_x}$$

而 (C_x, C_y) 分別為數位影像的中心座標。於是 (X_a, Y_a) 和 (X_I, Y_I) 存在有下列的關係：

$$X_I = C_x + s\frac{X_a}{d'_x}$$
$$Y_I = C_y + \frac{Y_a}{d_y}$$

上式中，s 為待解的放大係數。

從前面的介紹，已知 (x, y) 投影到影像座標系統的理想位置為 (X_t, Y_t)＝$\left(f\frac{x}{z}, f\frac{y}{z}\right)$。我們進而得到

$$f\frac{x}{z}=X_a+E_x=\frac{(X_I-C_x)d'_x}{s}+E_x$$

$$=\frac{(X_I-C_x)d'_x}{s}+\frac{(X_I-C_x)d'_x\kappa_1 r^2}{s}$$

$$=\frac{\overline{X}d'_x}{s}+\frac{\overline{X}d'_x\kappa_1 r^2}{s}$$

同理可得 $$d_y\overline{Y}+d_y\overline{Y}\kappa_1 r^2=f\frac{y}{z}$$

這裡 $r=\sqrt{\left(\frac{\overline{X}d'_x}{s}\right)^2+[d_y(Y_I-C_y)]^2}=\sqrt{\left(\frac{\overline{X}d'_x}{s}\right)^2+(d_y\overline{Y})^2}$。

到目前為止，我們已將二維影像座標和二維數位影像座標的關係建立起來了。接著，再利用三維世界座標系統和二維影像座標系統的關係可得

$$\frac{\overline{X}d'_x}{s}+\frac{\overline{X}d'_x\kappa_1 r^2}{s}=f\frac{r_1x_w+r_2y_w+r_3z_w+T_x}{r_7x_w+r_8y_w+r_9z_w+T_z}$$

$$d_y\overline{Y}+d_y\overline{Y}\kappa_1 r^2=f\frac{r_4x_w+r_5y_w+r_6z_w+T_y}{r_7x_w+r_8y_w+r_9z_w+T_z}$$

旋轉矩陣 R 亦可用右手定則，分別對 x 軸、y 軸和 z 軸達到任一角度的旋轉。換言之，R 可寫成下式：

$$R=\begin{bmatrix}\cos\psi\cos\theta & \sin\psi\cos\theta & -\sin\theta\\ -\sin\psi\cos\phi+\cos\psi\sin\theta\cos\phi & \cos\psi\cos\phi & \cos\theta\sin\phi\\ \sin\psi\sin\phi+\cos\psi\sin\theta\cos\phi & -\cos\psi\sin\phi+\sin\psi\sin\theta\cos\phi & \cos\theta\cos\phi\end{bmatrix}$$

推導至此，我們已將六個外部參數 (Extrinsic Parameters) 和五個內部參數 (Intrinsic Parameters) 的關係聯繫起來了。這六個外部參數分別為 ψ、θ、ϕ、T_x、T_y 和 T_z，且五個內部參數分別為 f、s、κ_1、C_x 和 C_y。接下來的工作就是利用數值的方法求解這些參數，這也是相機校正的主要工作。我們先解出五個外部參數。

在二維影像座標上取一經過原點的向量 (X_a, Y_a)，且在相機座標上取一平行 (X_a, Y_a) 的向量 (x, y)，因為向量 (X_a, Y_a) 平行於 (x, y)，所以得

$$(X_a, Y_a)\times(x, y)=0$$
$$X_a \cdot y - Y_a \cdot x = 0$$
$$X_a(r_4x_w + r_5y_w + r_6z_w + T_y) = Y_a(r_1x_w + r_2y_w + r_3z_w + T_x)$$

因為 z 軸的值可以不理它，令 $Z_w=0$，則我們得到

$$[Y_ax_w \quad Y_ay_w \quad Y_a \quad -X_ax_w \quad -X_ay_w]\begin{bmatrix} T_y^{-1}r_1 \\ T_y^{-1}r_2 \\ T_y^{-1}r_x \\ T_y^{-1}r_4 \\ T_y^{-1}r_5 \end{bmatrix} = X_a$$

上述等式雖含有六個外部參數，但是只要利用五組世界座標 (x_w, y_w, z_w) 和五組底片上的真實座標 (X_a, Y_a) 就可解出 $T_y^{-1}r_1$、$T_y^{-1}r_2$、$T_y^{-1}r_3$、$T_y^{-1}r_4$、$T_y^{-1}r_5$。關於相機外部參數求解的 C 程式請參見 9.10 節。

令

$$C=\begin{bmatrix} \bar{r}_1 & \bar{r}_2 \\ \bar{r}_4 & \bar{r}_5 \end{bmatrix}=\begin{bmatrix} T_y^{-1}r_1 & T_y^{-1}r_2 \\ T_y^{-1}r_4 & T_y^{-1}r_5 \end{bmatrix}$$

則旋轉矩陣可改寫成

$$R=\begin{bmatrix} \bar{r}_1T_y & \bar{r}_2T_y & r_3 \\ \bar{r}_4T_y & \bar{r}_5T_y & r_6 \\ r_7 & r_8 & r_9 \end{bmatrix}$$

利用 R 中每一行向量為單位長和每一列向量亦為單位長，可得下式：

$$R=\begin{bmatrix} \bar{r}_1T_y & \bar{r}_2T_y & \pm[1-T_y^2(\bar{r}_1^2+\bar{r}_2^2)]^{1/2} \\ \bar{r}_4T_y & \bar{r}_5T_y & \pm[1-T_y^2(\bar{r}_4^2+\bar{r}_5^2)]^{1/2} \\ \pm[1-T_y^2(\bar{r}_1^2+\bar{r}_4^2)]^{1/2} & \pm[1-T_y^2(\bar{r}_2^2+\bar{r}_5^2)]^{1/2} & \pm(-1+MT_y^2)^{1/2} \end{bmatrix}$$

這裡 $M=\bar{r}_1^2+\bar{r}_2^2+\bar{r}_4^2+\bar{r}_5^2$。因為 R 為正交矩陣，任兩行的內積必為零。利用

R 中第一行和第二行向量的內積為零的條件，我們得到下列一元二次方程式：

$$(\bar{r}_1\bar{r}_5+\bar{r}_2\bar{r}_4)^2T_y^4-MT_y^2+1=0$$

上面等式中的 T_y^2 可視為一個待解的變數。上面等式可解得 T_y^2 的二個解，如下所示：

$$T_y^2=\frac{M\pm[M^2-4(\bar{r}_1\bar{r}_5+\bar{r}_2\bar{r}_4)^2]^{1/2}}{2(\bar{r}_1\bar{r}_5+\bar{r}_2\bar{r}_4)^2}$$

前面曾推導過

$$d_y\bar{Y}+d_y\bar{Y}\kappa_1r^2=f\frac{r_4x_w+r_5y_w+r_6z_w+T_y}{r_7x_w+r_8y_w+r_9z_w+T_z}$$

暫時將 κ_1 和 Z_w 設為零，我們得

$$d_y\bar{Y}=f\frac{r_4x_w+r_5y_w+T_y}{r_7x_w+r_8y_w+T_z}$$

上式可改寫成

$$[t_1-d_y\bar{Y}]\begin{bmatrix}f\\T_z\end{bmatrix}=t_2d_y\bar{Y}$$

上式中 $t_1=r_4x_w+r_5y_w+T_y$ 且 $t_2=r_7x_w+r_8y_w$。利用多於兩組世界座標 (x_w, y_w, z_w) 和兩組底片上的真實座標 (X_a, Y_a) 就可解出 f 和 T_z。然後以此 f 和 T_z 及令 $\kappa_1=0$ 為初始值來解非線性方程式

$$d_y\bar{Y}+d_y\bar{Y}\kappa_1r^2=f\frac{t_1}{t_2+T_z}$$

如此則可透過數值的解法求得 (f, T_z, κ_1) 的逼近解。在 [11] 中，(C_x, C_y) 取底片座標的中心，而 $s=1$。

9.6 二維影像的深度計算

在這一節中，我們要介紹如何從二維影像中計算出物體上某個點和相機的距離，也就是深度 (Depth) [21]。一般來說，我們可利用雷達 (Radar) 和三角定

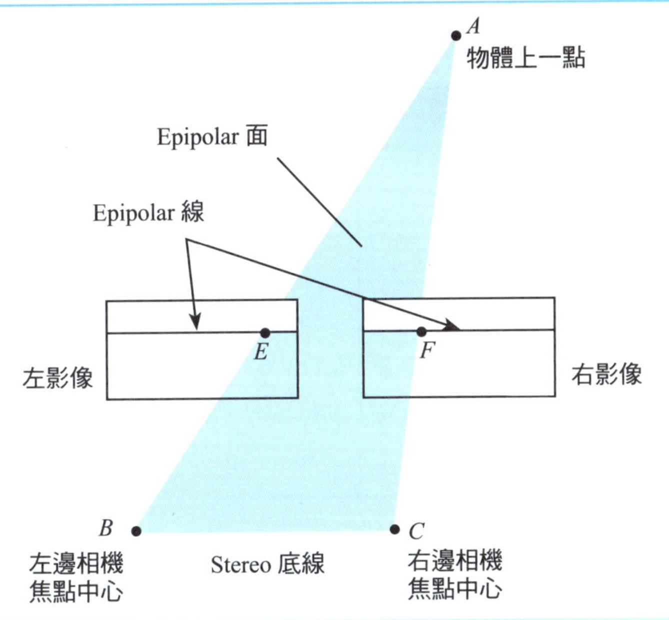

圖 9.6.1 Epipolar 面

位法。在三角定位法中，兩個相似三角形的比例關係是常用的技巧。在介紹三維影像的深度計算前，我們還是先介紹什麼叫作 Epipolar 面。

在圖 9.6.1 中，物體上的一點 A 和左邊相機焦點中心 B 及右邊相機焦點中心 C 形成的三角形平面就叫作 Epipolar 面。Epipolar 面和左影像以及右影像會交集出的兩段水平線，這兩段水平線也叫作 Epipolar 線。A 點在左影像上成像在 E 點，在右影像上成像在 F 點，E 點和 F 點稱為共軛配對 (Conjugate Pair)，共軛配對點的距離稱作視差 (Disparity)。Epipolar 線在求三維影像的深度計算上扮演了很重要的角色。

範例 1： 已知兩部相機的焦距 [參見式 (1.3.1)] 相同且均為 f，假設左邊的 Epipolar 線之長度為 x_l，而右邊的 Epipolar 線之長度為 x_r。已知物件上的一點 $A(x, y, z)$，試問 z 之值為何？

解答： 根據給定條件，圖 9.6.2 為對應的示意圖，圖中的 B 和 C 代表左相機和右相機。

利用圖 9.6.2 中，$\triangle BFG \approx \triangle BDA$ 和 $\triangle CHI \approx \triangle CEA$，透過兩相似三角形的邊比例關係，可得到

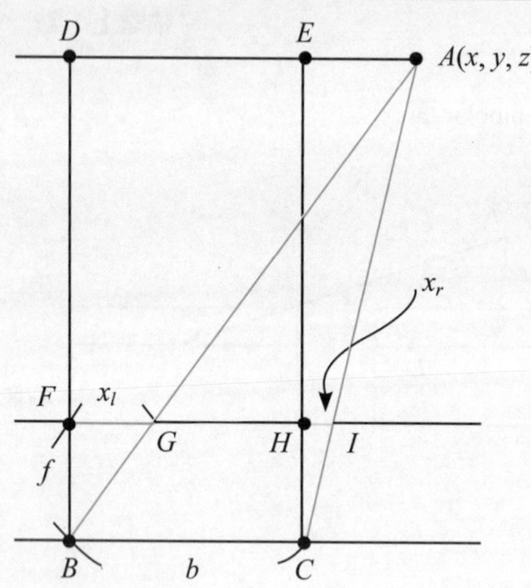

圖 9.6.2 利用兩平行相機求 z 值

$$\frac{x}{z}=\frac{x_l}{f}$$

$$\frac{x-b}{z}=\frac{x_r}{f}$$

在上式中，我們假設兩部相機相距 b，座標系統的原點設在 B 點。可進一步推得

$$x=\frac{zx_l}{f}$$

$$x=(zx_r+bf)/f$$

再利用 $zx_l = zx_r + bf$，可得到深度為

$$z=\frac{bf}{x_l-x_r}$$

解答完畢

從範例 1 中亦可知曉 9.5.1 節中，圖 9.5.1.8 是透過 z 值所繪製出來的。

我們在 9.5.1 節中已談過視差和匹配的概念以及相關的算法。這裡補充一下 Marr 和 Poggio 著名的三大匹配限制 (Correspondence Constraint)：

(1) 唯一性：左影像的特徵點不可在右影像中對應出兩個以上的特徵點。

(2) 近似相容性：匹配的兩個特徵點，在屬性上有高度關聯性。

(3) 連續性：兩兩匹配點的視差變化有規則性。

9.7 結　論

這一章介紹了很多圖形識別、影像匹配和三維影像重建的技術。9.5 節和 9.6 節介紹的三維視覺相關技術可看出三維電腦視覺是難度最高的一個研究議題。讀者也可嘗試作業中的問題，以了解更多相關方面的討論。

9.8 作　業

1. 介紹如何利用 Support Vector Machine [2] 來進行圖形識別。
2. 如何找出影像中的關鍵點 (Keypoints) [24]？

   解答：這裡針對尺度空間極值偵測 (Scale-space Extrema Detection)。令

$$G(x, y, s) = \frac{1}{2\pi s^2} e^{-(x^2+y^2)/2s}$$

則 DOG 函數為

$$\begin{aligned} D(x, y, s) &= G(x, y, ks) * f(x, y) - G(x, y, s) * f(x, y) \\ &= [G(x, y, ks) - G(x, y, s)] * f(x, y) \\ &\approx (ks - s)\frac{\partial G}{\partial s} \\ &= (k-1)s\frac{\partial G}{\partial s} \end{aligned}$$

考慮連續三個 DOG 函數，並將它們作用到影像 f 上。將作用完的三張結果影像中的中間一張 $\overline{f}$，考慮 $\overline{f}(x, y)$ 和其周圍八個像素以及上下各九個像素，若 $\overline{f}(x, y)$ 是 27 個像素的最大值或最小值，則 $f(x, y)$ 稱為局部關鍵點。

解答完畢

3. 閱讀三維的視覺重建及相機校正之論文 [10, 14]。
4. 試分析 9.4 節中二多邊形物體的匹配組合數。
5. 閱讀有關影像分解的稀疏表達之論文 [12]。
6. 閱讀有關植基於字串匹配的形狀識別之論文 [13]。
7. 何謂三維光流的決定 [17, 18]？
8. 試說明 Harris 法求角點集中響應值的物理意義。
9. 何謂形狀紋脈 (Shape Context) 法？如何利用它來進行形狀匹配 [23]？

解答：在形狀紋脈法中，我們得先在物件上找出一些重要的特徵點，通常數量不必太多。針對其中的一個特徵點，我們將其餘的邊點計算一個粗略的直方圖

$$h_i^k = \#\{q \neq p_i : (q - p_i) \in bin(k)\}$$

此即定義為形狀紋脈，我們再將其使用在 log-polar 的空間上，目的是為了讓愈靠近特徵點的邊點在形狀紋脈的表示上有愈高的敏銳度。下圖為 log-polar 示意圖：

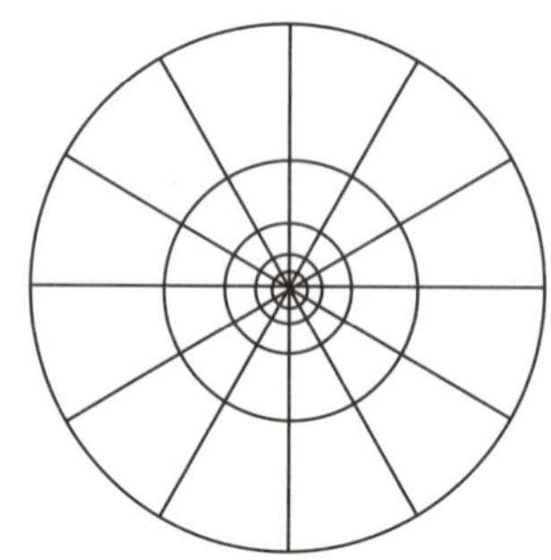

在上圖中共有 48 個扇形區，我們計算出每個扇形區內的邊點數，可得到 log-polar 直方圖，下圖為一個小例子：

log	0–30	30–60	60–90	…
	2	4	2	…
	3	7	4	…
	9	1	2	…
	5	3	8	…

0　30　60　90　角度

接下來，可對 log-polar 直方圖內的邊點數進行量化以達正規化

(Normalization) 的目的。屆時兩個物件要比對以算出匹配的程度時，我們只需比對兩個對應的直方圖即可。為克服物件被旋轉的問題 (Rotation Problem)，我們可將該兩個 log-polar 直方圖中的一個複製一次，然後進行十二次的兩兩直方圖比對即可。

解答完畢

10. 有兩個密封的物件，已知其外圍為 B_1 和 B_2，如何進行 B_1 和 B_2 的比對呢？

解答：首先將 B_i $(1 \le i \le 2)$ 的所有角點找出來並記錄相鄰角點的長度 l_j^i 和每個角點的轉角 θ_j^i。B_1 可被表示為特徵序列 $F_1 = l_1^1\theta_1^1 l_2^1\theta_2^1 \cdots l_{n-1}^1\theta_{n-1}^1 l_n^1\theta_n^1$，$B_2$ 可被表示為 $F_2 = l_1^2\theta_1^2 l_2^2\theta_2^2 \cdots l_m^2\theta_m^2$。接下來，為了解決旋轉的問題，我們將$B_1$的特徵序列複製一次並得到 F_1F_1。利用動態規劃的技巧 [3] 來比對 F_1F_1 和 F_2，我們就可以解決 B_1 和 B_1 的比對問題了。

解答完畢

11. 試證明 9.2 節中的共變異矩陣可表示成

$$\Sigma_X = A - UU^t = SCS$$

這裡的 A 稱為 X 的自我相關矩陣，$S = \text{diag}[\sigma_1\sigma_2 \cdots \sigma_n]$ 和

$$c = \begin{bmatrix} 1 & P_{12} & \cdots & P_{1n} \\ P_{12} & 1 & \cdots & P_{2n} \\ \vdots & \vdots & \ddots & \vdots \\ P_{1n} & P_{2n} & \cdots & 1 \end{bmatrix}$$

P_{ij}，$|P_{ij}| \le 1$，也稱為 X_i 和 Y_i 的相關係數且滿足 $\sigma_{ij} = P_{ij}\sigma_i\sigma_j$。

解答：很容易可推得

$$\begin{aligned} \Sigma_X &= E[XX^t] - E[X]U^t - UE[X^t] + UU^t \\ &= E[XX^t] - UU^t \\ &= A - UU^t \\ &= SCS \end{aligned}$$

解答完畢

9.9 參考文獻

[1] R. O. Duda, P. E. Hart, and D. G. Stork, *Pattern Classification*, 2nd Ed., John Wiley & Sons, New York, 2001.

[2] N. Cristianini and J. S. Taylor, *An Introduction to Support Vector Machines*, Cambridge University Press, New York, 2000.

[3] J. Llados, H. Bunke, and E. Marti, "Finding rotational symmetries by cyclic string matching," *Pattern Recognition Letters*, 18, 1997, pp. 1435-1442.

[4] D. E. Knuth, J. H. Morris, and V. R. Pratt, "Fast pattern matching in strings," *SIAM J. on Computing*, 6(2), 1977, pp. 323-350.

[5] L. J. Latecki and R. Lakamper, "Shape similarity measure based on correspondence of visual parts," *IEEE Trans. on Pattern Analysis and Machine Intelligence*, 22(10), 2000, pp. 1185-1190.

[6] L. J. Latecki and R. Lakamper, "Convexity rule for shape decomposition based on discrete contour evolution," *Computer Vision and Image Understanding*, 73(3), 1999, pp. 441-454.

[7] C. J. Tsai and A. K. Katsaggelos, "Dense disparity estimation with a divide-and-conquer disparity space image technique," *IEEE Trans. on Multimedia*, 1(1), 1999, pp. 18-29.

[8] K. L. Chung, M. S. Hwang, and C. S. Chen, "An improved algorithm for dense disparity estimation on aerial images," *Pattern Recognition and Image Analysis*, 12(3), 2002, pp. 308-315.

[9] Y. Ohta and T. Kanade, "Stereo by intra-and inter-scanline search using dynamic programming," *IEEE Trans. on Pattern Analysis and Machine Intelligence*, 7(2), 1985, pp. 139-154.

[10] C. S. Chen, Y. P. Hung, and J. B. Cheng, "RANSAC-based DARCES: a new approach to fast automatic registration of partially-overlapping range images," *IEEE Trans. on Pattern Analysis and Machine Intelligence*, 21(11), 1999, pp. 1229-1234.

[11] R. Y. Tsai, "A versatile camera calibration technique for high-accuracy 3D machine vision metrology using off-the-sheff TV cameras and lenses," *IEEE J. of Robotics and Automation*, 3(4), 1987, pp. 323-344.

[12] D. Geiger, T. L. Liu, and M. J. Donahue, "Sparse representations for image

decompositions," *International J. of Computer Vision*, 33(2), 1999, pp. 139-156.

[13] S. W. Chen, S. T. Tung, C. Y. Fang, S. Cherng, and Anil K. Jain, "Extended atributed string mtching for shape recognition," *Computer Vision and Image Understanding*, 70(1), 1998, pp. 36-50.

[14] S. W. Shin, Y. P. Huang, and W. S. Lin, "Accurate linear technique for camera calibration considering lens distortion by solving an eigenvalue problem," *Optical Engineering*, 32(1), 1993, pp. 138-149.

[15] H. Tannis, *Probability and Statistical Inference*, 5th Ed., Prentice-Hall, New York, 1997.

[16] C. F. Olson, "Maximum-likelihood image matching," *IEEE Trans. on Pattern Analysis and Machine Intelligence*, 24(6), 2002, pp. 853-857.

[17] B. K. P. Horn and B. G. Schunck, "Determining optical flow," AI Memo 572, AI Lab., MIT, April 1980.

[18] D. H. Balland and C. M. Brown, *Computer Vision*, Prentice-Hall, New Jersey, 1982.

[19] C. Harris and M. Stephens, "A combined corner and edge detector," Fourth Alvey Vision Conference, 1988, pp. 147-151.

[20] G. Y. Tian, D. Gledhill, and D. Taylor, "Comprehensive interest points based imaging mosaic," *Pattern Recognition Letters*, 24, 2003, pp. 1171-1179.

[21] R. Jain, R. Kasturi, and B. G. Schunck, *Machine Vision*, McGraw-Hill, New York, 1995.

[22] D. Marr and T. Poggio, "Cooperative computation of stereo disparity," *Science*, 194(4262), 1976, pp. 283-287.

[23] G. Mori, S. Belongie, and J. Malik, "Efficient shape matching using shape contexts," *IEEE Trans. on Pattern Analysis and Machine Intelligence*, 27(11), 2005, pp. 1832-1837.

[24] D. G. Lowe, "Distinctive image features from scale-invariant keypoints," *International J. of Computer Vision*, 60(2), 2004, pp. 91-110.

9.10 相機外部參數求解的 C 程式附錄

```
/*****************************************************************/
/*structure calipoint                                             */
/*Xw, Yw, Zw: 世界座標 (mm)                                        */
/* Xd,Yd : 影像座標 (pixel)                                        */
/*****************************************************************/
struct calipoint{
      double Xw, Yw, Zw;
      float Xd, Yd;
} CALIPOINT;


/*****************************************************************/
/* function ftk_funcs                                             */
/* y(x;a) = – Yi * f + (–Ydi) * T_z_(wi * Ydi * r^2) * kuppa_1
   + (Ydi * r^2) * T_z * kuppa_1                                  */
/* input -                                                        */
/* x : 第 x 組 calipoint                                           */
/* a[] : 目前的參數值                                               */
/* na : 參數個數                                                   */
/* ouput -                                                        */
/* y : 目前的函數值                                                 */
/* dyda : 目前函式 y(x; a) 對每一項 a[] 的偏微分值                    */
/*****************************************************************/
void ftk_funcs(float x, float a[], float * y, float dyda[], int na)
{
      /* y(x; a) =                                                */
      /*–Yi * f + (–Ydi) * T_z_(wi * Ydi * r^2) * kuppa_1
      + (Ydi * r^2) * T_z * kuppa_1                               */
      double yi, wi, r_sq;
```

```
        calipoint * i = &data_set[x];
        yi = Extri_R[4] * i –> Xw + Extri_R[5] * i –> Yw + T_y;
        wi = Extri_R[7] * i –> Xw + Extri_R[8] * i –> Yw;
        r_sq = i –> Xd * i –> Xd + i –> Yd * i –> Yd;
        *y  = (–1) * yi * a[1] + i –> Yd * a[2] + wi * i –> Yd * r_sq * a[3]
          + i –> Yd * r_sq * a[2] * a[3];
        dyda[1] = (–1) * yi;
        dyda[2] = i –> Yd * (1 + r_sq * a[3]);
        dyda[3] = i –> Yd * r_sq * (wi + a[2]);
}

/*************************************************************/
/* function MonoviewCoplanarSetofPoints                                    */
/* Input-                                                                   */
/* data_set : calibration points                                           */
/* Output-                                                                  */
/* R_x, R_y, R_z : 外部參數之旋轉角度                                       */
/* T_x, T_y, T_z : 外部參數之平移向量                                       */
/*                                                                          */
/* 其中                                                                     */
/*-Guass-Jordan Elimination                                                 */
/* void gaussj(float ** a, int n,float ** b, int m)                         */
/*-Levenberg-Marquardt Method                                               */
/* void mrqmin(float x[], float y[], float sig[], int ndata, float a[], int ia[],  */
/*          int ma, float ** covar, float ** alpha, float * chisq,          */
/*          void (* funcs)(float, float [], float *, float [], int), float * alamda)  */
/* 為外部副程式，請參考 NUMERICAL RECIPES in C，

   SECOND EDITION                                                           */
/*************************************************************/
```

```
void MonoviewCoplanarSetofPoints (vector < calipoint > data_set,
                                  double * R_x, double * R_y, double * R_z,
                                  double * T_x, double * T_y, double * T_z)
{
    /*初始參數*/
    R_x = R_y = R_z = 0.0;
    T_x = T_y = T_z = 0.0;
    double Intri_f = 0.0;
    double Intri_kappa1 = 0.0;
    /*在 coplanar 的方法中，Sx 設為 1*/
    double Intri_Sx = 1.0;
/* 第一階段 -- 計算 3D 的位移及旋轉*/
    /*第 1 步 : 計算 5 個未知數 T^ – 1_y * r_1, T^ – 1_y * r_2, T^ – 1_y * T_x, */
    /*                              T^ – 1_y * r_4, and T^ – 1_y * r_5.*/
    float ** a, ** b;
    a = new float * [6];
    for(int i = 0; i < 6; i++) a[i] = new float[6];
    b = new float * [6];
    for(int i  = 0; i < 6; i++) b[i] = new float[2];

    vector <calipoint> ::iterator i;
    float coff[7];
    for( i = data_set.begin(); i < data_set.end(); i++ ){
        /*Normal equations*/
        coff[1] = i –> Yd * i –> Xw;
        coff[2] = i –> Yd * i –> Yw;
        coff[3] = i –> Yd;
        coff[4] = (–1) * i –> Xd * i –> Xw;
        coff[5] = (–1) * i –> Xd * i –> Yw;
        coff[6] = i –> Xd;
```

```
    for(int k = 1; k <= 5; k++){
      a[k][1] += coff[1] * coff[k]; a[k][2] += coff[2] * coff[k];
      a[k][3] += coff[3] * coff[k]; a[k][4] += coff[4] * coff[k];
      a[k][5] += coff[5] * coff[k]; b[k][1] += i -> Xd * coff[k];
    }
}
/*利用 Guass-Jordan Elimination 法解之*/
gaussj(a, 5, b, 1);
/*b 是相關解*/


/*第 2 步 : 計算 r_1, ..., r_9*/
/*第 2.1 步 : 計算 T_y^2*/
/*C = [ r_1'  r_2' ]*/
/*      [ r_4' r_5' ]*/
float pr_1 = b[1][1]; float pr_2 = b[2][1];
float pr_3 = b[3][1]; float pr_4 = b[4][1];
float pr_5 = b[5][1];
double Sr = pr_1 * pr_1 + pr_2 * pr_2 + pr_4 * pr_4 + pr_5 * pr_5;
double square_Ty;
if( !(pr_1 == 0 && pr_2 == 0) || !(pr_1 == 0 && pr_4 == 0) ||
   !(pr_2 == 0 && pr_5 == 0) || !(pr_4 == 0 && pr_5 == 0))
{
  square_Ty = (Sr - sqrt(Sr * Sr - 4 * pow(pr_1 * pr_5 - pr_4 * pr_2, 2)))/
               (2 * pow(pr_1 * pr_5 - pr_4 * pr_2, 2));
}
else{
    if(pr_1 == 0 && pr_2 == 0) square_Ty = 1/(pr_4 * pr_4 + pr_5 * pr_5);
    if(pr_1 == 0 && pr_4 == 0) square_Ty = 1/(pr_2 * pr_2 + pr_5 * pr_5);
    if(pr_2 == 0 && pr_5 == 0) square_Ty = 1/(pr_1 * pr_1 + pr_4 * pr_4);
    if(pr_4 == 0 && pr_5 == 0) square_Ty = 1/(pr_1 * pr_1 + pr_2 * pr_2);
```

```
}
T_y = sqrt(square_Ty);

/*第 2.2 步 : 決定 Ty 的正負號*/
/*任選一點 P*/
vector <calipoint> ::iterator P = data_set.end() – 1;
/*先假設為正*/
int sign_of_Ty = 1;
Extri_R[1] = pr_1 * T_y;
Extri_R[2] = pr_2 * T_y;
Extri_R[4] = pr_4 * T_y;
Extri_R[5] = pr_5 * T_y;
T_x = pr_3 * T_y;
float xx = Extri_R[1] * P –> Xw + Extri_R[2] * P –> Yw + T_x;
float yy = Extri_R[4] * P –> Xw + Extri_R[5] * P –> Yw + T_y;
if( (xx * P –> Xd >= 0.0) || (yy * P –> Yd >= 0.0) ){
    sign_of_Ty = 1;
}
else{
    sign_of_Ty = – 1;
}
T_y *= sign_of_Ty;

/* 第 2.3 步 : 計算 3D 旋轉矩陣*/
Extri_R[1] = pr_1 * T_y;
Extri_R[2] = pr_2 * T_y;
Extri_R[4] = pr_4 * T_y;
Extri_R[5] = pr_5 * T_y;
T_x = pr_3 * T_y;
```

```
int sign = (–1) * (Extri_R[1] * Extri_R[4] + Extri_R[2] * Extri_R[5] > 0?1:– 1);
Extri_R[3] = sqrt(1 – Extri_R[1] * Extri_R[1] – Extri_R[2] * Extri_R[2]);
Extri_R[6] = sign * sqrt(1 – Extri_R[4] * Extri_R[4] – Extri_R[5] * Extri_
   R[5]);
Extri_R[7] = sqrt(1 – Extri_R[1] * Extri_R[1] – Extri_R[4] * Extri_R[4]);
Extri_R[8] = sqrt(1 – Extri_R[2] * Extri_R[2] – Extri_R[5] * Extri_R[5]);
Extri_R[9] = sqrt(1 – Extri_R[7] * Extri_R[7] – Extri_R[8] * Extri_R[8]);

/*第二階段 – – 計算焦距長，失真係數及 z 方向的平移量*/
   /*第 3 步 : 計算 f 及 Tz 的估計值在忽略鏡頭失真的情況下*/
   float yi, wi;
   for(i = data_set.begin(); i < data_set.end(); i++ ){
      // Normal equations
      yi = Extri_R[4] * i –> Xw + Extri_R[5] * i –> Yw + T_y;
      wi = Extri_R[7] * i -> Xw + Extri_R[8] * i –> Yw;
      coff[1] = yi;
      coff[2] = – 1 * i –> Yd;
      for(int k = 1; k <= 2; k++){
        a[k][1] += yi * coff[k];
        a[k][2] += –1 * i –> Yd * coff[k];
        b[k][1] += wi * i –> Yd * coff[k];
      }
   }
   gaussj (a, 2, b, 1);
   Intri_f = b[1][1];
   T_z = b[2][1];

   /*若 f < 0，重新計算旋轉矩陣*/
   while (Intri_f <= 0.0){
         if (Intri_f < 0.0){
```

```
            Intri_f * = – 1;
            Extri_R[3] * = – 1;
            Extri_R[6] * = – 1;
            Extri_R[7] * = – 1;
            Extri_R[8] * = – 1;
        }
        for (i = data_set.begin(); i < data_set.end(); i++ ){
         /*Normal equations*/
        yi = Extri_R[4] * i –> Xw + Extri_R[5] * i –> Yw + T_y;
        wi = Extri_R[7] * i –> Xw + Extri_R[8] * i –> Yw;
        coff[1] = yi;
        coff[2] = – 1 * i –> Yd;
        for (int k = 1; k <= 2; k++){
            a[k][1] += yi * coff[k];
            a[k][2] += – 1 * i –> Yd * coff[k];
            b[k][1] += wi * i –> Yd * coff[k];
        }
    }
      gaussj (a, 2, b, 1);
      Intri_f = b[1][1];
      T_z = b[2][1];
}

/* 計算 R_x, R_y, R_z*/
R_z = atan(Extri_R[2]/Extri_R[1]);
R_y = acos(Extri_R[2]/sin(R_z));
R_x = asin(Extri_R[6]/cos(R_y));

/*第 4 步 : 計算確實的 f, T_z, kuppa_1*/
int ndata = data_set.size();
```

```
float * x = new float[ndata + 1];
float * y = new float[ndata + 1];
float * sig = new float[ndata + 1];
float * p = new float[4];
p[1] = Intri_f;
p[2] = T_z;
p[3] = 0.0;
int * ia = new int[4];
for(int i = 1; i < 4; i++) ia[i] = 1;
float **covar, **alpha;
covar = new float * [4];
alpha = new float * [4];
    for (int i = 0; i < 4; i++){
      covar[i] = new float[4];
      alpha[i] = new float[4];
    }
    float chisq, alamda = – 1;
    for (int i = 0; i <= ndata; i++){
    float wi = Extri_R[7] * data_set[i].Xw + Extri_R[8] * data_set[i].Yw;
    x[i + 1] = i;
    y[i + 1] = – 1 * wi * data_set[i].Yd;
    float mean = (data_set[i].Xw + data_set[i].Yw +
                  data_set[i].Xd + data_set[i].Yd)/5;
    float var = (pow (data_set[i].Xw – mean, 2) +
                pow(data_set[i].Yw – mean, 2) +
          pow (data_set[i].Xd – mean, 2) +
          pow(data_set[i].Yd – mean, 2))/4;
    sig[i + 1] = sqrt(var);
    }
 mrqmin (x, y, sig, ndata, p, ia, 3, covar, alpha, &chisq, &ftk_funcs, &alamda);
```

```
    Intri_f = p[1];
    T_z = p[2];
    Intri_kappa1 = p[3];

    /*釋放記憶體*/
    for (int i = 0; i < 4; i++){
        delete [] covar[i];
        delete [] alpha[i];
    }
    delete [] covar, alpha, ia, p, sig, y, x;
    delete [] p;
    for (int i = 0; i < 6; i++)
        delete [] a[i];
    delete [] a;
    for (int i = 0; i < 6; i++)
        delete [] b[i];
        delete [] b;
}
```

CHAPTER

10

空間資料結構設計與應用

10.1 前言

第五章介紹的區域大多時候都不是規律的正方形或長條形，我們不妨也試試將影像切割成許多的規律區塊。雖然說將影像切割成規律的許多區塊，總區塊數可能較第五章分割出的區域數來得多。但是由於規則的區塊切割方式有很好的幾何性質，這樣的幾何特性對我們儲存這些區塊有很大的幫助，往往我們可用較節省記憶體的空間資料結構 (Spatial Data Structures) 來表示這些區塊。

空間資料結構除了節省記憶體的優點外，它還保有區塊之間較規則的幾何關係。後者更提供了我們可以不需解壓就可進行影像運算。在這一章，我們首先介紹幾種知名的黑白影像之空間資料結構表示法。接著介紹高灰階影像的空間資料結構表示法。最後，我們介紹一些空間資料結構的影像運算上的應用。

10.2 黑白影像的空間資料結構表示法

10.2.1 四分樹表示法

給一張黑白影像如圖 10.2.1.1 所示。利用四分樹的切割方式 [1]，可將圖 10.2.1.1 的影像以樹狀的方式表示成圖 10.2.1.2。所謂的四分樹切割方式就是在目前待分割的影像中心，以十字形方式將其切割成四小份。四小份中的左上部分謂之西北方 (Northwest)；右上部分謂之東北方 (Northeast)；左下部分謂之西南方 (Southwest)；右下部分謂之東南方 (Southeast)。在圖 10.2.1.2 中的四分樹表示法中，nw 代表西北方的切割；ne 代表東北方的切割；sw 代表西南方的切割；se 代表東南方的切割。當我們在圖 10.2.1.1 上以十字形將圖 10.2.1.1 上的影像切割成四小份，很巧地！在圖 10.2.1.1 的東北方有一整塊的黑色子影像，這一塊黑色子影像位於圖 10.2.1.2 上的 S_3 節點上。因為西北方有一塊黑色子影像並非與周遭區塊同色，所以需再分割。同樣的十字形分割方式遞迴地作用到西北方的子影像上。最後，西北方的子影像可表示成圖 10.2.1.2 中的節點 S_{14} 和 S_{16}。在圖 10.2.1.2 中，黑色節點表黑色的子影像；而白色節點則表示白色的子影像。

在圖 10.2.1.2 中，位於第 3 層的樹根的節點，在資料的類型上需存四個指標來記錄樹根與四個孩子的關係。除了葉子和樹根外，每個節點需要五個指標

圖 10.2.1.1 黑白影像

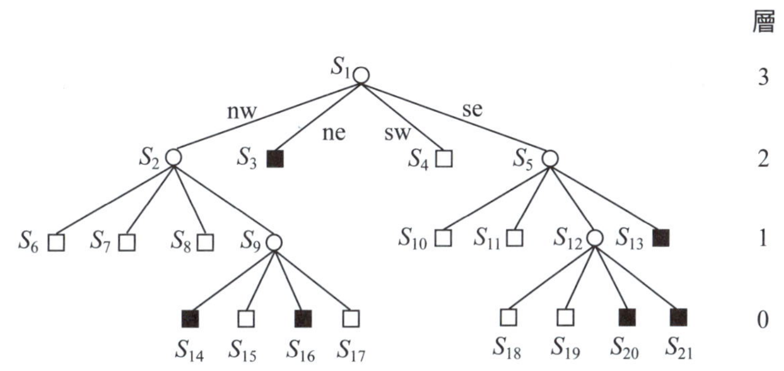

圖 10.2.1.2 四分樹表示法

來記錄其與父親和四個孩子的關係，為避免使用過多指標帶來的記憶體過多的問題，有一些改良的方法被提出來。在介紹這個改良方法前，我們先來看一個四分樹正規化的問題 [2]。給一張 4×4 的黑白影像，如圖 10.2.1.3 所示，其對應的四分樹表示法共需十六個葉子點。

我們現在將黑色區域，即物件所在，往東南方向移動一格，則圖 10.2.1.3 轉換成圖 10.2.1.4(a)，圖 10.2.1.4(a) 的四分樹表示法可見於圖 10.2.1.4(b)。在圖 10.2.1.4(b) 中，我們很容易可數出共有七個葉子點。和圖 10.2.1.3 的四分樹表示法共需十六個葉子點相比較，一共少了九個葉子點。

從這個簡單的移位，的確造成了節省葉子點數量的效果，從另一個角度看，適當的移位可達到節省記憶體的功效。例如，在 10.2.3 節中，線性的四分樹的記憶體需求和四分樹的葉子點總個數成正比。既然適當的將物體移位可達到節省記憶體的效果，那麼到底該如何移位才會有最大的效果呢？這個問題就

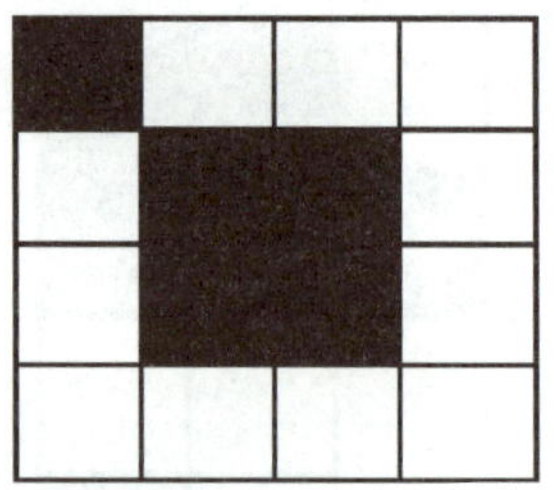

圖 10.2.1.3　4×4 黑白影像

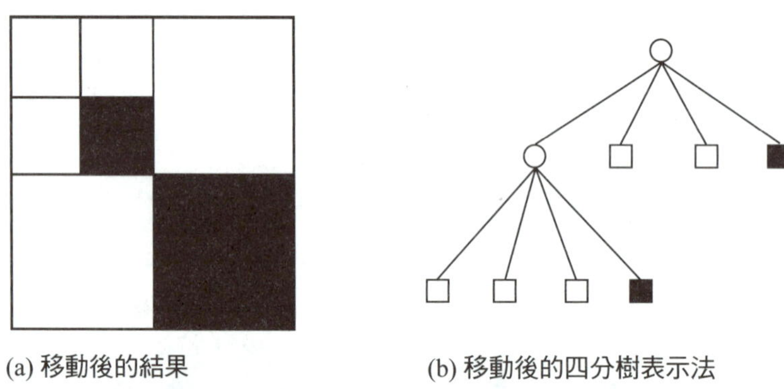

(a) 移動後的結果　　(b) 移動後的四分樹表示法

圖 10.2.1.4　移動後的效果

叫作四分樹正規化問題。最蠻力的方法就是嘗試所有的移位。假設影像的大小為 $N \times N$，則一共要試 $O(N^2)$ 個位置。在 [2, 3] 中，有更有效率的方法被提出來以解決正規化問題。

10.2.2　深先表示法

植基於 10.2.1 節的四分樹上，在這一小節中，我們來談一下深先表示法 [4]。

基本上，深先表示法只使用到 **B** (Black)、**W** (White) 和 **G** (Gray) 三個符號。B、W 和 G 這三個符號分別代表黑色節點、白色節點和灰色節點。在得到深先表示法前，我們需先將黑白影像轉換成四分樹表示法。然後在這轉換後的四分樹上進行深先搜尋，搜尋的過程中，碰到什麼類型的節點就適當地在 B、W 和 G 中選出一個適當的符號輸出。我們先搜尋到圖 10.2.1.2 中的樹根 S_1，因為 S_1 為內部節點，所以輸出 G。然後往 S_1 的左孩子搜尋，S_1 這時

碰到 S_2，同樣地，我們輸出 G。接下來我們搜尋到 S_6，因為 S_6 為白色外部節點，所以輸出 W。深先表示法在四分樹上的搜尋方式很類似於演算法中的前序搜尋法 [5]。按照這方式一直不斷地進行搜尋與輸出的動作，直到全部節點都被處理完畢。利用以上介紹的深先表示法，圖 10.2.1.2 的四分樹可表示成 GGWWWGBWBWBWGWWGWWBBB。有時候我們也將符號 G 改用左括弧 “(” 表示。在深先表示法的字串中，因為一共只有三種符號被用到，所以我們只需要二個位元來表示一個符號就夠了。為了更節省深先表示法的記憶體需求，圖 10.2.1.2 的深先表示法可改成 ((000(101010(00(00111。假設左括弧 (用 ‘10’ 的碼來表示；0 用 ‘0’ 的碼表示；1 用 ‘11’ 的碼來表示，則平均一個符號不需二個位元。

10.2.3　線性四分樹表示法

介紹完深先表示法後，我們接著介紹線性四分樹 [6]。基本上，Gargantini 認為不管是四分樹表示法或是深先表示法也好，它們都需記錄整棵樹，何不只記錄黑色節點的訊息，這不是更省空間嗎？

在線性四分樹中，四分樹上的每一個黑色節點的儲存方式為 (第 *i* 層, 路徑)。例如圖 10.2.1.2 中的黑色節點 S_{20} 可表示為 (0, 322)，這裡的 0 代表 S_{20} 位於第 0 層；3 代表東南方向；2 代表西南方向。同理，節點 S_{14} 可表示為 (0, 030)，這裡 030 的 0 代表西北方向。事實上，我們也可拿掉第 *i* 層這欄位而修改路徑的表示法，也可得到不錯的表示法。例如，節點 S_{13} 可表示為 33X，這裡 X 是補上去的額外符號。如果仍然沿用前面的深先搜尋方式，則圖 10.2.1.2 的線性四分樹可表示為 030, 032, 1XX, 322, 323, 33X。在改良式的線性四分樹的表示法中，如果利用二進位表示方式，則一個符號需三個位元。

範例 1：給下列三組線性四分樹碼：

10X, 130, 132, 21X, 22X, 231, 232, 3XX

10X, 21X, 22X, 3XX, 230, 231, 130, 132

3XX, 10X, 21X, 22X, 130, 132, 231, 232

請繪製出其對應的四分樹。

解答：根據線性四分樹碼的定義，上述三組線性四分樹碼所對應的四分樹如下所示：

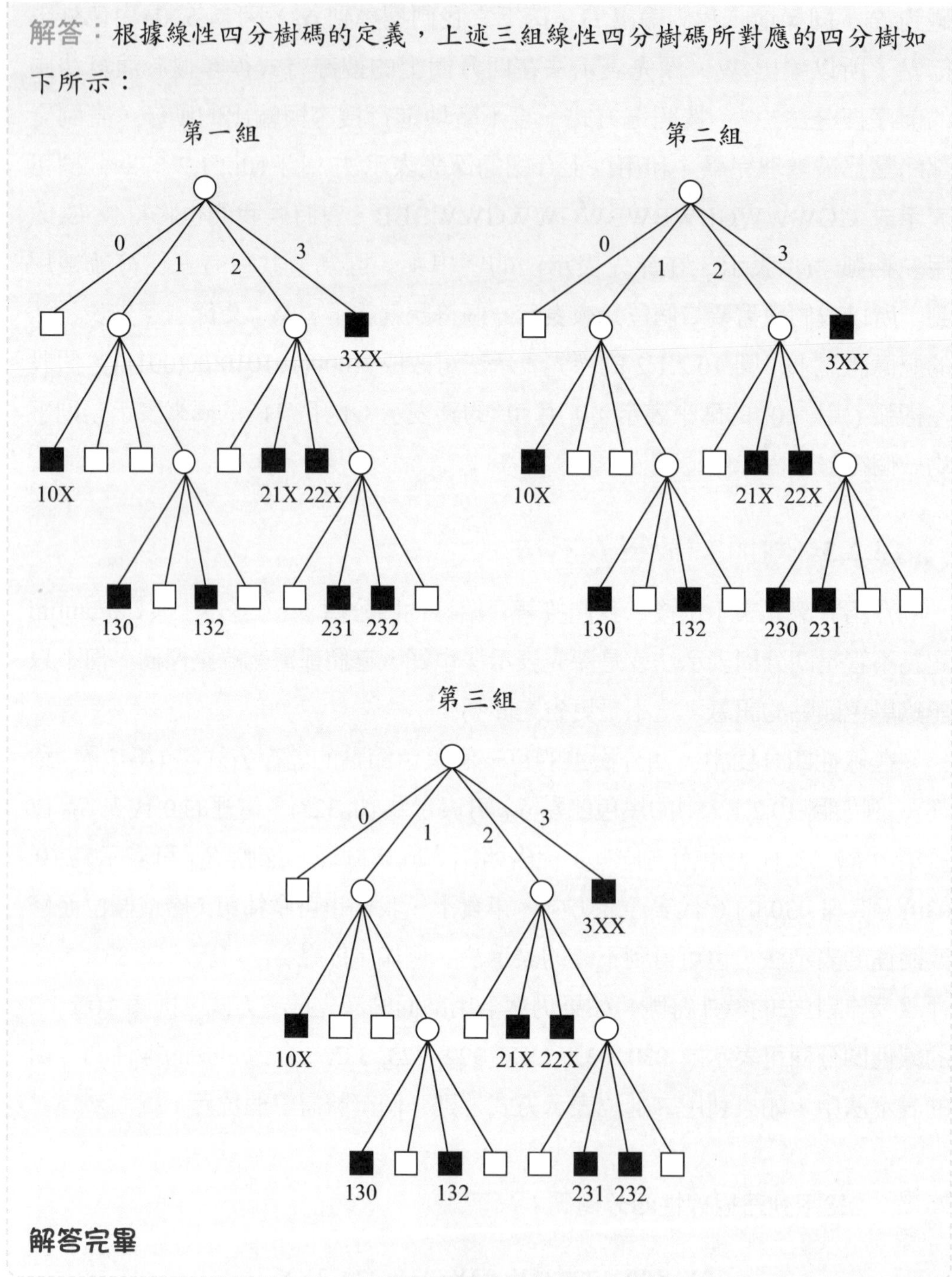

解答完畢

針對圖 10.2.3.1 的 256×256 颱風地圖，若照原圖儲存共需 65536 位元。我們實驗的結果顯示，深先表示法需花 19024 位元的記憶體。值得一提的是，假如用 JBIG 來壓縮圖 10.2.3.1，則只需 10976 位元。JBIG 雖然壓縮效果

圖 10.2.3.1　256×256 颱風影像

非常好，但在 JBIG 的壓縮格式下，無法進行影像的運算，這是美中不足的地方。

10.2.4　*S* 樹表示法

介紹完線性四分樹的表示法和改良法後，我們介紹另一種頗有效的空間資料結構。這個空間資料結構叫 *S* 樹表示法 [10]。*S* 樹表示法主要包含二個一維的陣列，一個叫線性樹表而另一個叫顏色表。線性樹表為二元的字串，主要用以記錄影像在切割過程中的幾何分割關係。顏色表主要記錄葉子節點是白色節點或黑色節點。回到圖 10.2.1.1，我們改用二分樹的切割方式來分割影像。二分樹的切割對某些類型的影像有時比四分樹的分割來得更節省儲存空間 [11]。

在 *S* 樹表示法中，我們必須先得到圖 10.2.1.1 的二分樹結構，如圖 10.2.4.1 所示。然後採用前述的深先搜尋法，在搜尋的過程中，一經碰到葉子就輸出 1，而一經碰到灰色節點，也就是內部節點，就輸出 0，這些輸出的二位元資料就存到線性樹表內。圖 10.2.4.1 的線性樹表可表示為 0001010111010010011011011。在線性樹表內的 1 代表葉子，我們仍需進一步用 0 代表白色葉子，而 1 代表黑色葉子，來區隔葉子的顏色。圖 10.2.4.1 的線性樹表的對應顏色表可表示為 0010010010101。*S* 樹表示式為很有效的空間資料結構，我們在 10.3 節將介紹如何應用它在高灰階影像的空間資料結構表示上。

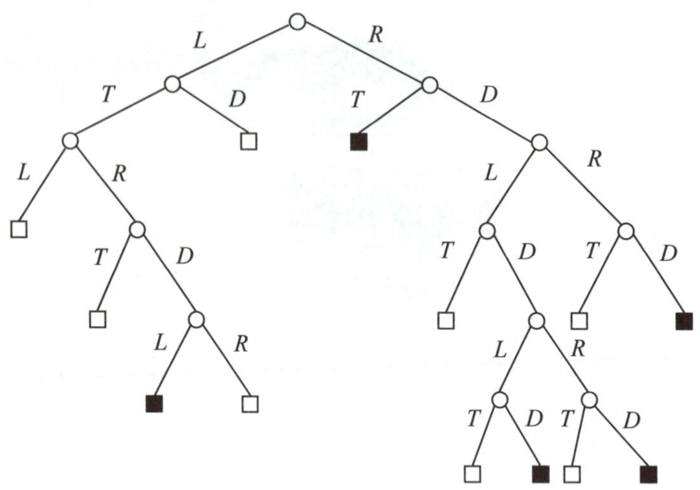

圖 10.2.4.1　圖 10.2.1.1 的二分樹表示法

範例 1： 給一黑白影像如下圖所示，請將其二分樹表示法畫出，並利用 S 樹表示法將其線性樹表及顏色表寫出。

解答： (1) 二分樹表示法

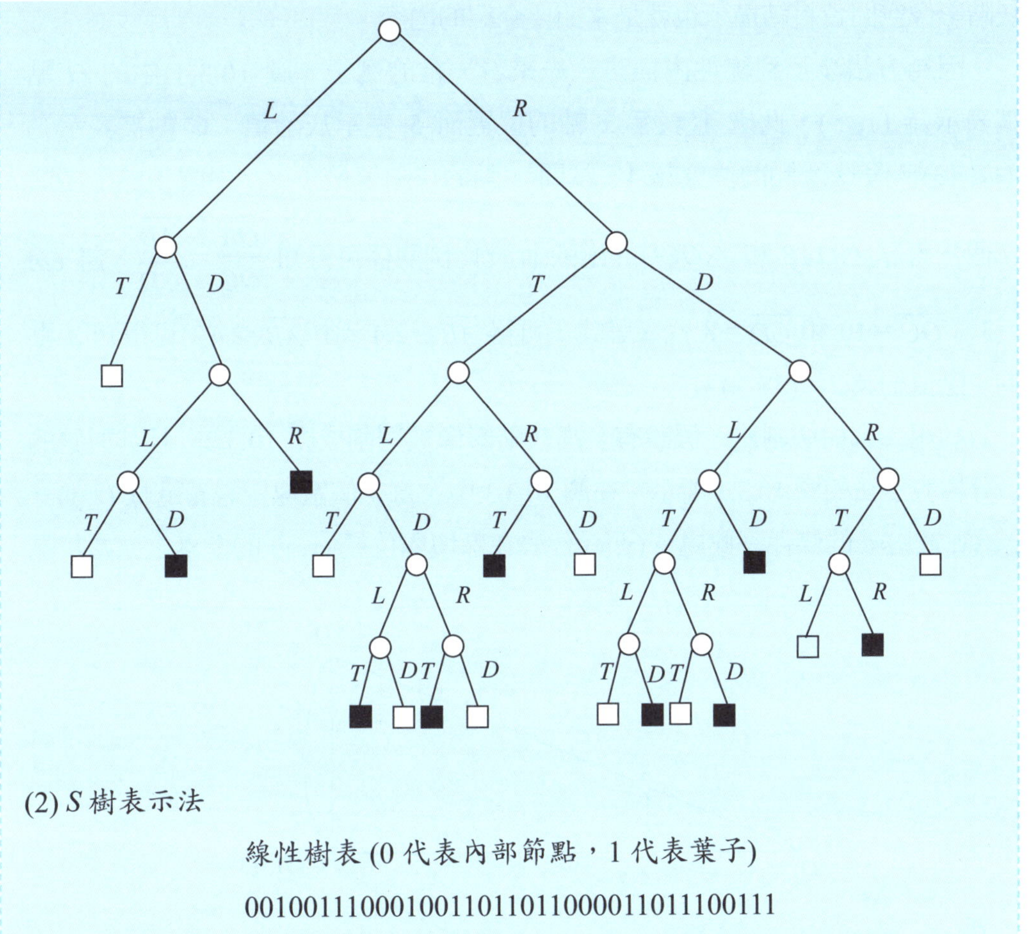

(2) *S* 樹表示法

線性樹表 (0 代表內部節點，1 代表葉子)

0010011100010011011011000011011100111

顏色表 (0 代表白色葉子，1 代表黑色葉子)

0011010101001011010

解答完畢

10.3 高灰階影像的空間資料結構表示法

從應用的觀點來看，高灰階影像比黑白影像要來得大多了。很有趣的一個現象，就是在過去的二十多年來，針對黑白影像的空間資料結構表示法有許多的方法及應用 [12, 13] 被提出來；然而針對高灰階影像而提出的空間資料結構倒是不多。Distasi 等三人 [14] 提出了很原創的三角化編碼法。由於在原始影像中進行三角化編碼仍稍嫌繁雜些，近來 Chung 和 Wu [15] 提出了一改良的高灰階影像空間資料結構，也就是本節要介紹的內容。

因為方法涉及到線性內插法。先來看一維的例子。圖 10.3.1 中的 O 點被表示為 (1, 5)，此處 1 表示 x 軸的位置而 5 表示灰階值；C 點被表示為 (11, 13)。假設 A 點的位置為 4，試問 A 點的灰階值是多少？由圖 10.3.1 中的二個三角形 $\triangle OAB$ 和 $\triangle OCD$ 的相似性及比例關係可得知 $\frac{\overline{OA}}{\overline{OC}}=\frac{\overline{AB}}{\overline{CD}}$，將 $\overline{OA}=3$、$\overline{OC}=10$ 和 $\overline{CD}=8$ 代入等式，可得 $\overline{AB}=2.4$。由 $\overline{AB}=2.4$，可得知 A 點的灰階值約為 $7=(5+2)$。

利用二分樹切割法，假設有一高灰階影像被切割成圖 10.3.2，且其對應的二分樹表示法如圖 10.3.3 所示。在圖 10.3.3 中，每一個區塊皆需滿足 $|g(x, y)-g_{est}(x, y)|\leq\varepsilon$ 的條件，此處 $g(x, y)$ 代表在區塊內位於 (x, y) 的像素之原始灰階

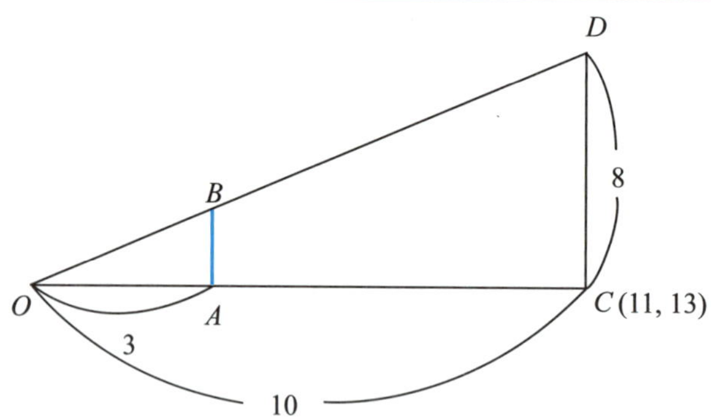

圖 10.3.1　一維的線性內插

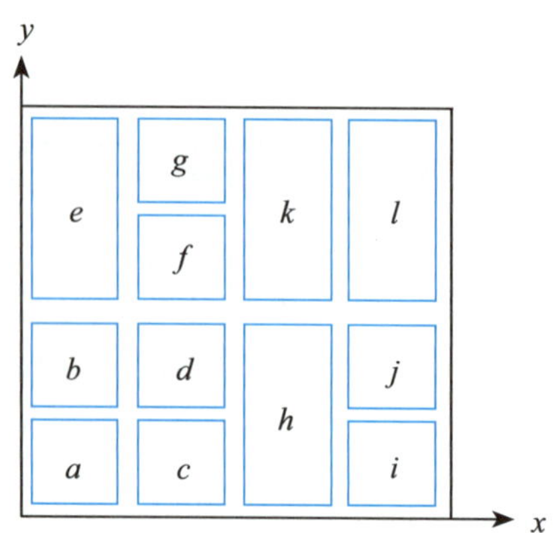

圖 10.3.2　同質的區塊分割圖

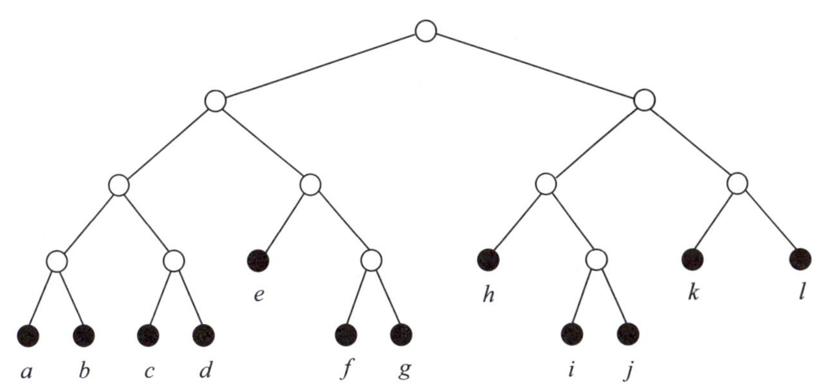

圖 10.3.3　二分樹表示法

值，ε 代表誤差容忍度；$g_{est}(x, y)$ 代表同樣位於 (x, y) 的像素依據區塊四個角點的灰階值，經過三次的一維線性內插得到的估計灰階值。接著來介紹如何計算 $g_{est}(x, y)$。

假設一區塊的四個角點的位置分別為 (x_1, y_1)、(x_2, y_1)、(x_1, y_2) 和 (x_2, y_2)，對應的方向分別為左上、右上、左下和右下，且對應的灰階值分別為 g_1、g_2、g_3 和 g_4。利用前面介紹的一維線性內插法，我們可以輕易得到位於 (x, y_1)，$x_1 < x < x_2$ 的 $g_{est}(x, y_1)$ 值。同理也可輕易得到位於 (x_1, y)，$y_1 < y < y_2$ 的 $g_{est}(x_1, y)$ 值。當然也很容易得到 $g_{est}(x_2, y)$ 值。從得到的 $g_{est}(x_1, y)$ 和 $g_{est}(x_2, y)$，利用一維線性內插法就能得到 $g_{est}(x, y)$，也就是區塊內任一位置 (x, y) 的估計 (Approximate) 灰階值。下式就是推得的計算式：

$$g_{est}(x, y) = g_5 + \frac{g_6 - g_5}{y_2 - y_1}(y - y_1)$$

此處 $g_5 = g_1 + \frac{g_2 - g_1}{x_2 - x_1}(x - x_1)$ 和 $g_6 = g_3 + \frac{g_4 - g_3}{x_2 - x_1}(x - x_1)$。

對一個區塊而言，區塊內的每一個位置皆需估計出其灰階值。利用估計過程中的順序為從左到右和從上而下，$g_{est}(x, y)$ 的計算可轉換為漸增的計算形式，以增快線性內插的速度。

不同於 10.2.4 節的 S 樹在空間資料結構所採取的廣先搜尋法，我們利用廣先搜尋法，將圖 10.3.3 的二分樹用 S 樹表示如下：

線性樹表：0000000001010111111111

顏色表：$(e_{ul}, e_{ur}, e_{bl}, e_{br}), (h_{ul}, h_{ur}, h_{bl}, h_{br}), \cdots, (j_{ul}, j_{ur}, j_{bl}, j_{br})$

在這裡特別注意一點，因為深先搜尋的關係，線性樹表中的二元字串中的尾部子字串都為 1 的字串，我們只要記錄這些 1 的長度在顏色表中 $(e_{ul}, e_{ur}, e_{bl}, e_{br})$ 是用來存葉子節點 e 左上、右上、左下和右下的四個顏色，依此將線性樹表中二元字串的 1 所對應的區塊之四個角點的顏色存起來。

由於區塊與區塊之間是分開的，我們擔心上述 S 樹表示法經解壓縮後會造成區塊效應 (Blocking Effect)。這種區塊效應會讓解壓縮後的影像不太平滑，我們採用重疊策略來降低區塊效應的影響。我們的作法是將原影像的最右邊一行和最底下一列重複一次，這使得原先 $2^n \times 2^n$ 大小的影像放大成 $(2^n+1) \times (2^n+1)$ 的大小。這個重疊策略 (Overlapping Strategy) 會使影像經二分樹分割後，鄰近的兩區塊會重疊一個像素的寬度，這種像素分享的特色配合上線性內插的平滑性，解壓出來後確可大幅降低區塊效應的影響。在 S 樹的表示法中，被二個區塊重疊分享的角點的資訊只需被存一次即可。

給一原始 Lena 影像。若 ε 誤差容忍設成 21，即使不用重疊策略還原影像，其效果也還不錯，圖 10.3.4 為 $\varepsilon=21$ 得到的還原影像，其與原始 Lena 影像用肉眼不易分辨差異。圖 10.3.5 為 $\varepsilon=21$ 的條件下經二元分割後得到的區塊示意圖。在我們的實驗中，$\varepsilon=5$ 時，還原後的影像其 SNR 有 36 左右，這裡 SNR 的計算式子如下：

$$SNR(dB) = 10\log_{10} \frac{\sum_{x=1}^{m}\sum_{y=1}^{m} g^2(x, y)}{\sum_{x=1}^{m}\sum_{y=1}^{m}[g(x, y) - g_{est}(x, y)]^2}$$

就人類的視覺系統而言，SNR 在 30 左右時，解壓縮還原後的影像和原始影像就蠻接近了。為了增強前述 S 樹空間資料結構的抗雜訊強健性，我們允許每一區塊內有一個雜訊存在。

從壓縮的角度而言，$\varepsilon=21$ 時，圖 10.3.4 對應的 S 樹所需的 **bpp** (Bits Per Pixel) 約為 1.35 位元，這與原始影像一個像素需八個位元相比，壓縮改良率為 83%。本節介紹的高灰階影像的空間資料結構表示法，雖然在壓縮比上不如

圖 10.3.4 $\varepsilon=21$ 得到的還原影像圖

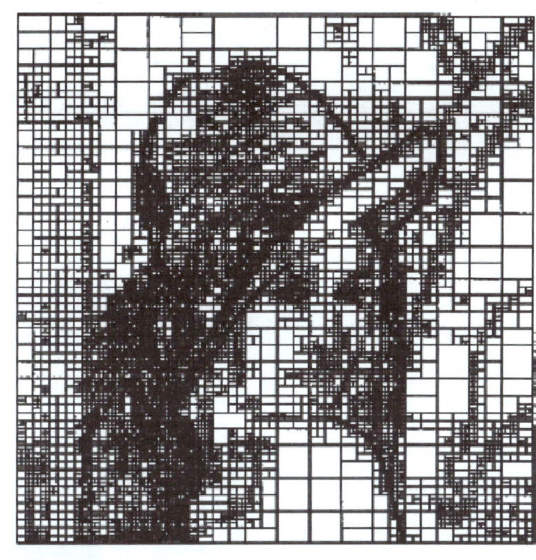

圖 10.3.5 二元分割後的區塊示意圖

JPEG (Joint Photographic Experts Group) 來得好，但是在解碼的時間 (Decoding Time) 上較 JPEG 快 3 到 4 倍，在某些應用上仍有其利基的。我們在 10.8 節安排了一個灰階影像轉成 *S* 樹的 C 程式附錄。

10.4 基本影像運算之應用

10.4.1 影像加密

在網路的傳輸中，任何的媒體都可能遭到攔截，包括影像與視訊資料，為確保被攔截的資料不會因盜用而衍生出許多問題，如果在傳輸資料前就能有一套系統的方法將資料加密 (Encrypt)，以致攔截者無法有效解密 (Decrypt) 還原成原資料。這一套加密的系統很適合採用密碼學中的單程函數 (One-way Function)，圖 10.4.1.1 為其示意圖。

在圖 10.4.1.1 中，我們首先將輸入的影像，黑白或灰階皆可，轉成四分樹結構。例如，給一 8×8 影像如圖 10.4.1.2(a) 所示，其對應的四分樹結構如圖 10.4.1.2(b) 所示。為了方便後面的描述，這裡的層數表示和 10.2 節剛好相反。

先定義 [16] 中的掃描語言 (SCAN Language)，假設影像的大小為 $2^n \times 2^n$，掃描語言可被定義為文法 $G=<V_N, V_T, P, S>$，這裡

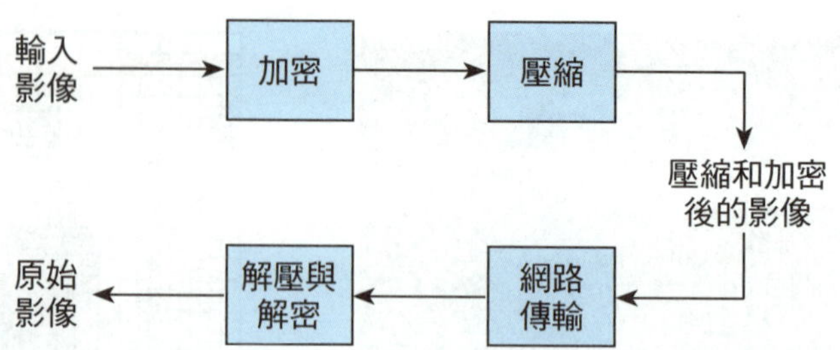

圖 10.4.1.1 影像加解密系統

(a) 8×8 黑白影像

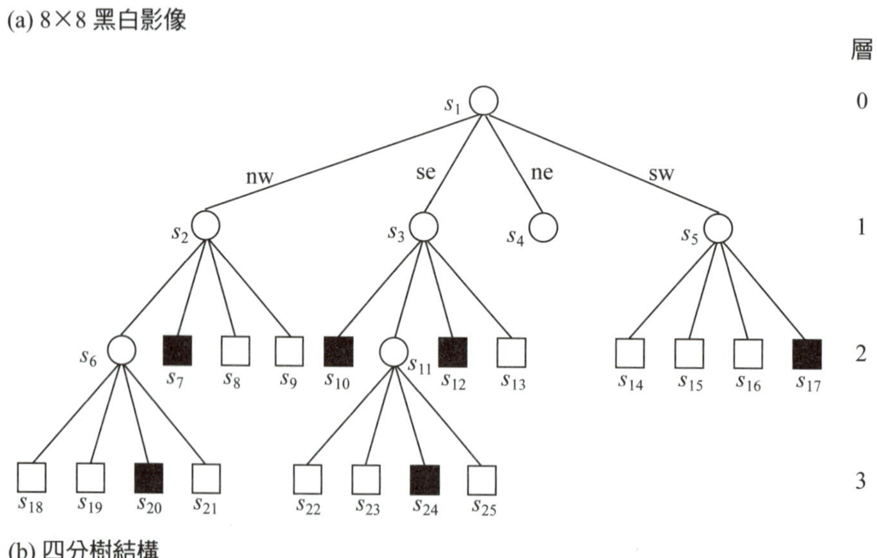

(b) 四分樹結構

圖 10.4.1.2 影像加密的例子

$$V_N = \left\{ S, \bigcup_{i=1}^{n} L_i \right\}$$

代表非終結符號集，而代表 L_i 四分樹中第 i 層的掃描圖案。終結符號集

$$V_T = \left\{ \bigcup_{i=1}^{n} \Omega_i^{4^{i-1}} \middle| \Omega_i = \{ R_j^i \middle| 1 \le j \le 4^{i-1} \} \right\}$$

而

$$\Omega_i^{4^{i-1}} = \{ \Omega_i\ \Omega_i \cdots \Omega_i (\ \Omega_i \text{ 連乘 } 4^{i-1} \text{ 次}) \}$$

這裡 R_j^i 是圖 10.4.1.3 中定義的 24 個掃描圖案中的一個。S 代表起始的符號，而 P 代表文法 G 中的產生規則

$$S \to L_1 L_2 \cdots L_n$$

$$L_i \to R^i \text{，} 1 \le i \le n$$

0 1 2 3 SP_0	0 1 3 2 SP_1	0 2 1 3 SP_2	0 3 1 2 SP_3
0 3 2 1 SP_4	0 2 3 1 SP_5	2 0 3 1 SP_6	3 0 2 1 SP_7
1 0 3 2 SP_8	1 0 2 3 SP_9	2 0 1 3 SP_{10}	3 0 1 2 SP_{11}
3 2 1 0 SP_{12}	2 3 1 0 SP_{13}	3 1 2 0 SP_{14}	2 1 3 0 SP_{15}
1 2 3 0 SP_{16}	1 3 2 0 SP_{17}	1 3 0 2 SP_{18}	1 2 0 3 SP_{19}
2 3 0 1 SP_{20}	3 2 0 1 SP_{21}	3 1 0 2 SP_{22}	2 1 0 3 SP_{23}

圖 10.4.1.3　24 個掃描圖案

這裡 $R^i \in \{ SP_i \mid 0 \le i \le 23 \}$，$SP_i$ 為 24 個掃描圖案中的第 i 個掃描圖案。為了增加影像的保密性，在 [17] 中，$L_i \to R^i$，$1 \le i \le n$ 被改成 $L_i \to R_1^i\ R_2^i \cdots R_{4^{i-1}}^i$，$1 \le i \le n$。

我們現在來模擬一個例子吧！假設依據上述的文法，給定一組產生規則如下：

$$
\begin{aligned}
& S \to L_1 L_2 L_3 \\
& L_1 \to R_1^1 \\
& L_2 \to R_1^2 R_2^2 R_3^2 R_4^2 \\
& L_3 \to R_1^3 R_2^3 R_3^3 R_4^3 R_5^3 R_6^3 R_7^3 R_8^3 R_9^3 R_{10}^3 R_{11}^3 R_{12}^3 R_{13}^3 R_{14}^3 R_{15}^3 R_{16}^3 \\
& R_1^1 = SP_1 \\
& R_1^2 = SP_{23},\quad R_2^2 = SP_2,\quad R_3^2 = SP_4,\quad R_4^2 = SP_7 \\
& R_1^3 = SP_1,\quad R_2^3 = SP_{11},\quad R_3^3 = SP_{13},\quad R_4^3 = SP_1 \\
& R_5^3 = SP_4,\quad R_6^3 = SP_1,\quad R_7^3 = SP_0,\quad R_8^3 = SP_7 \\
& R_9^3 = SP_1,\quad R_{10}^3 = SP_{10},\quad R_{11}^3 = SP_1,\quad R_{12}^3 = SP_{21} \\
& R_{13}^3 = SP_{11},\quad R_{14}^3 = SP_1,\quad R_{15}^3 = SP_{13},\quad R_{16}^3 = SP_{15},
\end{aligned}
$$

則圖 10.4.1.2(a) 的黑白影像被加密成圖 10.4.1.4。

我們現在來分析掃描語言之保密性有多高呢？給定一張 $2^n \times 2^n$ 的影像，同時也知道其完全四分樹。在第零層，只有一種組合；在第一層有 24 種組合；在第二層有 $(24)^4$ 種組合；在第 i 層有$(24)^{4^{i-1}}$ 種組合。綜合所有層的組合數，則總共的組合數為

$$1 \times 24 \times \cdots \times (24)^{4^{n-1}} = 24^{\frac{(4^n-1)}{3}}$$

這個組合數比 [16, 18] 的組合數 $(24)^n$ 都來得高，也具有較好的保密性。接著，我們再來設法將圖 10.4.1.4 予以壓縮。利用列掃描的方式，圖 10.4.1.4 可表示成

0000000000011111
0000000000000000
1111100000001111
0000000011110000

利用記錄連續 0 或 1 的個數，則 (0)(11)(5)(16)(5)(7)(4)(8)(4)(4) 可用來表示圖

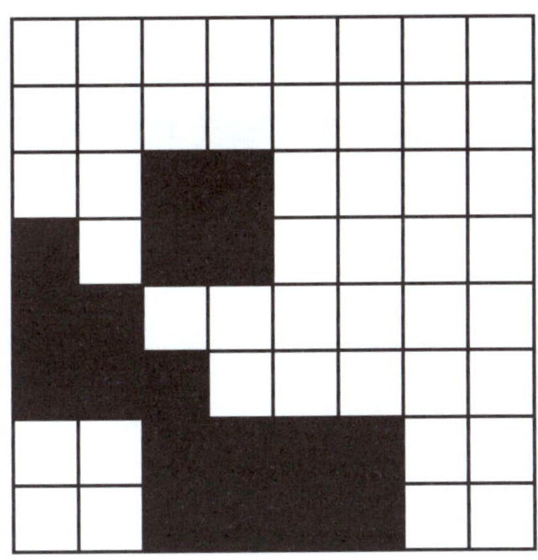

圖 10.4.1.4 加密後的結果

10.4.1.4。這裡第一個 0 代表起頭為 0，而 11 代表 0 的個數；5 代表 1 的個數。至此，植基於四分樹的加密兼具壓縮效果的方法就完成了。

10.5 結 論

空間資料結構的歷史已超過二十年了，我們先針對黑白影像，介紹了四種較著名的表示法和它們的變形。

10.6 作 業

1. 給一張 $2^n \times 2^n = N \times N$ 的黑白影像，試分析建構四分樹所花的時間複雜度。
2. 閱讀四分樹正規化的論文 [2, 3]。
3. 給一 $2^n \times 2^n = N \times N$ 的黑白影像，在這影像中內含一周長為 p 的多邊形。試證明所建立的節點數至多為 $O(n+p)$ [1]。
4. 令 q 為一內插二分碼且位於第 l 層，假若有一內插二分碼落入 $[q, q+(4^{2N-1}-1)]$ 內，證明 q 會包含住該碼。接著，證明 q 的左孩子的內插二分碼為 $q+2^{2(2N-l-1)}$，而右孩子的內插二分碼為 $q+3*2^{2(2N-l-1)}$ [22]。
5. 在黑白影像的不同空間資料結構表示法中，探討任二種表示法彼此之間的轉換。

6. 寫一 C 程式以完成 S 樹表示法。

7. 閱讀線性四分樹在影像檢索應用的論文 [23]。

8. 證明下列等式

$$u_{00} = m_{00}$$
$$u_{10} = u_{01} = 0$$
$$u_{20} = m_{20} - \bar{x}m_{10}$$
$$u_{02} = u_{02} - \bar{y}m_{01}$$
$$u_{11} = m_{11} - \bar{y}m_{10}$$
$$u_{30} = m_{30} - 3\bar{x}m_{20} + 2\bar{x}^2 m_{10}$$

10.7 參考文獻

[1] G. M. Hunter and K. Steighitz, "Operations on images using quadtrees," *IEEE Trans. on Pattern Analysis and Machine Intelligence*, 1(2), 1979, pp. 145-153.

[2] M. Li, W. I. Grosky, and R. Jain, "Normalized quadtrees with respect to translations," *Computer Graphics and Image Processing*, 20(1), 1982, pp. 72-81.

[3] P. M. Chen, "A quadtree normalization scheme based on cyclic translations," *Pattern Recognition*, 30(12), 1997, pp. 2053-2064.

[4] E. Kawaguchi and T. Endo, "On a method of binary picture representation and its application to data compression," *IEEE Trans. on Pattern Analysis and Machine Intelligence*, 2(1), 1980, pp. 27-35.

[5] T. H. Cormen, C. E. Leiserson, and R. L. Rivest, *Introduction to Algorithms*, MIT Press, New York, 1999.

[6] I. Gargantini, "An effective way to represent quadtrees," *Communications of the ACM*, 25(12), 1982, pp. 905-910.

[7] T. W. Lin, "Compressed quadtree representatin for storing similar images," *Images and Vision Computing*, 15, 1997, pp. 833-843.

[8] T. W. Lin, "Set operations on the constant bit-length linear quadtree," *Pattern Recognition*, 30(7), 1997, pp. 1239-1249.

[9] Y. H. Yang, K. L. Chung, and Y. H. Tsai, "A compact improved quadtree

representation with image manipulations," *Image and Vision Computing*, 18, 2000, pp. 223-231.

[10] W. de Jonge, P. Scheuerman, and A. Schijf, "S$^+$-Trees: An efficient structure for the representation of large picture," *CVGIP: Image Understanding*, 59, 1994, pp. 265-280.

[11] C. A. Shaffer, R. Juvvadi, and L. S. Health, "Generalized comparision of quadtree and bintree storage requirements," *Image and Vision Computing*, 11(7), 1993, pp. 402-412.

[12] H. Samet, *The Design and Analysis of Spatial Data Structures*, Addison-Wesley, New York, 1990.

[13] H. Samet, *Applications of Spatial Data Structures*, Addison-Wesley, New York, 1990.

[14] R. Distasi, M. Nappi, and S. Vitulano, "Image compression by S-Tree triangular coding," *IEEE Trans. on Communication*, 45, 1997, pp. 1095-1100.

[15] K. L. Chung and J. G. Wu, "Improved image compression using S-Tree and shading approach," *IEEE Trans. on Communication*, 48(5), 2000, pp. 748-751.

[16] N. Bourbakis and C. Alexopoulos, "Picture data encryption using scan patterns,"*Pattern Recognition*, 25(6), 1992, pp. 567-581.

[17] K. L. Chung and L. C. Chang, "Encrypting binary images with higher security," *Pattern Recognition Letters*, 19, 1998, pp. 461-468.

[18] K. C. Chang and J. L. Liu, "An image encryption scheme based on quadtree compression scheme," *In Proc. International Comput Symp.*, Taiwan, 1994, pp. 230-237.

[19] K. L. Chung, W. M. Yan, and Z. H. Liao, "Fast computation of moments on compressed grey images using block representation," *Real-Time Imaging*, 8(2), 2002, pp. 137-144.

[20] K. L. Chung, "Computing horizontal/vertical covex shapes' moments on reconfigurable meshes," *Pattern Recognition*, 29(10), 1996, pp. 1713-1717.

[21] K. L. Chung and P. J. Chen, "New optimal algorithm for computing moments on block representation," *Pattern Recognition*, 38(12), 2005, pp. 2578-2586.

[22] C. Y. Huang and K. L. Chung, "Fast operations on binary images using interpolation-based bintrees," *Pattern Recognition*, 28(3), 1995, pp. 278-284.

[23] Y. K. Chan and C. C. Chang, "Block image based retrieval on a compressed linear quadtree," *Image and Vision Computing*, 22(5), 2003, pp. 391-397.

[24] K. L. Chung, Y. W. Liu, and W. M. Yan, "A hybrid gray image representation using spatial and DCT-based approach with application to moment computation," *J. of Visual Communication and Image Representation*, 17(6), 2006, pp. 1209-1226.

[25] Y. H. Tsai, K. L. Chung, and W. Y. Chen, "A strip-splitting-based optimal algorithm for decomposing a query window into maximal quadtree blocks," *IEEE Trans. on Knowledge and Data Engineering*, 16(4), 2004, pp. 519-523.

[26] K. L. Chung, Y. H. Tsai, and F. C. Hu, "Space-filling approach for fast windows query on compressed images," *IEEE Trans. on Image Processing*, 9(12), 2000, pp. 2109-2116.

10.8 灰階影像轉成 *S* 樹的 C 程式附錄

```
/*****************************************************************/
/*本程式為灰階影像轉 S 樹的程式                                      */
/*首先使用者必須自設維數 n、誤差值 th 以及允許的誤差數 cntlim          */
/*在處理 block 的過程中，我們先求出 block 四個角點，                  */
/*灰階值相減後再取絕對值，一旦大於誤差值則累加其個數；                  */
/*然後利用四個角點灰階值做內插，所得到內插影像與原始影像的誤差          */
/*如果大於誤差值的個數超過預設的誤差數 (cntlim) 時，則進行分割。       */
/*接下來求算分割後子 block 的四個角點，並重複上行步驟。                */
/*****************************************************************/

void find(int ii, int jj, int kk)
{
    int ib, jb, kb, ic, jc, kc, kd;
    int id, jd, fg, cnt
    float x1, xa, ya, g5, g6, g7, g8, g12, g34;
    int g1, g2, g3, g4;
```

```
cnt = 0;
/*由左上角點 (ii, jj) 以及目前的層數 kk，可以求算出
左下角點 (ic, jj)、右上角點 (ii, jc)、右下角點 (ic, jc) 的位置*/
kc = 1 << ((int) (kk + 1)/2);
kd = 1 << ((int) kk/2);
ic = ii + ma/kc;
jc = jj + ma/kd;
id = ii;
fg = 0;
x1 = (float) ic – ii;
/*截取四個角點的灰階值*/
g1 = (int) greyc[ii][jj] & 0xff;
g2 = (int) greyc[ic][jj] & 0xff;
g3 = (int) greyc[ii][jc] & 0xff;
g4 = (int) greyc[ic][jc] & 0xff;
g12 = (float) (g2 – g1)/x1;
g34 = (float) (g4 – g3)/x1;
if ((jc – jj) > 1)
{
    while (id <= ic && fg == 0)
    {
        /*根據 block 的四個角點的灰階值做內插*/
        xa = (float)(id – ii);
        g5 = (float) g1 + g12 * xa;
        g6 = (float) g3 + g34 * xa;
        g8 = (float)(g6 – g5)/(jc – jj);
    jd = jj;
    while (jd <= jc && fg == 0)
    {
        g7 = g5 + g8 * (jd – jj);
```

```
            if (abs (g7 – (((int) greyc[id][jd]) &0xff)) > TH)
            {
            /*****************************************************/
            /*g7 為內插出來的值                                    */
            /*內插出的值與原圖的灰階值相減後取絕對值                  */
            /*如果大於誤差值，則 cnt++，                            */
            /*一旦 cnt 大於 cntlim，則要切割，fg 設成 1              */
            /*****************************************************/
            if (cnt < CNTLIM)
                cnt++;
            else

                fg = 1;
            }
            jd++;
        }
        id++;
    }
}
if (fg == 0)
{
    /*如果不需切割，則輸出 block 四個角點值*/
    fprintf (fp1,"%d %d %d %d %d %d %d\n",
        ii + xlow, jj + ylow, kk + la, (int) greyc[ii][jj] & 0xff,
        (int) greyc[ic][jj] & 0xff, (int) greyc[ii][jc] & 0xff,
        (int) greyc[ic][jc] & 0xff);
    num++;
    if ((kk + la) == (2 * n))
    num1++;
}
```

```
else
{
   /*否則，使用遞迴方式繼續切割*/
   ib = ii;
   jb = jj;
   kb = kk + 1;
   find (ib, jb, kb);
   if ((kb&1) == 1)
   {
      ib = ii  + ma/kc/2;
   }
   else
   {
      jb = jj + ma/kd/2;
   }
   find (ib, jb, kb);
   }
}
```

CHAPTER

11

分群與應用

11.1 前 言

分群 (Clustering) [1] 照字面上的涵義來說，就是將一組資料依據某種距離的量度將該組資料分割成若干群。例如：有 1000 筆資料，我們想將這組為數 1000 筆的資料分割成三群。圖 11.1.1 為簡略的示意圖。

在圖 11.1.1 中，許多距離相近的資料會群聚在一塊，以此圖為例，這 1000 筆的資料共分割成三個群聚。讀者們可想像該資料為一向量且向量中的某一維度的值代表某種特殊屬性或特徵。

到目前為止，很多的分群法被提出。在這一章中，我們主要介紹下列幾種分群法：

- K-means 分群法。
- K-D 樹的分群法。
- 對稱假設的分群法。
- 變異數控制式的分群法。
- 模糊分群法。

給一輸入的資料，若該資料和某群的距離最近，則資料的屬性可說和對應群的代表質心接近。如此一來，該輸入資料就可被歸類為該對應群。

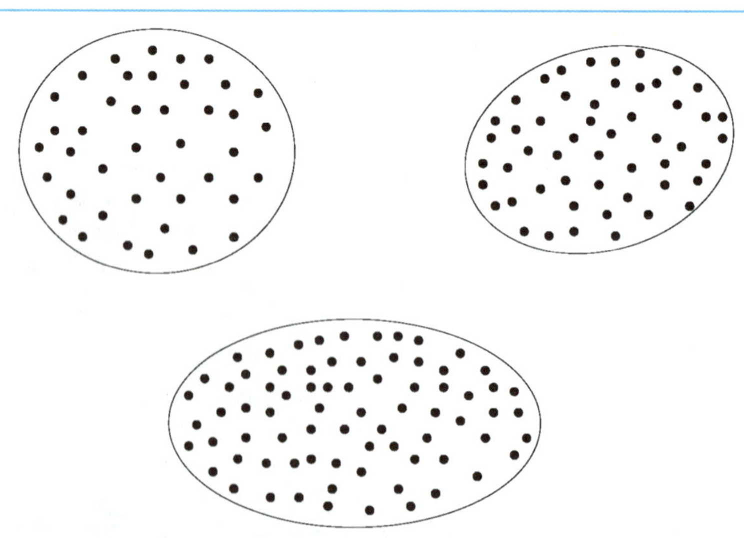

圖 11.1.1　分群示意圖

11.2 K-means 分群法

在分群的各種技術中，K-means 分群法算是其中歷史最悠久也最簡單的一種方法。這裡，K-means 的 K 指的是分群數。

範例 1：給 n 筆資料，利用 K-means 分群法來進行分群的工作，如何決定起始的 K 個分群質心？

解答：我們通常在這 n 筆資料中，隨機地挑選 K 個資料當作起始的 K 個分群質心。例如：給 10 筆資料，如圖 11.2.1 所示的 10 個黑點，在 $K=2$ 的情況下，假設我們挑選的兩個起始分群質心如圖中的圓圈所示。也就是說，v_1 點和 v_8 點為起始的兩個群心。

圖 11.2.1 起始的兩個群心選定

解答完畢

範例 2：在 $K=2$ 的情況下，以圖 11.2.1 為例，如何以迭代 (Iterative) 的方式繼續修正兩個群心以達最後穩態為止？

解答：在範例 1 的討論中，我們已得知 v_1 和 v_8 為起始的兩個群心。接下來，將 v_i 和 v_1 的距離算出，其中 $i \in \{2, 3, 4, 5, 6, 7, 9, 10\}$，於是得到 $d(v_1, v_i)$。同理，我們也算出 $d(v_8, v_i)$。對某個特定的 i 而言，我們從算出的 $d(v_i, v_1)$ 和 $d(v_i, v_8)$，比較 $d(v_i, v_1)$ 和 $d(v_i, v_8)$ 的大小。假若 $d(v_i, v_1)$ 較 $d(v_i, v_8)$ 來得小，我們就將點 v_i 歸類為 v_1 這個群心；否則，就將點 v_i 歸類為 v_8。圖 11.2.2 為經過一次迭代後各點的歸類。

在圖 11.2.2 中，箭頭處代表箭尾所示的點歸屬於箭頭指向的群心。例如，歸屬於群心 v_1 的點集合為 $\{v_2, v_3, v_4, v_5, v_6\}$，而點集合 $\{v_7, v_9, v_{10}\}$ 歸屬於群心 v_8。各個點經過新的群心歸屬後，我們利用 $\{v_1, v_2, v_3, v_4, v_5, v_6\}$ 算出

新的質心 $\overline{v_1}$；同理，我們利用 $\{v_7, v_8, v_9, v_{10}\}$ 算出新的質心 $\overline{v_2}$。接下來，我們以 $\overline{v_1}$ 和 $\overline{v_2}$ 為新的兩個群心，再對所有的點進行新的群心歸屬判定。以此例而言，點集合 $\{v_7, v_8, v_9, v_{10}\}$ 依然歸屬於 $\overline{v_2}$，而點集合 $\{v_1, v_2, v_3, v_4, v_5, v_6\}$ 也仍歸屬於 $\overline{v_1}$。所以，在下一次的迭代中，群心 $\overline{v_1}$ 和 $\overline{v_2}$ 是不會再改變的。也就是說，我們已經完成 $K=2$ 的分群工作了。

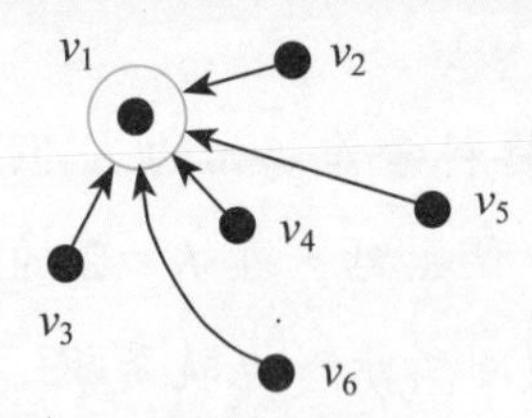

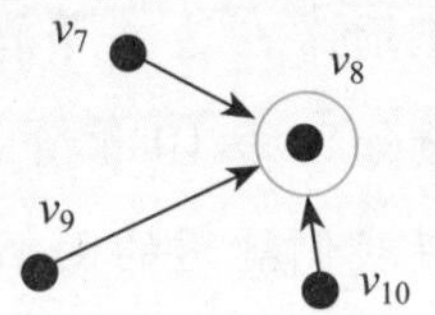

圖 11.2.2　各點的歸類

解答完畢

依據範例 1 和範例 2 的探討，上述 $K=2$ 的分群工作可以擴展到任意 K 的 K-means 分群工作。有時這種方法也稱作 Lloyd 法 [3]。介紹完 K-means 分群法，我們進一步探討 Outlier 和群合併的議題。

範例 3：在前面介紹的 K-means 分群法中，碰到較極端的例子，例如 Outlier 的例子，是否會產生不理想的分群結果？

解答：在 [9] 中，學者針對 Outlier 的例子，發現這例子的確會產生不理想的分群結果。我們先來看圖 11.2.3 的簡單例子。

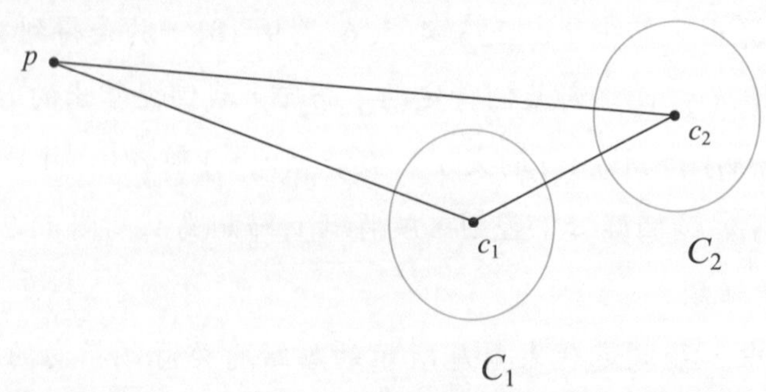

圖 11.2.3　一個簡單的例子

在圖 11.2.3 中，C_1 和 C_2 為目前的兩群，而 c_1 和 c_2 為這兩群的群心。點 p 可視為 Outlier 的點。假設三個距離 $d(p, c_1)$、$d(p, c_2)$ 和 $d(c_1, c_2)$ 已被算出，且滿足下列兩個不等式

$$d(p, c_1) < d(p, c_2)$$
$$\min(d(p, c_1), d(p, c_2)) > d(c_1, c_2)$$

然而，我們仍很自然的將點 p 歸類為 C_1，因為 $d(p, c_1) < d(p, c_2)$，畢竟 K-means 分群法只注重距離。視覺告訴我們：將點 p 重新自己歸為一類，而將群 C_1 和群 C_2 合併為一類倒不失為好方法。利用 $\min(d(p, c_1), d(p, c_2)) > d(c_1, c_2)$ 的條件可將點 p 這個 Outlier 另外歸為一類；否則就遵循 K-means 分群法。

解答完畢

在範例 3 中，我們談到兩個群的合併。

範例 4：可否談一下兩個群的合併條件？

解答： 在 [10] 中，學者提出一個新的量度，這個量度被定義為：

$$d(x_i, x_j, x_k) = |d(x_i, x_j) - d(x_j, x_k)|$$

上式中的 d 代表距離。例如，給定如下所示的三點，則 $d(x_i, x_j, x_k)$可表示為 $|d_{ij} - d_{jk}|$。

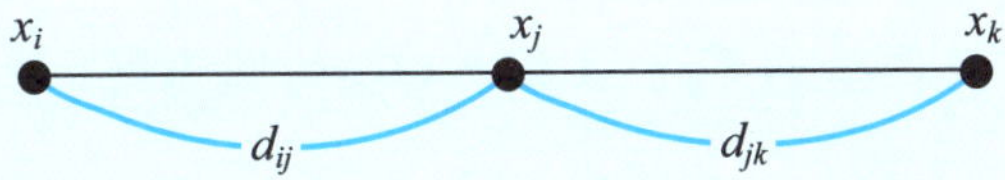

先來看一個群的例子，通常，一個群內的眾多點，彼此之間的距離大致來說有些近也有些遠，若套用前面提的量度，我們在群內找出 x_i 最近的鄰居 x_j，再從 x_j 找出最近的鄰居 x_k，然後計算出 $d(x_i, x_j, x_k)$。如果我們先找出群內的三點 x_i、x_j 和 x_k 並使得 $d(x_i, x_j, x_k)$ 的值為最小。接下來，我們將這三點自群內移出，再從群內找出三點並使得 $d(x_i, x_j, x_k)$ 為最小。我們可發現，依此方式得到的所有 $d(x_i, x_j, x_k)$ 會形成如下的分佈。

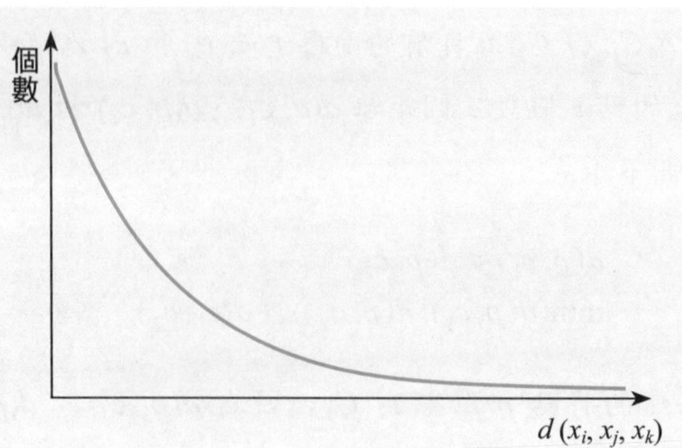

上圖約莫可用 $\beta e^{-\beta x}$ 的指數函數來模擬它，這裡的 x 其實就是 $d(x_i, x_j, x_k)$ 的值。從上圖可得知，$d(x_i, x_j, x_k)$ 的值愈小，則符合該值的三點之數量愈多。

我們先在群 C_1 和群 C_2 之間找出最近的兩點 x_i 和 x_j，再從 C_1 中找出一點 x_k，使得 $d(x_i, x_k)$ 的值最小，接下來，我們算出 $d(x_k, x_i, x_j)$ 的值並且記為 d_1。同理，有了 x_i 和 x_j 後，我們算出 $d_2 = d(x_i, x_j, x_k)$，這裡，x_k 是在 C_2 內找到的，且使得 $d(x_j, x_k)$ 的值最小。如果 d_1 和 d_2 同時小於某個門檻值，那麼 C_1 和 C_2 就可以合併了。這裡的門檻值是和上述的指數函數有關的。

解答完畢

在前面的探討中，我們已知在 K-means 分群法中，當每個資料點隸屬於哪個群心確定後，我們會重新計算這 K 個群心。

範例 5：先算出的群心可否更動以加快最終穩態群心的決定？

解答：在 [11] 中，學者提出一個順勢調整的策略。假設某個群目前的新群心為 C_c，而該群之前的群心為 C_p，且 C_p 和 C_c 的關係圖示如下：

C_p —— C_c —— A

在上圖中，A 點乃根據下面二式求得

$$\overline{C_pC_c} = \overline{C_cA}$$
$$\overline{C_pC_c} \,//\, \overline{C_cA}$$

顯然從 C_p 演變到 C_c 的方向上順 $\overline{C_cA}$ 的方向，如果我們將新群心 C_c 改成 $\overline{C_cA}$ 線上的一點會有不錯的效果。在 [11] 中實驗證實此方法的可行性。

解答完畢

11.3 植基於 K-D 樹的分群法

利用 K-D 樹 [5] 的資料結構來加快 K-means 分群法的效率是本節要介紹的重點。

範例 1：何謂 K-D 樹？

解答：K-D 樹為一種樹狀的資料結構 [5]。假設在二維空間上有 n 筆資料，利用 K-D 樹，我們可將其儲存如下：首先在 x 軸上找出一切線將該 n 筆資料一分為二，且使得在切線左邊的資料量約莫等於切線右邊的資料量。接下來，我們考慮 y 軸且盡可能將左邊和右邊的資料量再一分為二。如此，不斷分割下去，直到每個葉子的儲存資料量達到所定的要求為止。

解答完畢

在許多的實際應用中，上述的遞迴分割中是允許一些彈性的，這完全視應用而定。

範例 2：可否舉一個 K-D 樹的例子？

解答：假設我們有十一筆資料且它們分佈如圖 11.3.1 所示。

根據圖 11.3.1 的資料分佈，我們首先將這十一筆資料的 x 座標值投影到 x 軸上，然後在這十一個投影值中找出最中間的兩個值。接著，在這兩個值之間，我們用一切線將這兩個值切開，圖 11.3.2 為切開後的示意圖。

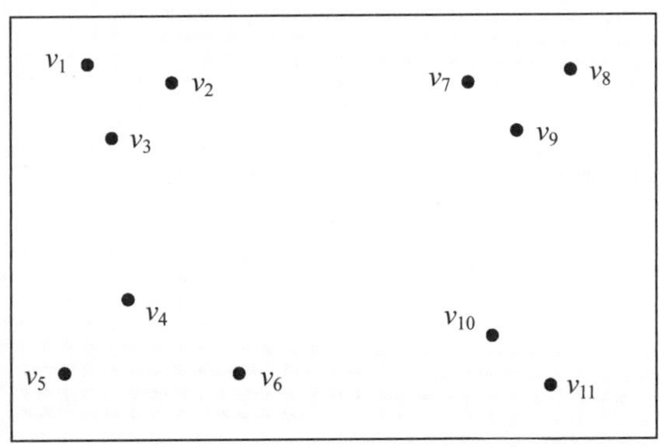

圖 11.3.1　十一筆資料的分佈圖

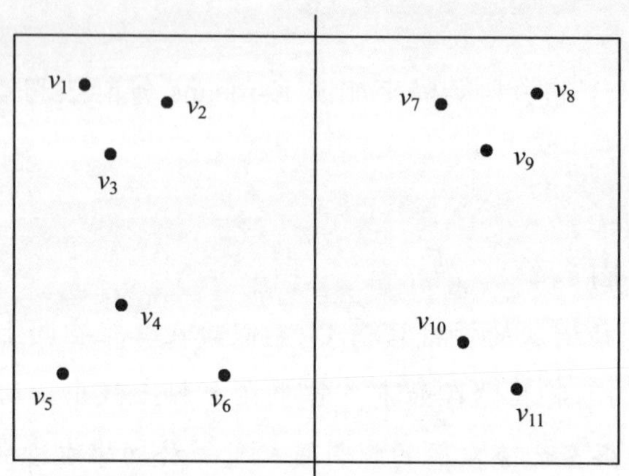

圖 11.3.2　第一次分割

重複上述的分割動作，圖 11.3.3 為其最終的分割結果。這時，每一個最小區域只含 2 到 3 筆資料。當然，如果有需要的話，讀者可再繼續分割下去。

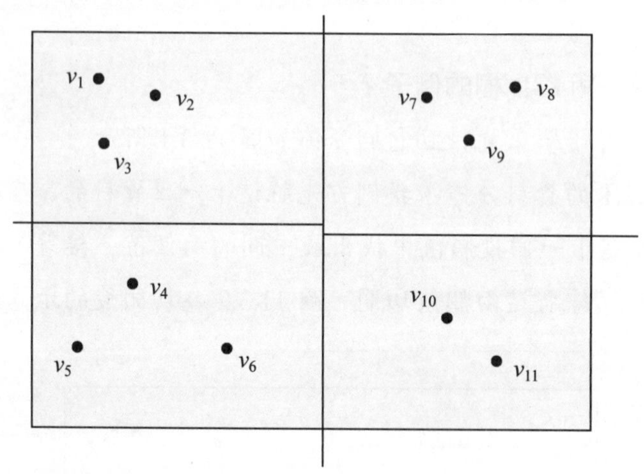

圖 11.3.3　最後分割的結果

解答完畢

我們可用樹來記錄圖 11.3.1 到圖 11.3.3 的分割變化情形。事實上，在實作時，樹的表示法，也就是 K-D 樹的表示法，是一種很有效的資料結構。

範例 3： 請表示出圖 11.3.1 到圖 11.3.3 變化的 K-D 樹。

解答： 圖 11.3.1 到圖 11.3.3 的變化可表示成圖 11.3.4 的 K-D 樹 。

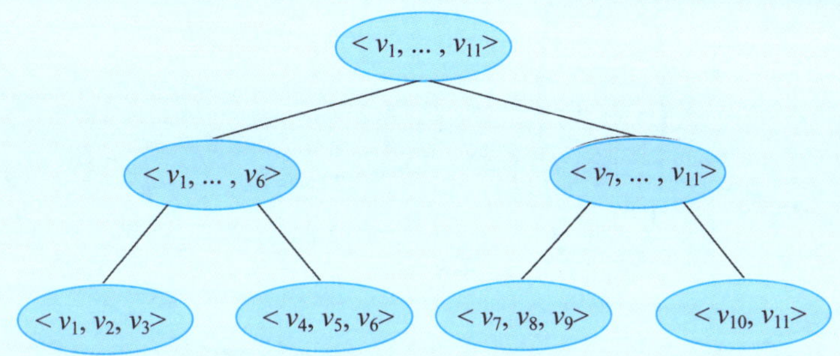

圖 11.3.4 K-D 樹

在圖 11.3.4 中，樹根存的是原始的所有資料，而樹根的左孩子存的是第一條切線的左邊六筆資料。

解答完畢

11.4 植基於對稱假設的分群法

在本書的第八章，我們曾經習得如何在影像中求對稱軸。在大自然中，對稱的現象一直存在於許多的圖案中。我們有理由相信，許多的資料分佈也是具備有這種特性的。本節就是想介紹一種植基於對稱假設的分群法 [7]。

範例 1： 可否舉一例以說明 K-means 分群法在對稱假設下會發生誤判？

解答： 給一對稱圖，如圖 11.4.1 所示。

在圖 11.4.1 中，點 A 為資料集呈橢圓 E_1 分佈的群心，而點 B 為資料集呈橢圓 E_2 分佈的群心。根據 K-means 的作法，資料點 O 因為距離群心 A 較近，它會被歸屬於群心 A。事實上，從資料集 E_2 的分佈來看，資料點 O 應該被歸屬於群心 B 的。這就造成了誤判的情形。

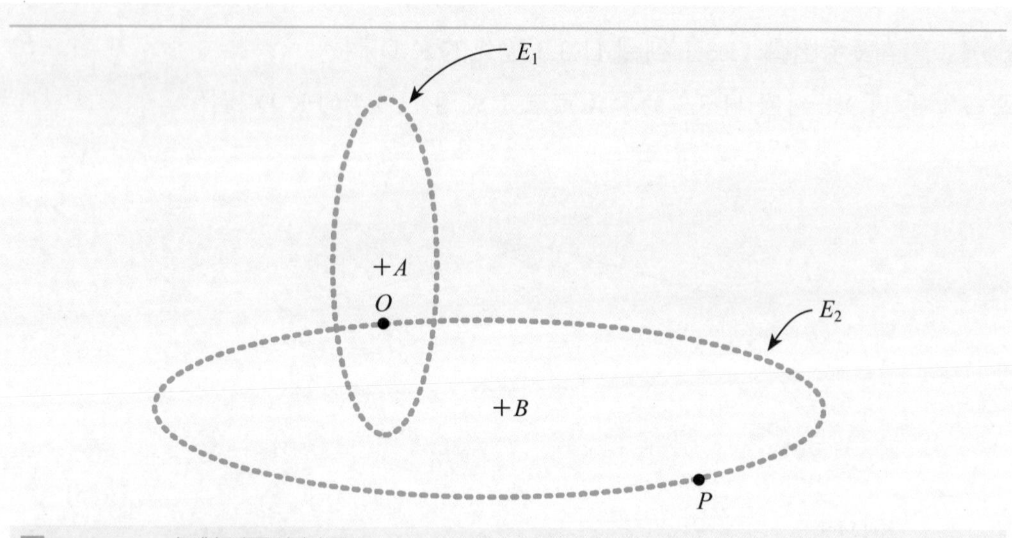

圖 11.4.1 一個對稱圖的例子

解答完畢

從範例 1 的討論中，我們似乎得想出個方法來避免這種誤判的情形才是。在 [7] 中，學者提出了一個很巧妙的方法來克服這種誤判情形。

範例 2：[7] 如何修改 K-means 分群方法中的距離公式以避免上述的誤判情形？

解答：假設共有 N 個點 X_1、X_2、⋯ 和 X_N，針對質心 C 而言，點 X_j 和質心 C 的距離被定義如下：

$$d(X_j, C) = \min_{\substack{i=1,\ldots,N \\ i \neq j}} \frac{\left\|(X_j - C) + (X_i - C)\right\|}{\left(\left\|(X_j - C)\right\| + \left\|(X_i - C)\right\|\right)} \tag{11.4.1}$$

假如點 X_j 可以在 $(N-1)$ 個點中，$\{X_1, X_2, \cdots, X_{j-1}, X_{j+1}, \cdots, X_N\}$，找到一個點 X_i 使得 $d(X_j, C)$ 為最小，則 (X_i, X_j) 可稱為質心 C 的對稱點配對。這裡留意一點：$d(X_j, C) = 0$ 意味著點 X_j 和點 X_i 對質心 C 而言為完全對稱。利用式 (11.4.1)，圖 11.4.1 中的點 O 之對稱點為點 P，如此一來，點 O 就不會被歸屬為群心 A 了。

解答完畢

在範例 2 中，我們已介紹完 [7] 中的主要方法。

範例 3：可否舉個例子以說明上述方法在對稱點集上的分群效果？

解答：為方便起見，上述方法就稱作 SC 方法吧！SC 方法適合的資料點集稱作 SIC (Symmetrical Intra-Cluster) 集。給 N 個資料點 $\{p_i\,|1 \le i \le N\}$，假設利用 K-means 演算法，我們找到了 K 個群心 $\{c_k\,|1 \le k \le K\}$。對資料點 p_j 而言，點對稱距離量度可表示為

$$d_s(p_j, c_k) = \min \frac{\|(p_j - c_k) + (p_i - c_k)\|}{\|p_j - c_k\| + \|p_i - c_k\|} \tag{11.4.2}$$

給一例子如圖 11.4.2 所示。在圖 11.4.2 中，$c_1 = (5, 8)$、$c_2 = (9.5, 8)$、$p_1 = (8, 7)$、$p_2 = (2, 9)$ 和 $p_3 = (12.5, 9.5)$。針對點 p_1 而言，我們有

$$d_s(p_1, c_1) = \frac{\|(p_1 - c_1) + (p_2 - c_1)\|}{\|(p_1 - c_1)\| + \|(p_2 - c_1)\|} = \frac{0}{\sqrt{10} + \sqrt{10}} = 0$$

和

$$d_s(p_1, c_2) = \frac{\|(p_1 - c_2) + (p_3 - c_2)\|}{\|(p_1 - c_2)\| + \|(p_3 - c_2)\|} = \frac{\sqrt{2.5}}{\sqrt{3.25} + \sqrt{11.25}} = 0.31$$

因為 $d_s(p_1, c_1) < d_s(p_1, c_2)$ 和 $d_s(p_1, c_1) <$ 門檻值 $\theta = 0.18$，所以相對於群心 c_1，

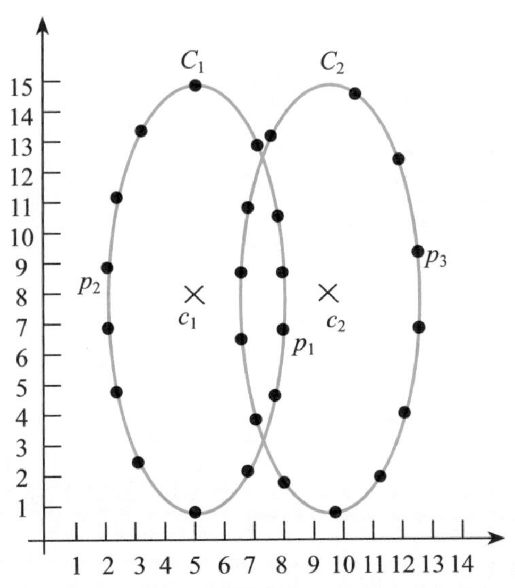

圖 11.4.2　二個 SIC

資料點 p_1 的最對稱點為 p_2，我們記為

$$p_2 = \arg d_s(p_1, c_1)$$

我們於是將 p_1 指定給群心 c_1。圖 11.4.3(a) 為一 K-means 方法所得的分群結果，而圖 11.4.3(b) 為 SC 方法所得的分群結果。很明顯的可看出 SC 方法對

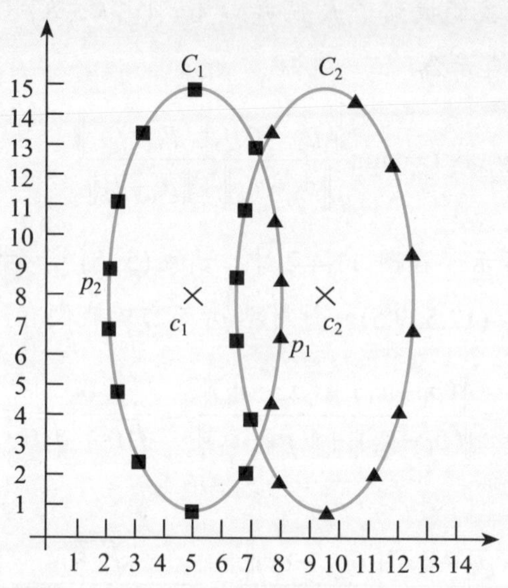

圖 11.4.3 (a) K-means 方法所得的分群結果

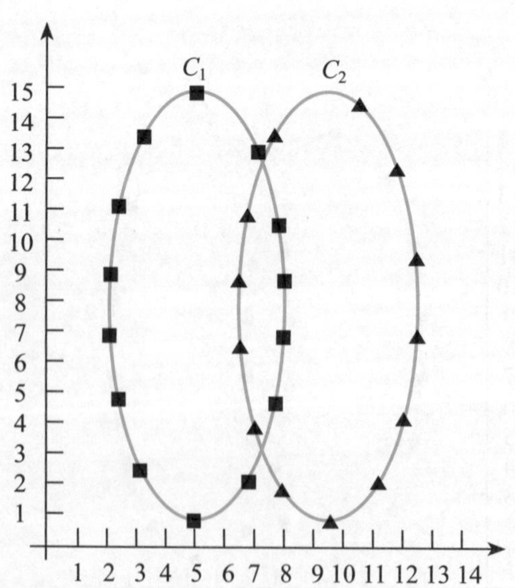

圖 11.4.3 (b) SC 方法所得的分群結果

SIC 集的分群優勢，在 SC 方法中由於反映了對稱的考量，故得到較佳的分群結果。

解答完畢

在 [8] 中，學者指出了 SC 方法的一些小弱點。

範例 4：SC 方法有哪些可能的小弱點呢？

解答：SC 方法的第一個小弱點為缺乏對稱的強健性。給一圖如圖 11.4.4 所示。令 $c_k=(0, 0)$、$p_i=(-d_i, 0)$、$p_j=(d_i-l, 0)$ 和 $p_{j+1}=(d_i+l, 0)$。依照式 (11.4.2)，不難算出

$$d_s(p_i,c_k)=\min\left\{\frac{\|(p_i-c_k)+(p_j-c_k)\|}{\|(p_i-c_k)\|+\|(p_j-c_k)\|},\ \frac{\|(p_i-c_k)+(p_{j+1}-c_k)\|}{\|(p_i-c_k)\|+\|(p_{j+1}-c_k)\|}\right\}$$
$$=\min\left\{\frac{l}{2d_i-l},\ \frac{l}{2d_i+l}\right\}=\frac{l}{2d_i+l}$$

所以對資料點 p_i 而言，相對於群心 c_k，最對稱的點為 p_{j+1}，這說明了 SC 方法會較偏愛較遠的點。這也多少減低了 SC 方法在對稱上的強健性。

SC 方法的第二個小弱點為碰到資料集為 SIIC (Symmetrical Intra/Inter Clusters) 時，分群的效果不是很理想。如圖 11.4.5 所示。

在圖 11.4.5 中，共有 19 個資料點且這些資料點分佈在三個群上，這三個群分別是 C_1、C_2 和 C_3。這三個群所對應的群心分別是 c_1、c_2 和 c_3。假設 $p_1=(-10, 4)$、$p_2=(-14, 1)$、$p_3=(-14, 4)$、$p_4=(10, -5)$、$p_5=(14, -9)$、$c_1=(-12, 2)$、$c_2=(0, 0)$ 和 $c_3=(12, -7)$，則對 p_4 而言，根據式 (11.4.2) 可推導出

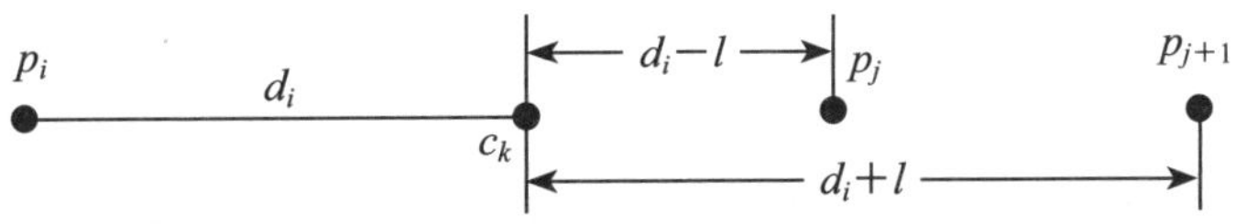

圖 11.4.4 SC 第一個小弱點的例子

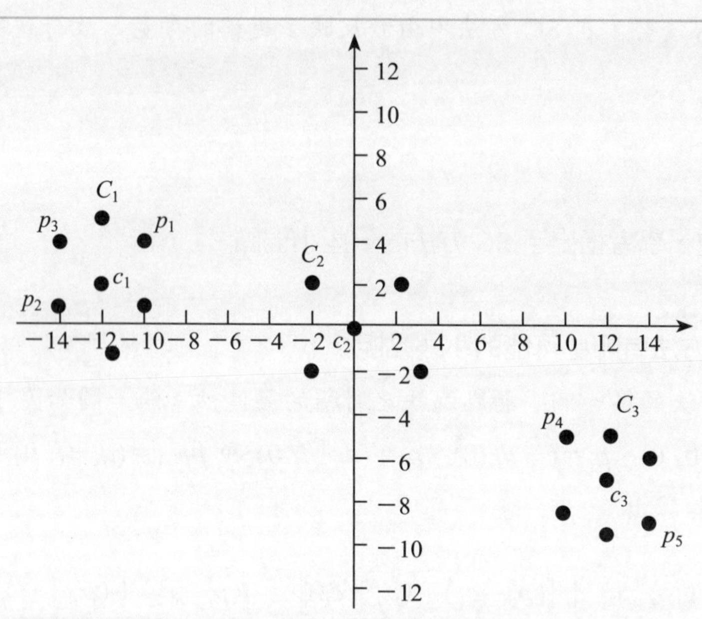

圖 11.4.5　SIIC 的一個例子

$$d_s(p_4, c_1) = \min_{1 \le i \le 16, i \ne 4} \frac{\|(p_4 - c_1) + (p_i - c_1)\|}{\|p_4 - c_1\| + \|p_i - c_1\|} = \frac{\|(p_4 - c_1) + (p_3 - c_1)\|}{\|p_4 - c_1\| + \|p_3 - c_1\|}$$

$$= \frac{\sqrt{425}}{\sqrt{533} + \sqrt{8}} = 0.8$$

$$d_s(p_4, c_2) = \min_{1 \le i \le 16, i \ne 4} \frac{\|(p_4 - c_2) + (p_i - c_2)\|}{\|p_4 - c_2\| + \|p_i - c_2\|} = \frac{\|(p_4 - c_2) + (p_1 - c_2)\|}{\|p_4 - c_2\| + \|p_1 - c_2\|}$$

$$= \frac{1}{\sqrt{125} + \sqrt{116}} = 0.05$$

和

$$d_s(p_4, c_3) = \min_{1 \le i \le 16, i \ne 4} \frac{\|(p_4 - c_3) + (p_i - c_3)\|}{\|p_4 - c_3\| + \|p_i - c_3\|} = \frac{\|(p_4 - c_3) + (p_5 - c_3)\|}{\|p_4 - c_3\| + \|p_5 - c_3\|}$$

$$= \frac{0}{\sqrt{8} + \sqrt{8}} = 0$$

從上面算出來的三個數值，可得知 $d_s(p_4, c_3) = 0 < 0.18$ 為最小，因此我們將 p_4 指定給 C_3，這樣的指派的確反映了 SC 方法的威力。然而，當考慮 p_1 時，我們得到

$$d_s(p_1, c_1) = \min_{1 \le i \le 16, i \ne 1} \frac{\|(p_1 - c_1) + (p_i - c_1)\|}{\|p_1 - c_1\| + \|p_i - c_1\|} = \frac{\|(p_1 - c_1) + (p_2 - c_1)\|}{\|p_1 - c_1\| + \|p_2 - c_1\|}$$

$$= \frac{1}{\sqrt{8} + \sqrt{5}} = 0.2$$

$$d_s(p_1, c_2) = \min_{1 \le i \le 16, i \ne 1} \frac{\|(p_1 - c_2) + (p_i - c_2)\|}{\|p_1 - c_2\| + \|p_i - c_2\|} = \frac{\|(p_1 - c_2) + (p_4 - c_2)\|}{\|p_1 - c_2\| + \|p_4 - c_2\|}$$

$$= \frac{1}{\sqrt{116} + \sqrt{125}} = 0.05$$

和

$$d_s(p_1, c_3) = \min_{1 \le i \le 16, i \ne 1} \frac{\|(p_1 - c_3) + (p_i - c_3)\|}{\|p_1 - c_3\| + \|p_i - c_3\|} = \frac{\|(p_1 - c_3) + (p_5 - c_3)\|}{\|p_1 - c_3\| + \|p_5 - c_3\|}$$

$$= \frac{\sqrt{481}}{\sqrt{605} + \sqrt{8}} = 0.8$$

比較上面算出來的三個數值，$d_s(p_1, c_2) = 0.05$ 為最小且小於 0.18，因此 SC 方法將 p_1 指派給 C_2。這樣的指派違反了我們視覺上的觀察，視覺上的觀察會建議將 p_1 指派給 C_1。之所以會發生這樣的問題在於 $p_4 = \arg d_s(p_1, c_2)$ 事先已指派給 C_3，這造成 p_1 和 p_4 分別屬於不同群，也破壞了封閉性 (Closure Property)。

解答完畢

既然 SC 方法有以上的兩個小缺點，如何提出一個改良的好方法就很值得研究了。

範例 5：針對 SC 方法在圖 11.4.4 的小缺點，可有改良之道？

解答：為了克服 SC 方法中的缺乏對稱強健性，我們提出一種稱為 DSL (Distance Similarity Level) 的算子。為了能納入方向近似程度，我們定義一種稱為 OSL (Orientation Similarity Level) 的算子。

解答完畢

範例 6：何謂 *DSL* 算子？

解答：令 $d_i=\overline{p_i c_k}$ 和 $d_j=\overline{p_j c_k}$ 介於 d_i 和 d_j 的距離相似性被定義為

$$DSL(p_i, c_k, p_j)=\begin{cases} 1-\dfrac{|d_i-d_j|}{n\times d_i}, & 0\le\dfrac{d_j}{d_i}\le n+1 \\ 0 & \text{，其他} \end{cases}$$

我們不難證明出 $0\le DSL(p_i, c_k, p_j)\le 1$。也很容易驗證 $DSL(p_i, c_k, p_j)$ 的值愈大，*DSL* 的程度愈高。我們在實作時，常選取 $n=1$。例如，當 $\overline{p_i c_k}=d_i=1.8$ 和 $\overline{p_j c_k}=d_j=2$ 時，我們有

$$DSL(p_i, c_k, p_j)=1-\frac{0.2}{1.8}=0.89$$

這意味著 d_i 和 d_j 之間的 *DSL* 相當高。回到圖 11.4.4，已知 $d_i=\overline{p_i c_k}$、$d_j=\overline{p_j c_k}=d_i-l$ 和 $d_{j+1}=\overline{c_k p_{j+1}}=d_i+l$，可得

$$DSL(p_i, c_k, p_j)=1-\frac{|d_i-d_j|}{d_i}=1-\frac{|d_i-(d_i-l)|}{d_i}=1-\frac{l}{d_i}$$

同理，可得

$$DSL(p_i, c_k, p_{j+1})=1-\frac{|d_i-d_{j+1}|}{d_i}=1-\frac{|d_i-(d_i+l)|}{d_i}=1-\frac{l}{d_i}$$

針對圖 11.4.4 可得到 $DSL(p_i, c_k, p_j)=DSL(p_i, c_k, p_{j+1})$，這意味著算子可達到距離差異對稱 (Distance Difference Symmetry) 守恆的特性。

解答完畢

範例 7：何謂 *OSL* 算子？

解答：利用線性代數中的投影定理，介於向量 $v_i=\overrightarrow{p_i c_k}=(c_k-p_i)$ 和向量 $v_j=\overrightarrow{c_k p_j}=(p_j-c_k)$ 之間的 *OSL* 先定義為

$$OSL'(p_i, c_k, p_j)=\frac{v_i\cdot v_j}{\|v_i\|\,\|v_j\|}$$

$-1 \le OSL'(p_i, c_k, p_j) \le 1$。為了控制 OSL 的值落在 0 和 1 之間，我們將 $OSL'(p_i, c_k, p_j) \le 1$ 修改為

$$OSL(p_i, c_k, p_j) = \frac{v_i \bullet v_j}{2\|v_i\|\|v_j\|} + 0.5$$

不難驗證 $0 \le OSL'(p_i, c_k, p_j) \le 1$。

解答完畢

範例 8：如何將 $OSL(p_i, c_k, p_j)$ 算子和 $DSL(p_i, c_k, p_j)$ 算子整合為一個算子？

解答：我們先將這兩個算子整合成

$$SSL'(p_i, c_k, p_j) = \sqrt{\frac{DSL^2(p_i, c_k, p_j) + OSL^2(p_i, c_k, p_j)}{2}}$$

這裡 SSL 代表 Symmetry Similarity Level 的縮寫。為了保有封閉性，上式改寫為

$$SSL(p_i, c_k, p_j) = \max_{p_j \in c_k} \sqrt{\frac{DSL^2(p_i, c_k, p_j) + OSL^2(p_i, c_k, p_j)}{2}} \quad (11.4.3)$$

解答完畢

式 (11.4.3) 的 SSL 算子可說是對 SIIC 資料集分群的核心算子。

範例 9：可否展示一組實驗的結果？

解答：給一組 SIIC 資料集如圖 11.4.6 所示。利用 K-means 方法得到的分群結果如圖 11.4.7(a) 所示。利用 SC 方法得到的分群結果如圖 11.4.7(b) 所示。

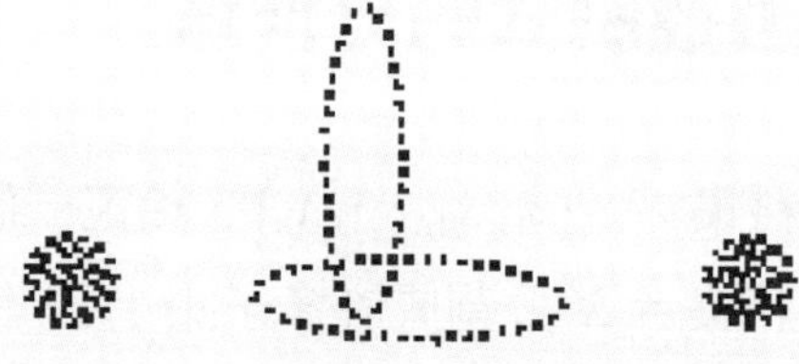

圖 11.4.6 SIIC 資料集

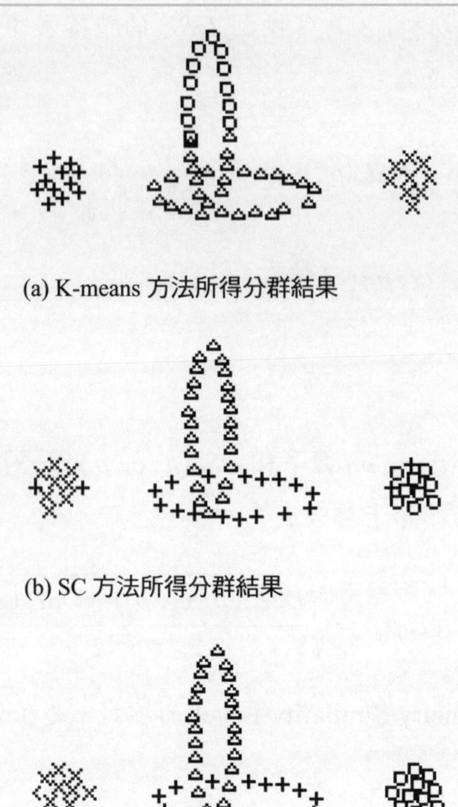

(a) K-means 方法所得分群結果

(b) SC 方法所得分群結果

(c) SSL 方法所得分群結果

圖 11.4.7　三種方法的分群效果評比

利用我們所介紹的 SSL 算子所得到的分群結果如圖 11.4.7(c) 所示。很明顯可看出，對 SIIC 資料集而言，SSL 算子有最佳分群效果。

解答完畢

這一節的結果已被成功推廣到線對稱 (Line Symmetry) 上 [12]。

11.5 變異數控制式的分群法

假設我們有一個資料集 $X=\{x_1, x_2, \cdots, x_n\}$，給定一個變異數 $\sigma^2_{\max}$，我們的目標是設計一個演算法將集合 X 分割成許多子集 [1]，使得每個子集內的資料之變異數皆 $\leq \sigma^2_{\max}$。假使最終我們得到 $C_1, C_2, \cdots, C_M$ 這些分群組，則對 $1 \leq i \leq$

M 而言，必滿足

$$\mathrm{Var}(C_i) \leq \sigma_{\max}^2$$

這裡

$$\mathrm{Var}(C_i) = \frac{\sum_{x \in C_i} \|x - \mu(C_i)\|^2}{C_i}$$

一開始，我們任意將 X 分割成許多子集，例如，分割成 I 份群組，這 I 份群組表示成 $C_1, C_2, \cdots, C_I$。接下來，我們計算出它們的變異數，$\mathrm{Var}(C_i)$，$1 \leq i \leq I$。

如果 $\mathrm{Var}(C_i) > \sigma_{\max}^2$，則 C_i 進行隔離 (Isolation) 的動作。隔離動作如何進行呢？計算 C_i 內的任一點 x，找出 x 在 C_i 內的最遠夥伴 y，將 y 標記下來，C_i 內的每一點 x 都找到 y 後，這些最遠夥伴形成的集合就稱作內部邊緣 (Inner Bonder)，$\mathrm{IB}(C_i)$。$\mathrm{IB}(C_i)$ 可表示如下

$$\mathrm{IB}(C_i) = \bigcup_{x \in C_i} \{y \mid FD(x, y), y \in C_i\}$$

這裡 $FD(x, y)$ 表示 y 和 x 有最遠距離。接下來，我們將 $\sqrt{|\mathrm{IB}(C_i)|}$ 個內部邊點予以分離出去。

如果 $\mathrm{Var}(C_i) < \sigma_{\max}^2$ ，則對 $x \in C_i$ 算出

$$\{y \mid \min_{y \in X - C_i} \|y - x\|^2\}$$

這時點 y 被視為點 x 的外部邊緣 (Outer Bonder) 點。對 C_i 而言，我們將所得出的所有外部邊緣收集起來，並得到外部邊緣集。很類似於內部邊緣集的選法，我們針對外部邊緣集

$$OB(C_i) = \bigcup_{x \in C_i} \{y \mid ND(x, y), y \in X - C_i\}$$

[這裡 $ND(x, y)$ 表示 y 和 x 有最近距離] 隨機選取 $\sqrt{|OB(C_i)|}$ 個外部邊緣點並將它們和 C_i 合併 (Union) 起來。

資料集 X 經過不斷地分離與合併動作後，也許就達穩態了。在 [1] 中，學者們提出利用干擾法 (Perturbation) 來改善最後的分群效果。對 C_i 群來說，我

們在 $OB(C_i)$ 中挑一點 $x \in C_j$，如果下式成立，則將 x 從 C_j 中移除，而將 x 納入 C_i 中

$$G_{ab} = S(C_i) - S(C_i \bigcup \{x\}) + S(C_j) - S(C_j - \{x\}) > 0$$

上式中 G_{ab} 表增溢量 (Gain)，$S(C_i)$ 定義為

$$S(C_i) = \sum_{x \in C_i} \|x - \mu(C_i)\|^2$$

本節所介紹分群方法在許多實驗中皆顯示比 K-means 好。

11.6 模糊分群法及其加速

在本節中，我們主要打算介紹一種稱為模糊 C-means 的分群法 [15]。為簡化起見，模糊 C-means 分群法也稱為 FCM 分群法。最後，我們會討論如何加快它的速度。

範例 1：FCM 分群法將資料點集分成幾群？

解答：假設資料點集表示為 $X = \{x_1, x_2, \cdots, x_n\}$，FCM 分群法將資料點集 X 分成 C 群。令這 C 群的群心集為 $V = \{v_1, v_2, \cdots, v_c\}$。

解答完畢

範例 2：FCM 分群法如何定義隸屬矩陣 U？

解答：令資料點 x_j 對群心 v_i 的隸屬函數值為 u_{ij}，則隸屬矩陣 U 可表示為

$$U = \begin{bmatrix} u_{11} & u_{12} & \cdots & u_{1n} \\ u_{21} & u_{22} & \cdots & u_{2n} \\ \vdots & \vdots & \vdots & \vdots \\ u_{c1} & u_{c2} & \cdots & u_{cn} \end{bmatrix}$$

解答完畢

到目前為止，我們已有了資料點集 X、群心集 V 和隸屬矩陣 U。

範例 3：如何定義現階段群心集 V 和資料點集 X 的誤差？

解答：我們可定義群心集 V 和資料點集 X 的誤差為：

$$E(U,V:X)=\sum_{i=1}^{c}\sum_{j=1}^{n}(u_{ij})^m\left\|x_j-v_i\right\|^2 \tag{11.6.1}$$

在式 (11.6.1) 中，$\|x_j-v_i\|^2$ 代表資料點 x_j 和群心 v_i 的距離，而 $(u_{ij})^m$ 代表賦予到 $\|x_j-v_i\|^2$ 的加權，式 (11.6.1) 中的 $(u_{ij})^m$ 充分反映了模糊集的精神。

解答完畢

範例 4：在式 (11.6.1) 中，模糊加權 u_{ij} 如何定義呢？

解答：從隸屬矩陣 U 中，對資料點 x_j 而言，可得知下式需被滿足：

$$\sum_{i=1}^{c}u_{ij}=1$$

依據 Lagrange Multiplier 方法，對資料點 x_j 而言，我們引入參數 λ_j 且固定 V。如此一來，可得下式：

$$L(U,\lambda)=\sum_{j=1}^{n}\sum_{i=1}^{c}(u_{ij})^m\left\|x_j-v_i\right\|^2-\sum_{j=1}^{n}\lambda_j\left(\sum_{i=1}^{c}u_{ij}-1\right)$$

$L(U,\lambda)$ 對 λ_j 微分後令為零，可得到

$$\frac{\partial L(U,\lambda)}{\partial\lambda_j}=0\Leftrightarrow\sum_{i=1}^{c}u_{ij}-1=0 \tag{11.6.2}$$

$L(U,\lambda)$ 對 u_{ij} 微分後令為零，可得到

$$\frac{\partial L(U,\lambda)}{\partial u_{ij}}=0\Leftrightarrow[m(u_{ij})^{m-1}\left\|x_j-v_i\right\|^2-\lambda_j]=0 \tag{11.6.3}$$

由式 (11.6.3) 可解得

$$u_{ij}=\left(\frac{\lambda_j}{m\left\|x_j-v_i\right\|^2}\right)^{\frac{1}{m-1}} \tag{11.6.4}$$

由式 (11.6.2) 和式 (11.6.4) 可得到 m

$$\sum_{i=1}^{c} u_{ij} = \sum_{i=1}^{c} \left(\frac{\lambda_j}{m\|x_j - v_i\|^2} \right)^{\frac{1}{m-1}} = 1 \tag{11.6.5}$$

從式 (11.6.5) 可得

$$\left(\frac{\lambda_j}{m}\right)^{\frac{1}{m-1}} = 1 \Bigg/ \sum_{i=1}^{c} \left(\frac{1}{\|x_j - v_i\|^2} \right)^{\frac{1}{m-1}} \tag{11.6.6}$$

將式 (11.6.6) 代入式 (11.6.4)，得

$$u_{ij} = 1 \Bigg/ \sum_{k=1}^{c} \left(\frac{\|x_j - v_i\|}{\|x_j - v_k\|} \right)^{\frac{2}{m-1}} \tag{11.6.7}$$

解答完畢

至此，我們已推得資料點 x_j 到群心 v_i 的模糊加權 u_{ij}。

範例 5：對所有資料點 x_j 而言，我們算出 x_j 對各個群心 v_i 的模糊加權後如何重新調整各個群心的值呢？

解答：群心 v_i 可調整為

$$v_i = \frac{\sum_{j=1}^{n} (u_{ij})^m x_j}{\sum_{j=1}^{n} (u_{ij})^m}，1 \le i \le c \tag{11.6.8}$$

解答完畢

從範例 1 到範例 5 的討論中，我們已具備模糊 **C-means** (Fuzzy C-means) 法 (也叫 FCM 法) 所需的基礎了。

範例 6：可否完整列出模糊 C-means 法的程序？

解答： 模糊 C-means 法共分下列五個步驟：

步驟一：選定群數 C、次方 m、誤差容忍度 ε 和起始隸屬矩陣 U_0。

步驟二：根據資料點集和 U_0 算出起始的群心集。

步驟三：重新計算 U_{ij}，$1 \le i \le c$ 和 $1 \le j \le n$。修正各個群心值。

步驟四：計算出誤差 $E = \sum_{i=1}^{c} \left\| v_i^{前} - v_i^{後} \right\|$，這裡 $v_i^{前}$ 和 $v_i^{後}$ 代表群心 v_i 連續兩個迭代回合的值。

步驟五：若 $E \le \varepsilon$ 則停止；否則回到步驟三。

解答完畢

附帶提一下，FCM 法的原創者為 Dunn (1973)，爾後由 Bezdek [15] 改良而成。從式 (11.6.7) 和式 (11.6.8) 中，學者 [16] 觀察到這兩個式子很花計算時間且提出了一個非常有效率的加速法。

範例 7：[16] 如何加快 FCM 法中式 (11.6.7) 和式 (11.6.8) 的計算量？

解答： [16] 中的觀念是這樣的：當 $j=1$ 時，我們一旦算出式 (11.6.7) 中的 u_{i1}，則可將 x_1 和 u_{i1} 代入式 (11.6.8) 中以算出群心 v_i 的部分值。這時，我們已不需要 x_1 和 u_{i1} 了。再者，當 $j=2$ 時，同樣地，一旦算出式 (11.6.7) 中的 u_{i2}，將 x_2 和 u_{i2} 代入式 (11.6.8) 中以算出群心 v_i 的更多部分值。這時，我們可捨棄 x_2 和 u_{i2} 了。如此一來，我們可交替式的計算式 (11.6.7) 和式 (11.6.8) 了。自然地，我們不需要存整個隸屬矩陣 U 了。無形中，我們省去大量的記憶體存取的時間花費，自然加快了 FCM 法的速度。

解答完畢

11.7 結　論

有很長歷史的分群技巧有著很豐富的應用。除了向量量化的應用外，也多少帶識別的作用。分群的時間效率和失真的折衷至今一直吸引著學者們的研究興趣，也是很值得深究的研究議題。

11.8 作　業

1. 試舉一個 K-means 方法會發生不停止的情況。

解答：我們可造出三個資料群，這三個群按照反時針的方向挑選各個群內的若干個資料點，如此一來，在連續二次的迭代運算過程中，這三組被挑選出來的資料點很可能在群心的歸屬上出現往復跳動歸屬的問題。

解答完畢

2. 試證明在圖 11.3.7 中，點 A 若在中分線上 L 的左側，則其距離 Z^* 會較距離 Z^i 為近。(提示：$0<\theta_1<\theta_2<90^\circ$，$\sin\theta_2>\sin\theta_1$。)

3. 請利用一組訓練用影像集結合分群的技巧以建置碼表。

4. 令 $x_1, x_2, \cdots, x_n$ 為 d 維的資料集，試找出某一資料點 $\bar{x}$ 滿足 $J(\bar{x})=\sum_{i=1}^{n}\|x_i-\bar{x}\|^2$ 有最小值。

解答：令 $m=\frac{1}{n}\sum_{i=1}^{n}x_i$，則可得

$$J(\bar{x})=\sum_{i=1}^{n}\|(x_i-m)+(m-\bar{x})\|^2=\sum_{i=1}^{n}\|x_i-m\|^2+\sum_{i=1}^{n}\|m-\bar{x}\|^2$$

當 $\bar{x}=m$ 時，$J(\bar{x})$ 有最小值。

解答完畢

5. (續上題) 試在 d 維空間上，找出一條直線滿足誤差 $\sum_{i=1}^{n}\|x_i-(m+b_iu)\|^2$ 有最小值，這裡 u 為單位向量。

解答：令 $J(b_1, b_2, \cdots, b_n, u)=$ 誤差，則

$$J(b_1,b_2,\cdots,b_n,u)=\sum_{i=1}^{n}\|x_i-(m+b_iu)\|^2$$
$$=\sum_{i=1}^{n}b_i^2\|u\|^2-2\sum_{i=1}^{n}b_iu^t(x_i-m)+\sum_{i=1}^{n}\|x_i-m\|^2$$

$$\frac{\partial J}{\partial b_i}=2b_i-2u^t(x_i-m)=0$$

則得到 $b_i = u^t(x_i - m)$。可進一步得到

$$
\begin{aligned}
J &= \sum_{i=1}^{n} b_i^2 - 2\sum_{i=1}^{n}[u^t(x_i - m)]^2 + \sum_{i=1}^{n}\|x_i - m\|^2 \\
&= -\sum_{i=1}^{n}[u^t(x_i - m)]^2 + \sum_{i=1}^{n}\|x_i - m\|^2 \\
&= -\sum_{i=1}^{n} u^t(x_i - m)(x_i - m)^t u + \sum_{i=1}^{n}\|x_i - m\|^2 \\
&= -u^t\left[\sum_{i=1}^{n}(x_i - m)(x_i - m)^t\right]u + \sum_{i=1}^{n}\|x_i - m\|^2 \\
&= -u^t S u + \sum_{i=1}^{n}\|x_i - m\|^2
\end{aligned}
$$

因為 Max J = Min $(-u^tSu)$，所以等同於

$$\text{Max}\ (u^tSu - \lambda u^t u) = \text{Max}\ I(u)$$

將 $I(u)$ 對 u 微分，可得

$$2Su - 2\lambda u = 0$$

則又得

$$Su = \lambda u$$

可解得 λ 為 S 的最大特徵值，而 u 為對應的單位特徵向量。

解答完畢

6. (續上題) 可否將上題的直線推廣到 k 維平面，$k < d$。

解答：令 $\bar{x}_i = m + \sum_{j=1}^{k} b_j u_j$，則可推廣上述方法到 k 維，也就是所謂的 PCA 方法。

解答完畢

7. 何謂費雪 (Fisher) 分類器 **[18]**？

解答：在探討費雪分類器前，首先定義費雪的線性判別函數為 $y = w^T x$，此為將一向量 x 投影到一直線上而得一純量 y，其中 w 為一加權向量。以兩類的分類器為例，給兩個資料集 A_1 和 A_2 其內的訓練點令為 x_1^i 和 x_2^i，其中 i 為資料集中第 i 個訓練點。若假設資料集 A_1 有 N_1 個訓練

點、資料集 A_2 有 N_2 個訓練點，可得到平均向量為 $m_1=\dfrac{1}{N_1}\sum_{i=1}^{N_1}x_1^i$ 和 $m_2=\dfrac{1}{N_2}\sum_{i=1}^{N_2}x_2^i$。

我們試著將 A_1' 和 A_2' 投影到一直線上，讓我們更容易看出兩資料集的分類狀況，並令投影過後的兩資料集為 A_1 和 A_2。可求得投影過後兩資料集的平均數分別為

$$m_1'=\frac{1}{N_1}\sum_{i=1}^{N_1}y_1^i=\frac{1}{N_1}\sum_{i=1}^{N_1}w^Tx_1^i=w^T\frac{1}{N_1}\sum_{i=1}^{N_1}x_1^i=w^Tm_1$$
$$m_2'=\frac{1}{N_2}\sum_{i=1}^{N_2}y_2^i=\frac{1}{N_2}\sum_{i=1}^{N_2}w^Tx_2^i=w^T\frac{1}{N_2}\sum_{i=1}^{N_2}x_2^i=w^Tm_2$$

而 A_1 和 A_2 的群內共變異矩陣為

$$S_w=\underset{x^i\in A_1}{E}[(x^i-m_1)(s^i-m_1)^T]+\underset{x^i\in A_2}{E}[(x^i-m_2)(s^i-m_2)^T]=C_{x1}+C_{x2}$$

費雪的線性判別函數中的加權向量 w 即為投影過程中的核心主角，我們希望求解出最佳的 w 使得下式有最大值

$$J(w)=\frac{\text{投影過後兩質心間的距離平方}}{\text{投影過後的變異數}}=\frac{(m_2'-m_1')^2}{\sigma_{A_1'}^2+\sigma_{A_2'}^2}$$
$$=\frac{w^T(m_2-m_1)(m_2-m_1)^Tw}{\underset{y^i\in A_1'}{E}[(y_i-m_1')^2]+\underset{y^i\in A_2'}{E}[(y_i-m_2')^2]}$$
$$=\frac{w^T(m_2-m_1)(m_2-m_1)^Tw}{\underset{x^i\in A_1}{E}[(w^Tx^i-w^Tm_1)^2]+\underset{x^i\in A_2}{E}[(w^Tx^i-w^Tm_2)^2]}$$
$$=\frac{w^T(m_2-m_1)(m_2-m_1)^Tw}{\underset{x^i\in A_1}{E}[(w^T(x^i-m_1))^2]+\underset{x^i\in A_2}{E}\left[[(w^T(x^i-m_2))^2]\right]}$$
$$=\frac{w^T(m_2-m_1)(m_2-m_1)^Tw}{\underset{x^i\in A_1}{E}[w^T(x^i-m_1)(x^i-m_1)^Tw]+\underset{x^i\in A_2}{E}[w^T(x^i-m_2)(x^i-m_2)^Tw]}$$
$$=\frac{w^T(m_2-m_1)(m_2-m_1)^Tw}{w^T\left(\underset{x^i\in A_1}{E}[(x^i-m_1)(x^i-m_1)^T]+\underset{x^i\in A_2}{E}[(x^i-m_2)(x^i-m_2)^T]\right)w}$$
$$=\frac{w^TS_Bw}{w^T(C_{x1}+C_{x2})w}=\frac{w^TS_Bw}{w^TS_ww}$$

解答完畢

8. (續上題) 如何利用數值的解法解得 w？

解答： 已知 $S_B=(m_2-m_1)(m_2-m_1)^T$，很明顯地可得 $S_B=S_B^T$，同理亦可得到 $S_w=S_w^T$，即 S_B 和 S_w 皆為對稱矩陣。在利用微分公式解之前，我們先求證當 A 為對稱矩陣時，則 $\frac{\partial}{\partial x}[\vec{x}^T A\vec{x}]=2A\vec{x}$。令

$$A=\begin{bmatrix} a_{11} & a_{12} & \cdots & a_{1n-1} & a_{1n} \\ a_{21} & a_{22} & \ddots & \ddots & a_{2n} \\ \vdots & \ddots & \ddots & \ddots & \vdots \\ a_{n-11} & \ddots & \ddots & a_{n-1n-1} & a_{n-1n} \\ a_{n1} & a_{n2} & \cdots & a_{nn-1} & a_{nn} \end{bmatrix} \text{ 和 } x=\begin{bmatrix} x_1 \\ x_2 \\ \vdots \\ x_{n-1} \\ x_n \end{bmatrix}$$

$$\text{則 } \vec{x}^T A\vec{x}=\begin{bmatrix} a_{11}x_1^2+a_{12}x_1x_2+\cdots+a_{1n-1}x_1x_{n-1}+a_{1n}x_1x_n+ \\ a_{21}x_1x_2+a_{22}x_2^2+\cdots+a_{2n-1}x_2x_{n-1}+a_{2n}x_2x_n+ \\ \cdots \\ +a_{n-11}x_1x_{n-1}+a_{n-12}x_2x_{n-1}+\cdots+a_{n-1n-1}x_{n-1}{}^2+a_{n-1n}x_{n-1}x_n \\ +a_{n1}x_1x_n+a_{n2}x_2x_n+\cdots+a_{nn-1}x_{n-1}x_n+a_{nn}x_n^2 \end{bmatrix}$$

故可得

$$\frac{\partial}{\partial x}[\vec{x}^T A\vec{x}]=\begin{bmatrix} (a_{11}x_1+\cdots+a_{1n}x_n)+(a_{11}x_{12}+\cdots+a_{n1}x_n) \\ (a_{21}x_1+\cdots+a_{2n}x_n)+(a_{12}x_1+\cdots+a_{n2}x_n) \\ \vdots \\ (a_{n-11}x_1+\cdots+a_{n-1n}x_n)+(a_{1n-1}x_1+\cdots+a_{nn-1}x_n) \\ (a_{n1}x_1+\cdots+a_{nn}x_n)\quad+(a_{1n}x_1+\cdots+a_{nn}x_n) \end{bmatrix}$$

$$=\begin{bmatrix} a_{11} & a_{12} & \cdots & a_{1n-1} & a_{1n} \\ a_{21} & a_{22} & \ddots & \ddots & a_{2n} \\ \vdots & \ddots & \ddots & \ddots & \vdots \\ a_{n-11} & \ddots & \ddots & a_{n-1n-1} & a_{n-1n} \\ a_{n1} & a_{n2} & \cdots & a_{m-1} & a_{nn} \end{bmatrix}\begin{bmatrix} x_1 \\ x_2 \\ \vdots \\ x_{n-1} \\ x_n \end{bmatrix}+$$

$$\begin{bmatrix} a_{11} & a_{12} & \cdots & a_{n-11} & a_{n1} \\ a_{12} & a_{22} & \ddots & \ddots & a_{n2} \\ \vdots & \ddots & \ddots & \ddots & \vdots \\ a_{1n-1} & \ddots & \ddots & a_{n-1n-1} & a_{nn-1} \\ a_{1n} & a_{2n} & \cdots & a_{n-1n} & a_{nn} \end{bmatrix}\begin{bmatrix} x_1 \\ x_2 \\ \vdots \\ x_{n-1} \\ x_n \end{bmatrix}$$

$$= A\vec{x} + A^T \vec{x}$$
$$= A\vec{x} + A\vec{x}$$
$$= 2A\vec{x}$$

現在回到 $J_{(w)}$ 的微分上，可得到

$$\frac{\partial J}{\partial w} = \frac{2S_B w(w^T S_w w) - 2S_w w(w^T S_B w)}{(w^T S_w w)^2} = 0$$
$$\Rightarrow S_w w(w^T S_B w) = S_B w(w^T S_w w)$$
$$\Rightarrow S_w w(w^T S_B w)(w^T S_w w)^{-1} = S_B w$$

令 $(w^T S_B w)(w^T S_w w)^{-1} = \lambda$，則得到

$$\Rightarrow \lambda S_w w = S_B w$$
$$\Rightarrow (S_w^{-1} S_B) w = \lambda w$$

故求解 w 等同於求 $(S_w^{-1} S_B)$ 的特徵向量。另外，我們可以發現 $S_B w = (m_2 - m_1)(m_2 - m_1)^T w$ 和 $(m_2 - m_1)$ 同方向，故可直接令 $w = S_w^{-1}(m_2 - m_1)$，亦可求得 w。其中可設分割兩群的門檻值 $w_0 = \frac{(m_1' + m_2')}{2}$，而 m_1' 和 m_2' 為分割兩群投影過後的平均數。

解答完畢

11.9 參考文獻

[1] A. K. Jain and R. C. Dubes, *Algorithms for Clustering Data*, Prentice-Hall, New Jersey, 1988.

[2] 鍾國亮著，資料壓縮的原理與應用，第二版，全華科技圖書，臺北，2004。

[3] S. P. Lloyd, "Least squares quantization in PCM," *IEEE Trans. on Information Theory*, 28, 1982, pp. 129-137.

[4] T. Kanungo, D. M. Mount, N. S. Netanyahu, C. D. Piatko, R. Silverman, and A. Y. Wu, "An efficient K-means clustering algorithm: analysis and implementation," *IEEE Trans. on Pattern Analysis and Machine Intelligence*, 24(7), 2002, pp. 881-892.

[5] J. L. Bentley, "Multidimensional binary search trees used for associative searching," *CACM*, 18, 1975, pp. 509-517.

[6] R. O. Duda, P. E. Hart, and D. G. Stork, *Pattern Classification*, 2nd Edition, John Wiley, New York, 2001.

[7] M. C. Su and C. H. Chou, "A modified version of the K-means algorithm with a distance based on cluster symmetry," *IEEE Trans. on Pattern Analysis and Machine Intelligence*, 23(6), 2001, pp. 674-680.

[8] K. L. Chung and J. S. Lin, "A faster and more robust point symmetry-based K-means algorithm," *Pattern Recognition*, 40(2), 2007, pp. 410-422.

[9] M. F. Jiang, S. S. Tseng, and C. M. Su, "Two-phase clustering process for outliers detection," *Pattern Recognition Letters*, 22, 2001, pp. 691-700.

[10] A. L. N. Fred and J. M. N. Leitão , "A new cluster isolation criterion based on dissimilarity increments," *IEEE Trans. on Pattern Analysis and Machine Intelligence*, 25(8), 2003, pp. 944-958.

[11] D. Lee, S. Baek, and K. Sung, "Modified K-means algorithm for vector quantizer design," *IEEE Signal Processing Letters*, 4(1), 1997, pp. 2-4.

[12] K. L. Chung and K. S. Lin, "An efficient line symmetry-based K-means algorithm," *Pattern Recognition Letters*, 27(7), 2006, pp. 765-772.

[13] L. A. Zadeh, "Fuzzy Sets," *Information and Control*, 8, 1965, pp. 338-353.

[14] P. Y. Chen, "An efficient prediction algorithm for image vector quantization," *IEEE Trans. on Systems, Man, and Cybernetics*, 34(1), 2004, pp. 740-746.

[15] J. C. Bezdek, *Pattern Recognition with Fuzzy Objective Function Algorithms*, Plenum Press, New York, 1981.

[16] J. F. Kolen and T. Hutcheson, "Reducing the time complexity of the fuzzy C-means algorithm," *IEEE Trans. on Fuzzy Systems*, 10(2), 2002, pp. 263-267.

[17] J. C. Bezdek, J. Keller, R. Krisnapuram, and M. Pal, *Fuzzy Models and Algorithms for Pattern Recognition and Image Processing*, Boston, MA: Kluwer, 1999.

[18] A. Fisher, *The Mathematical Theory of Probabilities*, vol. 1, Macmillan, New York, 1923.

[19] Y. C. Liaw, M. L. Leou, and C. M. Wu, "Fast exact *k* nearest neighbors search using an orthogonal search tree," *Pattern Recognition*, 43(6), 2010, pp. 2351-2358.

[20] Z. C. Lai, Y. C. Liaw, and S. A. Fong, "Improvement of the *k*-means clustering filtering algorithm," *Pattern Recognition*, 41(12), 2008, pp. 3677-3681.

[21] H. C. Huang, Y. Y. Chuang, and C. S. Chen, "Multiple kernel fuzzy clustering," *IEEE Trans. on Fuzzy Systems*, 20(1), 2012, pp. 120-134.

11.10 K-means 分群法的 C 程式附錄

```
/*************************************************************************/
/* 功能：將黑白影像 Image，分成 K 群，結果儲存於 Cluster 中              */
/* 參數一：原始黑白影像 Image                                            */
/* 參數二：分群的結果 Cluster                                            */
/* 參數三：分成 K 群                                                     */
/*************************************************************************/

void k_means(int Image[M][N], int cluster[M][N], int K)
{
/* Dis: 計算單一點到群心的距離 */
/* Min: 計算單一點到各個群心的距離中的最小值 */
/* Dm: 平均失真度 */
/* Dn: 前一回合的平均失真度 */
/* Error: 失真臨界值 */
/* Cents: 存放各個群心的座標 */
/* NCP: 一群所包含的點數 */
/* EN: 所有點數總和 */

   int i, j, k;
   int **Cents, **tmpcts, *NCP, **data_points;
   long double Error, Dm, Dn, Min, EN, Dis, *lmindis;

   /* 計算所有點數 */
```

```
EN = 0;
for(i = 0; i < M; i++){
  for(j = 0; j < N; j++){
     if(Image[i][j] == 1)
        EN++;
  }
}

/* 宣告陣列 data_points，用以儲存所有點的位置座標 */
data_points = new int * [EN];
for(i = 0; i < EN; i++)
   data_points[i] = new int [2];

/* 記錄所有點的位置，存於陣列 data_points 中 */
int z;
z = 0;
   for(i = 0; i < M; i++){
          for(j = 0; j < N; j++){
                 if(Image[i][j] == 1){
                 data_points[z][0] = i;
                 data_points[z][1] = j;

                 z++;
                 }
          }
   }

   /* 宣告陣列 Cents，用以儲存群心的位置座標 */
   /* 宣告陣列 tmpcts，用以儲存該群所包含的點之座標的加總 */
   Cents = new int * [K + 1];
```

```
tmpcts = new int * [K + 1];
for(int i = 1; i <= K; i++){
    Cents[i] = new int [2];
    tmpcts[i] = new int [2];
}

/* 從所有點中任選 K 個點作為初始群心，並存於陣列 Cents 中 */
int v;
randomize();
for(i = 1; i <= K; i++){
    v = random(K);

    Cents[i][0] = data_points[v][0];
    Cents[i][1] = data_points[v][1];
}

/* 宣告陣列 NCP，用以儲存各群所包含的點數和 */
NCP = new int [K+1];

/* 宣告陣列 lmindis，用以儲存各群的失真度 */
lmindis = new long double [K + 1];

Dm = 0x7fffffff;   /* Dm: 初始值為無限大 */
Error = 0.005;

do{
/* 將所需參數歸零 */
for(i = 1; i <= K; i++){
    lmindis[i] = 0;
```

```
    tmpcts[i][0] = 0;
    tmpcts[i][1] = 0;
    NCP[i] = 0;
}

/* 計算單一點與各群心的距離，將該點分配給予之距離最近之群心 */
for(i = 0; i < M; i++){
  for(j = 0; j < N; j++){
    if(Image[i][j] == 1){
      //先算距離再分類
      min = 0x7fffffff;
      for(k = 1; k <= K; k++){
       Dis = sqrt((i – Cents[k][0]) * ( i – Cents[k][0]) + ( j – Cents[k][1]) *
       ( j – Cents[k][1]));

        if(Min > Dis){
          Min = Dis;
          Cluster[i][j] = k;
        }
      }

      /* 計算群心到該群各點的距離和 ( 單一群的失真度 ) */
      T = Cluster[i][j];

      NCP[T]++;
      lmindis[T] += Min;

      tmpcts[T][0] += i;
      tmpcts[T][1] += j;
    }
```

```
          }
        }

        /* 求出新的群心 (mean) */
        for(i = 1; i <= K; i++){
          if(NCP[i] > 0){   /* 可能有一群沒分到任何點 */
            Cents[i][0] = tmpcts[i][0]/NCP[i];
            Cents[i][1] = tmpcts[i][1]/NCP[i];
          }
        }

        /* Dm: 平均失真度 */
        /* Dn: 前一輪的平均失真度 */
        /* Error: 失真臨界值 */
        Dn = Dm;
        Dm = 0;
        for(i = 1; i <= K; i++)
          Dm += lmindis[i];

        Dm/= EN;
      }while( ((Dn – Dm)/Dm) > Error );
    }
```

CHAPTER

12

影像與視訊壓縮

12.1 前　言

在本章，我們要介紹影像壓縮方面的東西。除了介紹消息理論和單張影像的壓縮原理與技巧外，我們也將介紹視訊的壓縮原理。目前的影像壓縮標準，如 JPEG、H.264/AVC 和 HEVC，可說是一種內含數種壓縮技巧混成的系統。因為這個緣故，我們將對不同技巧予以介紹。影像和視訊多媒體的發展與應用進展得很快，是目前很熱門的一個領域。

12.2 消息理論

在第五章，我們談過了一些消息理論的最基本定義，例如消息和熵。在這一節中，我們將證明幾個很基本的消息理論之定理 [2, 3]，這些定理將提供後面不失真壓縮的基礎。

假設有 n 個事件且其機率分佈為均勻分佈，也就是

$$p_1 = p_2 = \cdots = p_n = \frac{1}{n}$$

在這個假設下，該機率分佈的熵可計算如下：

$$-\sum_{i=1}^{n} p_i \log p_i = -\sum_{i=1}^{n} \frac{1}{n} \log \frac{1}{n} = \log n$$

我們假設 $\log n$ 為熵的上限。現在來看另外 n 個事件，且這些事件的機率分別為 p_1、p_2、$\cdots$ 和 p_n，並且滿足 $\sum_{i=1}^{n} p_i = 1$。令 $H = -\sum_{i=1}^{n} p_i \log p_i$，我們接下來要證明 $H \leq \log n$ 是會成立的。

$$\begin{aligned} H - \log n &= -\sum_{i=1}^{n} p_i \log p_i - \log n = -\sum_{i=1}^{n} p_i \log p_i - \sum_{i=1}^{n} p_i \log n \\ &= -\sum_{i=1}^{n} p_i [\log p_i + \log n] = \sum_{i=1}^{n} p_i \log \frac{1}{p_i n} \\ &\leq \sum_{i=1}^{n} p_i \left(\frac{1}{p_i n} - 1 \right) = \sum_{i=1}^{n} \frac{1}{n} - \sum_{i=1}^{n} p_i = 0 \end{aligned}$$

在上面推演中有用到不等式 $\log x \leq x - 1$ (請參見圖 12.2.1 的示意圖)。

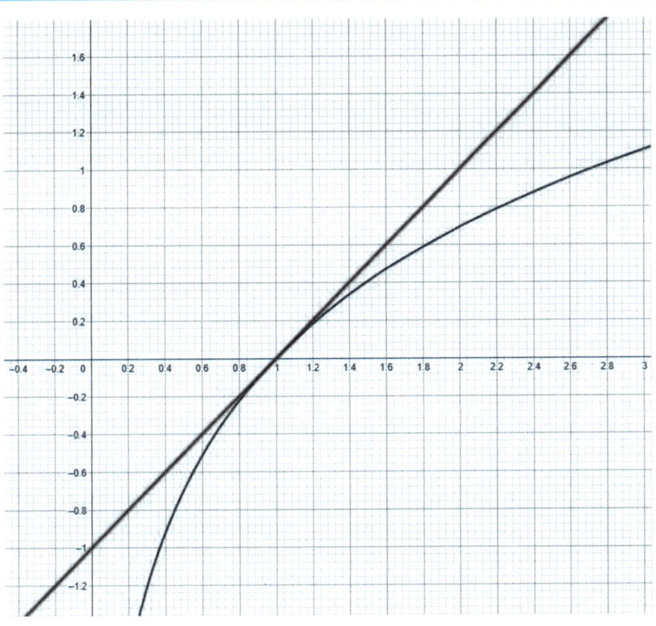

圖 12.2.1　$\log x \leq x-1$ 的示意圖

由上面的推演，可證得 $H-\log n \leq 0$ 的確成立。我們得到下面定理。

定理 12.2.1　給任意 n 個事件，其熵 $H \leq \log n$。

有了定理 12.2.1 後，我們可感覺到如果事件的機率分佈愈不均勻，則熵就愈小。

給定 n 個符號形成一個集合 $S=\{a_1, a_2, \cdots, a_n\}$。假設這 n 個符號已被編碼，且 a_i 被編成長度為 d_i 的碼。為方便討論，令 $d_1 \leq d_2 \leq \cdots \leq d_n$。對 a_i 編碼這個動作表示為 $C(a_i)$。假設完成了 $C(a_1)$ 後，為避免發生 $C(a_1)$ 為 $C(a_2)$ 的前置碼 (Prefix Code)，則必須滿足條件 $2^{d_2} \geq 2^{d_2-d_1}+1$，這裡 $2^{d_2-d_1}$ 為不合法的碼數。

同理，考慮 $C(a_3)$ 時，則需滿足 $2^{d_3} \geq 2^{d_3-d_2}+2^{d_3-d_1}+1$。不等式兩邊同除以 2^{d_3}，可得 $1 \geq 2^{-d_2}+2^{-d_1}+2^{-d_3}$。依此類推，可得下列 Kraft 不等式

$$1 \geq 2^{-d_1}+2^{-d_2}+\cdots+2^{-d_n}$$

上面的 Kraft 不等式將幫助我們證明熵可視為平均碼長的下限。

定理 12.2.2 **令 $S=\{a_1, a_2, \cdots, a_n\}$ 且 a_i 已被編成長度為 d_i 的碼，則熵 $H(S)\le L$，這裡 L 代表平均碼長。**

證明：已知 $L=\sum_{i=1}^{n}p_i d_i$，則

$$H(S)-L=\sum_{i=1}^{n}p_i\log\frac{1}{p_i}-\sum_{i=1}^{n}p_i\log 2^{d_i}=\sum_{i=1}^{n}p_i\log\frac{1}{p_i\,2^{d_i}}$$

$$\le\sum_{i=1}^{n}p_i\left(\frac{1}{p_i\,2^{d_i}}-1\right)=\sum_{i=1}^{n}\frac{1}{2^{d_i}}-\sum_{i=1}^{n}p_i$$

$$=\sum_{i=1}^{n}\frac{1}{2^{d_i}}-1\le 0$$

證明完畢

由 Shannon-Fano 的編碼，我們得知

$$\log\frac{1}{p_i}\le d_i<1+\log\frac{1}{p_i}$$

和

$$\sum_{i=1}^{n}\frac{1}{2^{d_i}}\le\sum_{i=1}^{n}\frac{1}{1/p_i}=\sum_{i=1}^{n}p_i=1$$

上式也驗證了 Kraft 不等式。又

$$L=\sum_{i=1}^{n}p_i d_i<\sum_{i=1}^{n}p_i\left(1+\log\frac{1}{p_i}\right)$$

$$=\sum_{i=1}^{n}p_i+\sum_{i=1}^{n}p_i\log\frac{1}{p_i}=1+H(S)$$

由上面推得的不等式 $L<1+H(S)$ 可得知 Shannon-Fano 的編碼法，其平均碼長最多比熵多一個位元。綜合定理 12.2.2 和 $L<1+H(S)$，可得 $H(S)\le L<1+H(S)$。

如果我們將若干個符號，例如 n 個符號，綁在一起並且重新計算其機率分佈，那麼平均碼長最多比熵多了多少位元呢？

假設這 n 個符號為 S_1、S_2、S_3、⋯ 和 $S_{|S|}$，則

$$字母集=\{\overbrace{S_1S_1\cdots S_1}^{n},\cdots,\overbrace{S_{|S|}S_{|S|}\cdots S_{|S|}}^{n}\}$$

因為 n 個符號被綁在一起後被視為一個巨集符號 (Macro Symbol)。

在這個限制條件和原先兩兩符號為彼此獨立的假設下，熵可表示為

$$\begin{aligned}
H(S^{(n)}) &= -\sum_{i_1=1}^{|S|}\cdots\sum_{i_n=1}^{|S|} p(S_{i_1}S_{i_2}\cdots S_{i_{|n|}})\log p(S_{i_1}S_{i_2}\cdots S_{i_{|n|}}) \\
&= -\sum_{i_1=1}^{|S|} p(S_{i_1})\log p(S_{i_1}) \overbrace{\left\{\sum_{i_2=1}^{|S|}\cdots\sum_{i_n=1}^{|S|} p(S_{i_2})\cdots p(S_{i_n})\right\}}^{=1} \\
&\ \ \vdots \\
&\ \ \vdots \\
&= -\sum_{i_n=1}^{|S|} p(S_{i_n})\log p(S_{i_n}) \\
&= nH(S)
\end{aligned}$$

從前面的結果可推得

$$H(S^{(n)}) \le L^{(n)} < 1 + H(S^{(n)})$$

這裡 $L^{(n)}$ 表一個巨集符號所需的位元長度。我們可進一步推得

$$nH(S) \le nL < 1 + nH(S)$$

$$H(S) \le L < \frac{1}{n} + H(S)$$

從 $H(S) \le L < \frac{1}{n} + H(S)$ 知道，若 n 趨近於無窮大，則 $L \approx H(S)$。這結果似乎太好了！然而由於建構巨集符號的機率表需花費無窮大的記憶體需求，所以上述的擴充式作法並不實際。

12.3 不失真壓縮

本節主要介紹不失真壓縮中的霍夫曼編碼 (Huffman Coding) [3] 和算術編碼 (Arithmetic Coding) 二種編碼法。前者在 JPEG 中被使用，而後者在 JPEG2000 中被使用。

12.3.1 霍夫曼編碼

在這一小節中，我們要介紹一個非常省記憶體 [4] 和另一個非常省時間 [5] 的霍夫曼解碼法 (Huffman Decoding Method)。假設符號集 $S=<S_1, S_2,\cdots, S_8>$ 而其對應的頻率為 $W=<14, 13, 5, 3, 3, 2, 1, 1>$。利用霍夫曼編碼法 [6]，我們先將頻率最小的二個符號 S_7 和 S_8 予以編碼，按此原則，我們可建構出圖 12.3.1.1 的霍夫曼樹。

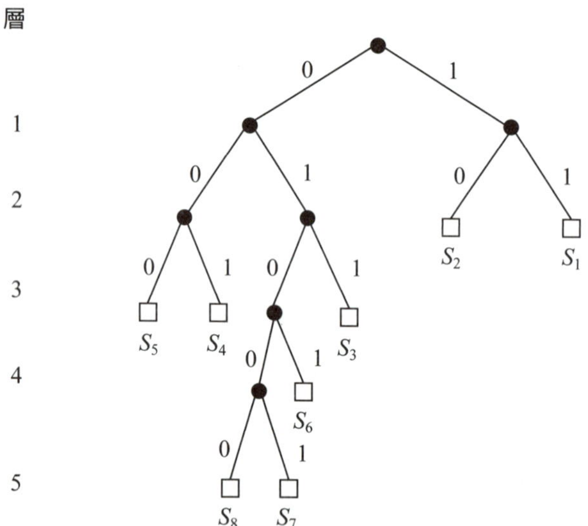

圖 12.3.1.1 霍夫曼樹

範例 1：在影像處理中，霍夫曼編碼可用於不失真壓縮上，現有一 4×4 灰階影像如下所示：

60	102	80	95
95	40	155	60
102	155	102	155
50	80	155	95

假設符號集 S 為灰階值，而頻率集 W 為每個灰階值所對應的出現頻率，利用霍夫曼編碼，請實作出本張影像所代表的霍夫曼樹，並寫出像素之灰階值為 50 的霍夫曼碼長。

解答：符號集 $S=<40, 50, 60, 80, 95, 102, 155>$ 為 4×4 影像中出現的灰階值，而所對應的頻率集 $W=<1, 1, 2, 2, 3, 3, 4>$，依照霍夫曼樹的編碼定義，我們可建出的霍夫曼樹如下所示：

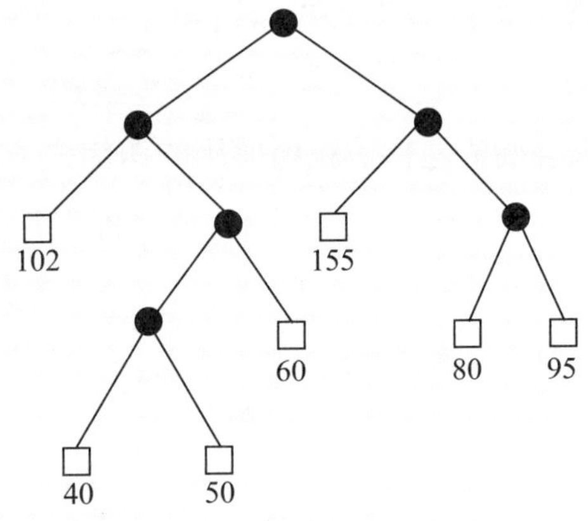

由霍夫曼樹可以得知，灰階值 50 的霍夫曼碼長為 4。

解答完畢

由圖 12.3.1.1，從樹根追蹤到各個葉子可得 $<S_1, S_2, \cdots, S_8>$ 的碼可編成 $<C_1, C_2, \cdots, C_8>=<11, 10, 011, 001, 000, 0101, 01001, 01000>$。這些碼的長度為 $<l_1, l_2, \cdots, l_8>=<2, 2, 3, 3, 3, 4, 5, 5>$。我們接下來介紹如何將圖 12.3.1.1 的霍夫曼樹轉成單邊成長 (Single-side Growing) 霍夫曼樹 [7]。首先令 $|C'_1|=11\ldots1$，且 $|C'_1|=l_1$。然後 $C'_2=(C'_1\times 2^{l_2-l_1})-1=11\ldots10$。因為我們想把單邊成長霍夫曼樹往左成長，所以 $C'_1=(C'_{i-1}\times 2^{l_i-l_{i-1}})-1$。依上面的例子，可

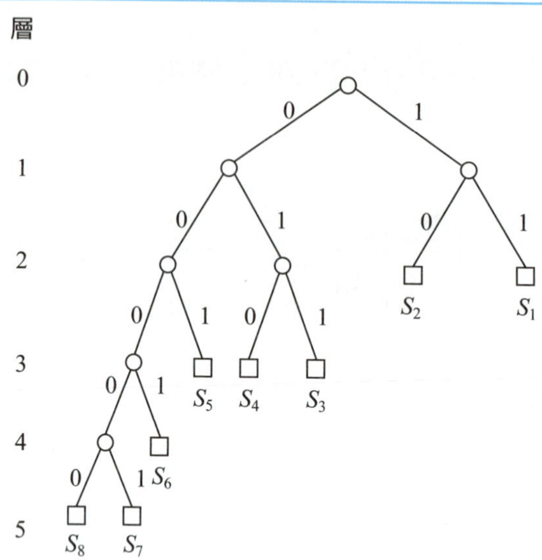

圖 12.3.1.2 單邊成長霍夫曼樹

建出圖 12.3.1.2 的單邊成長霍夫曼樹和 $<C'_1, C'_2, \cdots, C'_8> = <11, 10, 011, 010, 001, 0001, 00001, 00000>$。

由於單邊成長霍夫曼樹的建構過程所使用的迭代式子的關係，我們不難證得：(1) $l_1 = l'_i$，$1 \leq i \leq 8$；(2) 對同一層而言，內部節點都在外部節點的左側。令 f_i 代表第 i 層的葉子數，則 $<f_1, f_2, f_3, f_4, f_5> = <0, 2, 3, 1, 2>$。令 I_i 代表第 i 層的內部節點數，則 $<I_0, I_1, I_2, I_3, I_4> = <1, 2, 2, 1, 1>$。接下來，我們打算賦予每一個葉子一個地址，這個地址可視為邏輯式的地址。令 a_i 為 S_i 的邏輯地址，則可得 $a_2 = 0$、$a_1 = 1$、$a_5 = 2$、$a_4 = 3$、$a_3 = 4$、$a_6 = 5$、$a_8 = 6$ 和 $a_7 = 7$。我們用一個陣列來存它：

$$A[0\ldots7] = [S_2, S_1, S_5, S_4, S_3, S_6, S_8, S_7]$$

我們現在來模擬一個霍夫曼解碼的例子。給一個接受碼 $H = 001$，首先讀出 $H[1] = 0$，因為 0 代表走左邊且 $f_1 = 0$，這樣表示得再讀一個位元，目前已讀出 $H[1\ldots2] = 00$。由 $f_2 = 2$，可知需跳過 $A[0\ldots1]$ 中的兩個樹葉。再讀入一個位元，目前已讀出 $H[1\ldots3] = 001$，由 $f_3 = 3$ 可知 $A[2] = S_5$ 為解碼得到的符號。依照這種解碼方式，一次只需 $O(d)$ 的時間就可解開一個霍夫曼碼，這裡 d 指的是單邊成長霍夫曼樹的深度。

接下來，我們介紹目前速度最快的霍夫曼解碼器 [5]。我們換個例子吧！假設 $S = <S_1, S_2, S_3, S_4, S_5, S_6, S_7, S_8>$，而其對應的頻率為 $W = <1, 2, 3, 4, 5, 6, 7, 8>$。我們可得如圖 12.3.1.3 所示的霍夫曼樹。在圖中，內部節點內的值代表頻率和。

我們在圖 12.3.1.3 上進行深先搜尋，每當搜尋到內部節點時，我們就在內部節點旁存上 $2l+r+1$ 的值，這裡 l 代表該內部節點位於同一層，但在該內部節點左邊的內部節點數；r 代表在同一層上，內部節點右邊的節點數。$2l+r+1$ 這個值可看成跳躍值，它有助於我們用一維陣列來模擬在霍夫曼樹上的解碼動作。例如，在圖 12.3.1.3 中的樹根之右孩子旁，我們可存上 $3=2\times1+0+1$ 的跳躍值。

在圖 12.3.1.3 中，我們發現第 0 層到第 2 層形成了一個完全子樹，可利用變數 $d'=2$ 記錄這特性。在這完全子樹內，依深先搜尋方式，內部節點數相當有規則性，並可將這些內部節點標記為 1、2、3、… 和 $2^{d'}-1$。以圖 12.3.1.3 為例，在這完全子樹內，內部節點旁的跳躍值為 1、2 和 3。因此我們只需存下列陣列資料就夠進行霍夫曼的解碼工作了

$$CH\_array[0\ldots11] = [S_7, S_8, 2, 3, S_4, S_5, 2, S_6, 2, S_3, S_1, S_2]$$

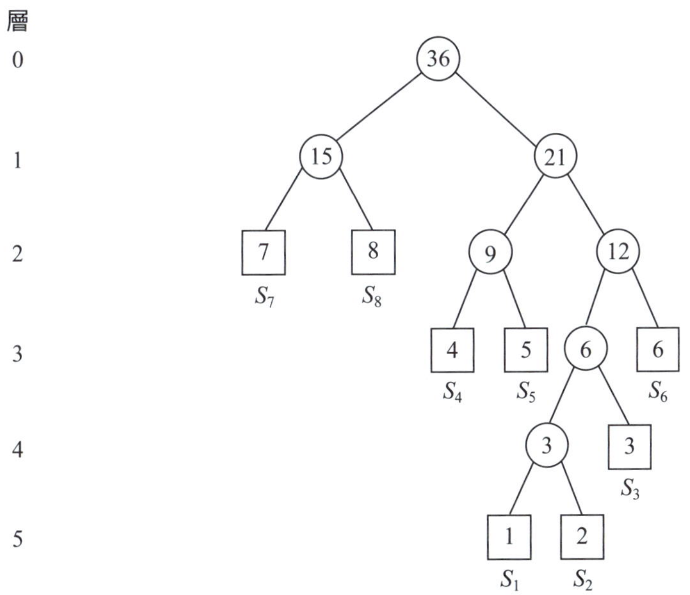

圖 12.3.1.3 霍夫曼樹

現在來模擬一個例子。令輸入＝*Huf_array* [0…3]＝1101。因為 $d'=2$，所以我們一次讀二個位元出來，即 *Huf_array* [0…1]＝11。二位元字串 11 的十進位值為 3，所以指標 *array_ptr*＝3，讀出 *CH_array* [3]＝3，這時 *code_ptr*＝2，我們也讀出 *Huf_array* [2]＝0。從 3 和 0 兩個值，我們完成二個動作：*code_ptr*＝3＝2＋1 和 *array_ptr*＝6＝3＋3。接下來我們讀出 *Huf_array* [3]＝1 和 *CH_array* [6]＝2，於是 *array_ptr*＝6＋2＋1＝9。我們最終得到解出來的碼 S_3＝*CH_array* [9]＝S_3。

上述介紹的方法，霍夫曼解碼可在 $O(d-d')$ 的時間內完成，而記憶體只需 $2n-2^d+1=2n-1-(2^d-1)+1$。我們在 12.10 節安排了一個相關的 C 程式附錄以方便讀者實作。

12.3.2 算術碼

算術碼 (Arithmetic Code) [9] 和霍夫曼碼很不一樣。在霍夫曼碼中，我們在編碼時，每掃描到一個字就輸出其對應的二元字串。然而在算術碼中，我們是掃描完全部的訊息後，才編碼成二元字串。霍夫曼編碼過程可以說是局部式的，而算術式編碼過程可說是全域式的。

我們利用一個小例子來解釋算術碼的運作方式。假設有字母集 $\{a_1, a_2, a_3, a_4\}$ 且字母的機率為 $p(a_1)=0.6$、$p(a_2)=0.1$、$p(a_3)=0.1$ 和 $p(a_4)=0.2$。我們要編碼的訊息為 $a_1a_1a_3a_4$。訊息中第一個被讀到的字母為 a_1，該字母出現的機率佔 0.6，我們以標籤 (Tag) 圖示如下：

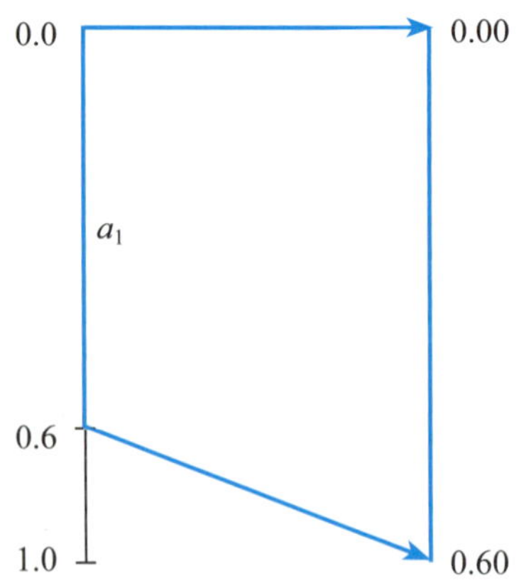

下一個被讀到的字母仍為 a_1， a_1a_1 的累進機率為下面之標籤所示：

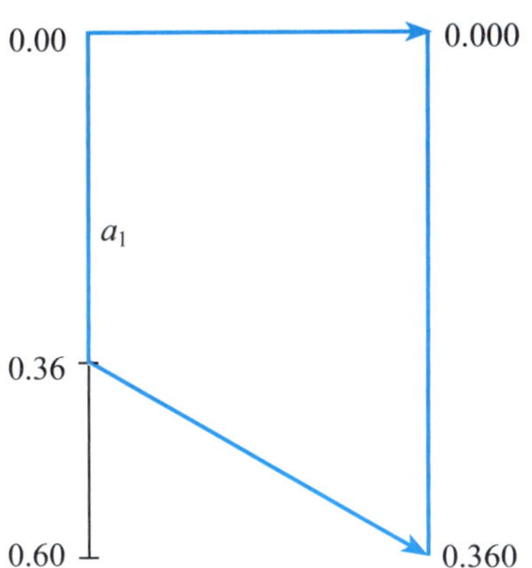

第三個被讀到的字母為 a_3，$a_1 a_1 a_3$ 的累進機率可圖示為如下之標籤：

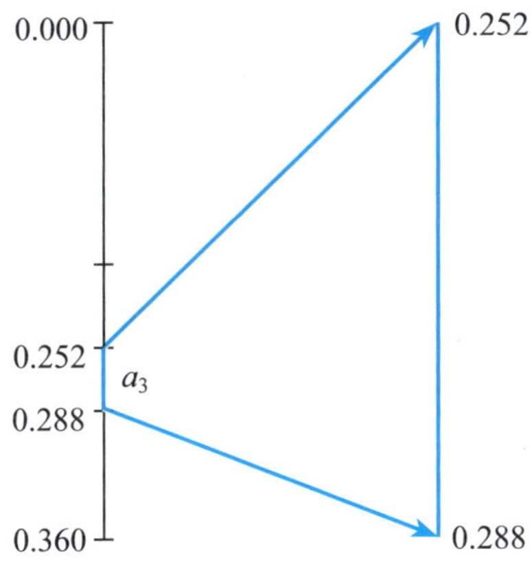

最後一個被讀到的字母為 a_4，則累進的機率可圖示為如下之標籤：

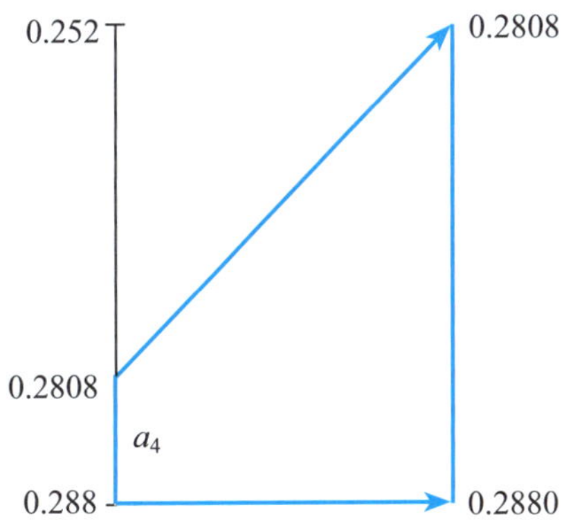

上圖中的 $0.2808 = 0.252 + (0.288 - 0.252) \times 0.8$。我們可用標籤的中間值 0.2844 表示原始之訊息 $a_1a_1a_3a_4$。實際上，0.2844 是用二元字串表示的。

倒過來！假設收方收到的值是 0.2844，如何解碼呢？首先從 0.2 可得知第

一個字母為 a_1，因為 $0.2 \in [0.0, 0.6)$。再者，從 $0.28 \in [0, 0.36)$ 可知第二個字母亦為 a_1。同樣的方式，最終可推得原訊息為 $a_1a_1a_3a_4$。

12.4 向量量化法

在本節中，我們主要介紹向量量化 (Vector Quantization) 法 [10]。

在不失真壓縮中，許多的實驗顯示，壓縮比大多介於 2：1 到 4：1 之間。因此失真壓縮就有它的必要性了。向量量化法簡稱為 VQ，有很長遠的歷史 [11]。

在 VQ 方法中，送方與收方都握有一份相同的碼表 (Codebook)，這份碼表可經由 LBG 方法 [12] 得到。給若干張訓練用的影像，假設每張影像的大小為 512×512。在一張影像上，我們取出 4×4 的子影像集，一共有 128×128 個區塊，這裡一張子影像也叫一個區塊。單就這 128×128 個區塊而言，若是將每一個區塊看成一個十六維的向量，則 $128 \times 128 = 2^{14}$ 個點落在這十六維的空間時，難免會有叢聚的現象。假若我們以 256 個叢聚中心為代表點，並且拿這 256 個代表點來建構所謂的碼表。由於碼表的大小只有 256 而卻有 2^{14} 個點，這不可避免地形成了失真。

令碼表中的碼為 $\{C_i \mid 0 \le i \le 255\}$ 而待搜尋的區塊向量為 X，我們現在的目標為在 $\{C_j\}$ 中找到 C_i，使得下式成立

$$d^2(X, C_i) = \min_j \sum_{n=1}^{16} (X_n - C_{jn})^2$$

這裡 $X = (X_1, X_2, \cdots, X_{16})$ 而 $C_j = (C_{j1}, C_{j2}, \cdots, C_{j16})$。最蠻力的作法是拿 X 和碼表中的 C_i 一個一個相比較，直到檢查完整個碼表，碼表中自然會有一個最近似的 C_j 會是我們要的。屆時送方只需將 j 的二位元字串地址送給收方即可。因為 j 只需八個位元，壓縮改良率頗驚人的，實在是省了不少儲存空間，但失真是我們付出的代價。

在介紹 [10] 的方法前，我們先導出一個不等式以便解釋其中牽涉的數學核心部分。

給二非負整數 x 和 y，可推得

$$2x^2+2y^2-(x+y)^2=x^2-2xy+y^2=(x-y)^2\geq 0$$

移項後可得

$$2\left(\frac{x+y}{2}\right)^2\leq x^2+y^2$$

對任意向量 $a=(a_1, a_2, \cdots, a_{16})$，令

$$f_1(a)=\left[\left(\frac{a_1+a_2}{2}\right),\left(\frac{a_3+a_4}{2}\right),\cdots,\left(\frac{a_{15}+a_{16}}{2}\right)\right]$$

很容易推得 $2\|f_1(a)\|_2^2\leq\|a\|_2^2$。再令 $f_k(a)=f_1(f_{k-1}(a))$，$2\leq k\leq p$，可進一步推得

$$\begin{aligned}2^p\left\|f_p(a)\right\|_2^2 &\leq 2^{p-1}\left\|f_{p-1}(a)\right\|_2^2\\ &\vdots\\ &\leq 2\left\|f_1(a)\right\|_2^2\\ &\leq \left\|a\right\|_2^2\end{aligned}$$

回到 VQ 的方法上，令 $a=X-C_i$，可推得

$$\begin{aligned}2^p2^d(f_p(X), f_p(C_i)) &\leq 2^{p-1}d^2(f_{p-1}(X), f_{p-1}(C_i))\\ &\vdots\\ &\leq 2d^2(f_1(X), f_1(C_i))\\ &\leq d^2(X, C_i)\end{aligned}$$

若每四個元素縮成一個平均值，則可推得

$$\begin{aligned}4^q d^2(f_q(X), f_q(C_i)) &\leq 4^{q-1}d^2(f_{q-1}(X), f_{q-1}(C_i))\\ &\vdots\\ &\leq 4d^2(f_1(X), f_1(C_i))\\ &\leq d^2(X, C_i)\end{aligned}$$

在 [10] 中，使用的資料結構為金字塔，q 可被看成為金字塔的高度。在上面的不等式中，$f_1(X)$ 為 X 縮小 1/4 後的上一層之向量，而 $f_1(C_i)$ 為 C_i 的上一層之向

量，這裡 X 和 C_i 皆可視為最底層的向量。

[10] 中的想法很創新。首先，碼表中的每一個碼 C_i 皆事先建好自己的金字塔。X 也建出屬於自己的金字塔。我們計算兩金字塔頂端的對應值，即 $4^q d^2(f_q(X), f_q(C_i))$。若計算得到的值比目前暫時的最小值都來得大時，則 C_i 就不必再往金字塔的下層再考慮了。金字塔之間的距離計算愈往下層，愈花時間，這的確省了不少時間花費。在 [14, 15, 16, 17] 中，另外有一些 VQ 的修正作法。

介紹完向量量化法後，接下來的二節將談單張影像和視訊壓縮的基本技術。

12.5 單張影像壓縮

JPEG 的全名為 Joint Photographic Expert Group [19]，在過去十多年，JPEG 一直是彩色影像和高灰階影像的壓縮標準。JPEG 首先將輸入的影像切割成 8×8 的子影像集。如果輸入的影像為全彩的影像，我們將每一像素的 R、G 和 B 值轉換為 Y、C_b 和 C_r 值，這裡 Y 代表亮度，而 C_b 和 C_r 值代表彩度 (Chrominance)。在此，我們省略掉一些比較細瑣的部分，而著重於 JPEG 中主要的六步驟。這六步驟在壓縮的程序中分別為：(1) 將 DCT 作用在 8×8 的子影像上；(2) 將步驟 (1) 所得的頻率域值除以 8×8 量化表 (Quantization Table)；(3) 將步驟 (2) 所得的結果進行四捨五入以取整數；(4) 依據 Zig-Zag 的掃描次序，將步驟 (3) 所得的結果依低頻為先的原則，將掃描所得結果以向量的方式儲存；(5) 進行 Run-length 編碼；(6) 進行 DPCM (Differential Pulse Code Modulation) 和霍夫曼編碼 (Huffman Encoding)。

在步驟 (1) 中，8×8 的子影像每一像素皆先減去 128。令減後的像素灰階值為 $f(x, y)$，將 DCT 作用於其上並以下列的計算完成之：

$$F(u, v)=\frac{1}{\sqrt{16}}C(u)\,C(v)\sum_{x=0}^{7}\sum_{y=0}^{7}f(x, y)\cos\frac{(2x+1)u\pi}{16}\cos\frac{(2y+1)v\pi}{16}$$

在上式中，當 $u=0$ 時 $C(u)=1/\sqrt{2}$，否則 $C(u)=1$；當 $v=0$ 時 $C(v)=1/\sqrt{2}$，否則 $C(v)=1$。給一 8×8 子影像，如圖 12.5.1(a) 所示，經 DCT 作用後得圖 12.5.1(b) 的結果。

79	75	79	82	82	86	94	94
76	78	76	82	83	86	85	94
72	75	67	78	80	78	74	82
74	76	75	75	86	80	81	79
73	70	75	67	78	78	79	85
69	63	68	69	75	78	82	80
76	76	71	71	67	79	80	83
72	77	78	69	75	75	78	78

(a) 8×8 子影像

619	−29	8	2	1	−3	0	1
22	−6	4	0	7	0	−2	−3
11	0	5	−4	−3	4	0	−3
2	−10	5	0	0	7	3	2
6	2	−1	−1	−3	0	0	8
1	2	1	2	0	2	−2	−2
−8	−2	−4	1	2	1	−1	1
−3	1	5	−2	1	−1	1	3

(b) 8×8 係數矩陣

圖 12.5.1 經 DCT 作用後的結果

16	11	10	16	24	40	51	61
12	12	14	19	26	58	60	55
14	13	16	24	40	57	69	56
14	17	22	29	51	87	80	62
18	22	37	56	68	109	103	77
24	35	55	64	81	104	113	92
49	64	78	87	103	121	120	101
72	92	95	98	112	100	103	99

(a) 8×8 量化表

39	−3	1	0	0	0	0	0
2	−1	0	0	0	0	0	0
1	0	0	0	0	0	0	0
0	−1	0	0	0	0	0	0
0	0	0	0	0	0	0	0
0	0	0	0	0	0	0	0
0	0	0	0	0	0	0	0
0	0	0	0	0	0	0	0

(b) 8×8 量化後 DCT 係數矩陣

圖 12.5.2 量化表與量化後的結果

在步驟 (2) 和步驟 (3) 完成後，我們得到圖 12.5.2(b) 的量化後結果。在圖 12.5.2(b) 的左上角值 39 稱為 DC 值，其餘的 63 個值稱為 AC 值。在圖 12.5.2(a) 中的量化表為事先建好的，我們將圖 12.5.1(b) 的左上角值 619 除以圖 12.5.2(a) 的左上角值 16 得到 38.68，經過四捨五入後，得整數值 39。圖 12.5.2(b) 的其餘 63 個 AC 值是直接仿照此方法得到的。圖 12.5.2(a) 的量化表和壓縮比有關。

JPEG 中對於量化表的選擇有 0 到 100 的選擇方式，量化內值愈大表示壓縮比愈好，品質相對的就愈差。圖 12.5.2(b) 的 DCT 係數矩陣先乘上圖 12.5.2(a) 的量化表再經 **IDCT** (Inverse DCT)

$$f(x, y) = \frac{1}{\sqrt{16}} \sum_{u=0}^{7} \sum_{v=0}^{7} C(u)\, C(v) F(u, v) \cos\frac{(2x+1)u\pi}{16} \cos\frac{(2y+1)v\pi}{16}$$

74	75	77	80	85	91	95	98
77	77	78	79	82	86	89	91
78	77	77	77	78	81	83	84
74	74	74	74	76	78	81	82
69	69	70	72	75	78	82	84
68	68	69	71	75	79	82	85
73	73	72	73	75	77	80	81
78	77	76	75	74	75	76	77

圖 12.5.3 8×8 解壓縮後影像

作用後，可得解壓後的影像，如圖 12.5.3 所示。$C(u)$ 和 $C(v)$ 可參見 DCT 公式。陣列中每個元素再加上 128 即可得到位於影像中 (x, y) 位置的原始灰階值。比較圖 12.5.1(a) 和圖 12.5.3 後，可看出差異不大。另外，圖 12.5.2(b) 可發現主要的能量集中於左上方。

步驟 (4) 中用到的 Zig-Zag 掃描次序如圖 12.5.4 所示。在圖 12.5.2(b) 中，第一個被掃描到的值即為 DC 值 39，接著被掃描到的 63 個 AC 值為 −3, 2, 1, −1, 1, 0, 0, 0, 0, 0, −1, 0, 0, 0, ⋯ , 0, 0, 0。因為 DCT 有能量集中的特性，依 Zig-Zag 掃描次序得到的序列絕對值也就有由大到小的特性。AC 的值愈小代表其係數愈不重要。至此，完成步驟 (4) 後，我們得到圖 12.5.2(b) 的向量形式 (39, −3, 2, 1, −1, 1, 0, 0, 0, 0, 0, −1, 0, 0, 0, ⋯ , 0, 0, 0)。

步驟 (5) 乃將步驟 (4) 所得的向量形式予以進一步進行 Run-Length 編碼。我們只針對 AC 值來編碼。上述的向量形式可編碼為 (0, −3)(0, 2)(0, 1)(0, −1)(0, 1)(5, −1) EOB，此處 (0, 2) 中的 0 代表 AC 值 2 和前一個非零

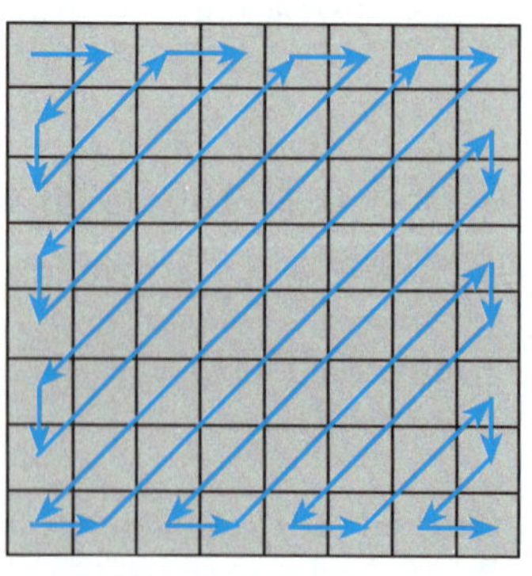

圖 12.5.4 Zig-Zag 掃描次序

位元數	y 的範圍
0	0
1	−1, 1
2	−3, −2, 2, 3
3	−7, ⋯, −4, 4, ⋯, 7
4	−15, ⋯, −8, 8, ⋯, 15
⋮	⋮
⋮	⋮

圖 12.5.5 y 的編碼對照表

值 −3 中間沒有零的 AC 值。(5, −1) 中的 5 代表 AC 值 −1 和前一個非零的 AC 值 1 的中間有 5 個零。EOB 只是代表結束的符號。在 Run-Length 編碼的格式 (x, y) 中，x 通常採用固定長度編碼，例如：3 個位元，而 y 則依照事先建好的圖 12.5.5 進行變動長度編碼。

依照 x 的固定長度編碼和 y 的變動編碼，上述的向量形式進一步編成 (0, 2)(00)(0, 2)(10)(0, 1)(1)(0, 1)(0)(0, 1)(1)(5, 1)(0)，此處 (0, 2)(00) 中的 2 代表位元數，而 00 代表−3 的位元編碼 (請參見圖 12.5.5)。在圖 12.5.5 中，位元數所對應的 y 範圍以拉普拉斯分佈的機率模式呈現，就離散機率的角度而言，一個 DCT 係數若落在位元數 0，則機率為 $\frac{1}{2}$。若 DCT 係數落在位元數 1 的 y 範圍內，則機率為 $\frac{1}{4}$。一般而言，DCT 係數若落在位元數 i 的 y 範圍內，其對應的機率為 $2^{-(i+1)}$。以上的離散機率分佈頗接近拉普拉斯分佈的機率。

範例 1：試問如何對 y 的範圍編碼？

解答：[24, 28] 根據圖 12.5.5 中位元數的機率分佈，若 DCT 係數掉在位元數 i 所對應的 y 範圍內，則表示該 DCT 係數可用 i 個位元所編碼。若該 DCT 係數為負值，則將該值轉二進位取 1 補數即完成編碼。反之，若該 DCT 係數為正值，則將該值轉二進位即完成編碼。例如某一 DCT 係數為 −5，而 5 的二進位值為 101 取 1 補數後得到 010，故我們可將 DCT 係數 −5 編碼成 010。

解答完畢

範例 2：給予下面 AC 值所編的 Run-Length 編碼：

(0,3)(011)(0,2)(11)(0,1)(1)(0,2)(10)(0,2)(01)(0,1)(1)(1,1)(0)(0,1)(1)(8,1)(1)

配合下圖的 y 編碼對照表：

位元數	y 的範圍
0	0
1	−1, 1
2	−3, −2, 2, 3
3	−7, ⋯, −4, 4, ⋯, 7
4	−15, ⋯, −8, 8, ⋯, 15
⋮	⋮

求出影像經量化後的 DCT 係數矩陣。(假設 DC 值為 34，區塊大小為 8。)

解答：用題目所給的 Run-Length 編碼，並對照上表的編碼對照表，可得出 AC 值在矩陣中的位置及大小，所得出的值如下：

(0, −4)(0, 3)(0, 1)(0, 2)(0, −2)(0, 1)(1, −1)(0, 1)(8, 1)

根據上面的向量，其中 x 座標表示間隔幾個 0，y 座標代表數值，最後所得到的矩陣如下：

34	−4	−2	1	0	0	0	0
3	2	0	0	0	0	0	0
1	−1	0	0	0	0	0	0
1	0	1	0	0	0	0	0
0	0	0	0	0	0	0	0
0	0	0	0	0	0	0	0
0	0	0	0	0	0	0	0
0	0	0	0	0	0	0	0

解答完畢

在 JPEG2000 中，主要是將 JPEG 中的 DCT 改成小波轉換；將 JPEG 中的霍夫曼編碼改成算術編碼。

12.6 視訊壓縮

在視訊壓縮 (Video Compression) 中，例如在 MPEG、H.264/AVC 和 HEVC [18, 20, 21] 中，我們先將視訊影像分成三類，分別為 I、B 和 P 影像，可以下圖表示之：

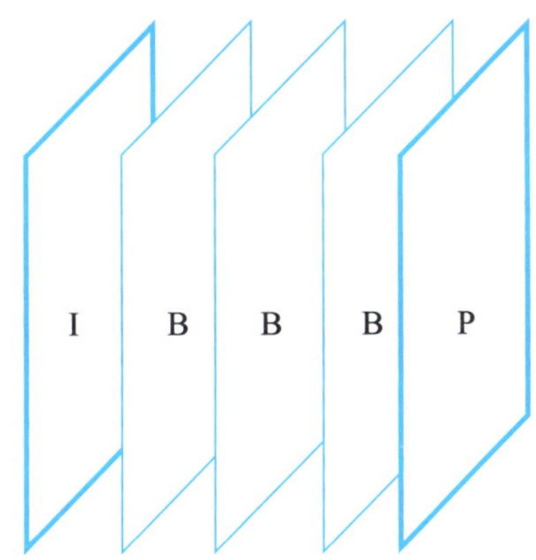

在上圖中，I 影像用 Intra Mode 壓縮，也稱畫面內預測 (Intra Prediction)；P 影像內的區塊可利用前面的 I 或 P 影像，透過區塊匹配 (Block Matching) 和補償 (Compensation) 來壓縮，也稱 Inter Mode，或利用預測式的 Intra Mode 來壓縮。自然 P 的壓縮率會較 I 的壓縮率來得高。夾在 I 和 P 之間的 B 影像之區塊就由 I (或 P) 和 P 所匹配到的區塊內插而成。至於在 I 和 P 要安排多少張 B 是由人決定的。上述的 BBBP 是週期式的。MPEG 或 H.264/AVC 中，Inter Mode 中的區塊匹配可說是核心的工作。在 H.264/AVC 中，畫面間的區塊匹配中允許的區塊大小為 16×16、16×8、8×16、8×8、8×4、4×8 和 4×4 七種。

12.6.1 畫面間區塊匹配

在進行區塊匹配前，我們得先決定搜尋的範圍和區域。先把問題定義詳細些。首先，先確定目前影像內哪一個區塊，就稱作目前區塊，要進行區塊匹配。所謂的區塊匹配是在前一張參考影像中找到某一區塊，使得這找到的區塊和目前區塊最匹配。通常人們是採用在前張影像中先訂出一個搜尋視窗，在這搜尋視窗內包含許多與目前區塊相同大小的正方形區塊。

在 [22] 中，Feng 等人在搜尋視窗內依據某些條件再找一個更小的搜尋視窗範圍以縮小區塊匹配的時間。首先，根據目前區塊 B_c 的西邊鄰近區塊、西北邊鄰近區塊和北邊鄰近區塊來預測目前區塊的初始移動向量。接著，算出利用初始移動向量所得的區塊位置 P，然後將 B_c 和 P 對應於參考影像中的區塊 B'_r 計算兩者的絕對差平均值 (Mean Absolute Difference)，也就是俗稱的 MAD。假設區塊大小為 $N \times N$，則 MAD 可計算如下

$$\text{MAD}\,(B_c, B'_r) = \frac{1}{N^2}\sum_{x=1}^{N}\sum_{y=1}^{N}\left|B_c(x, y) - B'_r(x, y)\right|$$

這裡為了方便解釋，假設座標原點皆移到區塊 B_c 和 B'_r 的左上角。

若 MAD(B_c, B'_r) 有很大的值，則區塊 B_c 屬於高移動區塊；若有中等的值，則屬於中移動區塊；否則屬於低移動區塊。屬於高移動區塊時，B_c 的搜尋視窗和傳統的 $(2W+1)\times(2W+1)$ 搜尋視窗一樣大。若 MAD(B_c, B'_r) 屬於中移動區塊時，則搜尋範圍定為 $(W+1)\times(W+1)$；若屬於低移動區塊時，則搜尋範圍定為 $(W/2+1)\times(W/2+1)$。在一些實作中，把 [22] 的搜尋範圍之策略應用到全搜尋演算法後，有 60% 以上的時間改良率，簡稱 T_{FS}，這裡時間改良率可表示為

$$\frac{T_{FS} - T_{MFS}}{T_{FS}}$$

T_{FS} 代表全搜尋演算法需花的時間，而 T_{MFS} 代表全搜尋演算法結合 [22] 的方法。很難得的是，這種改良式作法所得到的估計精確度和全搜尋法差不多。

在 [22] 中的移動區塊分類並不考慮內容，在 [23] 中，學者提出另一種分類法。在 [23] 中，我們並不採用 [22] 中的預測式初始移動向量，而直接計算目前區塊和參考區塊的 MAD。並將區塊分類為背景區塊，簡稱 B，和動作區塊，簡稱 A。

我們事先已知參考區塊的分類，再利用算出的 MAD，就可知道目前區塊的分類。如此一來，共有四種分類類型配對出現，分別為 (A, A)、(A, B)、(B, A) 和 (B, B) 四種類型配對。類型配對 (B, B) 對應的搜尋範圍為 $(W/2+1)\times(W/2+1)$；(A, B) 對應的搜尋範圍為 $(W+1)\times(W+1)$；(A, A) 和 (B, A) 對應的搜尋範圍為 $(2W+1)\times(2W+1)$。

我們實際在五種視訊檔中進一步做機率分析，以便對類型配對和搜尋範圍之間的對應給出更合理的建議，這裡所使用的五種視訊檔分別為銷售員 (Salesman)、花園 (Garden)、日曆車 (Calendar train)、蘇西 (Susie) 和足球 (Football)，請見圖 12.6.1.1。除銷售員含 21 張影像外，其餘皆含 30 張影像。

為了省去乘法和除法的計算，我們採用累計絕對差 (Accumulated Absolute Difference)，也就是俗稱的 AAD，來當兩個區塊之間的相似量度。AAD 的定義如下式所示

(a) 銷售員 (Salesman)

(b) 花園 (Garden)

(c) 日曆車 (Calendar train)

(d) 蘇西 (Susie)

(e) 足球 (Football)

圖 12.6.1.1 五種視訊檔

$$\text{AAD}(v_x, v_y) = \sum_{x=1}^{N}\sum_{y=1}^{N}\left|B_c(x, y) - B_r(x+v_x, y+v_y)\right|$$

針對圖 12.6.1.1 所示的五種視訊檔，我們對每一個目前區塊算出其參考影像中最匹配的區塊，一定會滿足最小的 AAD，然後我們記錄 $D = \max(|v_x|, |v_y|)$。根據我們的實驗，當算出五種視訊檔中所有的 D 值後，發現 $D=4$ 時，幾乎涵蓋了大多數的最大絕對值位移 D。圖 12.6.1.2 為五種視訊檔的不同絕對位移的分佈圖。

令 $Pr_{j,l}(D=i)$ 代表在視訊檔 l 中的第 i 張影像中隨機變數 D 的機率值。除了第一張影像外，D 的平均機率可表示為

$$\frac{1}{n_l} = \sum_{j=2}^{n_l} Pr_{j,l}(D=i)$$

針對上述所提的五種視訊檔，圖 12.6.1.3 分別列出它們的 D 之平均機率。當 $0 \le D \le 4$，把五種視訊檔的 D 之平均機率疊加起來，得

$$\frac{1}{5}\sum_{l}\sum_{i=0}^{4}\frac{1}{n_{l-1}}\sum_{j=2}^{n_l} Pr_{j,l}(D=i) = 91.17\,\%$$

我們得到一個很重要的觀察：當 D 小於等於 4 時，平均的疊加機率高達 91.17%。令 $D^*=4$，這個值在決定最低搜尋範圍時會用到。

假設在視訊檔 l 中的第 i 張影像已被分割成 5×5 區塊，請參見圖

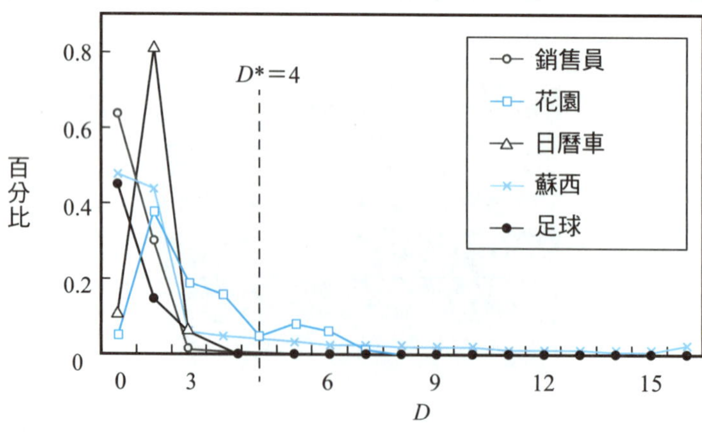

圖 12.6.1.2 五種視訊檔的不同 D 分佈圖

D	銷售員	花園	日曆車	蘇西	足球
0	0.642614	0.050353	0.110404	0.479232	0.448962
1	0.304403	0.390682	0.818476	0.441418	0.148217
2	0.017188	0.192986	0.044769	0.060639	0.067594
3	0.013210	0.155760	0.007543	0.017633	0.047120
4	0.010795	0.051528	0.005388	0.000588	0.040948
5	0.005824	0.082680	0.002351	0.000098	0.037226
6	0.002983	0.062892	0.001567	0.000000	0.028801
7	0.000710	0.011168	0.001371	0.000098	0.024001
8	0.000284	0.002253	0.000588	0.000098	0.024589
9	0.000142	0.001469	0.000686	0.000000	0.021454
10	0.000142	0.000588	0.000980	0.000098	0.019005
11	0.000142	0.000686	0.001469	0.000000	0.017339
12	0.000284	0.002057	0.000490	0.000000	0.013617
13	0.000142	0.000196	0.000588	0.000000	0.011266
14	0.000426	0.000686	0.000588	0.000000	0.011560
15	0.000000	0.001274	0.000392	0.000000	0.010188
16	0.000710	0.002645	0.002351	0.000098	0.027821

圖 12.6.1.3 各個視訊檔的 D 之平均機率

(0, 0) $D=0$	(0, 0) $D=0$	(0, 0) $D=0$	(0, 0) $D=0$	(1, 1) $D=1$
(0, 0) $D=0$	(0, 0) $D=0$	(0, 0) $D=0$	(1, 1) $D=1$	(1, 0) $D=1$
(0, 0) $D=0$	(1, 0) $D=1$	(3, 2) $D=3$	(2, 0) $D=2$	(2, 0) $D=2$
(1, 0) $D=1$	(3, 1) $D=3$	(5, 3) $D=5$	(6, 2) $D=6$	(2, 1) $D=2$
(1, 0) $D=1$	(2, 1) $D=2$	(3, 2) $D=3$	(2, 2) $D=2$	(2, 1) $D=2$

(a) 參考影像

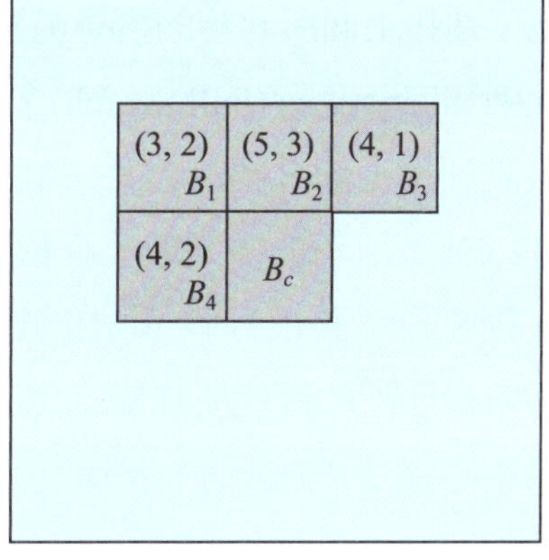

(b) 目前影像

圖 12.6.1.4 一個例子

12.6.1.4(a)，圖中的 (x, y) 代表該區塊的移動向量 (Motion Vector) 值。圖 12.6.1.4(b) 代表目前區塊和它的四個鄰近區塊的關係，這四個鄰近區塊的四個移動向量之平均值可用來預測 B_c 的初始移動後的 B_c。

由圖 12.6.1.4(a) 可算得：$Pr_{j,l}(D=0)=8/25=0.32$、$Pr_{j,l}(D=1)=0.24$、$Pr_{j,l}(D=2)=0.24$、$Pr_{j,l}(D=3)=0.12$、$Pr_{j,l}(D=4)=0$、$Pr_{j,l}(D=5)=0.04$ 和 $Pr_{j,l}(D=6)=0.04$。利用式子

$$T_j = \min\{D^*, \arg\min_{T} \sum_{i=0}^{T} Pr_{j,l}(D=i) \geq 0.9117\}$$

可得到 $T_j = 3 = \min\{4, 3\}$。

範例 1：上面所得到的 T_j 在移動估計上有何用處？

解答：上面所得到的 T_j 可用來幫助我們決定出圖 12.6.1.4 中區塊 B_c 在參考影像中更適切的搜尋區域 [25]。大致的概念是這樣的：區塊 B_c 的四個鄰近區塊 B_1、B_2、B_3 和 B_4 可根據 T_j 和各自的移動向量決定出一個適切的搜尋區域。這個搜尋區域是四個鄰近區塊所決定的小區域聯集而成。對區塊 B_i 而言，其移動向量可幫助它在參考影像中經平移後，找到適當的起點，而 T_j 可助其在適當的起點框出一個以 T_j 為半邊長的正方形。有了這四個正方形後，經聯集後，就得到我們想要的搜尋區域。

解答完畢

為了連接上面所介紹的搜尋範圍之決定，我們將介紹如何將搜尋範圍法找到的範圍和完全搜尋 (Full Search) 結合在一起。

假設利用上節介紹的方法，我們假定在搜尋範圍中的某一搜尋正方形，如圖 12.6.1.5 所示的中間較小框框 $\overline{w}$。如果 B_c 在小框框 $\overline{w}$ 內找到最匹配的區塊，則完成了該正方形 $\overline{w}$ 內的區塊匹配工作了。否則，在 $\overline{w}$ 的邊緣上從目前暫時最匹配的區塊所在處定出一個 3×3 的視窗，例如，圖 12.6.1.5 中的 A 點為中心之 3×3 視窗。接著在這小視窗內找 B_c 的最佳匹配區塊。依同樣

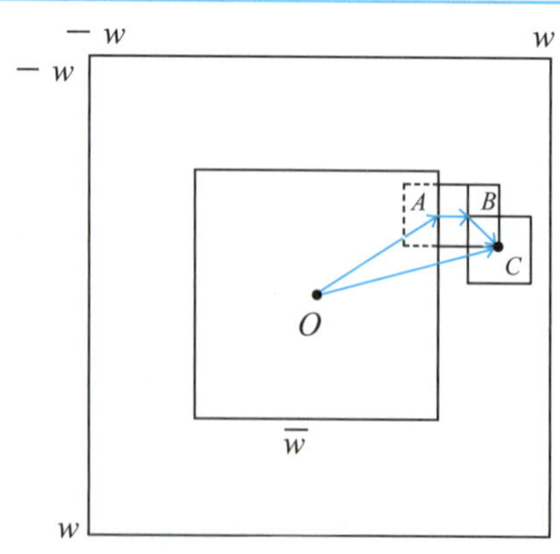

圖 12.6.1.5 區塊匹配

的道理，我們一直到以 C 為中心的 3×3 視窗內找到所要的最佳匹配區塊為止。

接下來，我們介紹如何利用贏家修正策略 (Winner-update Strategy) [26] 來加快區塊匹配的速度。沿用 12.4 節中的符號 x 和 C_i，$1\le i\le 256$，但 x 改變成目前影像中的待匹配區塊，而 $\{C_i\}$ 為前一張參考影像中在搜尋範圍內的所有區塊，在這裡我們假設十六維的向量 $V_i=|x-C_i|$，$1\le i\le(2W+1)\times(2W+1)$ $V_i(j)=|x(j)-C_i(j)|$，$1\le j\le 16$。為方便說明，假設 $1\le i\le 4$，且各個向量只有三維。

一開始，我們檢查 V_1、V_2、V_3 和 V_4 的第一個元素，假如這四個元素如下所示：

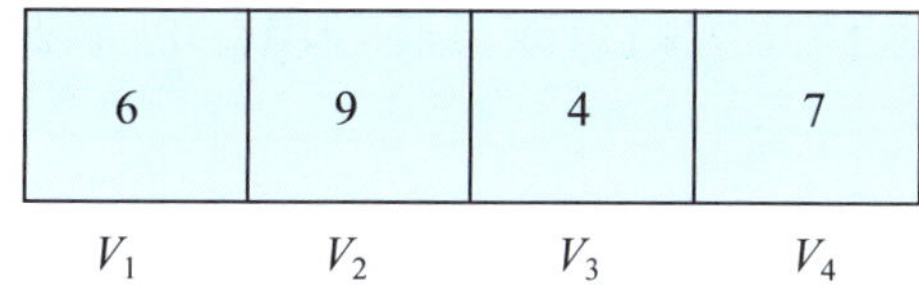

因為 $V_3(1)=4$ 是四個元素中最小者，我們就繼續看 $V_3(2)$ 並且計算出 $V_3(1)+V_3(2)$，假如目前的前置和如下所示：

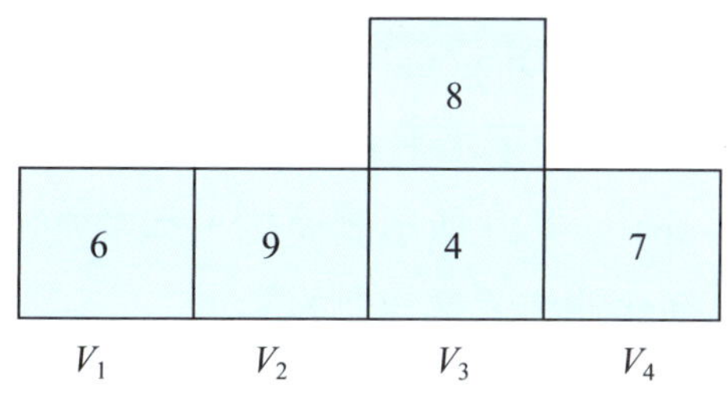

這時因為 $V_1(1)=6$ 為前置和中的最小值，所以我們計算 $V_1(2)=V_1(2)+V_1(1)=3+6+9$。目前的各前置和如下所示：

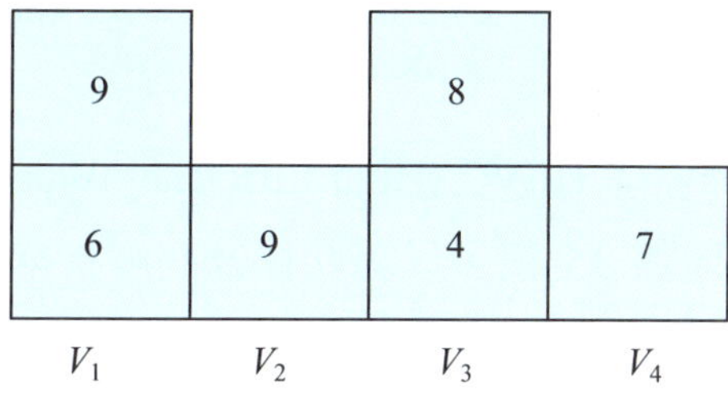

重複同樣的方式，假設最終的前置和如下所示：

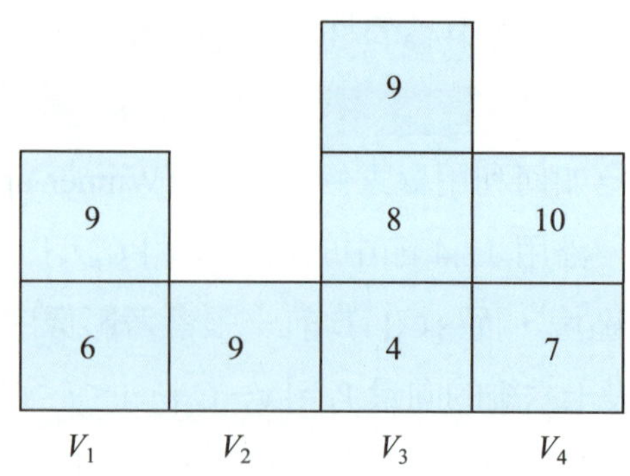

則由 V_3 可知 x 和 C_3 最匹配。這時我們就完成了區塊匹配的工作。

以上的贏家修正策略可利用資料結構中的堆疊 (Heap) 來完成實作。根據實驗的數據顯示，贏家修正策略可改良許多現存的方法，例如：金字塔 [10] 方法。

12.6.2 畫面內預測模式

在 H. 264/AVC 中，畫面內預測分成 4×4、8×8、16×16 三種不同大小的子區塊，其中 4×4 和 8×8 亮度區塊預測模式分成垂直 (Vertical)、水平 (Horizontal)、DC、左下對角 (Diagonal Down-left)、右下對角 (Diagonal Down-right)、右垂直 (Vertical-right)、下水平 (Horizontal-down)、左垂直 (Vertical-left) 和上水平 (Horizontal-up) 一共九種預測模式，其中 4×4 區塊預測模式如圖 12.6.2.1 所示，8×8 區塊預測模式是類似的。

在 16×16 區塊的預測模式中，共分成垂直 (Vertical)、水平 (Horizontal)、DC、平面 (Plane) 四種預測模式，如圖 12.6.2.2 所示。基本上，H. 264/AVC 會將 Inter Mode 和 Intra Mode 都做一遍，再從中挑 **RD** (Rate-Distortion) 花費較少的 Mode 為準。讀者需留意：不管是 Inter Mode 或是 Intra Mode，系統都會計算殘量 (Residue) 的壓縮花費。

然而在下一代壓縮標準 HEVC (High Efficiency Video Coding) 中，畫面內亮度區塊預測模式增加為 35 種，以藉此提升高解析度影片的壓縮效率，其中包含 DC、Planar 及 33 種不同的預測方向。預測模式的編號與對應的預測方向表示在圖 12.6.2.3 中。預測區塊增加成 4×4、8×8、16×16、32×32、64×64 五種子區塊，不同區塊大小所使用的預測模式數目也不相同，參見圖 12.6.2.4。我們接下來說明 HEVC 所使用的 Planar 預測模式。

Mode 0：垂直　Mode 1：水平　Mode 2：DC

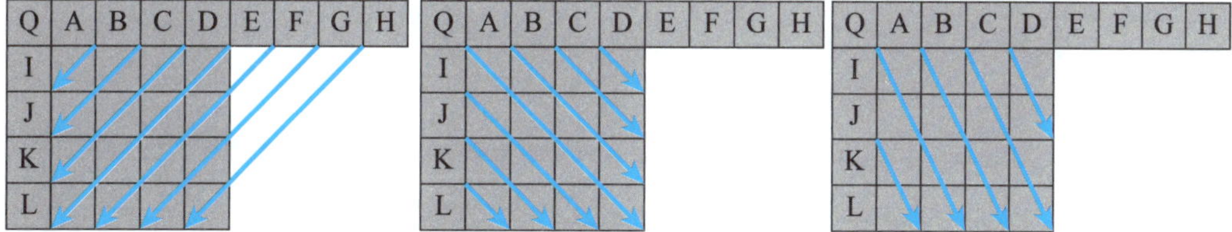

Mode 3：左下對角　Mode 1：右下對角　Mode 2：右垂直

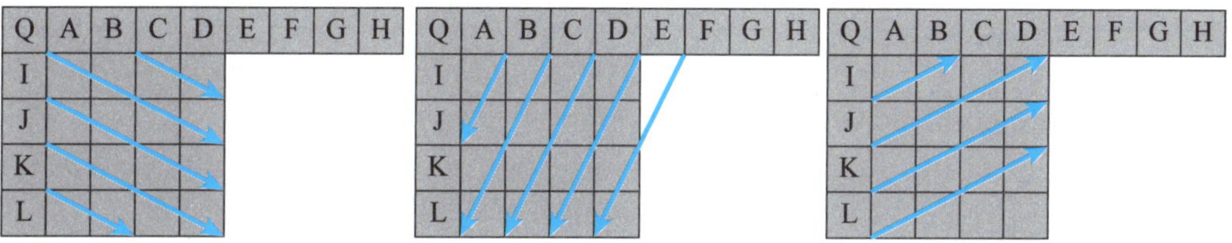

Mode 0：下水平　Mode 1：左垂直　Mode 2：上水平

圖 12.6.2.1　4×4 區塊的九種畫面內預測模式

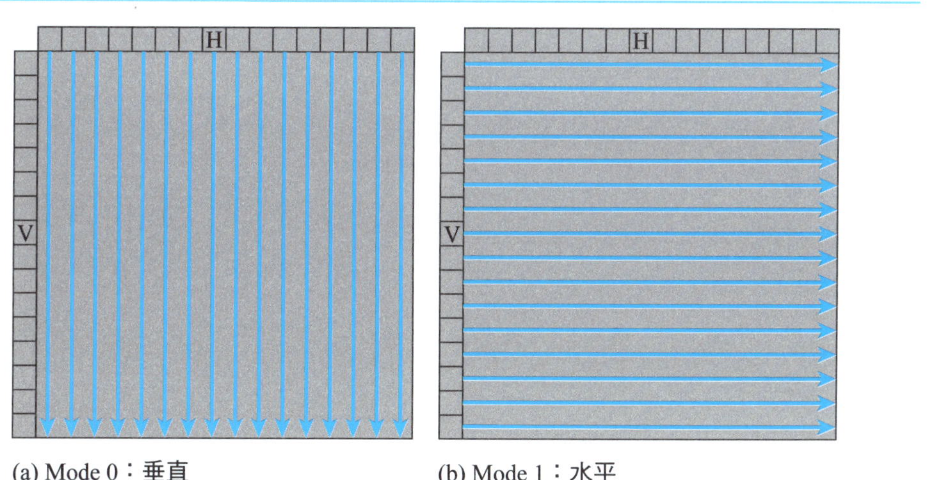

(a) Mode 0：垂直　(b) Mode 1：水平

圖 12.6.2.2　16×16 區塊的四種畫面內預測模式

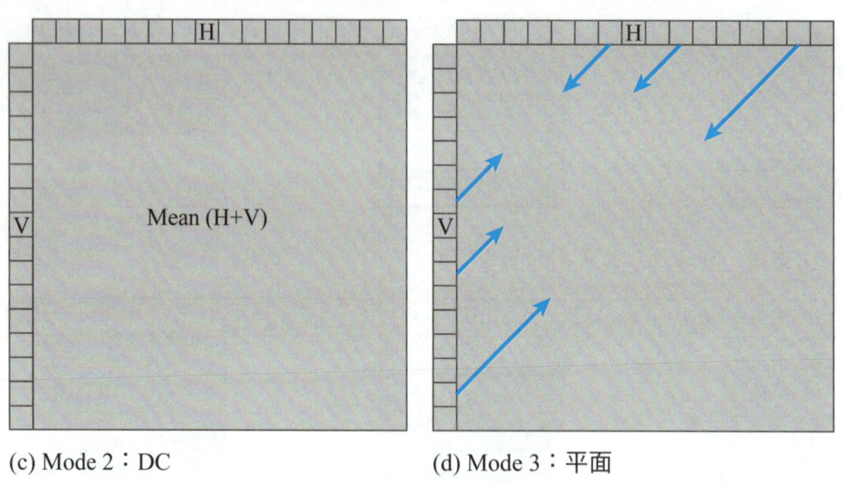

(c) Mode 2：DC　　(d) Mode 3：平面

圖 12.6.2.2　16×16 區塊的四種畫面內預測模式 (續)

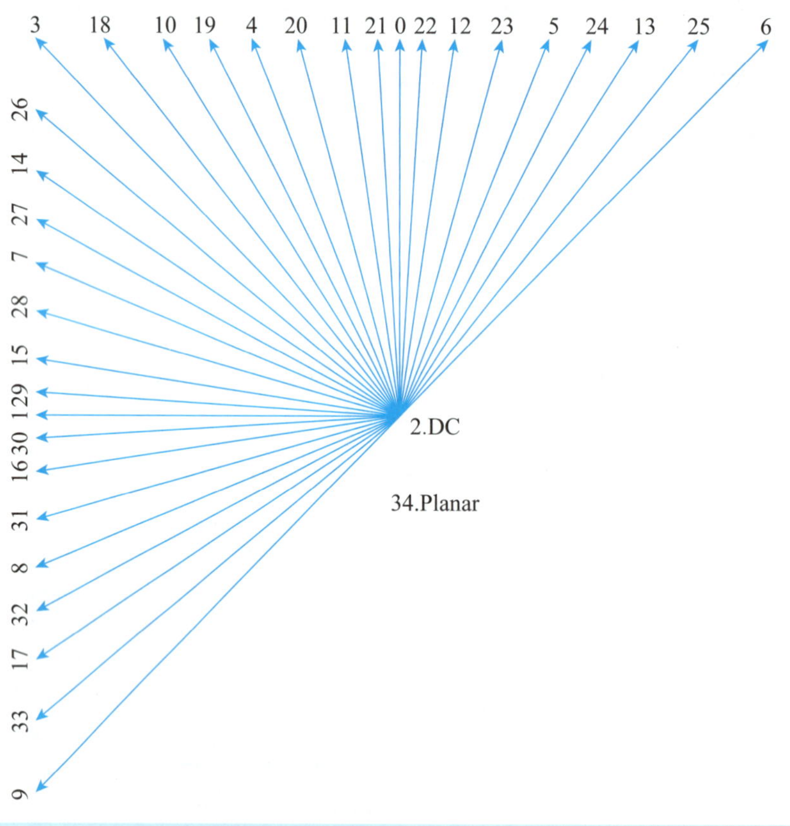

圖 12.6.2.3　HEVC 的 35 種畫面內預測模式

區塊大小	畫面內預測模式數目
4×4	35
8×8	35
16×16	35
32×32	35
64×64	35

圖 12.6.2.4 區塊大小與對應的畫面內預測模式數目

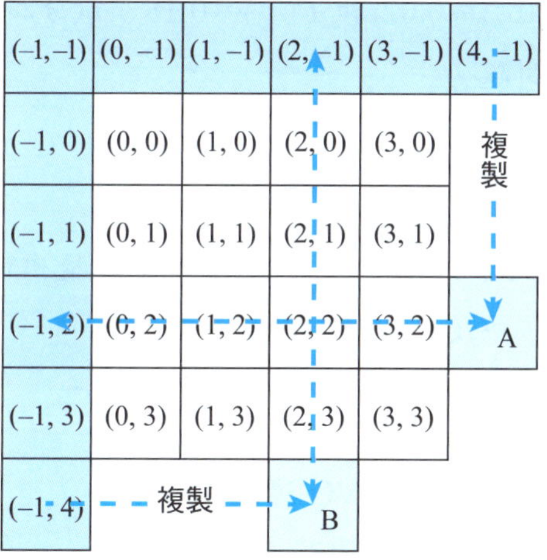

圖 12.6.2.5 Planar 預測模式

在 HEVC 中新增的 Planar 預測模式分別以水平和垂直方向各預測出一預測值，再平均兩個預測值產生預測結果。我們以圖 12.6.2.5 中 4×4 的白色待預測區塊作說明，其中藍色的方塊是預測模式使用的參考像素，每個像素值都是先前編碼與重建後的結果。假設目前要預測 (2, 2) 位置的像素值，水平方向的預測是以位於 (4, －1) 參考像素當作圖中 A 位置的像素值，再將 A 與位於同一水平位置的參考像素 (－1, 2) 以線性內插法計算出位置 (2, 2) 的水平預測值；而後再計算垂直方向的預測值，將位於 (－1, 4) 參考像素作為圖中 B 位置的像素值，再以像素 B 與位於同一垂直線上的 (2, －1) 參考像素用線性內插法計算出目前像素的垂直預測值。最後，再將前面得到的水平預測值與垂直預測值取平均得到目前 (2, 2) 位置的預測像素值。

12.7 結 論

影像壓縮是一門很重要的領域，因為唯有透過好的壓縮法才能在兼顧品質的情況下有好的壓縮效率，從而使影像多媒體在網路上傳輸時能更快速，或是在大量影像資料庫上進行檢索時能更迅速且節省記憶體。除了開發新的壓縮技術外，如何引入容錯、偵錯及位元比控制的功能也是值得我們去努力的。

12.8 作 業

1. 令 $P(a_1)=0.8$、$P(a_2)=0.02$ 和 $P(a_3)=0.18$。試分析 12.2 節中擴充式作法所遭遇的記憶體問題。
2. 何謂霍夫曼編碼 [8]？
3. 如何利用 LBG 法來建立碼表 [12]？

   解答：利用 K-means 方法，在 [31] 中，學者提出連續二次迭代中的質心差距可用來預測下一次迭代的可能質心位置。

   解答完畢

4. 如何利用三角不等式來加速 VQ 法的搜尋？

   解答：利用不等式 $d(X, C_i) \le 0.5 \min(d(C_j, C_i))$，$1 \le j \ne i \le n$ 成立時，則 C_j 碼不必自搜尋；$d(C_j, C_i)$ 可事先算好。

   解答完畢

5. 如何在 NCC (Normalized Cross Correlation) 量尺上來加速 VQ 法的搜尋 [1, 27]？

   解答：沿用 12.4 節中的 VQ 符號，NCC 量尺可表示為

$$NCC(X, C_i) = \frac{X \cdot C_i}{\|X\|\|C_i\|}$$

利用不等式

$$\|X\|\|C_i\| \geq \sqrt{\sum_{j=1}^{k} x_j^2} \cdot \sqrt{\sum_{j=1}^{k} C_{i,j}^2} + \sqrt{\sum_{j=k+1}^{n} x_j^2} \cdot \sqrt{\sum_{j=k+1}^{n} C_{i,j}^2}$$
$$\geq X \cdot C_i$$

和類似於 12.4 節的觀念，$NCC(X, C_i)$ 的計算可大幅加快。讀者得留意一點，12.4 節中的暫時最小值要改成暫時最大值。

解答完畢

6. 解釋 H. 264/AVC 的系統架構。
7. 解釋 HEVC 的系統架構。
8. 在視訊影像中，如何找出其中的關鍵影像表示方式 [32]。

解答：假設該視訊有 N 張影像，我們將每張影像位於 (i, j) 的像素收集起來，並得到以下的直方圖：

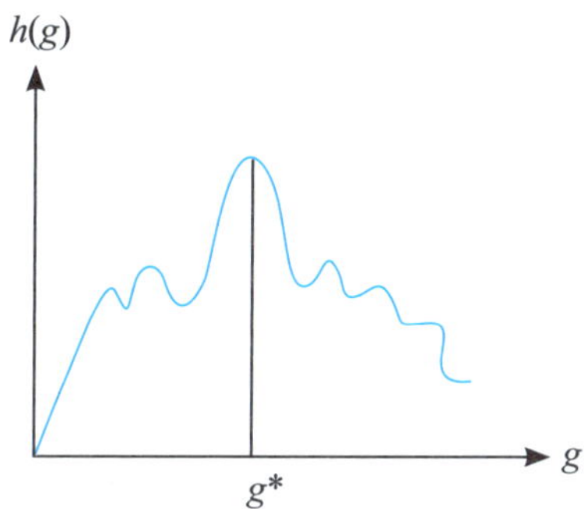

關鍵影像位於 (i, j) 的像素表示方式可表示為 g^*，當處理完 $1 \leq i, j \leq N$ 後，就可得到視訊影像中的關鍵影像表示式了。上述方法很容易可擴充到前 k 個最高頻率。

解答完畢

12.9 參考文獻

[1] F. Tombari, S. Mattoccia, and L. D. Stefano, "Full-search-equivalent pattern matching with incremental dissimilarity approximations," *IEEE Trans. on Pattern Analysis and Machine Intelligence*, 31(1), 2009, pp. 129-141.

[2] C. E. Shannon, "A mathematical theory of communication," *Bell Syst. Tech. J.*, 27, 1948, pp. 379-423 and pp. 623-656.

[3] R. W. Hamming, *Coding and Information Theory*, Prentice-Hall, New Jersey, 1980.

[4] Y. K. Lin and K. L. Chung, "A space-efficient Huffman decoding algorithm and its parallelism," *Theoretical Computer Science*, 246, 2000, pp. 227-238.

[5] K. L. Chung and J. G. Wu, "Level-compressed Huffman decoding," *IEEE Trans. on Communications*, 47(10), 1999, pp. 1455-1457.

[6] D. A. Huffman, "A method for the construction of minimum redundancy codes," *Proc. IRE*, 40, 1952, pp. 1098-1101.

[7] B. W. Y. Wei and T. H. Meng, "A parallel decoder of programmable Huffman codes," *IEEE Trans. on Circuits and Systems for Video Technology*, 5, 1995, pp. 175-178.

[8] D. E. Knuth, "Dynamic Huffman coding," *Journal of Algorithms*, 6, 1985, pp. 163-180.

[9] G. G. Langdon, "An introduction to arithmetic coding," *IBM J. of Research and Development*, 28, 1984, pp. 135-149.

[10] C. H. Lee and L. H. Chen, "A fast search algorithm for vector quantization using mean pyramids of codewords," *IEEE Trans. on Communications*, 43, 2/3/4, 1995, pp. 1697-1702.

[11] A. Gersho and R. M. Gray, *Vector Quantization and Signal Compression*, Kluwer Academic Pub., Boston, 1992.

[12] Y. Linde, A. Buzo, and R. M. Gray, "An algorithm for vector quantizer design," *IEEE Trans. on Communications*, 28(1), 1980, pp. 84-95.

[13] C. C. Chang and D. C. Lin, "An improved VQ codebook search algorithm using principal component analysis," *J. of Visual Communication and Image Representation*, 8(1), 1997, pp. 27-37.

[14] L. Jo and M. R. Kaimal, "A fast second-generation encoding algorithm for vector quantization," *IEEE Signal Processing Letters*, 6(11), 1999, pp. 277-280.

[15] H. M. Hang and J. W. Woods, "Predictive vector quantization of images," *IEEE Trans. on Communications*, 33, 1985, pp. 1208-1219.

[16] C. H. Hsieh and J. C. Chang, "Lossless compression of VQ index with search-order coding," *IEEE Trans. on Image Processing*, 5(11), 1996, pp. 1579-1582.

[17] T. T. Lu and P. C. Chang, "Significant bit-plane clustering technique for JPEG2000 image coding," *IEEE Electronics Letters*, 40(17), 2004, pp. 1056-1058.

[18] I. E. G. Richardson, *H.264 and MPEG-4 Video Compression*, John Wiley & Sons, New York, 2003.

[19] W. B. Pennebaker and J. L. Mitchell, *JPEG: Still Image Data Compression Standard*, Van Nostrand Reinhold, New York, 1993.

[20] I. E. G. Richardson, *The H.264 Advanced Video Compression Standard*, John Wiley & Sons, New York, 2010.

[21] J. B. Lee and H. Karva, *The VC-1 and H.264 Video Compression Standards for Broadband Video Services (Multimedia Systems and Applications)*, Springer, Germany, Berlin, 2008.

[22] J. Feng, K. T. Lo, H. Mehrpoier, and A. E. Karbowiak, "Adaptive block matching motion estimation algorithm for video coding," *Electronics Letters*, 31, 1995, pp. 1542-1543.

[23] H. S. Oh and H. K. Lee, "Block-matching algorithm based on an adaptive reduction of the search area for motion estimation," *Real-Time Imaging*, 6, 2000, pp. 407-414.

[24] 鍾國亮編著，離散數學 (附研究所試題與詳解)，第三版，東華書局，臺北，2014。

[25] K. L. Chung and L. C. Chang, "A new predictive search area for block motion estimation," *IEEE Trans. on Image Processing*, 12(6), 2003, pp. 648-652.

[26] Y. S. Chen, Y. P. Hung, and C. S. Fu, "Fast block matching algorithm based on the winner-update strategy," *IEEE Trans. on Image Processing*, 10(8), 2001, pp. 1212-1222.

[27] S. D. Wei and S. H. Lai, "Fast template matching based on normalized cross correlation with adaptive multilevel winner update," *IEEE Trans. on Image Processing*, 17(11), 2008, pp. 2227-2235.

[28] D. Zhao, Y. K. Chan, and W. Gao, "Low-complexity and low-memory entropy coder for image compression," *IEEE Trans. on Circuits and Systems for Video Technology*, 11(10), 2001, pp. 1140-1145.

[29] Z. C. Lai and Y. C. Liaw, "Fast-searching algorithm for vector quantization using projection and triangulation," *IEEE Trans. on Image Processing*, 13(12), 2004, pp. 1554-1558.

[30] S. B. Yang, "Variable-branch tree-structured vector quantization," *IEEE Trans. on Image Processing*, 13(9), 2004, pp. 1275-1285.

[31] D. Lee, S. Baek, and K. Sung, "Modified K-means algorithm for vector quantization design," *IEEE Signal Processing Letters*, 4(1), 1997, pp. 2-4.

[32] K. W. Sze, K. M. Lam, and G. Qiu, "A new key frame representation for video segment retrieval," *IEEE Trans. on Circuits and Systems for Video Technology*, 15(9), 2005, pp.1148-1155.

[33] Y. Lin, Y. M. Lee, and C. D. Wu, "Efficient algorithm for H.264/AVC intra frame video coding," *IEEE Trans. on Circuits and Systems for Video Technology*, 20(10), 2010, pp. 1367-1372.

[34] S. Y. Huang, C. Y. Cho, and J. S. Wang, "Adaptive fast block-matching algorithm by switching search patterns for sequences with wide-range motion content," *IEEE Trans. on Circuits and Systems for Video Technology*, 15(11), 2005, pp. 1373-1384.

[35] C. K. Chiang, W. H. Pan, C. Hwang, S. Zhuang, and S. H. Lai, "Fast H.264 encoding based on statistical learning," *IEEE Trans. on Circuits and Systems for Video Technology*, 21(9), 2011, pp. 1304-1315.

[36] C. K. Liang, C. C. Cheng, Y. C. Lai, L. G. Chen, H. H. Chen, "Hardware-efficient belief propagation," *IEEE Trans. on Circuits and Systems for Video Technology*, 21(5), 2011, pp. 523-537.

[37] J. J. Tsai and H. M. Hang, "On the design of pattern-based block motion estimation algorithms," *IEEE Trans. on Circuits and Systems for Video Technology*, 20(1), 2010, pp. 136-143.

[38] J. C. Wang, J. F. Wang, J. F. Yang, and J. T. Chen, "A fast mode decision algorithm and its VLSI design for H.264/AVC intra prediction," *IEEE Trans. on Circuits and Systems for Video Technology*, 17(10), 2007, pp. 1414-1422.

[39] K. L. Chung, Y. H. Huang, P. C. Chang, and H. Y. Mark Liao, "Reversible data based approach for intra-frame error concealment in H.264/AVC," *IEEE Trans. on Circuits and Systems for Video Technology*, 20(11), 2010, pp. 1643-1647.

[40] C. C. Yang, G. L. Li, M. C. Chi, M. J. Chen, and C. H. Yeh, "Prediction error

prioritizing strategy for fast normalized partial distortion motion estimation algorithm," *IEEE Trans. on Circuits and Systems for Video Technology*, 20(8), 2010, pp. 1150-1155.

[41] Y. Lin, Y. M. Lee and C. D. Wu, "Efficient algorithm for H.264/AVC intra frame video coding," *IEEE Trans. on Circuits and Systems for Video Technology*, 20(10), 2010, pp. 1367-1372.

[42] Y. H. Huang, T. S. Ou, and H. H. Chen, "Fast decision of block size, prediction mode, and intra block for H. 264 intra prediction," *IEEE Trans. on Circuits Systems for Video Technology*, 20(8), 2010, pp. 1122-1132.

[43] J. J. Ding, Y. W. Huang, P. Y. Lin, S. C. Pei, H. H. Chen, and Y. H. Wang, "Two-dimensional orthogonal DCT expansion in trapezoid and triangular blocks and modified JPEG image compression," *IEEE Trans. on Image Processing*, 22(9), 2013, pp. 3664-3675.

[44] C. H. Yeh, M. F. Li, M. J. Chen, M. C. Chi, X. X. Huang and H. W. Chi, "Fast mode decision algorithm through interview ratedistortion prediciton for multiview video coding," *IEEE Transactions on Industrial Informatics, to appear.*

[45] C. H. Yeh, S. F. Jiang, C. Y. Lin, and M. J. Chen, "Temporal video transcoding based on frame complexity analysis for mobile video communication," *IEEE Trans. on Broadcasting*, 59(1), 2013, pp. 38-46.

[46] M. H. Cheng, H. Y. Chen, and J. J. Leou, "Video super-resolution reconstruction using a mobile search strategy and adaptive patch size," *Signal Procesing*, 91(5), 2011, pp. 1284-1297.

[47] G. J. Peng, W. L. Hwang, and S. J. Chen, "Inter-layer bit-allocation for scalable video coding," *IEEE Trans. on Image Processing*, 21(5), pp. 2592-2606.

[48] H. C. Huang, W. H. Peng, T. Chiang, and H. M. Hang, "Advances in the scalable amendment of H.264/AVC," *IEEE Communications Magazine*, Jan. 2007, pp. 68-76.

[49] W. N. Lie and Z. W. Gao, "Video error concealment by integrating greedy sub-optimization and adaptive Kalman filtering techniques," *IEEE Trans. on Circuits and Systems for Video Technology*, 16(8), 2006, pp. 982-992.

[50] W. J. Yang, K. L. Chung, W. N. Yang, and L. C. Lin, "Universal chroma subsampling strategy for compressing mosaic video sequences with arbitrary RGB color filter arrays in H.264/AVC," *IEEE Trans. on Circuits and Systems for Video Technology*, 23(4), 2013, pp. 591-606.

[51] S. C. Tai, Y. R. Chen, Z. B. Huang, and C. C. Wang, "A multi-pass true motion estimation scheme with motion vector propagation for frame rate up-conversion applications," *Joumal of Display Technology*, 4, 2008, pp. 188-197.

[52] Y. M. Lee, Y. T. Sun, Yinyi Lin, "SATD-based intra mode decision for H.264/AVC video coding," *IEEE Trans. on Circuits and Systems for Video Technology*, 20(3), 2010, pp. 463-469.

[53] W. N. Lie and C. W. Lin, "Enhancing video error resilience by using data-embedding techniques," *IEEE Trans. on Circuits and Systems for Video Technology*, 16(2), 2006, pp. 300-308.

[54] J. Xin, C. W. Lin, and M. T. Sun, "Digital video transcoding," *Proceedings of the IEEE*, 93(1), 2005, pp. 84-97.

[55] J. Y. Chen, C. W. Chiu, G. L. Li, M. J. Chen, "Burst-aware dynamic rate control for H.264/AVC video streaming," *IEEE Trans, on Broadcasting*, 57(1), 2011, pp. 89-93.

[56] C. M. Kuo, Y. H. Kuan, C. H. Hsieh, and Y. H. Lee, "A novel prediction-based directional asymmetric search algorithm for fast block-matching motion estimation," *IEEE Trans. on Circuits and Systems for Video Technology*, 19(6), 2009, pp. 893-899.

[57] S. G. Miaou, F. S. Ke, and S. C. Chen, "A lossless compression method for medical image sequences using JPEG-LS and inter-frame coding," *IEEE Trans. Information Technology in Biomedicine*, 13, 2009, pp. 818-821.

12.10 霍夫曼解碼的 C 程式附錄

```
/**************************************************************/
/* 功能：CH_array 的 type 定義                                  */
/* 參數一：flag 若為 0 則 value 為 Si 值，若為 1 則為跳躍值        */
/* 參數二：value 值                                             */
/**************************************************************/
typedef struct ch_array{
    int flag;
    int value;
```

```
}cha;
/***********************************************************/
/* 功能；霍夫曼二元字串的快速解碼                              */
/* 參數一：d'                                                */
/* 參數二：輸入的 Huffman array                               */
/* 參數三：輸入的 CH array                                    */
/***********************************************************/

    int Huffman_Decode (int d_prom, int * Huf_array, cha * CH_array)
{
    int i, j, code_ptr = 0, array_ptr;
    /*初始化 code_ptr*/
        code_ptr = d_prom;
    /*初始化 array_ptr*/
    for (i = 0; i < d_prom; i++)
        array_ptr = array_ptr + 2 * Huf_array[i];
    /*解碼迴圈*/
    while (CH_array[array_ptr].flag! = 0){
        array_ptr = array_ptr + CH_array[array_ptr].value;
        /*指向左孩子*/
        if(Huff_array[code_ptr]! = 0)
            array_ptr++;
        /*若碼= '1', 則指向右孩子*/
            code_ptr++;
        /*指向下一位元*/
}
    return CH_array[array_ptr].value;
}
```

CHAPTER

13

影像資料庫檢索

13.1 前　言

在這一章，我們要談談一個整合性的議題：影像資料庫檢索 (Image Database Retrieval)。近年來由於網路多媒體的興起，影像與視訊的使用與日俱增，許多的影像資料庫動輒儲存了成千上百的各式各樣影像。影像檢索之目的在於提供快速且強健式的方法使得用戶能有效達到影像檢索的需求。影像檢索的方法雖然很多，大致說來，不外乎植基於內容 (Content-based) 的影像檢索法，它們分別是：

- 色彩為主
- 紋理為主
- 幾何為主
- 空間關係為主
- 整合性方式

範例 1： 可否給一簡單示意圖以說明何謂影像檢索？

解答： 設想有個用戶手持一查詢影像 (Query Image) Q ，其人打算在一影像資料庫中找出和查詢影像最接近的若干影像 I_1、I_2、⋯ 和 I_k。圖 13.1.1 為其示意圖。

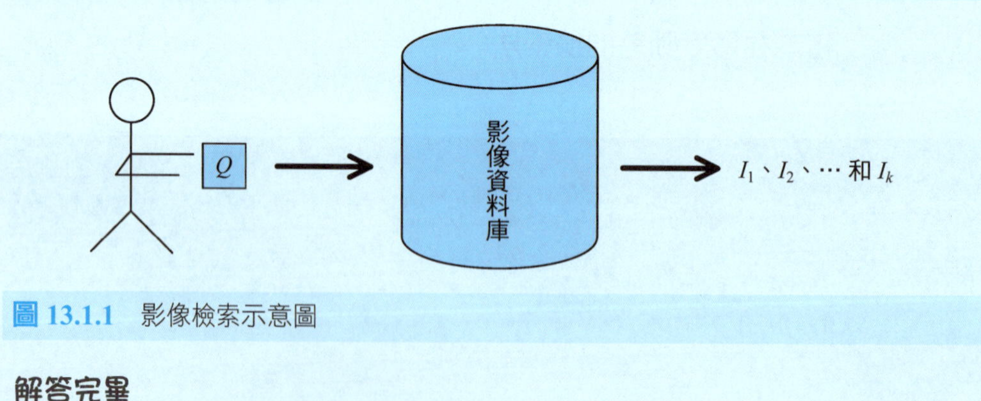

圖 13.1.1　影像檢索示意圖

解答完畢

在圖 13.1.1 中，影像資料庫中的任一張影像皆遵循某一特定的表示方式，通常來說，該表示方式都可省去不少記憶體空間。

範例 2：影像資料庫檢索的效益是否和影像的類型有關？

解答：在影像資料庫的設計中，影像的表示方式之效果和影像的類型有很大的關係。適當的影像表示方式不但可達到節省記憶體空間的效果，往往也能加快影像資料庫檢索的速度與強健性。

解答完畢

13.2 色彩檢索法

在 [1] 中，學者提出一種植基於色彩的影像檢索法，可說開啟了影像檢索的新紀元。

範例 1：[1] 何謂色彩影像檢索法？

解答：首先假設查詢影像 Q 已經被轉換為一色彩柱狀圖 (Color Histogram) 且影像資料庫中的任一張影像的色彩柱狀圖皆已轉換好。圖 13.2.1 中的實線為查詢影像 Q 的色彩柱狀圖，而虛線為影像資料庫中某一張影像的色彩柱狀圖。在圖中介於兩個色彩柱狀圖之間的非交集區域代表兩張影像的差異度 (Difference)。差異度愈小，代表兩張影像的相似度 (Similarity) 愈高；反之，差異愈大，代表兩張影像的相似度愈低。當我們將查詢影像的色彩柱狀

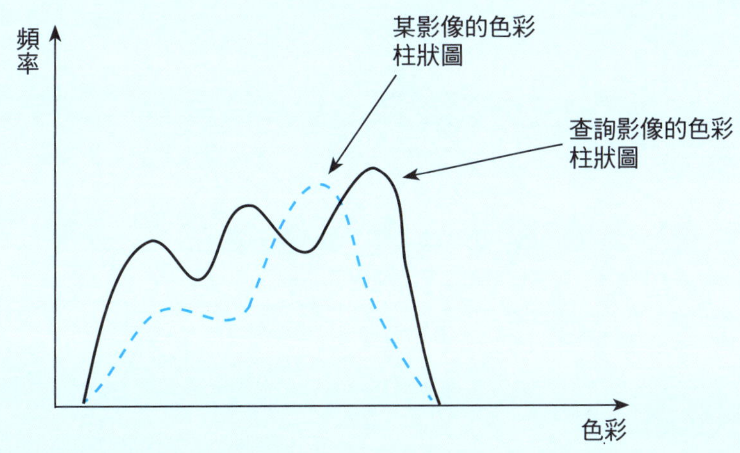

圖 13.2.1 兩張影像的色彩柱狀圖

圖和影像資料庫中的每一張影像之色彩柱狀圖比較完後，再從影像資料庫中挑出最相似的前面 K 張影像。

解答完畢

接下來，我們來介紹植基於八分樹 (Octree) 的彩色檢索方法 [2]。在這裡，八分樹被用來表示影像的彩色資訊。

範例 2：何謂八分樹？

解答：讀者可想像有一正立方體，我們在 x、y 和 z 軸各切一刀，可得如下的示意圖，在圖中，虛線所表示的地方就是切的地方。

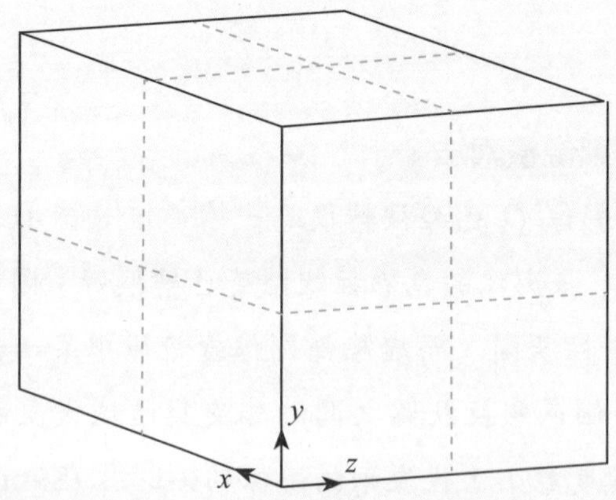

若將八塊小立方體中的每一小塊予以編號且編號為 0、1、2、⋯ 和 7，則可得到下列的八分樹表示法。

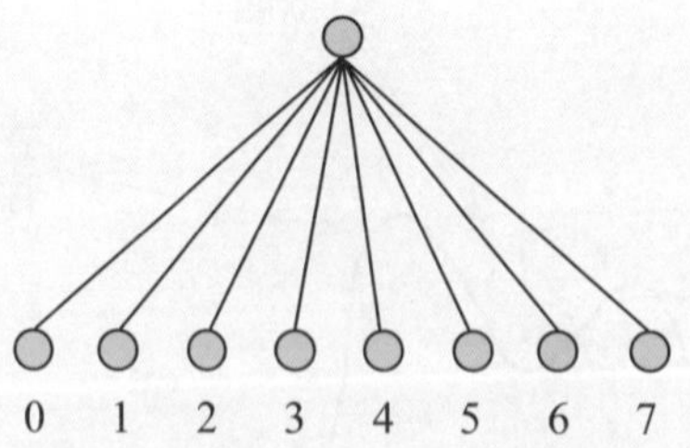

解答完畢

範例 3：可否給一小例子以解釋何謂八分樹的色彩檢索法？

解答：給定 $(R, G, B) = (53, 187, 207) = (00110101, 10111011, 11001111)_2$。因為 $R \in [0, 127]$、$G \in [128, 255]$、$B \in [128, 255]$，所以可用 011 代表這些彩色的範圍，011 位於八分樹的樹根之下一層的孩子點上。從這孩子點往下走訪到下一層編號為 001 的節點上。依此次序一直走訪到第八層，途中經過的路徑可表示為 (011)→(001)→(110)→(110)→(011)→(101)→(011)→(111)。依據八分樹的結構，該路徑可表示成圖 13.2.2。

愈上層的節點，我們給予較高的加權，畢竟它代表主要的顏色。一個影像的每個彩色像素皆可找到一個路徑來儲存它。由於分佈的不平均，我們不

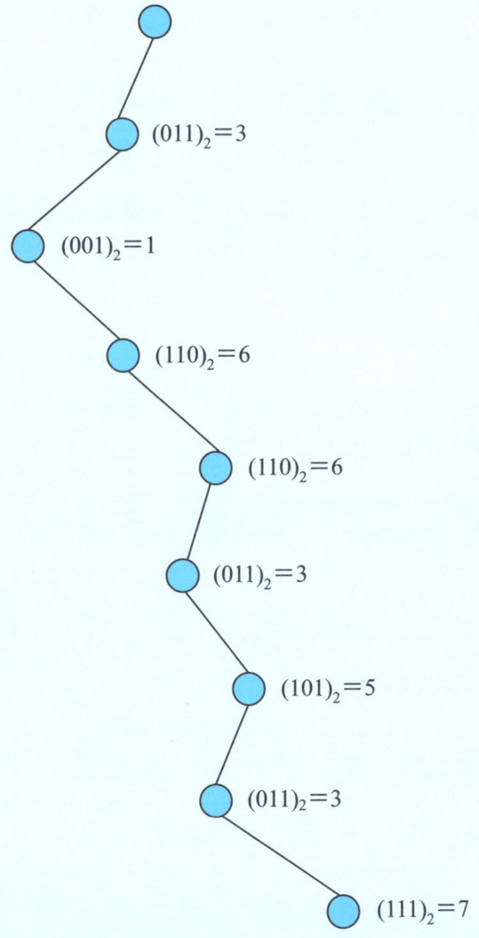

圖 13.2.2　$(R, G, B) = (53, 187, 207)$ 所對應的路徑

需要完整的八分樹，這時可用四分樹的作法而將八分樹由下往上縮減。這樣的縮減動作可降低影像資料庫的記憶體需求。假設影像資料庫中的每一張影像之所有彩色像素皆已存在縮減後的八分樹上。

若是所建的八分樹之分叉數愈多，則代表該影像富含多樣的色彩。另外，八分樹的前幾層，例如第一層，會記錄較多的通過數，這些具有高通過數的節點，往往也是影像中的主要顏色所在。

實際在進行影像檢索時，我們首先將待查詢的影像轉換成壓縮式的八分樹，再將其和影像資料庫中的各個八分樹取交集，若交集愈多則彼此相似度就愈高，最後，我們就依照由高相似到低相似的次序輸出檢索的結果。

解答完畢

範例 4：八分樹色彩檢索法有何缺點？

解答：八分樹色彩檢索法主要在於沒有考量到空間的關係。例如，給定二張完全不同的影像但它們的色彩分佈卻完全相同，依據八分樹色彩檢索法卻會將它們視為一樣。

解答完畢

範例 5：給一 2×2 待檢索的影像，其像素的 (R, G, B) 值分別如下所示：

(11, 145, 60)	(64, 159, 193)
(216, 96, 234)	(185, 170, 171)

假設影像資料庫中現有兩張影像 [參見 (1) 和 (2)]

(31, 138, 103)	(65, 128, 192)
(237, 103, 35)	(184, 140, 38)

(1)

(7, 128, 39)	(70, 128, 223)
(192, 106, 248)	(170, 185, 139)

(2)

請利用八分樹的彩色影像檢索法，依照待測影像以及資料庫中的兩張影像所畫成的八分樹，比較待測影像和資料庫中的哪張影像相似程度較高？(八分樹畫到第三層即可。)

解答：待測影像的八分樹如下所示 (到第三層為止)：

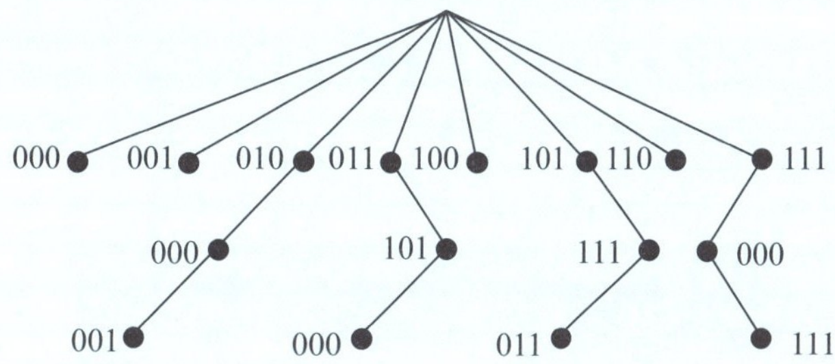

而圖 (1) 的八分樹為：

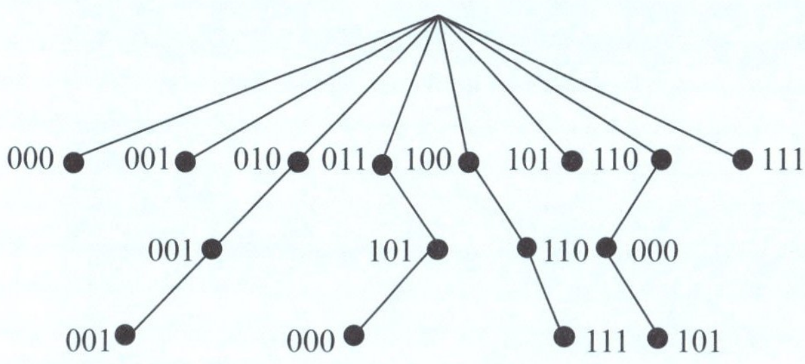

圖 (2) 的八分樹為：

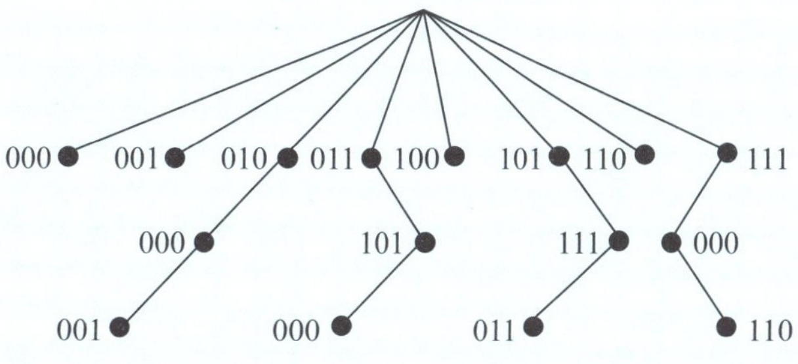

愈上層的節點，我們給予較高的加權，從以上可以得知，待測的影像和圖(2)的八分樹完全相似，故檢索出圖(2)。

解答完畢

13.3 邊紋理檢索法

介紹完色彩為主的影像檢索法後，在這一節中，我們要介紹植基於邊紋理 (Edge Texture) 的影像檢索法 [3]。

範例 1：何謂邊紋理影像檢索法？

解答：給一待查詢的影像 I，我們利用第四章介紹的測邊法對 I 進行測邊的動作，從而得到邊圖 (Edge Map)。例如，圖 13.3.1(a) 為一輸入的影像而圖 13.3.1(b) 為一得到的邊圖。在邊圖中，我們有很多的邊點。利用這些邊點 [3]，有不少的紋理特徵可被得到。例如注水時間 (Filling Time) 就是不錯的的紋理特徵。給一邊圖如圖 13.3.2 所示。在圖 13.3.2 中，共有 15 個邊點，

(a) 夕陽下的船

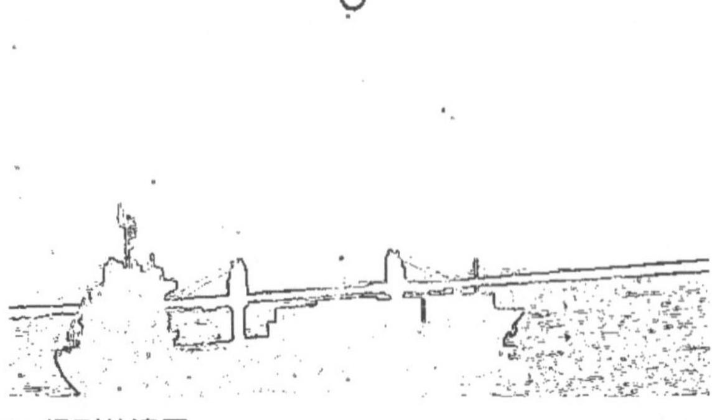

(b) 得到的邊圖

圖 13.3.1　一個輸入的例子

這一節所敘述的邊紋理影像檢索很適合內容物為大自然的影像。

範例 2：給一邊圖，請利用注水法進行影像檢索，試問下列何者與其最接近(四選一)？並請繪出對應的示意圖。

(A)	(B)	(C)	(D)
注水時間：15	注水時間：15	注水時間：17	注水時間：17
分岔數：6	分岔數：5	分岔數：6	分岔數：5
迴圈數：3	迴圈數：3	迴圈數：2	迴圈數：2
水流量：27	水流量：27	水流量：28	水流量：28
最小寬高：8*10	最小寬高：10*11	最小寬高：8*10	最小寬高：10*11

↓ 入水處

	X								
	X	X	X	X	X				
	X			X					
	X			X					
	X			X					
	X	X	X	X					
				X	X	X	X	X	
					X			X	
					X	X	X	X	
								X	

↓ 出水處

解答：上圖可轉換為下面的示意圖。

↓ 入水處

	1								
	2	3	4	5	6				
	3			6					
	4			7					
	5			8					
	6	7	8	9					
				10	11	12	13	14	
					12			15	
					13	14	15	16	
								17	

↓ 出水處

經過計算後，可得到

注水時間：17

分岔數：2、5、9、11、16 為分岔點，入水處也算一個分岔數，所以分岔數為 6。

迴圈數：迴圈數很明顯為 2 個。

水流量：水流經過的邊點數，總共流經 28 個邊點，水流量為 28。

最小寬高：為反映物件外形，所以使用最小長方形將物體框住，最小寬高為 8*10。

故選 (C)。

解答完畢

13.4 區域關係檢索法

本小節所介紹的方法 [4]，在建立影像資料庫時，每張影像需要先得到其區域及記錄區域之間的彼此關係。這部分的工作可利用第五章的區域分割技巧搭配區域的質心等性質予以完成。接著，我們將區域和區域的關係予以編碼。圖 13.4.1(a) 為原影像，而圖 13.4.1(b) 為影像內區域間的關係樹圖。

在進行查詢時，我們就是比對區域和區域間關係來檢索影像。有了區域間的關係，可以類似於深先表示式的空間資料結構 (參見第十章) 來表示之。例如圖 13.4.1(b) 可表示成 $((A_1A_2))$，這裡 A_1 代表黑色三角形及其屬性，而 A_2 代表黑色圓形及其屬性；左括弧 “(” 表示經過內部節點，而右括弧 “)” 則表示結束時該內部節點再次被拜訪到。

兩個區域 R 和 R' 的相似性可由兩個區域間的顏色之相似度加上形狀之相似度加總而得。所謂的顏色相似度可表示為

$$S_{\text{顏色}}(R,R')=\sum_{U}[U(R)-U(R')]^2+\sum_{\sigma}[\sigma(R)-\sigma(R')]^2$$

這裡平均值 $U=U_{\text{紅}}$、$U_{\text{綠}}$ 和 $U_{\text{藍}}$ 和標準差 $\sigma=\sigma_{\text{紅}}$、$\sigma_{\text{綠}}$ 和 $\sigma_{\text{藍}}$。

所謂的形狀相似度可表示為

$$S_{\text{形狀}}(R,R')=[C(R)-C(R')^2]$$

這裡 $C(R)$ 代表區域 R 的質心，而 $C(R')$ 代表區域 R' 的質心。當然讀者可引入更多的幾何特徵以提高形狀相似度的強健性。

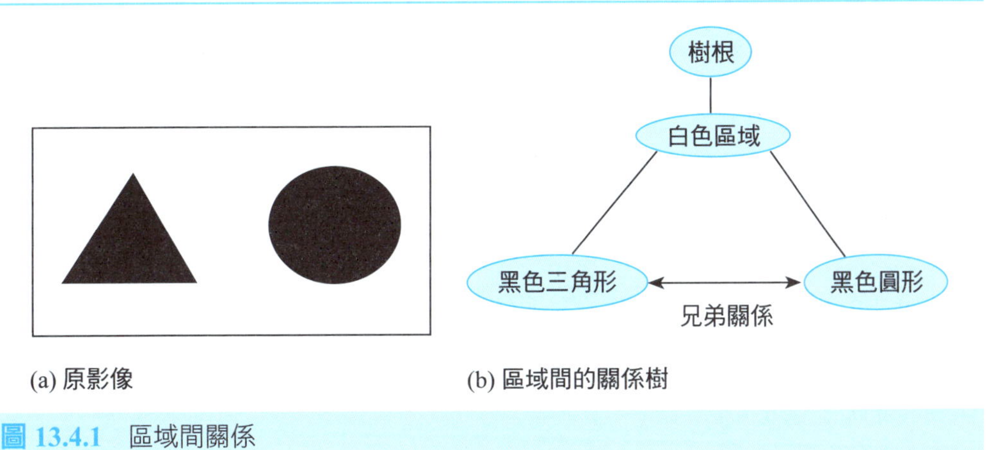

圖 13.4.1 區域間關係

給定一待查詢影像，首先將其轉換成關係深先表示式，然後將其和影像資料庫中的各個關係深先表示式相比，若彼此匹配的程度愈高，代表相似度愈高，這也是我們檢索出來的最優先的候選人之一。

在上述的討論中，我們使用到諸如質心和區域的簡單幾何特性。

範例 1：是否有更複雜的幾何性質可用於影像檢索的應用中？

解答：在 [9] 中，有許多別具意義的幾何算子被引進來以加強影像檢索的能力。為方便說明，我們先來定義幾個符號：

R_1：編號為 R_1 的區域且 $R_1=\{(c_{11}, p_{11}), (c_{12}, p_{12}), (c_{13}, p_{13})\}$

R_2：編號為 R_2 的區域且 $R_2=\{(c_{21}, p_{21}), (c_{22}, p_{22}), (c_{23}, p_{23})\}$

上面的定義中，c_{i1}、c_{i2} 和 c_{i3} 可代表在 R_i 內三種基本色彩 R、B 和 G 的平均值；p_{i1}、p_{i2} 和 p_{i3} 代表 c_{i1}、c_{i2} 和 c_{i3} 所佔的比例。除了考慮色彩外，我們也可在 R_i 內多考慮其他的特徵。令 $D(R_1, R_2)$ 代表 R_1 和 R_2 的距離，則 R_1 和 R_2 的相似度可以寫成

$$S_1(R_1, R_2)=e^{-D(R_1, R_2)} \tag{13.4.1}$$

假設 $|R_i|$ 代表 R_i 內的像素個數而 $|ER_i|$ 代表 R_i 的邊點數，則 R_i 的邊密度 (Edge Density) 可表示為

$$DR_i=\frac{|ER_i|}{|R_i|}$$

我們將角度分割為 8 份，然後令 $HR_i(j)$ 代表區域 R_i 內邊方向 (Edge Orientation) 為 j 的邊點個數，那麼 HR_i 表示所有邊方向的柱狀圖。結合前面的邊密度觀念，紋理的相似度可被定義為

$$S_t(R_1, R_2)=0.5-\frac{|DR_1-DR_2|}{DR_1+DR_2}+\frac{1}{16}\sum_j \frac{m_j}{HR_1(j)+HR_2(j)-m_j} \tag{13.4.2}$$

這裡 $m_j=\min(HR_1(j), HR_2(j))$。除了紋理相似度以外，離心率 (Eccentricity) 也是很重要的特徵，離心率常表示為 R_i 的長短軸之比。圖 13.4.2 為 R_i 的離心率示意圖。

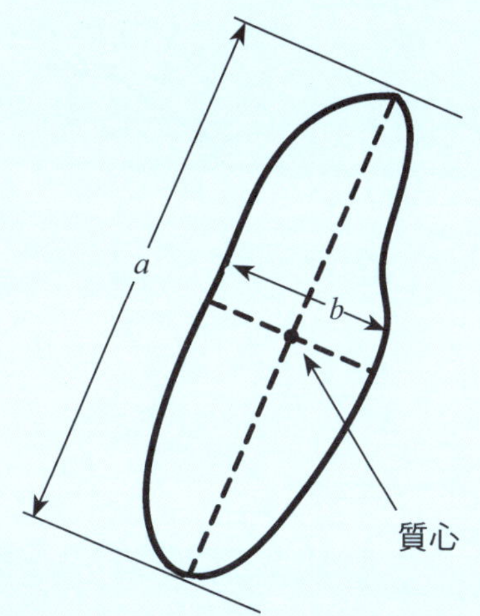

圖 13.4.2　離心率 $eR_i = b/a$

圖 13.4.2 中 R_i 的長軸和水平軸的夾角為

$$\theta R_i = \frac{1}{2}\tan^{-1}\frac{2\mu_{1,1}}{\mu_{2,0}-\mu_{0,2}}$$

有了這些幾何特徵後，R_1 和 R_2 的幾何相似度可表示為

$$S_g(R_1, R_2) = 1 - \frac{2}{3}\times\left(\frac{\left\||R_1|-|R_2|\right\|}{|R_1|+|R_2|}+\frac{|eR_1 - eR_2|}{eR_1+eR_2}+\frac{|\theta R_1-\theta R_2|}{2\pi}\right) \qquad (13.4.3)$$

綜合上述的討論，R_1 和 R_2 的相似度可表示為

$$S(R_1, R_2) = W_1 S_1(R_1, R_2) + W_t S_t(R_1, R_2) + W_g S_g(R_1, R_2)$$

在 [9] 中，$W_1 = 0.8$、$W_t = 0.1$ 和 $W_g = 0.1$。

解答完畢

在 [9] 中，學者提出了空間模組 (Spatial Template)。

13.5 圖論式檢索法

我們在 13.4 節中已舉過一個屬性關係圖 (Attributed Relational Graphs)，例如，給圖 13.5.1。圖 13.5.1 中，O_0 代表臉部，O_1 代表左眼，而 O_2 代表右

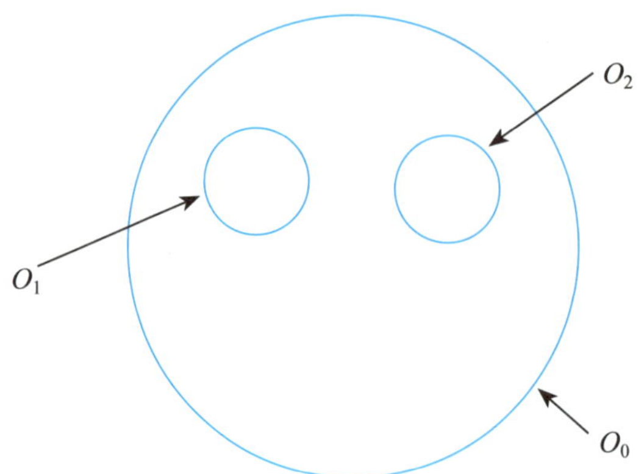

圖 13.5.1 簡單的例子

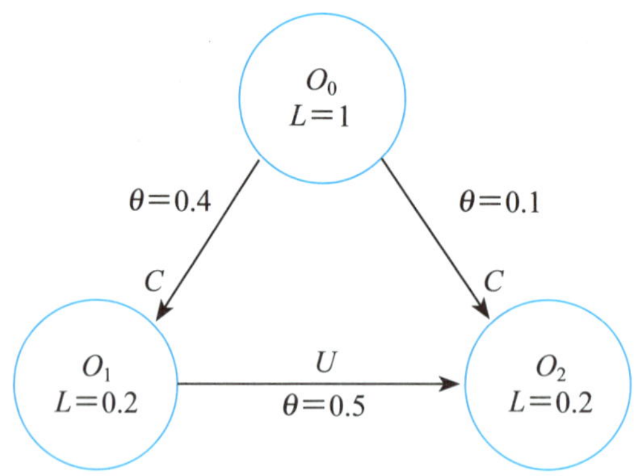

圖 13.5.2 圖 13.5.1 的屬性圖

眼。現在考慮物件的周長和物件之間的水平角度可進一步增加檢索的考慮面。令周長為 L，$0 \leq L \leq 1$，而水平角度為 θ，這裡 θ 的範圍介於 0 和 1 之間。例如，O_1 和 O_2 為水平方位上的兩眼，$\theta=0.5=(180^\circ \div 360^\circ)$。如此一來，圖 13.5.1 的屬性關係可表示如圖 13.5.2 所示。

圖 13.5.2 中，$\theta=0.1$ 代表人臉的中心和右眼的角度為 36°；$\theta=0.4$ 代表人臉的中心和左眼的角度為 144°。符號 C 代表臉包含了眼睛，而符號 U 代表兩眼沒有包含或交集關係。

接下來，我們舉一個小例子來定義屬性關係圖的編輯距離 (Editing Distance)，編輯距離可用來衡量兩個屬性關係圖之間的近似性。這部分在前面章節也曾提到。假設我們有一查詢圖 (Query) 如圖 13.5.3 所示。

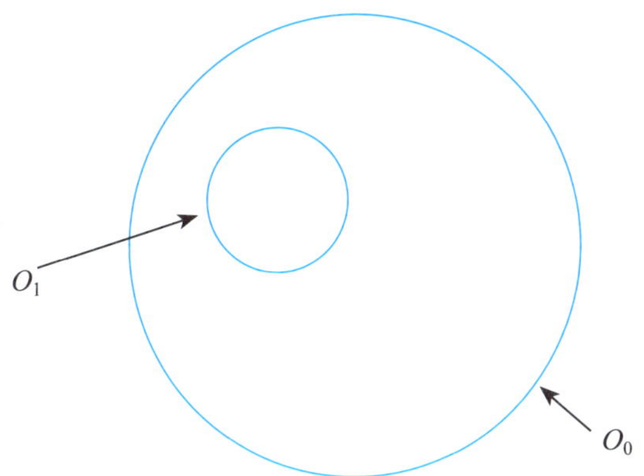

圖 13.5.3　查詢圖的例子

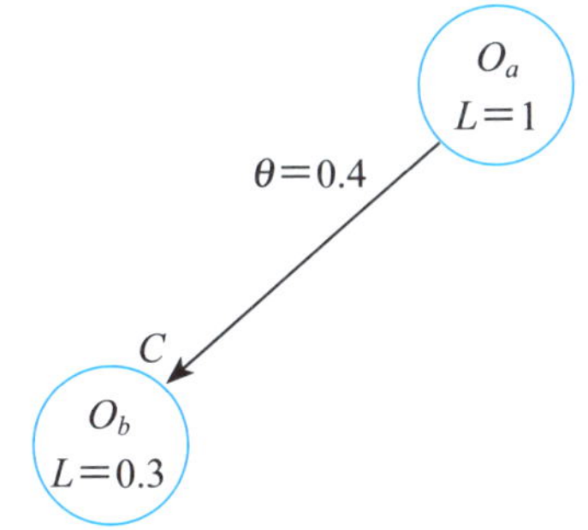

圖 13.5.4　查詢圖的屬性圖

查詢圖和前面的圖有一個不同的地方，就是查詢圖缺了右眼且左眼較大。圖 13.5.3 的查詢圖所對應的屬性關係圖可表示為圖 13.5.4。

以上的查詢屬性關係圖和模組 (Model) 屬性關係圖的部分比對工作及其近似性量度可以圖 13.5.5 表示。

上面的近似性量度的路徑 (從樹根到葉子) 所花費的編輯距離存於節點內，在這些路徑中，存在有一花費最小的路徑，該路徑的花費即代表了查詢圖和模組圖的相似性，花費小代表相似性高。有關圖論的東西，讀者亦可參見 [13]。

現在將模組影像所對應的屬性關係圖視為一點，假若影像資料庫有 n 張模組影像，那麼就有 n 個屬性關係圖，也就是有 n 個點。接著，我們在這 n 個點當中挑選出二個點，V_a 和 V_b，並且確定這二個點的距離最遠，也就是

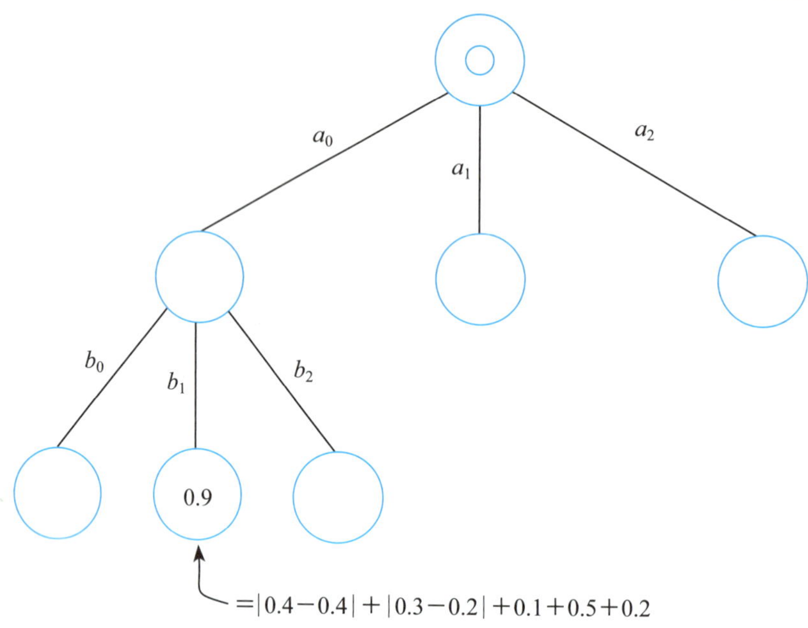

圖 13.5.5 部分比對圖

$D(V_a, V_b)=D_{ab}$ 為最大。今以 V_a 和 V_b 拉出一直線。我們這裡所謂的 $D(V_a, V_b)$ 之算法乃依循前面所說的編輯距離之算法。

扣除掉 V_a 和 V_b 二點，假設 V_i 為剩餘 $(n-2)$ 個點中的一個點，三者的關係如下圖所示：

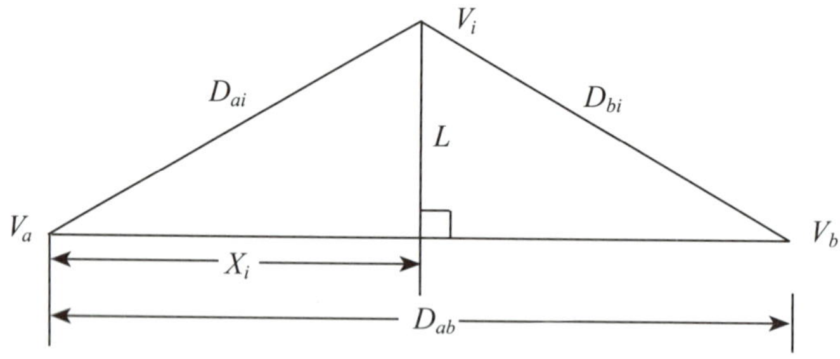

上面的圖形中，可得到

$$X_i^2+L^2=D_{ai}^2$$
$$(D_{ab}-X_i)^2+L^2=D_{bi}^2$$

由上二式可推得

$$X_i = \frac{D_{ai}^2 + D_{ab}^2 - D_{bi}^2}{2D_{ab}}$$

假想有一超平面 (Hyper-plane) H 垂直直線 $\overline{V_a V_b}$，令 V'_i 為 V_i 投影在 H 的點。這裡，我們可以假設 H 為二維的超平面，而且原先的 $(n-2)$ 個點皆已投影在 H 上了。在這個降成二維的 H 上，$D(V'_i, V'_j)$ 可以如下計算：

$$D^2(V'_i, V'_j) = D^2(V_i, V_j) - (X_i - X_j)^2$$

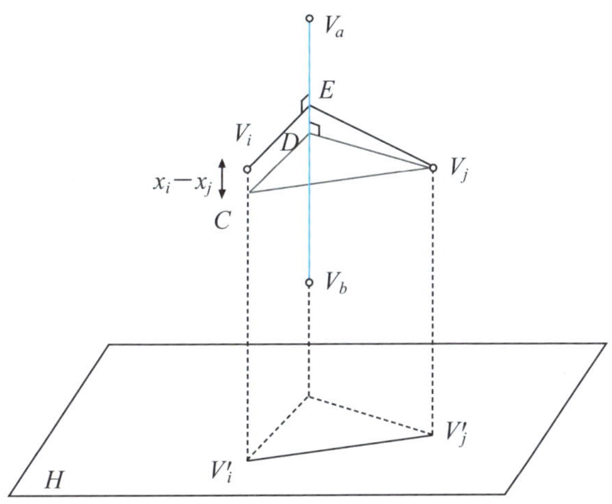

上式中的 $D^2(V_i, V_j)$ 皆可事先計算出來。上述的降維度技巧可持續進行下去。維度上升的愈高，速度會慢下來，但準確度會升高 [8]。

13.6 植基在彩度動差的檢索法

在這一節中，我們要介紹植基於彩度動差 (Chromaticity Moments) 的影像資料庫檢索法 [10]。在這個方法中所涉及的彩色系統 CIE XYZ 算比較簡單的一種，讀者可參見第十四章以了解更複雜的彩色系統。

範例 1： 何謂 CIE XYZ 彩色系統？

解答： 在本書的 1.4 節中，我們曾經介紹了五種不同的彩色系統。利用 [14] 書中介紹的方法，CIE XYZ 彩色系統可透過式 (13.6.1) 中的 RGB 彩色系統來得到：

$$\begin{bmatrix} X \\ Y \\ Z \end{bmatrix} = \begin{bmatrix} 0.607 & 0.174 & 0.200 \\ 0.299 & 0.587 & 0.114 \\ 0 & 0.066 & 1.111 \end{bmatrix} \begin{bmatrix} R \\ G \\ B \end{bmatrix} \tag{13.6.1}$$

利用式 (13.6.1) 所得到的 X、Y 和 Z，我們利用下式可得到彩度的兩個分量 (x, y)：

$$\begin{bmatrix} x \\ y \end{bmatrix} = \begin{bmatrix} \dfrac{X}{X+Y+Z} \\ \dfrac{Y}{X+Y+Z} \end{bmatrix} \tag{13.6.2}$$

解答完畢

Paschos 等人 [10] 提出的影像資料庫檢索法，首先將一般 RGB 彩色影像中的任一像素 $I(i, j)$ 轉換成彩度 (x, y)。在實作上，彩度 (x, y) 的範圍 x 和 y 介於 0 到 1 之間，我們可以將其量化 (Quantize) 成若干層級。換言之，彩度 (x, y) 可對應到層級 (X_l, Y_l)，$0 \le l \le L$。

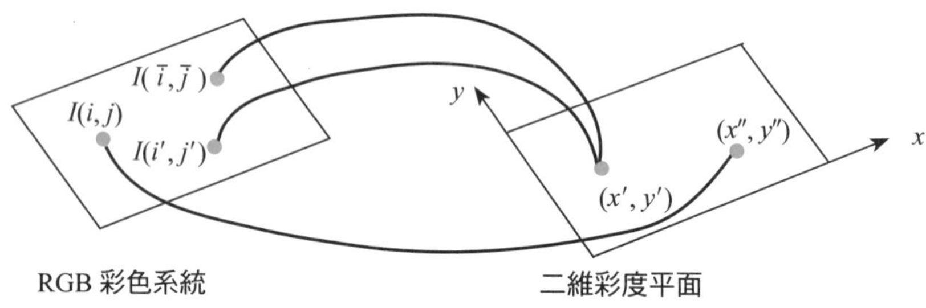

範例 2：可否畫一個示意圖以說明像素 $I(i, j)$ 對應到彩度 (x, y) 的關係？

解答：在上面的對應示意圖中，RGB 彩色系統中常常會發生好幾個像素對應到同一個彩度 (x, y) 的情形。這種多對一的對應關係，我們可用陣列 C 來儲存二維彩度陣列 (x, y) 上的投票情形。

陣列 C 可被定義為：

$C(x, y)$ = RGB 彩色系統中對應到彩度 (x, y) 的像素個數

解答完畢

定義完投票陣列後，我們就可以用它來定義彩度動差了。

範例 3：何謂彩度動差？

解答：之前曾定義過 $(p+q)$ 階動差為

$$m_{pq} = \int_{-\infty}^{\infty}\int_{-\infty}^{\infty} x^p y^q (x, y)\, dx\, dy$$

上式中的 $f(x, y)$ 代表位於位置 (x, y) 的像素灰階值。這裡談的彩度動差被定義為

$$m_{pq}^{c} = \sum_{x=0}^{X_L}\sum_{y=0}^{Y_L} x^p y^q C(x, y) \tag{13.6.3}$$

一般來說，我們都只用到低階的彩度動差，例如：$p+q=0, 1, 2$ 等。

解答完畢

接下來，我們要介紹如何利用低階的彩度動差來進行影像檢索的工作。

範例 4：如何利用式 (13.6.3) 所定義的彩度動差來進行影像檢索？

解答：令查詢影像 (Query Image) 的彩度動差為 $m_{pq}^{C,Q}$；令影像資料庫中的模型影像 (Model Image) 之彩度動差為 $m_{pq}^{C,M}$。利用彩度動差 $m_{pq}^{C,Q}$ 和 $m_{pq}^{C,M}$，查詢影像和模型影像的差異大小可利用下列的距離來量度：

$$D_M^Q = \sum_{p+q=0}^{2} \left| m_{pq}^{C,Q} - m_{pq}^{C,M} \right| \tag{13.6.4}$$

解答完畢

我們利用 Paschos 等人所建立的影像資料庫為基礎，將以上所介紹的影像檢索方法進行了實作。

範例 5：可否展示一下植基於彩度動差的影像檢索法？

解答：我們對兩張查詢影像進行了實驗。第一張查詢影像如圖 13.6.1。

利用式 (13.6.4) 的距離量度，在影像資料庫中最接近的前三張模型影像

圖 13.6.1　第一張查詢影像

(a) 第一順位得到的影像

(b) 第二順位得到的影像

(c) 第三順位得到的影像

圖 13.6.2　第一個影像檢索的例子

(a) 第二張查詢影像

(b) 第一順位得到的影像

(c) 第二順位得到的影像

(d) 第三順位得到的影像

圖 13.6.3　第二個影像檢索的例子

為圖 13.6.2(a)、(b) 和 (c)。

圖 13.6.3(a) 為第二張查詢影像。圖 13.6.3(b)、(c) 和 (d) 為影像資料庫中最接近的前三張模型影像。

解答完畢

13.7 結 論

在 13.2 節中介紹的影像檢索方法中，其本質屬於色彩式的檢索法。在 [5] 中，學者結合人類對顏色的辨識和動態匹配法也得到很好的一個色彩式影像檢索法。在 [6] 中，學者也提出一個很有效率的國旗影像檢索法，其中使用到的方法頗值得一讀。

13.8 作 業

1. 利用 C 語言完成影像檢索的實作。
2. 寫一 C 程式以完成八分樹色彩影像檢索法。
3. 試詳細解釋式 (13.4.1) 中的 $D(R_1, R_2)$。
4. 請分析式 (13.4.2) 和式 (13.4.3) 的範圍。
5. 如何利用二維字串 (2D String) 法 [7] 來進行影像檢索？
6. 閱讀論文 [11, 12]。

13.9 參考文獻

[1] M. J. Swain and D. H. Ballard, "Color indexing," *International J. of Computer Vision*, 7(1), 1991, pp. 11-32.

[2] X. Wan and C. C. Jay Kuo, "A new approach for with hierachical color clustering," *IEEE Trans. on Circuits and Systems for Video Technology*, 8(5), 1998, pp. 628-643.

[3] X. S. Zhou and T. S. Huang, "Edge-based structural features for content-based image retrieval," *Pattern Recognition Letters*, 22, 2001, pp. 457-468.

[4] C. S. Fuh, S. W. Cho, and K. Essig, "Hierarchical color image region segmentation for content-based image retrieval system," *IEEE Trans. on Image Processing*, 9(1), 2000, pp. 156-162.

[5] S. C. Pei and C. M. Cheng, "Extracting color features and dynamic matching for image data-based retrieval," *IEEE Trans. on Circuits and Systems for Video Technology*, 9(3), 1999, pp. 501-512.

[6] I. S. Hsieh and K. C. Fan, "Multiple classifiers for color flag and trademark image

retrieval,"*IEEE Trans. on Image Processing*, 10(6), 2001, pp. 938-950.

[7] S. K. Chang et al., "Iconic indexing by 2D strings," *IEEE Trans. on Pattern Analysis and Machine Intelligence*, 9(5), 1987, pp. 413-428.

[8] E. G. M. Petrakis, C. Faloutsos, and K. I. Lin, "ImageMap: an image indexing method based on spatial similarity," *IEEE Trans. on Knowledge and Data Engineering*, 14(5), 2002, pp. 979-987.

[9] J. W. Hsieh, W. Eric and L. Grimson, "Spatial template extraction for image retrieval by region matching." *IEEE Trans. on Image Processing*, 12(11), 2003, pp. 1404-1415.

[10] G. Paschos, I. Radev, and N. Prabakar, "Image content-based retrieval using chromaticity moments," *IEEE Trans. on Knowledge and Data Engineering*, 15(5), 2003, pp. 1069-1072.

[11] D. Y. Chen, H. Y. Mark Liao, and S. Y. Lee, "Robust video sequence retrieval using a novel object-based T2D-histogram descriptor," *J. of Visual Communication and Image Representation*, in press, 2005.

[12] J. Han and K. K. Ma, "Fuzzy color histogram and its use in color image retrieval," *IEEE Trans. on Image Processing*, 11(8), 2002, pp. 944-952.

[13] 鍾國亮編著，離散數學 (附研究所試題與詳解)，第三版，東華書局，臺北，2014。

[14] G. W. Wyszecki and S. W. Stiles, *Color Science*: *Concepts and Methods, Quantitative Data and Formulas*, John Wiley and Sons, 1982.

[15] W. T. Peng, W. T. Chu, C. H. Chang, C.-N. Chou, W. J. Huang, W. Y. Chang, and Y. P. Hung, "Editing by viewing: automatic home video summarization by viewing behavior analysis," *IEEE Transactions on Multimedia*, 13(3), 2001, pp. 539-550.

[16] W. T. Chu and S. Y. Tsai, "Rhyhm of motion extraction and rhythm-based cross-media alignment for dance videos," *IEEE Trans. on Multimedia*, 14(1), 2012, pp. 129-141.

[17] C. M. Chen and L. H. Chen, "A novel approach for semantic event extraction from sports webcast text," *Multimedia Tools and Applications*, 53(1), 2012, pp. 53-73.

[18] M. H. Hung and C. H. Hsieh, "Event detection of broadcast baseball videos," *IEEE Trans. Circuits and Systems for Video Technology*, 18(12), 2008, pp. 1713-1726.

13.10 RGB 轉 CIE 彩度空間的 C 程式附錄

```
/******************************************************************/
/* 功能：將 RGB 彩色空間轉換至 CIE 二維座標彩度平面空間          */
/* 參數一：原始影像的 R 平面之暫存區                              */
/* 參數二：原始影像的 G 平面之暫存區                              */
/* 參數三：原始影像的 B 平面之暫存區                              */
/* 參數四：運算後的 CIE 影像 X 平面暫存區                         */
/* 參數五：運算後的 CIE 影像 Y 平面暫存區                         */
/* 參數六：原始影像之長                                           */
/* 參數七：原始影像之寬                                           */
/******************************************************************/

void RGBtoCIE (unsigned char ** OriginalImgR, unsigned char ** OriginalImgG,
unsigned char ** OriginalImgB, unsigned char ** CIEX,
unsigned char ** CIEY, int ImgHeight, int ImgWidth)
{
   int **CIEx, **CIEy, **CIEz;

   CIEx = new int * [ImgHeight];
   CIEy = new int * [ImgHeight];
   CIEz = new int * [ImgHeight];

   for(int i = 0; i < ImgHeight; i++)
   {
         CIEx[i] = new int [ImgWidth];
         CIEy[i] = new int [ImgWidth];
         CIEz[i] = new int [ImgWidth];
   }
```

```
// 將 RGB 空間轉成 CIE 的 xyz
for(int i = 0; i < ImgHeight; i++)
for(int j = 0; j < ImgWidth; j++)
{
      CIEx[i][j] = (int)((0.607 * OriginalImgR[i][j]) +
                    (0.174 * OriginalImgG[i][j]) + (0.200 * OriginalImgB[i][j]));
      CIEy[i][j] = (int)((0.299 * OriginalImgR[i][j]) +
                    (0.587 * OriginalImgG[i][j]) + (0.114 * OriginalImgB[i][j]));
      CIEz[i][j] = (int)((0.066 * OriginalImgG[i][j]) +
                    (1.111 * OriginalImgB[i][j]));
}

// 從 CIE 的 xyz 轉到 XY 平面座標系統
for( int p = 0; p < ImgHeight; p++)
for( int q = 0; q < ImgWidth; q++)
{
      if(CIEx[p][q]! = 0 ||CIEy[p][q]! = 0|| CIEz[p][q]! = 0)
      {
      CIEX[p][q] = (int)(256 * (CIEx[p][q])/(CIEx[p][q] + CIEy[p][q] + CIEz[p]
                  [q]));
      CIEY[p][q] = (int)(256 * (CIEy[p][q])/(CIEx[p][q] + CIEy[p][q] + CIEz[p]
                  [q]));
      }
}
}
```

CHAPTER

14

彩色影像處理

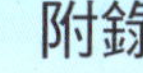

14.1 前 言

在這一章中，我們要介紹有關彩色影像處理的素材，彩色影像處理的研究在近幾年很受到重視，相信彩色影像會愈來愈受到重視，畢竟在現今所接觸的影像中最多的仍是彩色影像。在本章中，我們首先介紹如何將 RGB 彩色模式轉換為 CIE Lu'v' 彩色模式。讀者可參見第一章的其他彩色模式轉換內容。接下來，我們介紹彩色影像處理的幾個大議題，這些議題包括：

- 彩色影像調色盤 (Palette) 的對應。
- 測邊與分割。
- 彩色對比加強 (Color Contrast Enhancement)。
- 彩色影像的應用實例。

14.2 RGB 彩色模式轉換為 CIE Lu'v' 彩色模式

CIE 彩色模式是一種在色彩學與彩色影像處理中被相當廣泛使用的一種彩色模式。CIE 彩色模式可將一個顏色分為色彩和亮度兩個部分，其在色彩分佈的叢聚性及色彩差異的評估等各方面彩色特性的表現上，更勝過於以 RGB 彩色模式來表現一個顏色。一般常見的 CIE 彩色模式有 CIE XYZ、CIE xyY、CIE La*b* 與 CIE Lu'v' [1]。在本節中，我們主要介紹如何由 RGB 彩色模式轉換到 CIE Lu'v' 彩色模式。

範例 1：如何將 RGB 彩色模式轉換為 CIE Lu'v' 彩色模式？

解答： 首先透過轉換式 (14.2.1) 將 RGB 彩色模式轉換到 CIE XYZ 彩色模式。

$$\begin{bmatrix} X \\ Y \\ Z \end{bmatrix} = \begin{bmatrix} 0.49000 & 0.31000 & 0.20000 \\ 0.17697 & 0.81240 & 0.01063 \\ 0.00000 & 0.01000 & 0.99000 \end{bmatrix} \begin{bmatrix} R \\ G \\ B \end{bmatrix} \tag{14.2.1}$$

其中，由式 (14.2.1) 所得到的 Y 可以視為色彩的亮度 L，之後我們可以透過

X、Y 及 Z 來求得該顏色的色彩元素 u' 及 v'。

$$u' = \frac{4X}{X + 15Y + 3Z}$$
$$v' = \frac{9X}{X + 15Y + 3Z} \qquad (14.2.2)$$

透過轉換式 (14.2.1) 與式 (14.2.2)，我們便可將 RGB 彩色模式轉換到 CIE Lu'v' 彩色模式。

解答完畢

範例 2：可否給一個 RGB 彩色模式轉換到 CIE Lu'v' 彩色模式的例子？

解答：假設有一張 3×3 影像如圖 14.2.1(a) 所示，透過轉換式 (14.2.1) 與 (14.2.2) 便可將 RGB 彩色模式轉換到 CIE Lu'v' 彩色模式，如圖 14.2.1(b) 所示。

R	*G*	*B*	*R*	*G*	*B*	*R*	*G*	*B*
117	62	70	162	101	115	136	73	101
132	70	97	162	102	116	132	70	97
159	100	115	156	97	113	154	100	93

(a)

L	*u'*	*v'*	*L*	*u'*	*v'*	*L*	*u'*	*v'*
71.82	0.2629	0.5916	111.94	0.2478	0.5577	84.44	0.2609	0.587
81.26	0.2620	0.5895	112.76	0.2470	0.5557	81.26	0.2620	0.5895
110.60	0.2471	0.5559	107.61	0.2480	0.5582	109.48	0.2444	0.55

(b)

圖 14.2.1 一個 RGB 彩色模式轉換到 CIE Lu'v' 彩色模式的例子

解答完畢

範例 3：如果只取出色彩元素 u' 及 v'，我們會得到何種色彩分佈？

解答：如果只取出色彩元素 u' 及 v'，我們會得到如圖 14.2.2 的分佈圖。

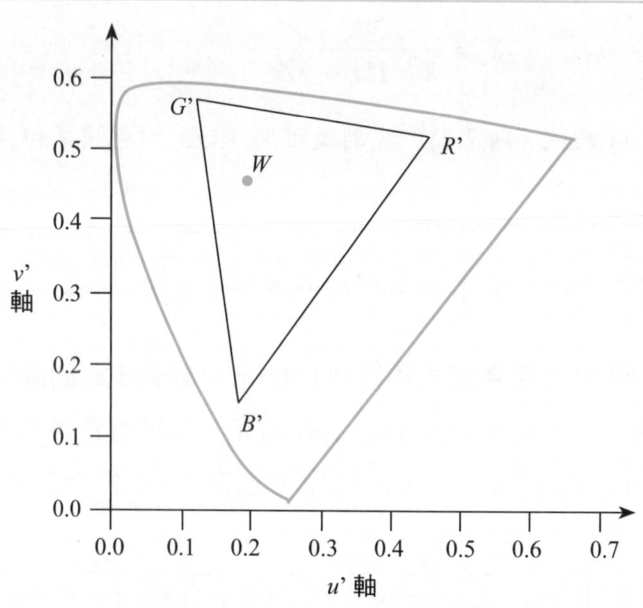

圖 14.2.2　CIE u'v' 色彩分佈

在圖 14.2.2 中的弧線稱為光譜軌跡 (Spectral Locus)，弧線內的區域為所有可見光顏色的集合，並且根據光的波長，由右上到左下沿著弧線排列。其中弧線內部三角形區域為一般 CRT 螢幕可以顯示的顏色範圍，稱為彩色色域三角形 (Color Gamut Triangle)，其中三頂點 R'、G' 及 B' 座標分別為：$(u'_{R'}, v'_{R'})=(0.4507, 0.5229)$、$(u'_{G'}, v'_{G'})=(0.1250, 0.5625)$ 及 $(u'_{B'}, v'_{B'})=(0.1754, 0.1579)$，在三角形內部的點 $W=(u'_W, v'_W)=(0.17798, 0.4683)$ 則是被對應到白色點 [2]。

雖然 CIE Lu'v' 彩色模式提供了一個很好的色彩處理模式，但是所有的影像仍然要在 RGB 的彩色模式底下顯示。因此以 CIE Lu'v' 彩色模式做完相關的處理後，仍需要轉回 RGB 彩色模式。

解答完畢

範例 4：如何由 CIE Lu'v' 彩色模式轉回成 RGB 彩色模式？

解答：首先，我們將 CIE Lu'v' 彩色模式先透過式 (14.2.3) 轉換到 CIE xyY 彩色模式：

$$x = \frac{9u'}{6u' - 16v' + 12}$$
$$y = \frac{4v'}{6u' - 16v' + 12} \qquad (14.2.3)$$
$$Y = L$$

之後，我們便可以利用 x、y 和 Y 得到 CIE XYZ 中三個元素值，其轉換式如下：

$$X = x(X + Y + Z)$$
$$Y = Y \qquad (14.2.4)$$
$$Z = z(X + Y + Z)$$

在式 (14.2.4) 中，$z = 1 - x - y$ 及 $\frac{Y}{y} = (X + Y + Z)$。最後再透過式 (14.2.1) 的逆過程便可將 CIE Lu'v' 彩色模式轉回成 RGB 彩色模式。

解答完畢

14.3 彩色影像調色盤的最佳對應

圖論中的點和邊模型在許多的應用問題上常可直接取得兩者的對應關係。有一些彩色影像問題透過一些巧妙的轉換也可將該問題轉換成圖論的問題，例如影像調色盤問題 [3]。

範例 1：何謂影像的調色盤？

解答：給一張彩色影像 (Color Image)，假設一個像素 (Pixel) 的可能顏色有 n 種，調色盤的用意在於利用一個整數集將這些顏色對應起來。例如，假設我們只有四種顏色可用，且這四種顏色分別顯示於圖 14.3.1。

R	*G*	*B*
0	0	0
100	100	100
255	255	255
200	200	200

圖 14.3.1　一個例子

在圖 14.3.1 中，R、G 和 B 分別代表紅色、綠色和藍色。一般的彩色影像，我們有 $0 \le R, G, B \le 255$ 的限制。

如果將各個顏色賦予一個整數編號，則可得到圖 14.3.2 的調色盤圖表。

編　號	*R*	*G*	*B*
0	0	0	0
1	100	100	100
2	255	255	255
3	200	200	200

圖 14.3.2　賦予編號

有了調色盤圖表後，我們就可將一張彩色影像的任一像素的顏色用對應的編號來表示了。

解答完畢

範例 2：可否給一個小例子以便更明白調色盤的功用？

解答：假若我們有一張如圖 14.3.3 的彩色子影像。

200	0	255	100
200	0	255	100
200	0	255	100
200	0	255	100

圖 14.3.3　一個子影像

利用範例 1 所介紹的彩色影像調色盤原理，我們可將圖 14.3.3 的彩色子影像轉換成圖 14.3.4 的編號圖 (Index Map)。

3	0	2	1
3	0	2	1
3	0	2	1
3	0	2	1

圖 14.3.4 按編號轉換

有了編號圖後，根據調色盤圖表自然很容易將編號圖轉換回原彩色影像。

解答完畢

範例 3：改變調色盤圖表中的顏色與編號對應關係，是否可達到壓縮效果？

解答： 在 JPEG-LS 壓縮標準中，一個像素可進行下列八種方向的預測，再從中選取一種最有利的預測壓縮法。

1. 由上面像素值預測目前像素值：

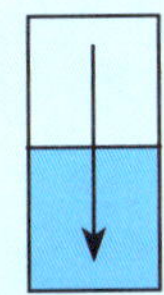

2. 由左邊像素值預測目前像素值：

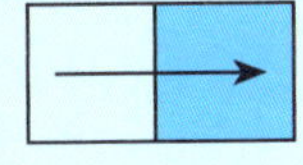

3. 由左上預測右下像素值：

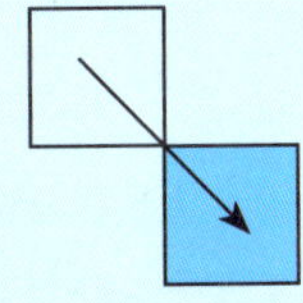

4. ~ 7. 由二個或三個交錯而成的二維預測：

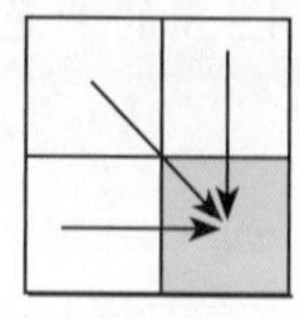
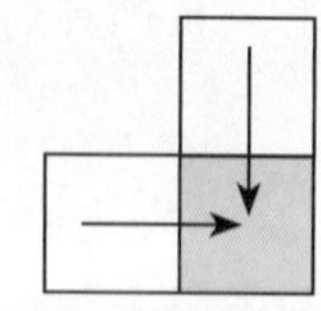
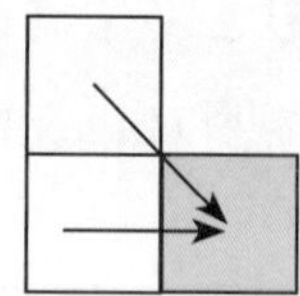
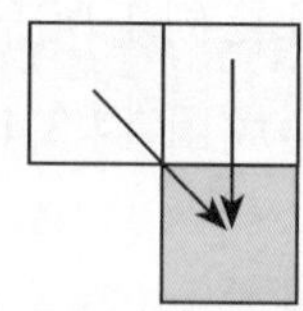

8. 不做任何預測。

我們屆時只需要用三個位元存在檔頭即可記住到底使用了哪一種預測壓縮法。由以上八種預測法，很容易知道 JPEG-LS 在壓縮時，若鄰居像素值較接近，我們可以得到較好的壓縮效果。因此，我們很自然地可利用調整調色盤的對應關係以達到壓縮的效果。以範例 2 中的編號圖為例，如果將其改變成圖 14.3.5 的編號圖，則的確可達到鄰近像素值較接近的效果。

0	1	2	3
0	1	2	3
0	1	2	3
0	1	2	3

圖 14.3.5 改良後的編號圖

綜上所述，我們得事先建立圖 14.3.6 所示的新調色盤的顏色與編號之對應關係。

編 號	*R*	*G*	*B*
0	200	200	200
1	0	0	0
2	255	255	255
3	100	100	100

圖 14.3.6 改良後的對應表

解答完畢

範例 4：如何利用圖論的技巧設計出有效的調色盤對應關係？

解答：假設某一 4×4 的子影像經調色盤的對應轉換為

3	3	3	2
2	1	1	1
2	1	0	0
3	3	0	0

依據列優先的掃描次序，得到序列<3, 3, 3, 2, 2, 1, 1, 1, 2, 1, 0, 0, 3, 3, 0, 0>。如果將調色盤的編號定義為節點的編號，則可得到下列的兩兩關係圖：

	0	1	2	3
0	0	1	0	2
1	1	0	3	0
2	0	3	0	1
3	2	0	1	0

在上面兩兩關係圖中，位置 (1, 2) 內存的數字 3 代表序列中出現過 2→1、1→2 和 2→1，故記錄為 3。利用本章所介紹的圖論符號，上述的兩兩關係圖可表示為

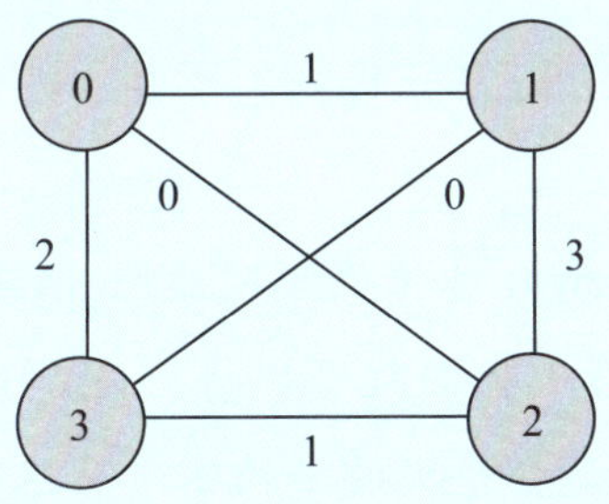

接下來，我們在上圖中找出一條最重的漢彌頓路徑 (Heaviest Hamiltonian Path) [4]，所找到的路徑如下所示：

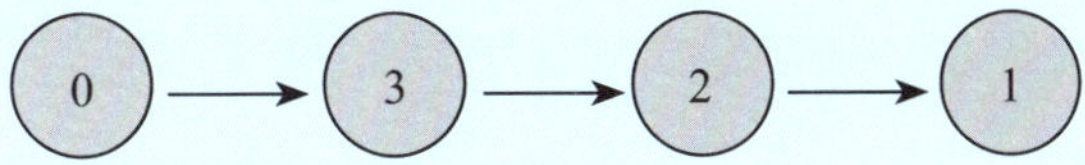

如此一來，我們就取得<0, 1, 2, 3>和<0, 3, 2, 1>的對應了。依據此調色盤新的對應關係，開始給定的 4×4 子影像就可以轉換為

1	1	1	2
2	3	3	3
2	3	0	0
1	1	0	0

解答完畢

14.4 彩色影像的測邊

在這一節，我們要介紹兩個彩色影像的測邊算子：改良式的 Prewitt 測邊算子 [5] 和向量排序統計式 (Vector Order Statistics) 測邊算子 [6]。

14.4.1 改良式的 Prewitt 測邊算子

我們在本書的第四章曾經詳細地介紹各種灰階影像的測邊法。在這一節中，我們要介紹學者 [5] 如何將第四章的 Prewitt 測邊算子從灰階影像擴充到彩色影像。

範例 1：**彩色影像中有 R、G 和 B 三種彩色平面，如何在這三個平面上求出相關的測邊反應值？**

解答：我們將圖 4.2.9 的 Prewitt 水平面罩改成圖 14.4.1.1(a)，如此一來，透過該修正式水平面罩的作用，我們就可以得到 RGB 三個平面的平均反應值。為了方便表示起見，我們令得到的平均水平反應值為 H。同理，利用圖 14.4.1.1(b)，令得到的平均垂直反應值為向量 V。

$\frac{-1}{3}$	0	$\frac{1}{3}$
$\frac{-1}{3}$	0	$\frac{1}{3}$
$\frac{-1}{3}$	0	$\frac{1}{3}$

(a) 水平面罩

$\frac{-1}{3}$	$\frac{-1}{3}$	$\frac{-1}{3}$
0	0	0
$\frac{1}{3}$	$\frac{1}{3}$	$\frac{1}{3}$

(b) 垂直面罩

圖 14.4.1.1 改良式 Prewitt 測邊面罩

解答完畢

範例 2：如何利用範例 1 測得的平均水平反應值 H 和平均垂直反應值 V 來決定該像素為可能邊點？

解答：有了平均水平反應值 H 和平均垂直反應值 V 後，我們只需計算出合成的值即可。下式是常用的計算方式：

$$M(x, y) = \sqrt{H(x, y)^2 + V(x, y)^2} \tag{14.4.1.1}$$

式 (14.4.1.1) 中，(x, y) 代表待測影像的位置。如果 $M(x, y)$ 大於事先設定的門檻值，我們就說位於 (x, y) 的像素為可能邊點。

解答完畢

有了 $H(x, y)$ 和 $V(x, y)$ 後，可能邊的方向性也可透過下式求得

$$\theta = \tan^{-1} \frac{V(x, y)}{H(x, y)} \tag{14.4.1.2}$$

在實際的測邊應用前，我們常會先引用高斯函數式的濾波器先將雜訊去除，然而，如此一來，卻又容易造成邊發胖的現象。

範例 3 ：如何利用局部最大 (Local Maxima) 的概念只濾出較細的邊出來？

解答：在範例 2 的討論中，暫時被找出來的所有可能邊點中，若某一可能邊點 $E(x, y)$ 的同方向性之兩可能邊點的合成反應值 M 皆小於 $E(x, y)$ 的合成

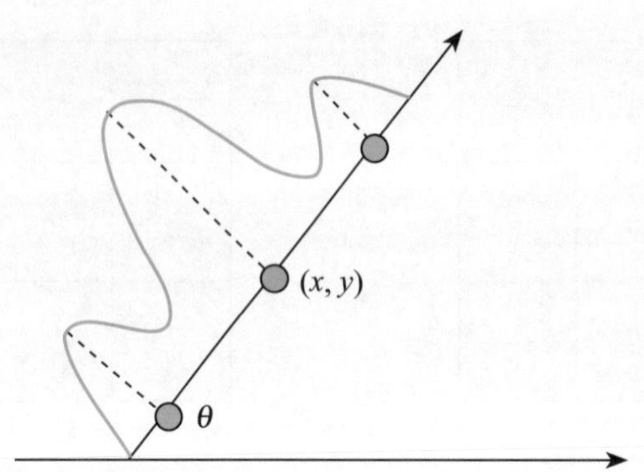

圖 14.4.1.2　局部最大示意圖

反應值，則 $E(x, y)$ 就可成為真正的邊點。圖 14.4.1.2 為此種局部最大的示意圖。

解答完畢

至此，我們已可將彩色影像中所有較細的邊過濾出來了。

範例 4：**如何加強這些細邊的連結性 (Linking Property)？**

解答：我們可利用另一個較低的門檻值所得到更多邊點的邊圖 (Edge Map) EM 來加強這些細邊的連結性。在圖 14.4.1.3 中，假設 e_1 為範例 3 中所得到的細邊，而 e_2 和 e_3 是邊圖 EM 中連接 e_1 的鄰邊，我們只需算出 e_1 和 e_2 的夾角 $\theta(e_1, e_2)$ 及 e_1 和 e_3 的夾角 $\theta(e_1, e_3)$。如果 $|\theta(e_1, e_2)| < |\theta(e_1, e_3)|$，則將 EM 中的 e_2 加入細邊集中以便加強細邊 e_1 的連結性。

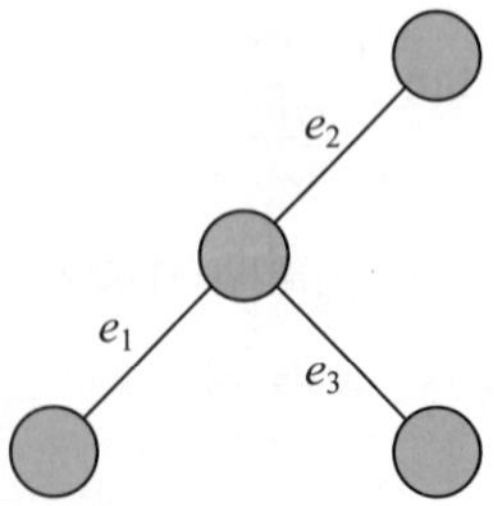

圖 14.4.1.3　加強細邊的連結

解答完畢

範例 5：可否在一張灰階影像上展示一下上述測邊的實作結果？

解答： 給一張輸入的灰階影像，如圖 14.4.1.4 所示，利用上述的測邊法並細化邊圖，我們得到圖 14.4.1.5 的測邊的結果。

圖 14.4.1.4　F16 原影像

圖 14.4.1.5　F16 細化邊圖

解答完畢

14.4.2 以向量排序統計為基礎的彩色測邊器 [6]

範例 1：什麼是向量排序統計？

解答： 在多維的向量系統中，我們無法如一維純量一般，在數線上針對其大小做排序的動作。因此，為了對向量做排序，我們必須先做適當的處理，過去已有學者對於各種的向量排序方法做出了相關的整理 [7]，在本節中所要談論的是常被採用的減維排序 (R-ordering)。減維排序即是將多維的向量投射到一維的數線上，並針對其投射的值做相關的排序動作。

解答完畢

範例 2：如何將向量排序統計應用到測邊上呢？

解答： 我們先利用一個 w^2 大小的面罩取出一塊等大的彩色子影像，也就是子影像中的像素個數為 w^2，像素 P_i 可為 RGB 彩色空間的像素，即 $P_i=[R_i, G_i, B_i]$ 或為 CIE Lu'v' 彩色空間的對應像素，即 $P_i=[L_i, u'_i, v'_i]$。接下來，我們求出像素 P_i 與其餘的像素之差異總和 d_i：

$$d_i = \sum_{k=1}^{w^2} \left\| P_i - P_k \right\| \text{，} i = 1, 2, \cdots, w^2$$

而後，針對 d_i，$1 \le i \le w^2$ 做排序，假設得到的序列為 $d_{(1)} \le d_{(2)} \le \cdots \le d_{(w^2)}$。其中 $d_{(1)}$ 所對應的像素為 $P_{(1)}$，由於和其他像素的差異總和最小，因此可視為中位數。反之，$d_{(w^2)}$ 所對應的像素 $P_{(w^2)}$ 則可視為面罩內最突兀的像素。利用 $VR = \left\| P_{(w^2)} - P_{(1)} \right\|$，我們可以得到一個較簡單的測邊器。當向量等級 (Vector Range, VR) 值高於一個門檻值時，我們便將面罩中心的像素視為一邊點。

解答完畢

雖然 VR 可以作為一個彩色影像的測邊器之用，但是其有著非常容易受到雜訊干擾的缺點。因此，我們必須再針對植基於 VR 之測邊器的抗雜訊功能做相關的改進。

範例 3：**如何提高 VR 測邊器的抗雜訊能力？**

解答：一般而言，雜訊可分為脈衝雜訊 (Impulsive Noise) 和高斯雜訊 (Gaussian Noise) 兩種。在避免脈衝雜訊干擾上，我們可以將 VR 修改成取若干個在範例 2 的序列中最大的 d 所對應的像素與 $P_{(1)}$ 之差異再取最小值，此測邊器稱為最小化向量等級 (Minimum VR, MVR) 測邊器。

$$MVR = \min_j \left\{ \left\| P_{(w^2-j+1)} - P_{(1)} \right\| \right\} \text{，} j = 1, 2, \cdots, k \text{；} k < w^2$$

假設 $k=2$，則可容許在面罩之內有一個脈衝雜訊。

在避免高斯雜訊干擾上，學者 Sanwalka 和 Venetsanopoulos [8] 提出了一個相當不錯的方式，即使用取平均值的方式來分散雜訊。因此 VR 也可以修改成向量分散 (Vector Dispersion, VD) 以增加其抗高斯雜訊的能力：

$$VD = \left\| P_{(w^2)} - \sum_{i=1}^{l} \frac{P_{(i)}}{l} \right\| \text{，} l < w^2$$

最後，結合 MVR 與 VD，即可得到一個可以同時抗脈衝雜訊與高斯雜訊的測邊器，最小化向量分散 (Minimum Vector Dispersion, MVD)：

$$MVD = \min_{j}\left\{\left\| P_{(w^2-j+1)} - \sum_{i=1}^{l}\frac{P_{(i)}}{l} \right\|\right\} \text{，} j = 1, 2, \cdots, k \text{；} k < w^2$$

當 MVD 值高於一個門檻值，面罩中心的像素則可視為一個邊點。

解答完畢

範例 4：可否在一張灰階影像上展示一下測邊的實作結果？

解答：給一張輸入的灰階影像，如圖 14.4.2.1 所示，利用上述的 MVD 測邊法，我們得到圖 14.4.2.2 灰階測邊的結果。

圖 14.4.2.1　F16 原影像

圖 14.4.2.2　F16 邊圖

解答完畢

14.5 彩色影像的分割

在本書的第五章中，我們曾花相當的篇幅對灰階影像的分割做了一番介紹。在這一節中，我們針對彩色影像的分割 [9] 來做介紹。

範例 1：彩色影像的分割主要會利用到哪些因素呢？

解答：在 [9] 中，學者主要是利用下列的元素來進行彩色影像的分割：

- 彩色影像上邊的訊息。
- 彩色影像上的色調訊息。
- 彩色影像上粗糙區域的訊息。

解答完畢

範例 2：如何得到彩色影像上邊和粗糙區域的訊息？

解答：我們可先將彩色影像依據本書第一章所描述的彩色模式轉換方式，將該彩色影像轉換成灰階影像。接下來，我們可利用本書第四章所述的測邊法來求得該灰階影像的邊訊息。再利用第五章的分水嶺式的區域分割法求得灰階影像的粗糙區域。令這些粗糙的區域集為 $\{R_1, R_2, \cdots, R_m\}$。

解答完畢

範例 3：如何利用範例 2 所得的邊和粗糙區域訊息來進行彩色影像的分割呢？

解答：簡略地說，彩色影像的分割主要就是定義出一套法則以便對這些粗糙區域進行一連串合併的動作，以達到分割之目的。假設有兩個鄰近的粗糙區域 R_i 和 R_j，我們得先計算出下列兩個函數：

色調距離度：$\min\left\{\left|\mu_h(R_i)-\mu_h(R_j)\right|,\ \left(360-\left|\mu_h(R_i)-\mu_h(R_j)\right|\right)\right\}$

交界邊強度：$\left(\sum_{(x,y)\in B_{ij}} I_G(x,y)\right)\Big/\left|B_{ij}\right|$

在上面的兩個量度式子中，$\mu_h(R_i)$ 代表粗糙區域 R_i 的平均色調；$|B_{ij}|$ 代表粗糙區域 R_i 和 R_j 交界的像素點數；$\sum_{(x,y)\in B_{ij}} I_G(x,y)$ 代表 R_i 和 R_j 交界的邊點數，一般而言，$|B_{ij}| > \sum_{(x,y)\in B_{ij}} I_G(x,y)$。假若函數值愈大，則表示 R_i 和 R_j 差異愈大，也就是愈不適合合併。

合併以上的兩個量度，粗糙區域 R_i 和 R_j 的綜合差異度被定義如下：

綜合差異度 $= S(R_i, R_j)$

$$= w_1 \times \text{色調近似度}(R_i, R_j) + w_2 \times \text{交界邊近似度}(R_i, R_j)$$

上式中的兩個加權值 w_1 和 w_2 由使用者設定。有了 R_i 和 R_j 的綜合差異度定義後，只需仿照第五章 PNN 方法的步驟，在所有兩兩粗糙區域的綜合差異度中挑出最小者進行合併。這個合併的過程一直進行到滿意程度為止。

解答完畢

14.6 彩色影像的對比加強

彩色影像的對比加強，可以使影像的色彩看起來更加鮮豔，在這一節中，我們要介紹一種在 CIE Lu'v' 彩色模式下操作的彩色影像對比加強的方法 [2, 10]。

範例 1：如何在 CIE Lu'v' 彩色模式下做彩色影像對比加強？

解答： 由於一般 CRT 螢幕所能顯示的色彩均是集中在彩色區域三角形內，因此，我們所有相關的處理主要在三角形的色域之中。為了要使色彩的對比加強，我們必須將影像中的顏色飽和化，方法如圖 14.6.1 所示。假設輸入的彩色像素對如圖 14.6.1 的 $C=(u'_C, v'_C, Y)$。將 C 點沿著 $\overrightarrow{WC}$ 移動，便會與

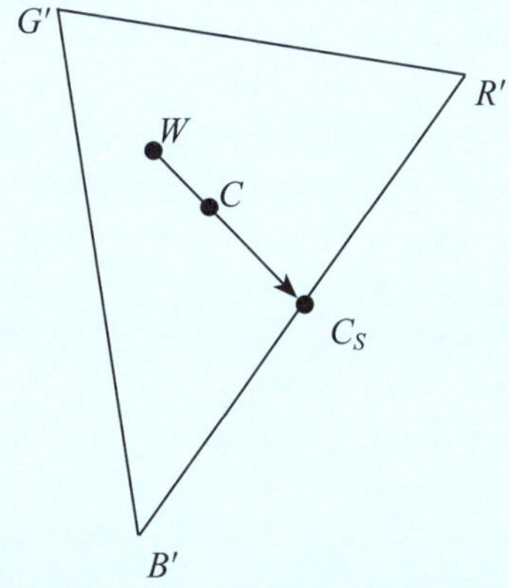

圖 14.6.1 色彩飽和化示意圖

$\overline{B'R'}$ 相交於 C_S，我們稱 C_S 為 C 的最大飽和色彩。由於在彩色區域三角形做 u' 及 v' 的色彩飽和，並不會影響到 Y 值，因此 $C_S=(u'_{C_S}, v'_{C_S}, Y)$。

解答完畢

雖然透過了色彩飽和化的動作，我們成功地將影像的色彩對比加強。但是由於影像中所有的色彩都是集中在色域三角形的邊緣上，因此影像中的色彩數就變少了。為了使影像看起來更為自然，我們必須增加影像的色彩。

範例 2：如何使色彩飽和的影像增加色彩呢？

解答：為了增加飽和影像的色彩，我們必須對飽和影像做“反飽和”的動作，如圖 14.6.2 所示。

我們透過針對 C_S 與 W 做 CIE 色彩混合 [1]，以達到反飽和的效果，得到的色彩為 $C_{ds}=(u'_{C_{ds}}, v'_{C_{ds}}, Y_{C_{ds}})$，CIE 色彩混合公式如式 (14.6.1) 所示：

$$u'_{C_{ds}} = \frac{u'_W \dfrac{Y_W}{v'_W} + u'_{C_s} \dfrac{Y}{v'_{C_s}}}{\dfrac{Y_W}{u'_W} + \dfrac{Y}{u'_{C_s}}}$$

$$v'_{C_{ds}} = \frac{Y_W + Y}{\dfrac{Y_W}{u'_W} + \dfrac{Y}{u'_{C_s}}} \tag{14.6.1}$$

$$Y_{C_{ds}} = Y + Y_W$$

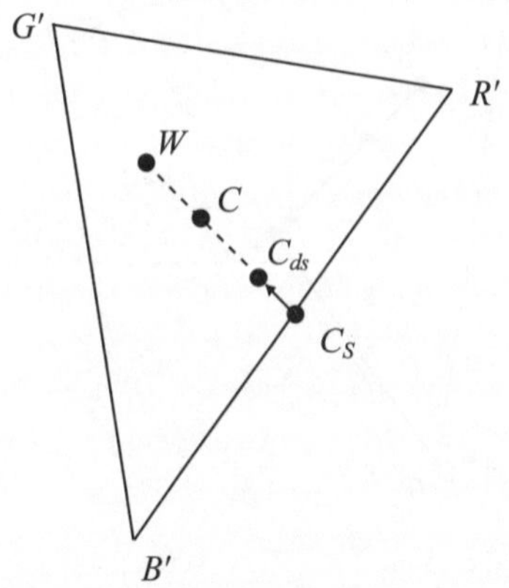

圖 14.6.2　色彩反飽和示意圖

其中，$Y_w = k\overline{Y}$，$\overline{Y}$ 為整張圖片的平均亮度值，k 則是由使用者自定的參數，用以調整增強後影像的亮度。

解答完畢

上述之影像對比加強方法，除了可用於 CIE Lu'v' 彩色模式之外，亦可在 CIE xyY 彩色模式之下使用 [11]。

範例 3：如何能夠快速的找到最大飽和色彩 C_S 呢？

解答：在 [10] 中，我們提出了一種快速找到最大飽和色彩 C_S 的方法。假設 $\overrightarrow{WC}$ 與三角形區域的交點落於 $\overline{B'R'}$ 邊上。在這樣的假設下，我們可以得到以下等式：

$$
\begin{aligned}
u'_W + \tau(u'_C + u'_W) &= u'_{R'} + \lambda(u'_{B'} - u'_{R'}) \\
v'_W + \tau(u'_C + u'_W) &= v'_{R'} + \lambda(v'_{B'} - v'_{R'})
\end{aligned}
\quad (14.6.2)
$$

式 (14.6.2) 可以被改寫如下：

$$
\begin{aligned}
\tau(u'_C + u'_W) - \lambda(u'_{B'} - u'_{R'}) &= u'_{R'} - u'_W \\
\tau(v'_C + v'_W) - \lambda(v'_{B'} - v'_{R'}) &= v'_{R'} - v'_W
\end{aligned}
\quad (14.6.3)
$$

解得式 (14.6.3) 中的 τ 與 λ 後，如果符合 $\tau \geq 1$ 及 $0 \leq \lambda \leq 1$，則上述假設 $\overrightarrow{WC}$ 與三角形區域的交點落於 $\overline{B'R'}$ 邊上為真。否則，取其他的邊再做嘗試。取得正確的 τ 與 λ 後，C_S 可透過式 (14.6.4) 得到：

$$
\begin{aligned}
u'_{C_s} &= u'_W + \tau(u'_C + u'_W) \\
v'_{C_s} &= v'_W + \tau(v'_C + v'_W)
\end{aligned}
\quad (14.6.4)
$$

此外，我們也可以透過之前的資訊預測 C_S 最有可能落於三角形中的哪一個邊上。一般而言，我們必須對於三角形的三個邊分別來測試 C_S 是否位於該邊之上。但是由於顏色的局部連續性，特別是在平滑的區域，因此我們選擇上一次 C_S 所位於的邊作為優先測試。如果不符合，我們再選下一個測試邊。透過上一次的資訊來選擇優先測試邊的作法，比較隨意取測試邊的作法，有約 20% 的效率改良。透過上述的方法，我們便能很有效率的決定 C_S。

解答完畢

在實際應用上，上述方法已經具有相當好的色彩對比加強的效果，但是彩色影像對比增強之後，在細微紋理上會發生邊訊息流失的現象，因此我們必須做相關的保邊處理 [10]。

範例 4：該如何在對比增強時做保邊的處理呢？

解答：在保邊的處理上，我們首先必須先透過 14.4.2 節所介紹的測邊器求得原影像的邊圖，而後我們尋找適當的顏色以達到色彩對比加強與保邊的平衡，此平衡點稱為 C_{es}，如圖 14.6.3 所示。

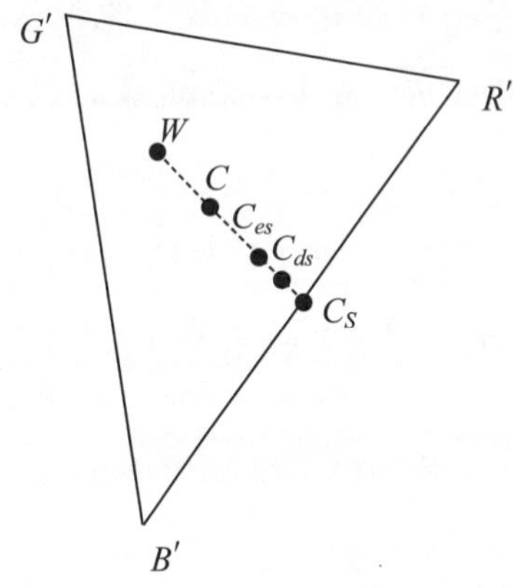

圖 14.6.3　對比加強與保邊的平衡點 C_{es} 示意圖

圖 14.6.4 顯示一個被 3×3 的遮罩覆蓋的子影像，在以“列優先”的影像處理的方式之下，標示為 P 的像素代表已經做過加強的像素，標示為 U 的則為尚未加強的像素，中心標示為 C 的像素，即是我們正在做色彩對比加強處理的像素。

為了取得一個近似於已經增強的影像狀態，我們首先以之前的方式將標

P	P	P
P	C	U
U	U	U

圖 14.6.4　一個被 3×3 的遮罩覆蓋的子影像

示為 U 的像素做對比加強。之後，我們對於正在做色彩對比加強處理的像素做加強的動作，即是找到該像素的 C_{ds}。若原圖邊圖顯示該像素不是一個邊點，則我們不需要做任何的保邊處理，因此 C_{ds} 則為最終的色彩。反之，若原圖邊圖顯示該像素為一個邊點，我們則要用測邊器再次檢查 C_{ds} 是否有流失邊的訊息。若 C_{ds} 仍為一個邊點，則 C_{ds} 為色彩對比加強與保邊的平衡點，即 C_{es}。若 C_{ds} 已經流失邊訊息，我們則必須在 $\overline{WC_S}$ 上以 C_{ds} 為中心透過“交錯搜尋”的方式尋找平衡點 C_{es}。圖 14.6.5 為交錯搜尋的示意圖，首先移動到 $C_{t(1)}$ 並檢查 $C_{t(1)}$ 是否為一邊點，若是，則輸出 $C_{t(1)}$ 為 C_{es}；反之，再移動到 $C_{t(2)}$，如此反覆搜尋直到找到 C_{es} 或是搜尋次數超過一個上限為止。如此，我們便可取得一個既有色彩對比加強效果，又同時能夠保住邊訊息的彩色影像。

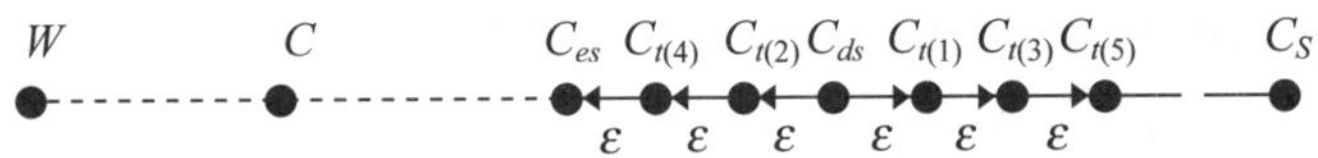

圖 14.6.5 交錯搜尋示意圖

解答完畢

範例 5：能否在一張影像展示對比加強與保邊的效果？

解答：圖 14.6.6 為一張 Pepper 的影像，圖 14.6.7 為其對應的邊圖。圖 14.6.8 為未做保邊的對比加強影像，圖 14.6.9 為圖 14.6.8 的對應邊圖。圖 14.6.10

圖 14.6.6 Pepper 影像

圖 14.6.7 原影像邊圖

圖 14.6.8　加強影像

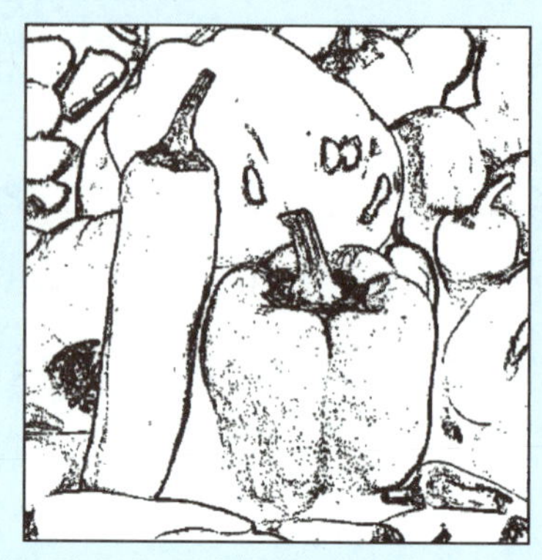
圖 14.6.9　加強影像邊圖

圖 14.6.10　保邊加強影像

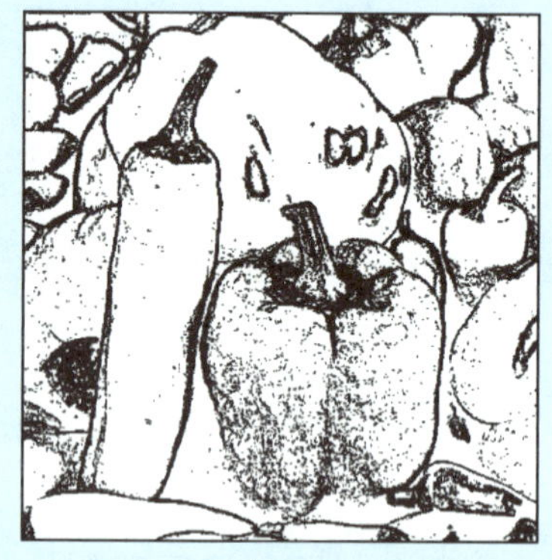
圖 14.6.11　保邊加強影像邊圖

為有做保邊動作的對比加強影像，其對應的邊圖則顯示於圖 14.6.11。由圖中我們可以發現圖 14.6.8 和圖 14.6.10 極為相似，但邊圖 14.6.11 較圖 14.6.9 更為接近原影像的邊圖。至此我們已經取得了對比增強與保邊的平衡點。

解答完畢

14.7 馬賽克影像的回復

在這一節中，我們要介紹如何將馬賽克影像回復 (Mosaic Image Restoration) 成全彩的 RGB 彩色影像。為了節省彩色相機的硬體成本，這幾年在數位相機市場上，出現了一種只有一個電荷耦合元件 (Charge Coupled Device, CCD) 的數位靜態相機 (Digital Still Camera, DSC) [17]，這一類型的相機比起有三個 CCD 架構之 RGB 全彩相機可說是陽春多了，圖 14.7.1 是這一類型相機的示意圖。圖中出現的符號 R 代表該像素只儲存了紅色的顏色；符號 G 代表該像素只儲存了綠色的顏色；符號 B 代表該像素僅儲存了藍色。在傳統的 RGB 全彩影像中，每個像素皆需儲存 R、G 和 B 三種顏色的值。在彩色濾波陣列 (Color Filter Array, CFA) 相機的硬體限制下，每個像素只儲存三種顏色中的一種。為了反映綠色 G 的高亮度特性，影像中綠色頻帶出現的個數可合理地訂定為紅色 R 或藍色 B 的二倍。至於 B 和 R 頻帶的出現個數就訂定為一樣的數量。圖 14.7.1 中的 CFA 結構有時也稱作貝爾結構 (Bayer Structure)。

綜合上面所述，三個 CCD 的相機可表示成圖 14.7.2，而只需一個 CCD 的 CFA 相機可表示成圖 14.7.3。

有了圖 14.7.1 的 CFA 影像後，接下來，我們要介紹如何回復 CFA 影像為全彩的 RGB 影像。雖然回復後的全彩影像不像原先全彩 RGB 影像來得完好，在某些應用上，盡量回復 CFA 影像到一定的品質仍然是可被接受的。這個回復的過程也稱作 CFA 的內插法或稱作去馬賽克 (Demosaicking)。

B	G	B	G	B	G
G	R	G	R	G	R
B	G	B	G	B	G
G	R	G	R	G	R
B	G	B	G	B	G
G	R	G	R	G	R

圖 14.7.1 貝爾彩色濾波陣列

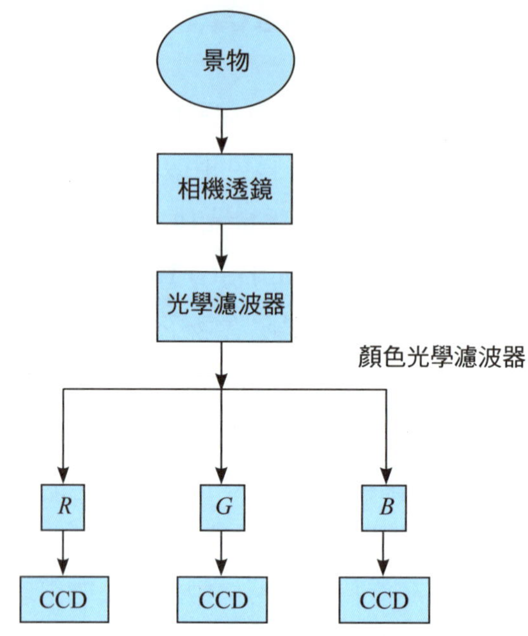

圖 14.7.2 三個 CCD 的 DSC 相機

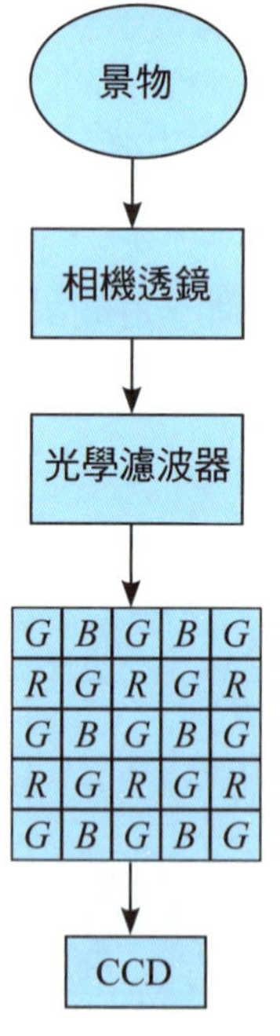

圖 14.7.3 一個 CCD 的 CFA 相機

範例 1：傳統去馬賽克的方法為何？

解答：為了說明傳統的去馬賽克方法，我們將圖 14.7.1 馬賽克影像的像素編號，假若其中 3×3 子影像的各個像素之編號如圖 14.7.4 所示。

R	G	R	G	R
G	B_2	G_3	B_4	G
R	G_6	R_7	G_8	R
G	B_{10}	G_{11}	B_{12}	G
R	G	R	G	R

圖 14.7.4 編號過的馬賽克影像

依據平均內插的方式，對紅色值為 R_7 的像素而言，其內的綠色和藍色值可被估計為

$$G_7' = \frac{G_3 + G_6 + G_8 + G_{11}}{4}$$

$$B_7' = \frac{B_2 + B_4 + B_{10} + B_{12}}{4}$$

同理，對綠色值為 G_3 的像素而言，其內的藍色值為

$$B_3' = \frac{B_2 + B_4}{2}$$

解答完畢

接下來，我們來看一下實作的結果，圖 14.7.5 為一張馬賽克影像，圖 14.7.6 為去馬賽克後的結果。

些，可利用 Butterfly-Jumping 式的隨機選取方式來決定學習影像的像素輸入順序。

解答完畢

4. 以 C 語言實作改良式 Prewitt 測邊算子。
5. 閱讀有關抗高斯雜訊的論文 [8]。
6. 試著找出除了書上提到之外的可提供彩色影像分割用的資訊。
7. 以 C 語言實作彩色影像的對比增強。
8. 討論有關彩色影像增強的論文 [2, 10, 11]。
9. 一張彩色影像往往顏色的種類可高達百萬種，印表機或顯示器無法顯示這麼多種顏色，請說明如何將色彩量化？

解答：根據 11.6 節的模糊分群法，假如想將 2^{24} 種顏色量化成 C 種顏色，只需將 C 種主顏色設想為 C 群即可。在 [15] 中，學者定義出量度 $P_j = \sum_{i=1}^{c}(u_{ij})^m$ 以用來判斷第 j 個資料分得好不好，P_j 值愈大，表示該資料靠近對應的群心愈近。如此一來，我們要極小化的目標函數可寫為

$$E(U,\ V : X) = \sum_{i=1}^{c}\sum_{j=1}^{n}(u_{ij})^m \left\|X_j - V_i\right\|^2 - \alpha \sum_{j=1}^{n}\sum_{i=1}^{c}(u_{ij})^m$$

上式中 α 為預設常數。

解答完畢

10. (續上題) 試利用主成份分析 (Principal Component Analysis, PCA) 解決色彩量化的問題。

解答：令彩色影像內的任一像素為 $X=(x_1, x_2, x_3)^t$，考慮 $K \times K$ 的區塊，根據 9.2 節的共變異矩陣定義，可得到

$$\sum\nolimits_X = \begin{bmatrix} \sigma_1^2 & \sigma_{12} & \sigma_{13} \\ \sigma_{21} & \sigma_2^2 & \sigma_{23} \\ \sigma_{31} & \sigma_{32} & \sigma_3^2 \end{bmatrix}$$

其中 $\sigma_{ij} = E[(X_i - \mu_i)(X_j - \mu_j)]$。

接下來，我們在共變異矩陣 $\sum_X$ 中求出特徵值，在這些特徵值中，我

們找出最大的特徵值並且求出其特徵向量。對所有的區塊，我們一一求出它們的特徵向量，有了這些向量後，我們可再利用模糊分群法將它們分為 C 群，這 C 群就是量化後的主色。

解答完畢

11. 試說明彩色系統 XYZ [參見式 (14.2.1)] 和彩色系統 LAB (或 L*a*b*) 的關係。

解答：兩者的關係如下式所示：

$$L^* = 116\left[f\left(\frac{Y}{Y_0}\right) - \frac{16}{116}\right]$$

$$a^* = 500\left[f\left(\frac{X}{X_0}\right) - f\left(\frac{Y}{Y_0}\right)\right]$$

$$b^* = 200\left[f\left(\frac{Y}{Y_0}\right) - f\left(\frac{Z}{Z_0}\right)\right]$$

上式中 X_0、Y_0、Z_0 分別代表物體參考白光的三個激發值 (Stimulus Values)；函數 f 的定義如下所示：

$$f(t) = \begin{cases} t^{\frac{1}{3}}\text{，若 } t > 0.008865 \\ 7.787t + \dfrac{16}{116}\text{，其他} \end{cases}$$

根據第一章作業 1 解答中的示意圖，可知 L*a*b* 的幾何分佈相較於圖 14.2.2 的馬蹄形光譜軌跡而言，可用下圖來表示：

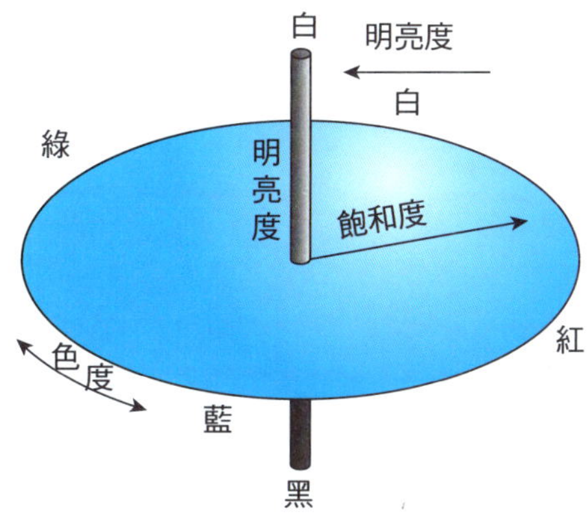

CIE LAB 彩色系統變符合人類眼睛視覺的非線性特性。

解答完畢

12. 試敘述在超光譜彩像中找出異常點 (Anomaly Points) [23]。

解答：令位於 (x, y) 位置的向量像素為 $z_n=z(x, y)$。通常 z_n 為一 224×1 的向量。先算出馬氏距離 (Mahalanobis Distance)

$$d_n=(z_n-m_n)^t k^{-1}(z_n-m_n)$$

這裡 $k^{-1}=Q\Lambda^{-1}Q^t$ (請參見 9.2 節的 Schur 分解)。馬氏距離可改寫為

$$\begin{aligned} d_n &= (z_n-m_n)^t Q\Lambda^{-1}Q^t(z_n-m_n) \\ &= x_n^t\Lambda^{-1}x_n \end{aligned}$$

刪掉數值過小或為 0 的特徵值，可得

$$\tilde{d}_n=\sum_{i=1}^{j}\frac{\left|x_n(i)^2\right|}{\lambda_i}$$

當 $\tilde{d}_n$ 大於門檻值時，$z(x, y)$ 可視為異常點。

解答完畢

13. 試敘述論文 [25] 中的調色盤重排方法。

解答：首先將 Index 化的影像檢查一遍，將所有不同的灰階值正規化並且排序，將它們置入調色盤中。從盤中挑出第一個位置中的 Index 並與盤中隨機選出的 Index 對調，然後在原影像中算出熵的變化，如果熵的變化夠好，則相關的類神經架構之獲勝神經元亦會修正其加權值。接下來，處理盤中第二個位置的交換工作，直到調色盤全部重新排定為止。

解答完畢

14.10 參考文獻

[1] R. W. G. Hunt, *Measuring Colour*, 2nd Ed., Ellis Horwood, New York, 1995.

[2] S. C. Pei, Y. C. Zeng, and C. H. Chang, "Virtual restoration of ancient Chinese paintings using color contrast enhancement and lacuna texture synthesis," *IEEE Trans. on Image Processing*, 13(3), 2004, pp. 416-429.

[3] S. Battiato, G. Gallo, G. Impoco, and F. Stanco, "An efficient re-indexing algorithm for color-mapped images," *IEEE Trans. on Image Processing*, 13(11), 2004, pp. 1419-1423.

[4] 鍾國亮編著，離散數學 (附研究所試題與詳解)，第三版，東華書局，臺北，2014。

[5] J. Scharcanski and A. N. Venetsanopoulos, "Edge detector of color image using directional operator," *IEEE Trans. on Circuits and Systems for Video Technology*, 7(2), 1997, pp. 397-401.

[6] P. E. Trahanias and A. N. Venetsanopoulos, "Color edge detection using vector order statistics," *IEEE Trans. Image Processing*, 2(2), 1993, pp. 259-264.

[7] V. Barnett, "The ordering of multivariate data," *Journal Royal Statistical Society A*, 139, Part 3, 1976, pp. 318-343.

[8] S. Sanwalka and A. Venetsanopoulos, "Vector order sratistics filtering of colour images," *in Proc. Thirteen GRETSI Synp. on Signal and Image*, 1991, pp. 785-788.

[9] E. Navon, O. Miller, and A. Averbuch, "Color image segmentation based on adaptive local thresholds," *Image and Vision Computing*, 23(1), 2005, pp. 69-85.

[10] K. L. Chung, W. J. Yang, and W. M. Yan, "Efficient edge-preserving algorithm for color contrast enhancement with application to color image segmentation," *J. of Visual Communication and Image Representation*, 19(5), 2008, pp. 299-310.

[11] L. Lucchese, S. K. Mitra, and J. Mukherjee, "A new algorithm based on saturation and desaturation in the xy chromaticity diagram for enhancement and re-rendition of color images," *in Proc. Int. Conference Image Processing*, vol. 2, Thessaloniki, Greece, Sept. 2001, pp. 1077-1080.

[12] 陳鴻興、陳君彥著，基礎色彩再現工程，全華書局，臺北，2003。

[13] Z. C. Lai and Y. C. Liaw, "A novel approach of reordering color palette for indexed image compression," *IEEE Trans. on Signal Processing, to appear.*

[14] S. C. Pei, Y. T Chuang, and W. H. Chuang, "Effective palette indexing for image compression using self-organization of Kohonen feature map," *IEEE Trans. on Image Processing*, 15(9), 2006, pp. 2493-2498.

[15] D. and L. Akarun, "A fuzzy algorithm for color quantization of images," *Pattern Recognition*, 35, 2002, pp. 1785-1791.

[16] K. Fukunaga, *Statistical Pattern Recognition*, 2nd Ed. Academic Press, New York, 1990.

[17] J. Adams, K. Parsulski, and K. Spaulding, "Color processing in digital camera," *IEEE Micro*., Nov.-Dec. 1998, pp. 20-29.

[18] S. C. Pei and I. K. Tam, "Effective color interpolation in CCD color filter array using signal correlation," *IEEE Trans. on Circuits and Systems for Video Technology*, 13(b), 2003, pp. 503-513.

[19] L. M. Chen and H. M. Hang, "An adaptive inverse halftoning algorithm," *IEEE Trans. on Image Processing*, 6(8), 1997, pp. 1202-1209.

[20] H. A. Chang and H. H. Chen, "Stochastic color interpolation for digital cameras," *IEEE Trans. on Circuits Systems for Video Technology*, 17(8), 2007, pp. 964-973.

[21] V. J. D. Tsai, "A comparative study on shadow compensation of color aerial images in invariant color models," *IEEE Trans. on Geoscience and Remote Sensing*, 44(6), 2006, pp. 1661-1671.

[22] W. J. Yang, K. L. Chung, and H. Y. M. Liao, "Efficient reversible data hiding for color filter array images," *Information Sciences*, in press, 2012.

[23] D. Qian, Z. Wei, and J. E. Fowler, "Anomaly-based JPEG2000 compression of hyperspectral imagery," *IEEE Geoscience and Remote Sensing Letters*, 5(4), 2008, pp. 696-700.

[24] S. Prasad and L. M. Bruce, "Limitations of principal components analysis for hyperspectral target recognition," *IEEE Geoscience and Remote Sensing Letters*, 5(4), 2008, pp. 625-629.

[25] S. Battiato, F. Rundo, and F. Stanco, "Self organizing motor maps for color-mapped image re-indexing," *IEEE Trans. on Image Processing*, 16(12), 2007, pp. 2905-2915.

[26] L. W. Tsai, J. W. Hsieh, K. C. Fan, "Vehicle detection using normalized color and edge map," *IEEE transactions on Image Processing,* 16(3), 2007, pp. 850-864.

14.11 彩色影像測邊的 C 程式附錄

```
/****************************************************************/
/* 向量排序統計為基礎的彩色測邊器                                    */
/* 引用函數：                                                      */
/* #include <math.h>                                              */
/* 常數：                                                          */
/* Threshold                  門檻值                               */
/* SubImageSize               面罩大小                             */
/* MedianNum                  取多少個中位數來平均消除高斯雜訊         */
/* AllowImpulsiveNoise        面罩內容忍的脈衝雜訊個數               */
/* 輸入變數：                                                      */
/* InputCIEColorMap           輸入影像                             */
/* ImageHeight                輸入影像之列數                        */
/* ImageWidth                 輸入影像之行數                        */
/* 自定結構：                                                      */
/* typedef struct                                                 */
/*  {                                                             */
/*     double Y;                                                  */
/*     double u;                                                  */
/*     double v;                                                  */
/*  }CIEColor;                                                    */
/* 輸出變數：                                                      */
/* EdgeMap                    邊圖                                 */
/****************************************************************/


//--- 插入排序法 ----------------------------------------------------------
void Insertion_sort(double *a, int *b)
{
     int l = SubImageSize;
```

```
    int i, j;
        int key2;
    double key1;

for(j = 1; j < l; j++)
{
    key1 = a[j];
    key2 = b[j];

    for (i = j – 1; i >= 0 && a[i] > key1; i – –)
    {
        a[i + 1] = a[i];
        b[i + 1] = b[i];
    }

    a[i + 1] = key1;
    b[i + 1] = key2;
  }
}

//--- 測邊演算法 -----------------------------------------------------------
double MaskEdgeDetector(CIEColor * ColorPixel)
{
    double VD;
    CIEColor midXi, TempColor;

    MVD = infinte;
    int * order = new int [SubImageSize];
    double * d = new double [SubImageSize];
```

```
for(int i = 0; i < SubImageSize; i++)
{
    d[i] = 0.0;
}

//--- 測量面罩內各點之間距離
for (int m = 0; m < SubImageSize; m++)
{
  for (int n = 0; n < SubImageSize; n++)
  {
    TempColor.Y = fabs(ColorPixel[m].Y – ColorPixel[n].Y);
    TempColor.u = fabs(ColorPixel[m].u – ColorPixel[n].u);
    TempColor.v = fabs(ColorPixel[m].v – ColorPixel[n].v);
    d[m] += TempColor.Y + TempColor.u + TempColor.v;
  }
}

for (int k = 0; k < SubImageSize; k++)
  order[k] = k;

Insertion_sort(d, order);

midXi.Y = 0;
midXi.u = 0;
midXi.v = 0;

//--- 取數個中位數平均，以去除高斯雜訊
for (int l = 0; l < MedianNum; l++)
{
  midXi.Y += ColorPixel[order[l]].Y;
```

```
        midXi.u += ColorPixel[order[l]].u;
        midXi.v += ColorPixel[order[l]].v;
    }
    midXi.Y /= MedianNum;
    midXi.u /= MedianNum;
    midXi.v /= MedianNum;

    //--- 允許面罩內脈衝雜訊，以去除脈衝雜訊
    for (int k = 0; k < AllowImpulsiveNoise; k++)
    {
            TempColor.Y = fabs(ColorPixel[order[(SubImageSize – 1) – k]].Y – midXi.Y);
        TempColor.u = fabs(ColorPixel[order[(SubImageSize – 1) – k]].u – midXi.u);
        TempColor.v = fabs(ColorPixel[order[(SubImageSize – 1) – k]].v – midXi.v);

        // 取得 VD 值
        VD = TempColor.Y + TempColor.u + TempColor.v;
        if (VD < MVD)
            MVD = VD;  // 找到最小 VD 為 MVD
    }
    delete order;
    delete d;
    return MVD
}

EdgeMapCreate(CIEColor ** InputCIEColorMap, bool ** EdgeMap int
ImageHeight, int ImageWidth)
{
    double MVD;
    ImgWidth = ImageWidth;
    ImgHeight = ImageHeight;
```

```
CIEColor * SubImage CIEColor;

int Temp = (int)(sqrt(SubImageSize)/2); // 取得面罩邊長
int StartCount = – Temp;
int EndCount = Temp;
SubImageCIEColor = new CIEColor [SubImageSize];
for(int i = 1; i < ImgHeight – 1; i++)     // 掃描圖片
{
    for(int j = 1; j < ImgWidth – 1; j++)
    {
        EdgeMap[i][j] = false;
        int tempNum = 0;
// 掃描面罩內容
        for(int m = StartCount;m <= EndCount; m++)
        {
          for(int n = StartCount;n <= EndCount; n++)
          {
             SubImageCIEColor[tempNum].Y =
                InputCIEColorMap[i + m][j + n].Y;
               SubImageCIEColor[tempNum].u =
                 InputCIEColorMap[i + m][j + n].u;
             SubImageCIEColor[tempNum].v =
                 InputCIEColorMap[i + m][j + n].v;
                      tempNum++;
            }
          }
       MVD = MaskEdgeDetector(SubImageCIEColor);
       // 把面罩內容送入測邊演算法計算
       If (MVD >= Threshold)
            EdgeMap[i][j] = true;
```

```
                }
            }
        }
        delete SubImageCIEColor;
    }
```

CHAPTER

15

三維影像的彩現

15.1 前 言

在這一章，我們要介紹近年來非常熱門的三維視訊的深度影像彩現 (Depth-Image-Based Rendering, DIBR) [1] 技術。基本上，考慮的影像是成對的，一張為彩色影像 (Color Map)，另一張為同時間拍攝的深度影像 (Depth Map)。彩色影像中同位置的像素搭配同樣位置的深度像素可合成出該彩色像素對應的虛擬彩色像素。15.2 節會進一步介紹 Kinect 系統。

有了彩色影像與深度影像，我們利用 15.3 節介紹的翹曲變形 (Warping) 技術，可將第一台相機的原始視角的像素經由世界座標轉換到第二台相機之虛擬視角的像素上。15.4 節將介紹深度計算模型。15.5 節介紹針對虛擬視角影像中沒被對應到的像素進行缺空填補 (Hole Filling)。我們利用 3D 螢幕，例如 AOC-e2352Phz 螢幕搭配一副偏光式眼鏡 (參見圖 15.1.1)，即可看到三維立體影像的效果了。

圖 15.1.1　AOC-e2352Phz 3D 螢幕

15.2 Kinect 系統介紹

Kinect 系統的裝置外觀如圖 15.2.1 所示。在圖中，彩色影像是透過正中間的彩色感應鏡頭取得；3D 深度影像是透過兩側的深度感應鏡頭，利用紅外線的反射距離差算出像素的深度值；聲音乃透過陣列式麥克風取得。圖 15.2.2 為利用 Kinect 拍得的彩色影像，圖 15.2.3 為拍得的深度影像。

圖 15.2.1　體感操控器 Kinect

圖 15.2.2　Kinect 拍得的彩色影像

圖 15.2.3　Kinect 拍得的深度影像

Kinect 有支援追焦的功能，底座馬達會隨著追焦目標而轉動方向。圖 15.2.4 為 Kinect 設備的詳細規格。在規格表中，骨架追蹤的功能可幫助找出被拍攝物件的骨架結構，可進一步設計出一些虛擬的表演應用，例如：樂器演奏。Kinect 在 Windows 系統下的軟硬體需求如圖 15.2.5 所示。

感應項目	有效範圍或功能
彩色與深度值	1.2 至 3.6 公尺
骨架追蹤	1.2 至 3.6 公尺
視野角度	水平 57 度，垂直 43 度
底座與馬達旋轉	上下各 28 度
每秒畫格	30 張
深度解析度	QVGA (320×240)
顏色解析度	VGA (640×480)
聲音格式	16 KHz，16 位元 mono pulse code modulation (PCM)
聲音輸入	四麥克風陣列，24 位元類比數位轉換 (ADC)、雜音消除

圖 15.2.4　Kinect 的規格

軟　體	開發平台	Microsoft Windows 7 (x86/x64)
	開發軟體	Visual Studio 2010 Microsoft. Net Framework 4.0 Kinect SDK for Windows
硬　體	處理器	雙核 2.66 GHz 以上
	記憶體	2.00 GB 以上
	顯示卡	支援 DirectX 9.0c 以上

圖 15.2.5　Kinect 的軟硬體需求

15.3 翹曲變形技術：DIBR 第一步驟

DIBR 技術包含兩個步驟，第一個步驟為翹曲變形。考慮水平拍攝的兩台相機，如圖 15.3.1 所示，第一台相機中相片內有一像素，其像素位置為 $p_1=(x_1, y_1, 1)^t$，我們可以透過該台相機的內部參數矩陣 K_1、旋轉矩陣 $R_1=I$、平移向量 $T_1=\begin{bmatrix}0\\0\\0\end{bmatrix}$ 及該像素之實際深度值 Z_w，經由式 (15.3.1) 以取得 p_1 與世界座標的位置 $P=(X_w, Y_w, Z_w)^t$ 的關係。

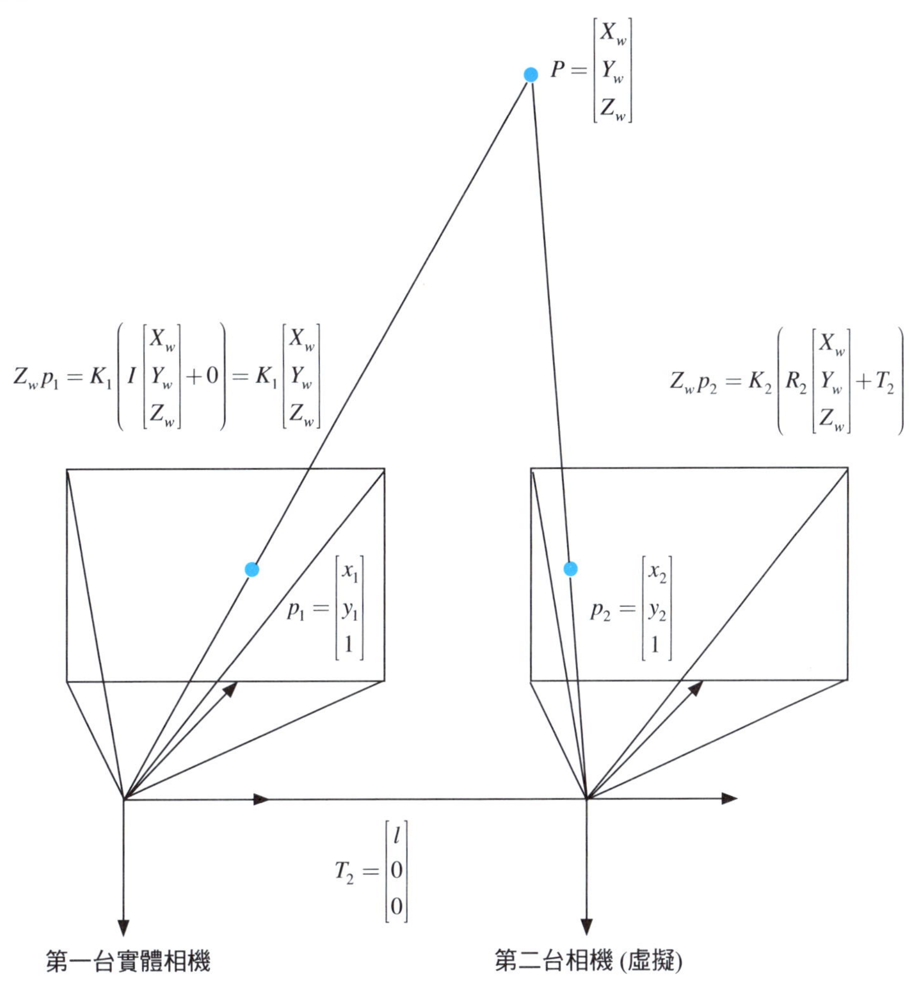

圖 15.3.1　世界座標系中的翹曲變形模型

$$\begin{aligned}Z_w p_1 &= K_1\left(R_1\begin{bmatrix}X_w\\Y_w\\Z_w\end{bmatrix}+T_1\right)\\ &= K_1\begin{bmatrix}X_w\\Y_w\\Z_w\end{bmatrix}+K_1\begin{bmatrix}0\\0\\0\end{bmatrix}=K_1\begin{bmatrix}X_w\\Y_w\\Z_w\end{bmatrix}\end{aligned} \tag{15.3.1}$$

同理，由第二台虛擬相機，我們有下式：

$$Z_w p_2 = K_2 \left(R_2 \begin{bmatrix} X_w \\ Y_w \\ Z_w \end{bmatrix} + T_2 \right) \tag{15.3.2}$$

合併式 (15.3.1) 和式 (15.3.2)，可得

$$Z_w p_2 = Z_w K_2 R_2 K_1^{-1} p_1 + K_2 T_2 \tag{15.3.3}$$

上式就是圖 15.3.1 模型對應的翹曲變形公式，由式 (15.3.3)，第一台相機所拍攝的相片像素 $p_1=(x_1, y_1, 1)^t$ 可以經由此式轉換到虛擬的第二台相機所拍攝的相片像素 $p_2=(x_2, y_2, 1)^t$ 上。

由於我們討論的是水平拍攝的影片，對二台相機而言，其拍攝的同一個物體點的深度資訊皆為 Z_w，旋轉矩陣為單位矩陣，即 $R_2=I$。平移向量 $T_2 = \begin{bmatrix} l \\ 0 \\ 0 \end{bmatrix}$ 表示只有 x 方向差距 l (Baseline) 的相機水平距離。兩台相機之內部參數矩陣相等，即 $K_1=K_2$。式 (15.3.3) 可轉換為

$$p_2 = p_1 + \frac{K_2 T_2}{Z_w}$$

這裡 $K_2 = \begin{bmatrix} f & \tau & O_x \\ 0 & \eta f & O_y \\ 0 & 0 & 1 \end{bmatrix}$，$f$ 代表焦距，(O_x, O_y) 代表相機座標系與影像座標系之間原點的位移向量，如圖 15.3.2 所示，τ 與 η 為硬體感光元件的延遲係數，得

$$P_2 = P_1 + \frac{f \cdot l}{Z_w}$$

令 $d_x = \dfrac{f \cdot l}{Z_w}$ 為水平位移 (Disparity)，且其代表真實相片的某像素點經由水平翹曲變形技術映射到虛擬相片的水平位移。本節介紹的水平翹曲變形技術之 C 程式附錄，請參見 15.9 節的附錄。

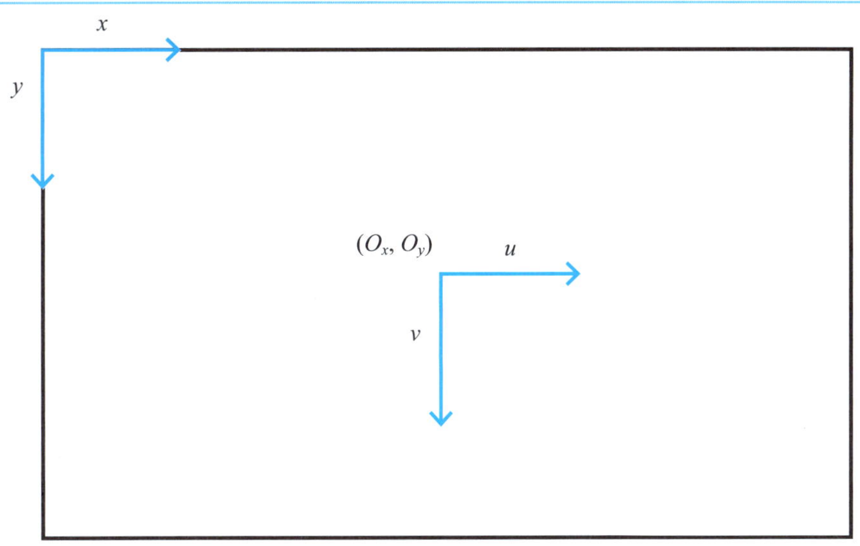

圖 15.3.2 O_x 和 O_y 的平移關係

15.4 深度計算模型

以下就深度影像深度計算模型作介紹。深度影像中的整數深度值 (z) 是由實際深度 (Z_w) 量化所產生的，其量化方法乃將實際深度利用最遠距離 (Z_{far}) 和最近距離 (Z_{near}) 以非線性的方式量化至 0 到 255 的整數值，如圖 15.4.1 所示，而公式為

$$z = \text{Quant}(Z_w) = \left\lfloor 255 \cdot \frac{Z_{\text{near}}}{Z_w} \cdot \frac{Z_{\text{far}} - Z_w}{Z_{\text{far}} - Z_{\text{near}}} + 0.5 \right\rfloor$$

若整數深度值已知，我們可以利用反量化的深度值公式

$$Z_w = \text{Quant}^{-1}(z) = \frac{1}{\frac{z}{255}\left(\frac{1}{Z_{\text{near}}} - \frac{1}{Z_{\text{far}}}\right) + \frac{1}{Z_{\text{far}}}}$$

計算出實際深度值。

在 15.3 節中，已知 $d_x = \frac{f \cdot l}{Z_w}$，其中焦距 f 與相機水平距離 l 在彩現時皆為定值。換句話說，水平位移量 d_x 與實際深度 Z_w 的倒數有關係，故

圖 15.4.1 深度值的非線性量化

$$d_x = \mathrm{Disp}_x(Z_w) = \mathrm{Disp}_x(\mathrm{Quant}^{-1}(z)) = D_x(z)$$

我們稱 $D_x(z)$ 為水平位移函數 (Disparity Function)，此函數是一個嚴格遞增函數。深度值 z 愈大，水平位移就愈大。我們可以將水平位移函數改寫為

$$D_x(z) = \frac{f \cdot l}{\mathrm{Quant}^{-1}(z)} = f \cdot l \cdot (C_1 \cdot z + C_2) \tag{15.4.1}$$

其中 $C_1 = \dfrac{1}{255}\left(\dfrac{1}{Z_{\mathrm{near}}} - \dfrac{1}{Z_{\mathrm{far}}}\right)$ 和 $C_2 = \dfrac{1}{Z_{\mathrm{far}}}$。

之前提過：在水平拍攝的前提下，同一個物體點經由兩個不同的視角所拍攝到的兩個像素只有水平方向的位移 d_x，由於翹曲變形在計算水平位移時不會剛好是整數值，為了對應到整數值，我們會將計算出的 d_x 取四捨五入(Rounding)。

15.5 缺空填補

在三維視訊的彩現中，需要處理兩種類型的影像缺空問題：第一種類型是深度攝影機在擷取深度資訊時產生的缺空；第二種類型則是彩現時所產生的缺空。為了使擷取的深度影像具有完整的資訊，及增加彩現後的完整影像呈現，我們會透過缺空填補的演算法，將這些缺空修補起來。

第一種類型的缺空是深度攝影機擷取深度影像時所產生的，以 Kinect 深度感應器為例，有兩個因素導致缺空。第一個是 Kinect 的紅外線深度感應器使用兩個感應鏡頭，分別為發射端與接收端，因為鏡頭拍攝位置的偏差，導致接收端鏡頭無法完全接收物體反射回來的紅外線，而導致缺空產生。第二個因素則是物體存在著不能正確反射紅外線的情形，例如：黑色的物體會吸收光線，也會造成深度影像的缺空。圖 15.5.1 就是這一類型缺空造成時拍得的深度影像。

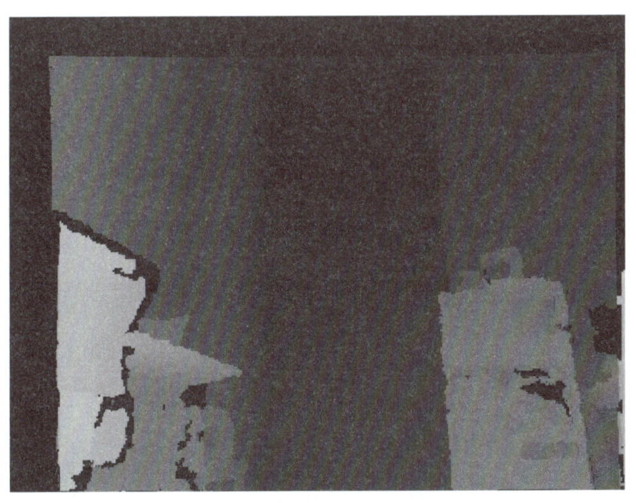

圖 15.5.1 黑白區域代表深度影像中的缺空

由圖 15.2.1 可知 Kinect 的彩色感應鏡頭與紅外線深度感應鏡頭的位置有偏移，但是為了修正彩色影像與深度影像的物件一致性，我們會希望深度影像與彩色影像中的每個像素彼此對應的位置是相同的，因此在填補缺空會對擷取的深度影像做視角校正 [5]，以使兩個影像上的實際位置能夠有對應。圖15.5.1 的左方與上方邊緣的長條形黑色區塊為視角校正後所造成的結果，而其他黑色的部分則是缺空。

我們先針對第一類型缺空來介紹一種簡單且有效的缺空填補方法。在 [6] 中，其缺空填補的方法是利用鄰近且顏色相近的像素點，這些像素點有很高的機率是同一物體中的像素，因此對應的深度值也會接近，所以透過搜尋彩色影像中相近顏色的像素之深度值，即可用以填補缺空的深度像素值。其詳細步驟描述如下：

步驟一：在深度影像中，以每一個缺空像素點為中心在彩色影像相同位置開啟一個搜尋範圍。

步驟二：在搜尋範圍內找尋與缺空像素之顏色相近的點，並將顏色相近的點作為候選點。

步驟三：若搜尋範圍內沒有找到候選點，則跳到步驟五；否則，跳到步驟四。

步驟四：從候選點對應的深度值中，取出其深度的中間值填補缺空的像素點。隨後，往下一個缺空像素進行填補。

步驟五：在搜尋範圍中統計出現頻率最高的深度值，以此深度值作為缺空待修補的深度值。隨後，往下一個缺空像素進行填補。

以圖 15.5.1 為輸入例子，圖 15.5.2 為上述缺空填補演算法的結果。

第二種類型是以深度影像搭配彩色影像進行彩現時所產生的缺空。主要的原因是當兩台攝影機水平擺放拍攝時，有些距離較遠的背景部分會被距離較近的前景物件所遮蔽，或是攝影機沒有拍攝到的物件都會導致彩現的缺空，這兩種現象我們都稱作遮蔽效應 (Occlusion Effect) [7]。以圖 15.5.3 為例，攝影機所能拍攝的範圍以實線表示，斜線的部分即為彩現時可能發生缺空的地方。另外，在翹曲變形時，以深度影像計算每個像素所對應的新位置可能會產生小數的座標值，經過四捨五入之後形成多個像素對應到相同位置，而造成某些位置沒有像素值可對應，也會形成缺空。圖 15.5.4 為“劍道”影像經過翹曲變形後

圖 15.5.2　圖 15.5.1 的缺空填補結果

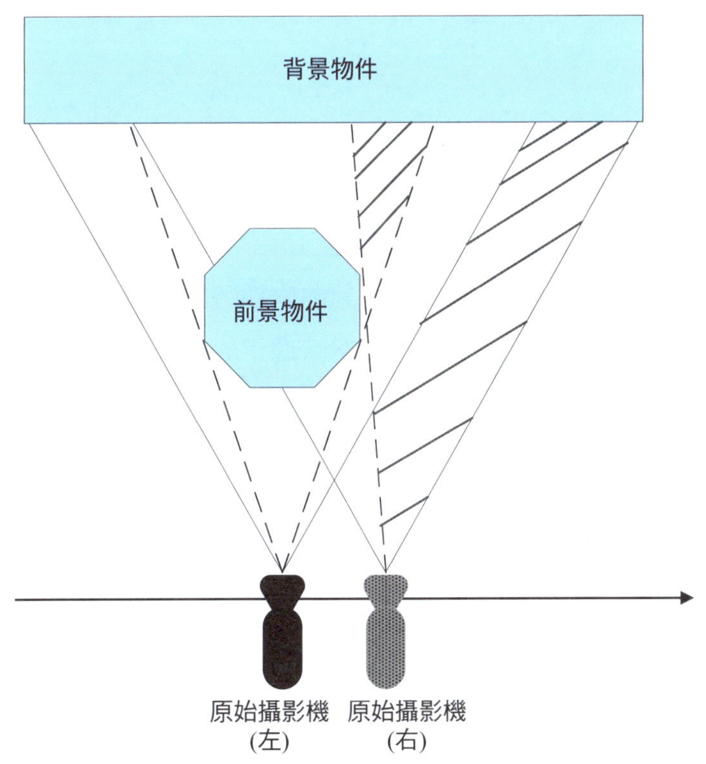

圖 15.5.3　遮蔽效應示意圖

圖 15.5.4 翹曲變形後的缺空結果

的缺空結果。

針對第二種類型的缺空與水平翹曲變形，我們可以利用論文 [8] 提出的影像修補 (Inpainting) 方法進行缺空填補，可獲得不錯的修補效果。不過由於該方法的計算複雜度較高，因此在此僅介紹一個較容易實作的水平內插法 (Horizontal Interpolation) [9]。基於水平翹曲變形時，得到的新像素位置只有向左或向右其中的一種移動。我們可利用空缺像素的左右方存在的像素，以內插的方法填補缺空。水平內插法以下式表示：

$$I[n]=(1-w)I_l[n]+wI_r[n]\text{，}\forall n\in H$$

這裡

$$I_l[n]=I[m_1]\text{，}m_1\in\partial H\text{；}$$
$$I_r[n]=I[m_r]\text{，}m_r\in\partial H\text{；}$$

$$w=\frac{n-m_1}{m_r-m_1}$$

其中 n 為目前待修補的缺空像素位置，H 為缺空像素的點集合，∂H 為缺空像素點集合的邊界外緣像素點集合，m_r 和 m_1 分別為位置 n 往右和往左第一個碰到缺空的邊點像素。其權重的調整是以距離的比例為標準。內插示意圖如圖 15.5.5 所示。圖 15.5.6 則為經過內插法填補過後的結果。

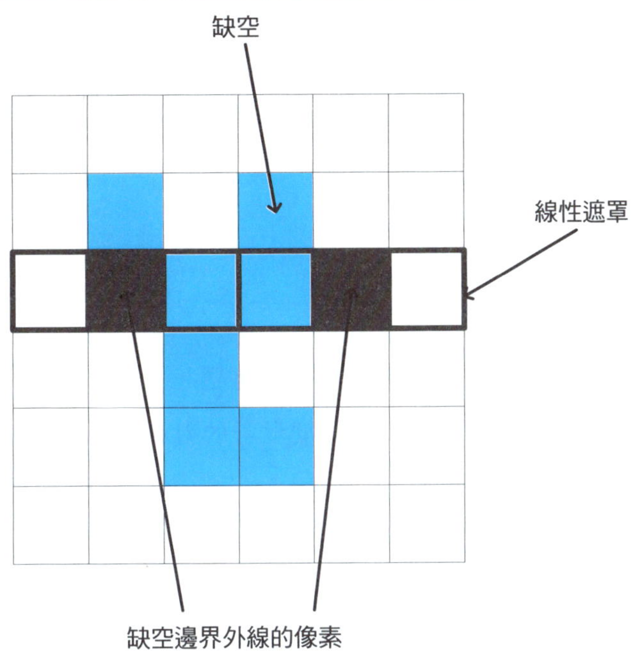

圖 15.5.5 水平內插法示意圖

圖 15.5.6 圖 15.5.4 以水平內插法填補缺空的結果

15.6 結　論

三維影像的彩現是近年很熱門的議題，主要是實現 3D 影像與視訊的夢想，進而讓人們享受 3D 視聽的聲光效果。在這一章，我們已介紹了植基於彩色影像與深度影像的三維影像彩現技術，這些技術包含了很重要的翹曲變形技術和缺空填補技術。

15.7 作　業

1. 試解決彩度圖在翹曲變形時多對一的問題。
2. 深度圖經壓縮後容易產生在翹曲變形時的對應誤差，試提出解決方案。

15.8 參考文獻

[1] C. Fehn, "A 3D-TV approach using depth-image-based rendering (DIBR)," *in Proc. Visualization, Imaging, and Image Processing (VIIP)*, 2003, pp. 482 -487.

[2] G.Wolberg, *Digital Image Warping*, IEEE Computer Society Press, 1990.

[3] [Online Available] http://en.wikipedia.org/wiki/Stereoscopy.

[4] D. Tian, P. Lai, P. Lopez, and C. Gomila, "View synthesis techniques for 3D video," *in Proc. SPIE 7743, Applications of Digital Inage Processing XXXII*, 74430T.

[5] J. Zhu, "Fusion of time-of-flight depth and stereo for high accuracy depth maps," *in Proc. IEEE Conferences on Computer Vision and Pattern Recognition (CVPR)*, Anchorage, Alaska, 2008, pp. 1-8.

[6] S. Matyunin, D. Vatolin, Y. Berdnikov, and M. Smirnov, "Temporal filtering for depth maps generated by Kinect depth camera," *in Proc. IEEE 3DTV Conference: The True Vision—Capture, Transmission and Display of 3D Video (3DTV-CON)*, Antalya, Turkey, 2011, pp. 1-4.

[7] P. Ndjiki-Nya, M. Köppel, D. Doshkov, H. Lakshman, P. Merkle, K. Müller, and T. Wiegand, "Depth image-based rendering with advanced texture synthesis for 3-D video," *IEEE Trans. on Multimedia*, 13(3), 2011, pp. 453-465.

[8] A. Criminisi, P. Perez, and K. Toyama, "Region filling and object removal by exemplar-based image inpainting," *IEEE Trans. on Image Processing*, 13(9), 204, pp. 1200-1212.

[9] C. Vázquez, W. J. Tam, and F. Speranza, "Stereoscopic imaging: filling disoccluded areas in depth image-based rendering," *in Proc. SPIE Three-Dimensional TV, Video, and Display (ITCOM)*, Boston, MA, 2006, 63920D.

[10] S. E. Shih and W. H. Tsai, "A two-omni-camera stereo vision system with an automatic adaptation capability to any system setup for 3d vision applications," *IEEE Trans. on Circuits and Systems for Video Technology*, 23(7), 2013, pp. 1156-1169.

[11] J. H. Chuang, L. W. Kuo, H. J. Kuo, and J. S. Liu, "Shadow generation from stereo images," *Electronics Letters*, 36(8), 2000, pp. 720-722.

[12] Y. C. Wang, C. P. Tung, and P. C. Chung, "Efficient disparity estimation using hierarchical bilateral disparity structure based graph cut algorithm with a foreground boundary refinement mechanism," *IEEE Trans. on Circuits and Systems for Video Technology*, 23(5), 2013, pp. 784-801.

15.9 水平翹曲變形技術的 C 程式附錄

```
// 水平翹曲變形使用 YUV420 格式
#include<stdio.h>
#include<stdlib.h>

// 宣告變數及函式
structParameter
{
    double focal;
    double baseline;
    double Znear;
    double Zfar;
```

```
    int height;
    int width;
    int frameNum;

    FILE *origColorMap; // 目前視角的 color 檔案
    FILE *origDepthMap; // 目前視角的 depth 檔案
    FILE *warpColorMap; // 虛擬視角的 color 檔案

    // 目前視角 color 的 YUV
    unsigned char **origColorY;
    unsigned char ***origColorUV;

    // 目前視角 depth 的 YUV
    unsigned char **origDepthY;
    unsigned char ***origDepthUV;

    // 虛擬視角 color 的 YUV
    unsigned char **warpColorY;
    unsigned char ***warpColorUV;
};

// 記憶體操作相關函式宣告
void allocat3DMemory(unsigned char ****target, int dim1, int dim2, int dim3);
void allocat2DMemory(unsigned char ***target, int dim1, int dim2);
void free3DMemory(unsigned char ***target, int dim1, int dim2);
void free2DMemory(unsigned char **target, int dim1);
void InitMemory(Parameter *para);
void FreeMemory(Parameter *para);

//disparity 相關函式宣告
```

```
double DeQuantization(int DepthValue, double Znear, double Zfar);
double DoDisparity(double RealDistance, double Focal, double Baseline);
int Rounding (double Disparity);
int GetDisparity(int depthValue, Parameter *para);
void GenerateDisparityArray(Parameter *para, int *disparityArray);

// 讀寫 YUV 圖檔相關函式宣告
void ReadOneFrameYUV(unsigned char **Y, unsigned char ***UV, int height, int
width, FILE *file);
void WriteOneFrameYUV(unsigned char **Y, unsigned char ***UV, int height, int
width, FILE *file);

// 翹曲變形相關函式宣告
void Warpping(Parameter *para, int *disparityArray);
void ClearWarpYUV(Parameter *para);

// 主程式
void main(intargc, char* argv[])
{
    / /從參數列取得相關參數
    Parameter *para = (Parameter *)calloc(1, sizeof(Parameter));

    double baseline_curr;
    double baseline_target;

    int disparityArray[256];
    int frameIndex=0, widthIndex=0, HeightIndex=0;

    if(argc< 12)
    {
```

```
        printf(" 參數不夠~~\n");
        return;
    }

    para->height      = atoi(argv[1]); // 畫面高度
    para->width       = atoi(argv[2]); // 畫面寬度
    para->frameNum = atoi(argv[3]); // 影片張數

    baseline_curr     = atof(argv[4]); // 目前視角的 baseline
    baseline_target   = atof(argv[5]); // 虛擬視角的 baseline

    para->baseline    = baseline_target - baseline_curr; // 兩視角間的 baseline 位移
    para->focal       = atof(argv[6]); // 攝影機焦距
    para->Znear       = atof(argv[7]); // 攝影機最近深度
    para->Zfar        = atof(argv[8]); // 攝影機最遠深度

    // 開啟檔案
    para->origColorMap=fopen(argv[ 9], "rb");
    para->origDepthMap=fopen(argv[10], "rb");
    para->warpColorMap=fopen(argv[11], "wb");

    // 初始化相關變數的記憶體
    InitMemory(para);

    // 計算深度值 0-255 的 disparity
    GenerateDisparityArray(para, disparityArray);

    for(frameIndex=0; frameIndex<para->frameNum; frameIndex++)
    {
        printf("Processing.....(%d/%d)\n", frameIndex, para->frameNum);
```

```
        // 讀取一張 frame
        ReadOneFrameYUV (para->origColorY, para->origColorUV, para->height,
            para->width, para->origColorMap);
        ReadOneFrameYUV (para->origDepthY, para->origDepthUV, para
            ->height, para->width, para->origDepthMap);

        // 將暫存區清空
        ClearWarpYUV(para);

        // 翹曲變形函式
        Warpping(para, disparityArray);

        // 寫入一張 frame
        WriteOneFrameYUV (para->warpColorY, para->warpColorUV, para
            ->height, para->width, para->warpColorMap);
    }

    // 關閉檔案
    fclose(para->origColorMap);
    fclose(para->origDepthMap);
    fclose(para->warpColorMap);

    // 釋放記憶體
    FreeMemory(para);
}

// 配置三維記憶體
void allocat3DMemory(unsigned char ****target, intdim1, intdim2, intdim3)
{
    int dim1Index, dim2Index;
```

```
    *target=(unsigned char ***)calloc(dim1, sizeof(unsigned char **));

    for(dim1Index=0; dim1Index<dim1; dim1Index++)
    {
        (*target)[dim1Index]=(unsigned char **)calloc(dim2, sizeof(unsigned char
                                *));

        for(dim2Index=0; dim2Index<dim2; dim2Index++)
        {
            (*target)[dim1Index][dim2Index]=(unsigned char *)calloc(dim3,
            sizeof(unsigned char));
        }
    }
}

// 配置二維記憶體
void allocat2DMemory(unsigned char ***target, intdim1, intdim2)
{
    int dim1Index;

    *target=(unsigned char **)calloc(dim1, sizeof(unsigned char *));

    for(dim1Index=0; dim1Index<dim1; dim1Index++)
        (*target)[dim1Index]=(unsigned char *)calloc(dim2, sizeof(unsigned char));
}

// 釋放三維記憶體
void free3DMemory(unsigned char ***target, intdim1, intdim2)
{
    int dim1Index, dim2Index;
```

```
    for(dim1Index=0; dim1Index<dim1; dim1Index++)
    {
        for(dim2Index=0; dim2Index<dim1; dim2Index++)
            free(target[dim1Index][dim2Index]);

        free(target[dim1Index]);
    }
    free(target);
}

// 釋放二維記憶體
void free2DMemory(unsigned char **target, intdim1)
{
    int dim1Index=0, dim2Index=0;

    for(dim1Index=0; dim1Index<dim1; dim1Index++)
        free(target[dim1Index]);

    free(target);
}

// 配置記憶體給相關變數
void InitMemory(Parameter *para)
{
    allocat2DMemory(&(para->origColorY), para->height, para->width);
    allocat2DMemory(&(para->warpColorY), para->height, para->width);
    allocat2DMemory(&(para->origDepthY), para->height, para->width);

    allocat3DMemory(&(para->origColorUV), 2, para->height, para->width);
```

```
    allocat3DMemory(&(para->warpColorUV), 2, para->height, para->width);
    allocat3DMemory(&(para->origDepthUV), 2, para->height, para->width);
}

// 釋放記憶體
void FreeMemory(Parameter *para)
{
    free2DMemory(para->origColorY, para->height);
    free2DMemory(para->warpColorY, para->height);
    free2DMemory(para->origDepthY, para->height);

    free3DMemory(para->origColorUV, 2, para->height);
    free3DMemory(para->warpColorUV, 2, para->height);
    free3DMemory(para->origDepthUV, 2, para->height);
}

// 對深度值反量化，取得實際深度值
double DeQuantization(int DepthValue, double Znear, double Zfar)
{
    double RealDistance;
    RealDistance = 1/((DepthValue/255.0)*(1/Znear-1/Zfar)+1/Zfar);
    return RealDistance;
}

// 給予實際深度值，計算 disparity
double DoDisparity(double RealDistance, double Focal, double Baseline)
{
    double Disparity;
    Disparity = Focal*Baseline/RealDistance;
    return Disparity;
```

```
}

// 四捨五入
int Rounding (double Disparity)
{
    if(Disparity>= 0.0f)
        return ((int)(Disparity + 0.5f));

    return ((int)(Disparity - 0.5f));
}

// 給予一個深度值，獲得一個 disparity
int GetDisparity(int depthValue, Parameter *para)
{
    double realZ;
    double disparity;
    int RoundDisparity;
    realZ           = DeQuantization(depthValue, para->Znear, para->Zfar);
    disparity       = DoDisparity(realZ, para->focal, para->baseline);
    RoundDisparity= Rounding(disparity);
    return RoundDisparity;
}

// 產生深度值 0 至 255 的 disparity
void GenerateDisparityArray(Parameter *para, int *disparityArray)
{
    int depthValue;
    for(depthValue=0; depthValue<256; depthValue++)
        disparityArray[depthValue] = GetDisparity(depthValue, para);
}
```

```
// 讀一張 YUV420 的圖
void ReadOneFrameYUV(unsigned char **Y, unsigned char ***UV, int height,
int width, FILE *file)
{
    int heightIndex, uvIndex;

    for(heightIndex=0; heightIndex<height; heightIndex++)
        fread(Y[heightIndex], sizeof(unsigned char), width, file);



    for(uvIndex=0; uvIndex<2; uvIndex++)
        for(heightIndex=0; heightIndex<height/2; heightIndex++)
        {
            fread(UV[uvIndex][heightIndex], sizeof(unsigned char), width/2,
                file);
        }
}

// 寫一張 YUV420 的圖
void WriteOneFrameYUV(unsigned char **Y, unsigned char ***UV, int height,
int width, FILE *file)
{
    int heightIndex, uvIndex;

    for(heightIndex=0; heightIndex<height; heightIndex++)
        fwrite(Y[heightIndex], sizeof(unsigned char), width, file);

    for(uvIndex=0; uvIndex<2; uvIndex++)
        for(heightIndex=0; heightIndex<height/2; heightIndex++)
        {
```

```
            fwrite(UV[uvIndex][heightIndex], sizeof(unsigned char), width/2,
                file);
        }
        fflush(file);
}

// 翹曲變形程式
void Warpping(Parameter *para, int *disparityArray)
{
    int widthIndex=0, heightIndex=0;
    for(heightIndex=0; heightIndex<para->height; heightIndex++)
        for(widthIndex=0; widthIndex<para->width; widthIndex++)
        {
            int disparity;
            // 獲得該深度值的 disparity
            disparity = disparityArray[para->origDepthY[heightIndex]
                    [widthIndex]];
            // 邊界判斷
            if(widthIndex+disparity > 0 && widthIndex+disparity <para->
                    width)
            {
                // 一維翹曲變形，多對一時以最後覆蓋的像素為主
                para->warpColorY[heightIndex][widthIndex+disparity]=para
                ->origColorY[heightIndex][widthIndex];
                para->warpColorUV[0][heightIndex/2]
                [(widthIndex+disparity)/2]=para
                ->origColorUV[0][heightIndex/2][widthIndex/2];
                para->warpColorUV[1][heightIndex/2]
                [(widthIndex+disparity)/2]=para
                ->origColorUV[1][heightIndex/2][widthIndex/2];
```

```
                }
            }
    }

    // 清除翹曲變數暫存區
    void ClearWarpYUV(Parameter *para)
    {
        int heightIndex, widthIndex, uvIndex;

        for(heightIndex=0; heightIndex<para->height; heightIndex++)
            for(widthIndex=0; widthIndex<para->width; widthIndex++)
                para->warpColorY[heightIndex][widthIndex]=0;

        for(uvIndex=0; uvIndex<2; uvIndex++)
            for(heightIndex=0; heightIndex<para->height; heightIndex++)
                for(widthIndex=0; widthIndex<para->width; widthIndex++)
                {
                    // UV 無值時為 128
                    para->warpColorUV[uvIndex][heightIndex][widthIndex]=128;
                }
    }
```

CHAPTER

16

深度學習在電腦視覺的應用

16.1 前　言

近年來由於 GPU 硬體的進步以及商品化，深度學習 (Deep Learning) [5] 在各方面的應用以很快的速度發展，其中在電腦視覺的應用發展尤其顯著。我們在這一章，首先介紹深度學習的基本原理。接下來，我們介紹幾個知名的深度學習架構。然後，我們介紹兩個植基於深度學習的應用：語義分割 (Semantic Segmentation) [6] 和相機模組辨識 (Camera Model Identification) [4]。

16.2 深度學習機的基本學習機制

在這一節，我們將透過一個簡單的例子來介紹深度學習機器如何利用以 loss function 減少為目的，先按照前向式 (Forward) 修正方式，然後按照反向式 (Backward) 修正相關參數權重值方式，重複這種往返學習機制。最終將各個參數的權重值學習起來，並使 loss function 減少到夠小值。一般而言，這種學習機制也稱作反向傳播演算法 (Back Propagation)，是目前深度學習常見且有效的優化算法，該優化算法包含下列兩種概念：

- 將訓練資料輸入到深度學習網路的輸入層，經過隱藏層，最後達到輸出層並輸出結果，這是深度學習網路的正向傳播過程。
- 由於深度學習網路的輸出結果與實際結果存在誤差，我們需要計算兩者之間的誤差，並將此誤差由輸出層向隱藏層反向傳播，並調整相關參數的權重值反覆進行直到誤差夠小，就結束上述程序。

我們透過一個小例子 (參見圖 16.2.1) 來理解這種反向傳播學習機制。給定兩個輸入 $I_1 = 0.5$ 和 $I_2 = 0.4$；理想輸出 $T_1 = 0.1$ 和 $T_2 = 0.9$。在圖 16.2.1，共有四個神經元 (Neuron)，神經元內含 sigmoid 激活函數 (參見圖 16.2.2)，函數形式為

$$O_i = \frac{1}{1+e^{-I'_i}} \tag{16.2.1}$$

式中的 I'_i 表示神經元的輸入，O_i 表示神經元的輸出。反向傳播學習機制的目

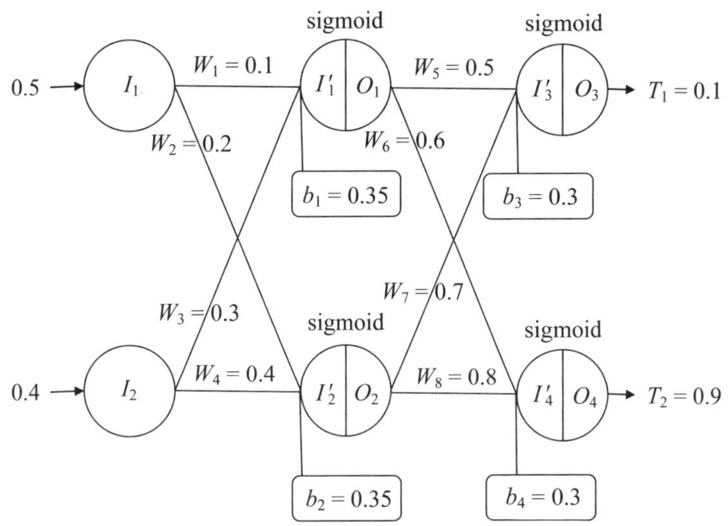

圖 16.2.1　反向傳播學習的模擬例子

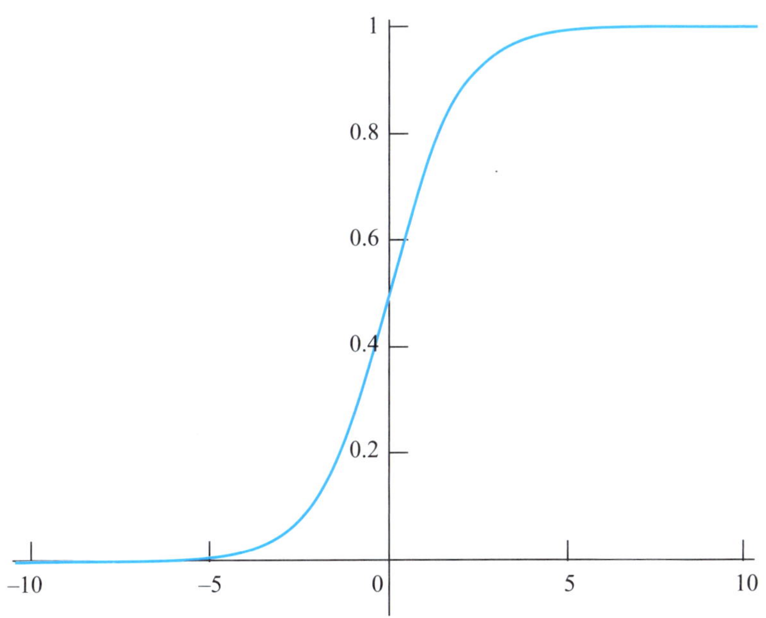

圖 16.2.2　sigmoid 激活函數

標為：學好的八個參數權重值可在輸入為 $I_1 = 0.5$ 和 $I_2 = 0.4$ 時，使輸出盡可能與理想輸出 $O_3 = 0.1$ 和 $O_4 = 0.9$ 接近。

假設這八個參數權重值的起始值為 $W_1 = 0.1$、$W_2 = 0.2$、$W_3 = 0.3$、$W_4 =$

0.4、$W_5 = 0.5$、$W_6 = 0.6$、$W_7 = 0.7$、$W_8 = 0.8$。我們先模擬正向傳播。第一步結束時，我們得到

$$\begin{aligned} I_1' &= W_1 \times I_1 + W_3 \times I_2 + b_1 \\ &= 0.1 \times 0.5 + 0.3 \times 0.4 + 0.35 \\ &= 0.05 + 0.12 + 0.35 \\ &= 0.52 \end{aligned} \tag{16.2.2}$$

式中的 b_1 表示 bias 值。I_1' 值經過激化函數作用，得到 O_1 值為

$$\begin{aligned} O_1 &= \frac{1}{1+e^{-I_1'}} \\ &= \frac{1}{1+0.59452054797} \\ &= 0.627147766313 \end{aligned} \tag{16.2.3}$$

同理，可求出 $I_2' = 0.61$ 和 $O_2 = 0.647940802081$。依照同樣的運算方式 ，我們得到 $I_3' = 1.06713244461$、$O_3 = 0.744051203698$、$I_4' = 1.19464130145$ 和 $O_4 = 0.767570129409$。由於 $O_3 = 0.744051203698$ 和 $O_4 = 0.767570129409$，與理想輸出 $T_1 = 0.1$ 和 $T_2 = 0.9$ 有段差距，接下來我們會針對誤差進行反向傳播，並更新權重值。

接下來我們模擬反向傳播，圖 16.2.3 中的藍色箭頭為反向傳播方向，第一步先計算總誤差 (L)。由於在圖 16.2.1 中的範例圖有兩個輸出結果，所以計算總誤差時，需要將兩個輸出的誤差做加總，我們得到

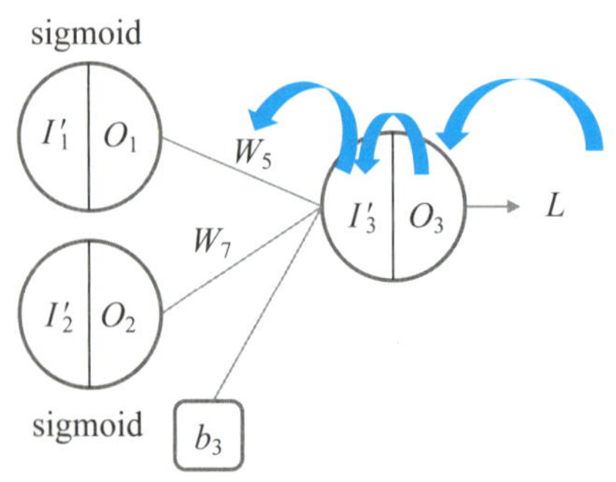

圖 16.2.3　反向傳播示意圖

$$L = \frac{1}{2}(T_1 - O_3)^2 + \frac{1}{2}(T_2 - O_4)^2 \tag{16.2.4}$$

最後，我們要做的是輸出層的權值更新，以更新 W_5 為例子，得到 $\frac{\partial L}{\partial W_5}$ 值為

$$\frac{\partial L}{\partial W_5} = \frac{\partial L}{\partial O_3}\frac{\partial O_3}{\partial I_3'}\frac{\partial I_3'}{\partial W_5} \tag{16.2.5}$$

我們將式 (16.2.5) 拆開分別計算

$$\begin{aligned}\frac{\partial L}{\partial O_3} &= 2 \times \frac{1}{2}(T_1 - O_3)^1 \times -1 + 0 \\ &= -(0.1 - 0.744051203698) \\ &= 0.644051203698\end{aligned}$$

利用作業 1 的解答，我們得到

$$\begin{aligned}\frac{\partial O_3}{\partial I_3'} &= O_3 \times (1 - O_3) \\ &= 0.744051203698 \times (1 - 0.744051203698) \\ &= 0.190439009974\end{aligned}$$

$$\begin{aligned}\frac{\partial I_3'}{\partial W_5} &= 1 \times O_1 + 0 + 0 \\ &= 0.627147766313\end{aligned}$$

利用以上三個偏微分的結果，式 (16.2.5) 可改寫為

$$\frac{\partial L}{\partial W_5} = -(T_1 - O_3) \times O_3 \times (1 - O_3) \times O_1 \tag{16.2.6}$$

假設 η 代表學習速率且假設 $\eta = 0.4$ ，則 W_5 的權重值更動為

$$\begin{aligned}W_5 &= W_5 - \eta \times \frac{\partial L}{\partial W_5} \\ &= 0.5 - 0.4 \times 0.076921224854 \\ &= 0.469231510058\end{aligned} \tag{16.2.7}$$

換言之，W_5 的權重值從 0.5 更動為 0.469 左右。同理，W_6、W_7、W_8 和 W_1、W_2、W_3、W_4 的權重值可依序得到更動。於是，loss value 愈來愈小。這種反向傳播往往需做個好多回，直到 loss value 夠小為止。

16.3 三個著名的深度學習架構

透過上一節的介紹，我們大致已經了解反向傳播的學習機制。在這一節，我們將用一個簡單的例子介紹卷積神經網路是如何計算運行的，並介紹三個著名的深度學習架構：AlexNet [1]、VGG-16 [2] 和 Fully Convolutional Network (FCN) [3]。這三種著名的深度學習架構有許多的應用，往往同一個深度學習架構，透過適當的訓練加權係數，可用來解決不同的問題。這也是深度學習發展非常迅速的原因之一。

我們現在介紹卷積神經網路 (Convolutional Neural Network, CNN) 如何進行圖像分類，CNN 中的基本運算元件在一些深度學習架構中經常被使用到。如圖 16.3.1 所示，CNN 網路首先會經過卷積層 (Convolutional Layer: CONV) 與池化層 (Pooling Layer, POOL) 來做影像特徵 (Feature) 的提取，網路的最後會接上全連接層 (Fully Connected Layer, FC) 把先前提取的特徵去做分類。

我們透過一個例子來介紹卷積的運算方式。以圖 16.3.2 為例，輸入為 4×4 區塊且輸入的邊界以補零方式處理；卷積核 (Kernel Map) 為 3×3 面罩，其九個隨機產生的初始值如圖 16.3.2 所示。卷積核在輸入 4×4 區塊上進行卷積運算，以符號 ⊗ 表示。將 3×3 的卷積核與局部對應的 3×3 參數去做相乘

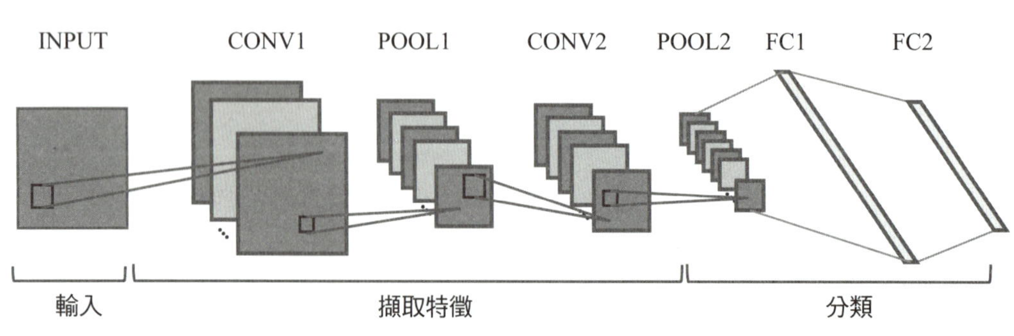

圖 16.3.1 卷積神經網路結構圖

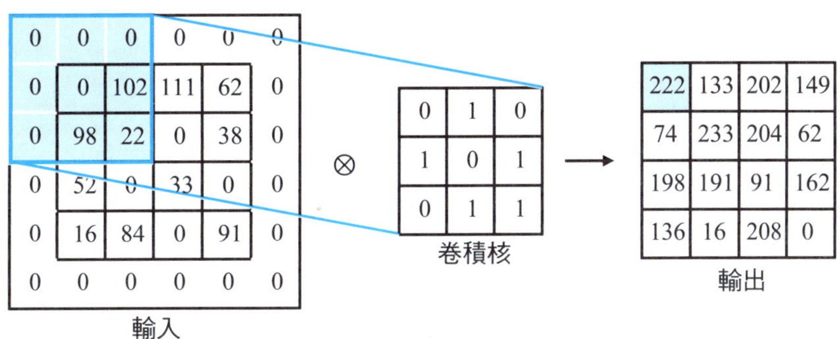

圖 16.3.2 卷積運算的範例

後再相加，響應值 (Response) 222 的計算過程為

$$
\begin{aligned}
&(0\times0)+(0\times1)+(0\times0)+\\
&(0\times1)+(0\times0)+(102\times1)+\\
&(0\times0)+(98\times1)+(22\times1)=222
\end{aligned}
\qquad (16.3.1)
$$

依此類推，共得 16 個響應值 (也稱特徵值)，這些響應值構成輸出的特徵圖 (Feature Map)。

接著介紹卷積神經網路中的池化層，池化層用於保留重要特徵，且把特徵圖縮小至原本的四分之一，達到降低卷積網路運算量的效果。以圖 16.3.2 的特徵圖 (輸出) 為例，若池化運算採用最大池化方法 (Max Pooling)，特徵圖左上角的四個特徵值，取其最大，所得的計算結果為 233。之後，依此類推可得池化後特徵圖 (Pooled Feature Map)，如圖 16.3.3 所示。

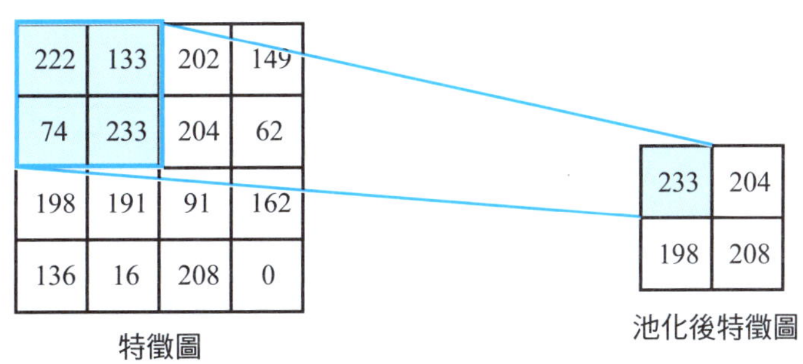

圖 16.3.3 池化運算

最後進到全連接層，全連接層會把池化層運算完的結果平坦化 (Flatten) 後，連上全連接層神經網路，如圖 16.3.4 所示，進行分類，通常使用 Softmax 去進行分類。

接下來，介紹三個著名的卷積神經網路架構，每個架構都有它的應用性。

我們介紹的第一個卷積神經網路架構為 AlexNet，其由 Alex Krizhevsky [1] 所提出，該架構 (參見圖 16.3.5) 在 2012 年的 ImageNet Large Scale Visual Recognition Challenge (ILSVRC) 比賽中取得了第一名。AlexNet 由 5 層卷積層與 3 層全連接層所構成，其中的激勵函數 (Activation Function) 採用 ReLU。當自變數為負值的時候，ReLU 函數將其對應到 0；否則，應變數的值等於自變數的值。

第二個要介紹的卷積神經網路架構為 VGG-16 (Visual Geometry Group-16) (參見圖 16.3.6)，其由 Karen Simonyan 和 Andrew Zisserman [2] 所提出，該架構在 2014 年的 ILSVRC 比賽中拿到了第二名，共有 13 層卷積層和 3 層全連接層所組成，激勵函數也是採用 ReLU。

第三個要介紹的卷積神經網路架構為 FCN (參見圖 16.3.6)，其由 Jonathan Long 等人 [3] 所提出，最初是用於語義分割 (Semantic Segmentation) 的應用，以 convolution layer 取代 VGG-16 的 fully connected layer。在不同尺度的考量下，FCN 這種結合 downsample 和 upsample 的設計方式，大大增強了 FCN 在語義分割的辨識能力。下一節將介紹應用例子。

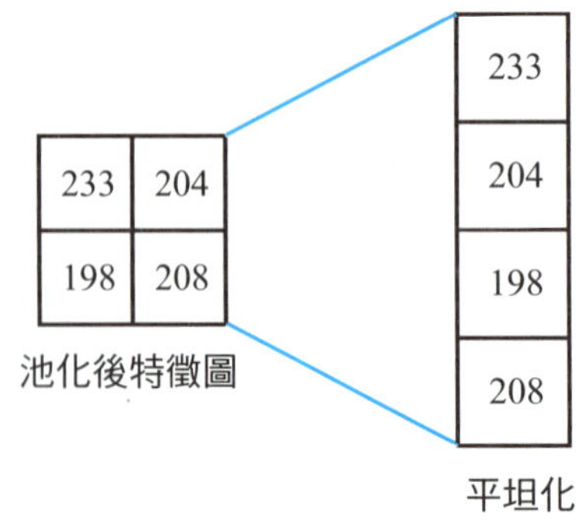

圖 16.3.4 平坦化

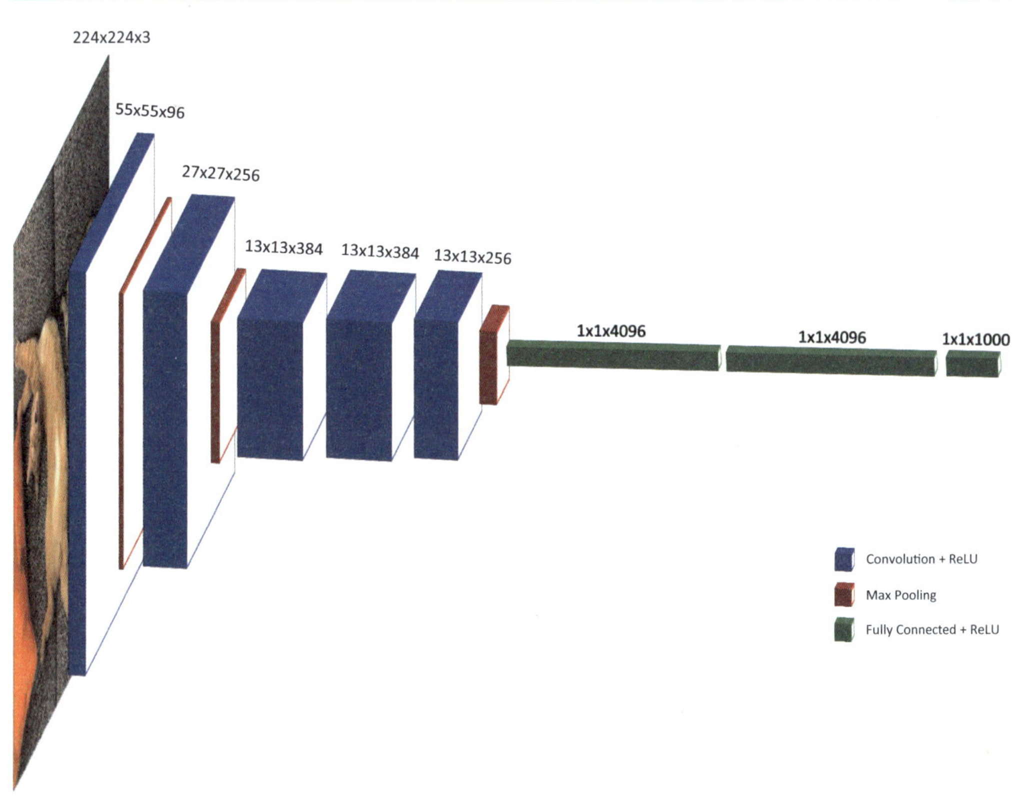

圖 16.3.5　AlexNet 架構圖

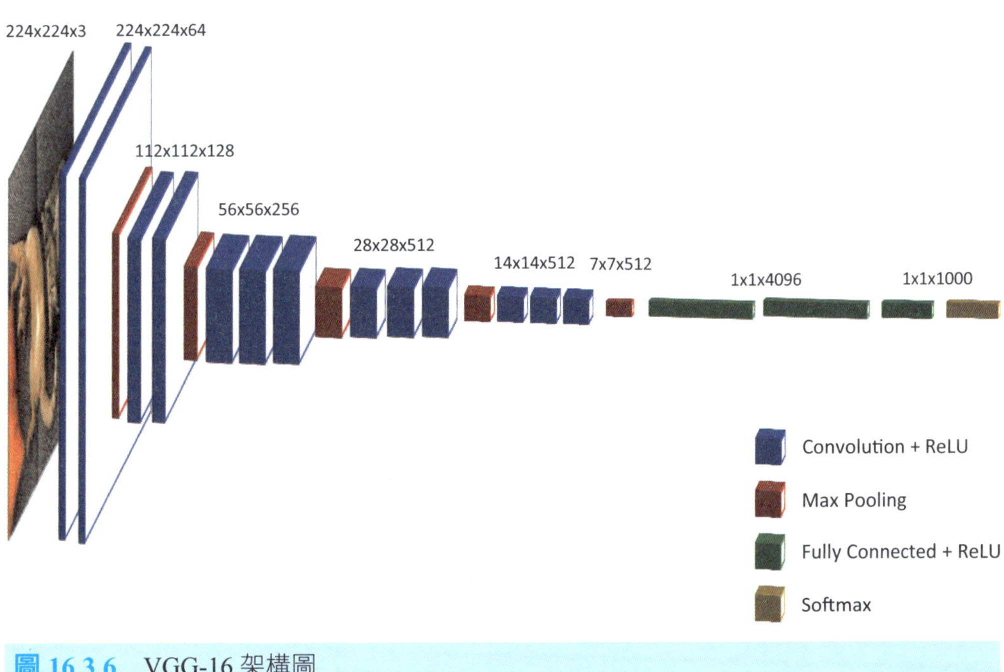

圖 16.3.6　VGG-16 架構圖

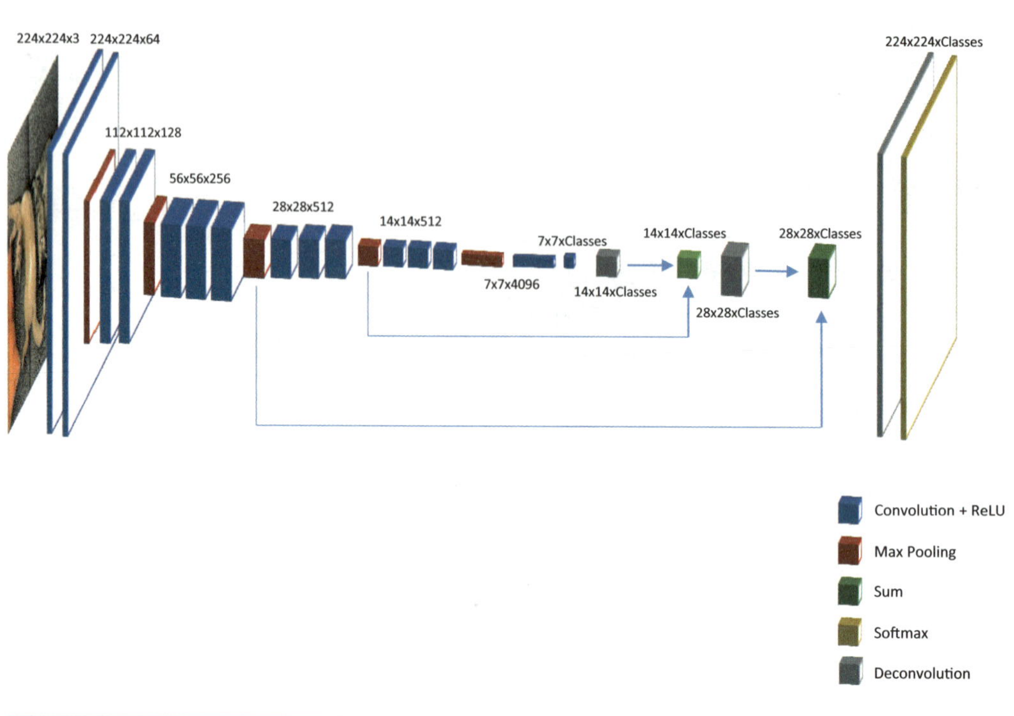

圖 16.3.7 FCN 架構圖

16.4 語義分割應用

語義分割 (Semantic Segmentation) 在電腦視覺與影像處理中，主要是將圖像中的不同物件予以切割出來，對許多的應用是相當重要的工作。在訓練 FCN 架構前，我們需先有訓練資料集。在每一張訓練圖像中的每個像素都有其事先標記好的所屬物件類別。在訓練 FCN 架構時，我們是採用 End-To-End 的方式來學習 FCN 內的參數權重值。

在駕駛人輔助系統 (Automatic Driving Assistance Systems, ADAS) 的應用裡，兩種常用的訓練資料集為：CamVid Dataset [7] (參見圖 16.4.1 左邊的原圖像；右邊對應的標記圖像)、GTA5 Dataset [8] (參見圖 16.4.2 左邊的合成圖像；右邊對應的標記圖像)。CamVid Dataset 是最先應用於 ADAS 領域的語義分割資料集。GTA5 Dataset 中的合成圖像主要來自於 Grand Theft Auto V 這款遊戲所獲得的資料圖像。這兩種訓練資料集分別提供了二十多種物件，包括天空、

圖 16.4.1　CamVid 圖像標記示意圖

圖 16.4.2　GTA5 圖像標記示意圖

建築、道路、人行道、行人、車、交通路牌、樹木、植被、自行車等，也針對不同場景 (城市、鄉村、高速公路等)、季節、天氣有更多的變化性。

由於人工標記資料集的成本非常高昂，使用 GTA5 Dataset 來訓練神經網路，主要用意是希望透過較廉價的方式，從遊戲中的場景擷取類似於真實場景的圖像來使用。但真實資料集與合成資料集之間的落差會造成適應場景 (Domain Adaptation) 的問題，所以我們會將 GTA5 Dataset 的合成圖像使用風格轉換 (Style Transfer) [9] 轉換為類似真實世界風格的合成圖像。圖 16.4.3 中的左側為原始 GTA5 合成圖像，右側為風格轉換後的圖像。

圖 16.4.3 GTAS 風格轉換示意圖

16.5 相機模組辨識應用

在本節中，我們要介紹如何在給定的全彩影像中，辨識出其相機模組。相機模組的識別一直是相當具有挑戰性的研究議題，該議題於身分驗證，以及相片竄改的偵測有很重要的應用。為了降低硬體成本，大多數現代的數位相機都配有一個 Bayer color filter array (CFA) 的色彩過濾器，在捕捉影像過程中，可使的每個像素僅含一個顏色通道，Bayer CFA 共有 4 個模組，如圖 16.5.1 所示，分別以 [RG GB]、[BGGR]、[GBRG] 以及 [GRBG] 表示之。在 Bayer CFA 上執行解馬賽克、白平衡、gamma 校正以及彩色影像多工處理後，就構成了 RGB 全彩影像。

Bondi 等人 [4] 於 2015 年提出了以深度學習為主的相機模組識別演算法，其中納入識別的主流相機品牌有 18 個相機模組，參見圖 16.5.2。其深度學習架構是建立在 AlexNet 上，但加以修改，該架構有 4 層卷積層以及 2 層全連接

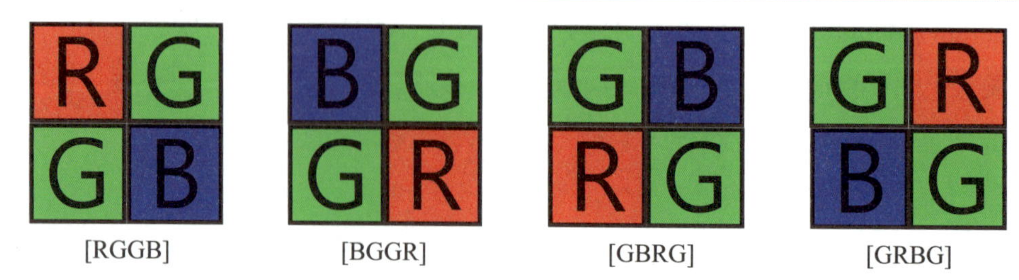

圖 16.5.1 Bayer CFA 之四個模組

層，並在每層卷積層後加入最大池化層方法做特徵保留，請參見圖 16.5.3。實驗影像共有 13,000 張，共挑選了 250,000 張尺寸為 64×64 的子影像當作訓練集，而 38,000 張同樣尺寸的子影像當作驗證集以確保沒有過擬合 (Overfitting) 現象；而測試集則挑選超過 18,000 張同尺寸的子影像，其結果顯示正確分辨率達到 93%。本節所描述的 Bondi 等人的相機模型識別演算法，其程式碼請參見 16.9 節的連結。

品 牌	型 號
CANON	Ixus70
Casio	EX-Z150
Fuji	FinePixJ50
Kodak	M1063
Nikon	CoolPixS710
Nikon	D200
Nikon	D70
Olympus	mju-1050SW
Panasonic	DMC-FZ50
Pentax	OptioA40
Praktica	DCZ5.9
Ricoh Caplio	GX100
Rollei	RCP-7325XS
Samsung	L74wide
Samsung	NV15
SONY	DSC-H50
SONY	DSC-T77
SONY	DSC-W170

圖 16.5.2 相機品牌與其對應型號

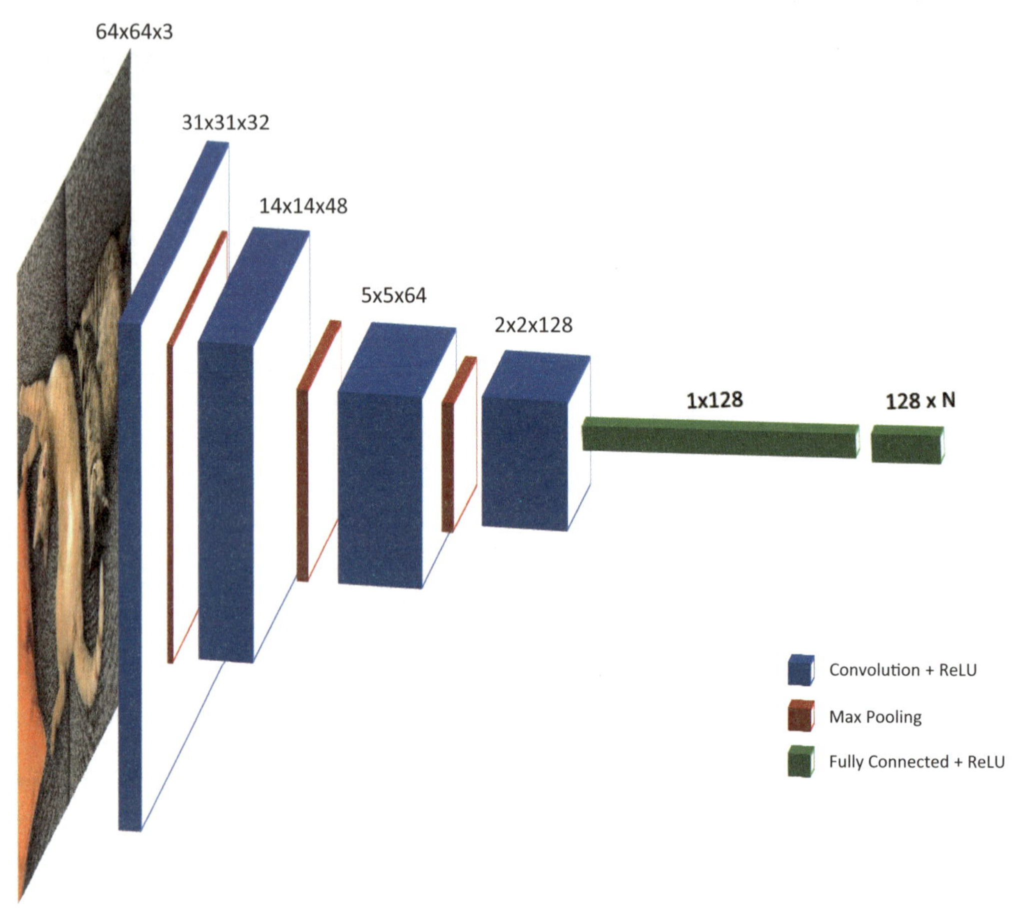

圖 16.5.3 相機模組識別演算法所使用的深度學習架構

16.6 結論

在本章中，我們大致介紹了深度學習架構的學習機制、三個著名深度學習架構、利用深度學習進行語義分割及相機模組辨識的應用。由於深度學習已大大的改變了電腦視覺與影像處理的面貌，其應用已廣泛的被使用於 ADAS、醫學診斷系統、聲音合成，其影響幾乎可說無所不在了。最近幾年的頂尖 CVPR 研討會的最佳論文獎皆為深度學習方面的研究議題，這意味著深度學習已成為影像處理與電腦視覺的顯學了。本章對深度學習的粗淺介紹，希望對讀者能達到啟蒙的作用。

16.7 作 業

1. 請化簡以下微分式：

$$\frac{\partial \dfrac{1}{1+e^{-x}}}{\partial x}$$

解答：

$$\frac{\partial \dfrac{1}{1+e^{-x}}}{\partial x} = \frac{0-1\times\dfrac{d}{dx}(1+e^{-x})^{1}}{(1+e^{-x})^{2}}$$

$$= \frac{e^{-x}}{(1+e^{-x})^{2}} = \frac{1\times e^{-x}}{(1+e^{-x})(1+e^{-x})}$$

$$= \frac{1}{(1+e^{-x})}\times\left(1-\frac{1}{(1+e^{-x})}\right)$$

2. 請研讀 Inception、ResNet、GoogLeNet、U-Net、GAN (Generative Adversarial Network) 和 Mask-RCNN 的論文並說明其學習架構和應用。
3. 試說明 Softmax 的運作原理。
4. 請利用全連接層網路和卷積網路實作數字 0~9 的辨識。請比較它們的準確率和使用的參數量之差異。

16.8 參考文獻

[1] A. Krizhevsky, I. Sutskever, and G. Hinton, "Imagenet classification with deep convolutional neural networks," *Advances in neural information processing systems*, 2012, pp. 1097-1105.

[2] K. Simonyan and A. Zisserman, "Very deep convolutional networks for large-scale image recognition," *International Conference on Learning Representations*, 2015, pp. 1-14.

[3] J. Long, E. Shelhamer, and T. Darrell, "Fully convolutional networks for semantic

segmentation," *IEEE Conference on Computer Vision and Pattern Recognition*, 2015, pp. 3431-3440.

[4] L. Bondi, L. Baroffio, D. Guera, P. Bestagini, E. J. Delp, S. Tubaro, "First steps toward camera model identification with convolutional neural networks," *IEEE Signal Processing Letters*, 24(3), 2017, pp. 259-263.

[5] Y. LeCun, Y. Bengio, and G. Hinton, "Deep learning," *Nature*, 521, 2015, pp. 436-444.

[6] Y. H. Tsai, W. C. Hung, S. Schulter, K. Sohn, M. H. Yang and M. Chandraker, "Learning to adapt structured output space for semantic segmentation," *IEEE Conference on Computer Vision and Pattern Recognition*, 2015, pp. 7472-7481.

[7] G. J. Brostow, J. Fauqueur, and R. Cipolla, "Semantic object classes in video: a high-definition ground truth database." *Pattern Recognition Letters*, 30(2), 2009, pp. 88-97.

[8] S. R. Richter, V. Vineet, S. Roth, and V. Koltun, "Playing for data: ground truth from computer games," *European Conference on Computer Vision*, 2016, pp. 102-118.

[9] Y. Li, M. Liu, X. Li, M. Yang, J. Kautz, "A closed-form solution to photorealistic image stylization," *European Conference on Computer Vision*, 2018, pp. 453-468.

16.9 Bondi 等人的相機模組辨識之深度學習程式碼

有興趣的讀者歡迎至以下連結下載：

https://bitbucket.org/polimi-ispl/

INDEX

中英索引

二 劃

三 劃

四 劃

五　劃

六　劃

七 劃

八 劃

九 劃

十 劃

十二 劃

十三 劃

十四 劃

十五 劃

十六 劃

十七 劃

十八 劃

十九 劃

二十 劃以上